南宋建筑史

郭黛姮 著

Centre for Research on Southern Song Dynasty
王国平 主编
南宋及南宋都城临安研究系列丛书
专题研究

浙江省哲学社会科学重点研究基地成果

图1：宁波（明州）保国寺鸟瞰

图 2：保国寺大殿

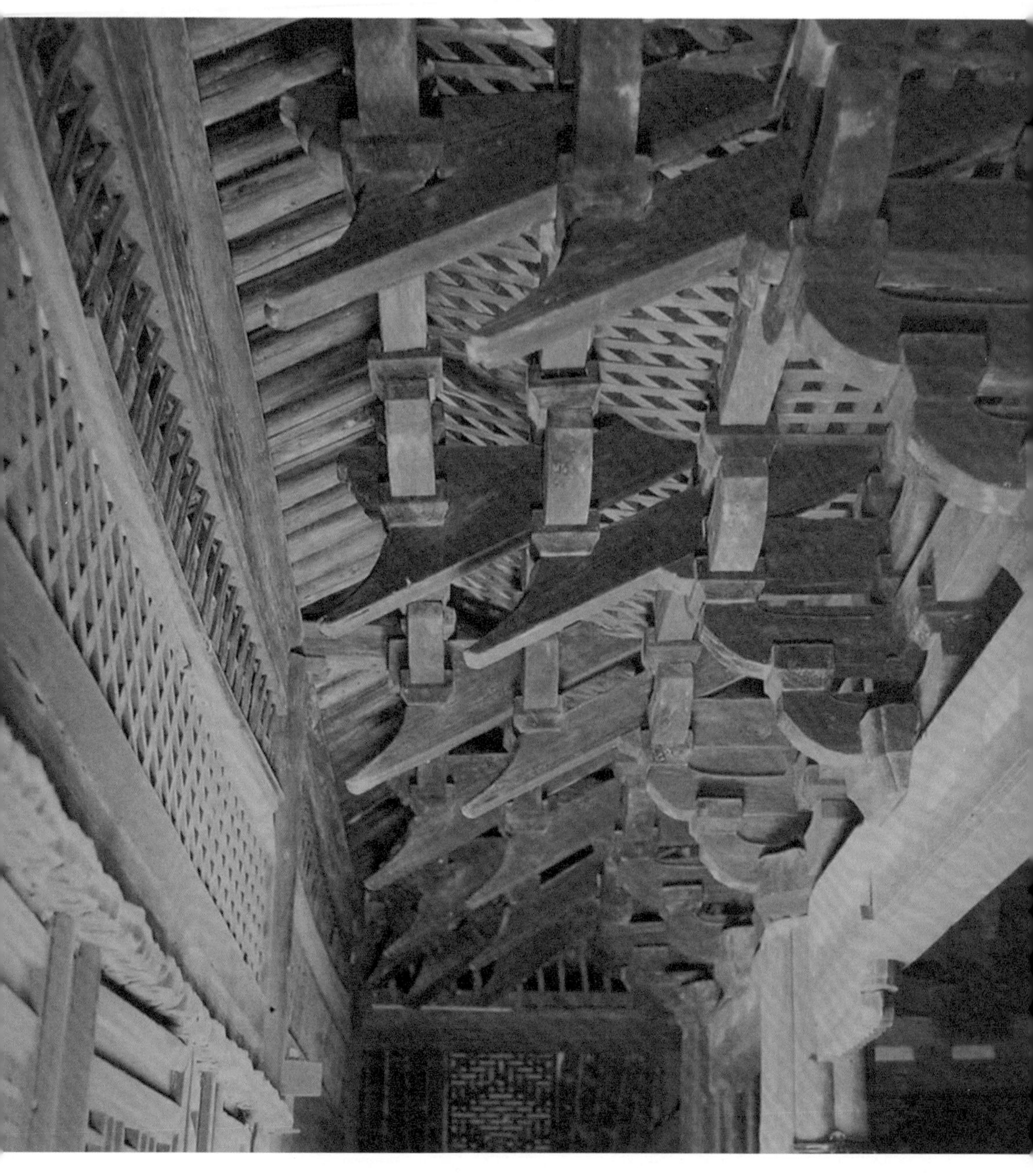

图3：保国寺大殿宋构前檐斗栱

彩图4：保国寺大殿宋构室内藻井

图5：苏州（平江府）云岩寺虎丘塔

图6：虎丘塔室内

图7：苏州（平江府）瑞光塔

图8：安徽（南京路）蒙城万佛寺塔

图9：刘松年《四景山水图》中的住宅之一

图10：刘松年《四景山水图》中的住宅之二

图11：桐荫玩月图（局部）

图12：高阁焚香图

保护南宋皇城遗址　申报世界文化遗产

——关于实施南宋皇城大遗址综合保护工程的思考(代序)

王国平

杭州是国务院首批命名的国家历史文化名城、中国七大古都之一,有8000年文明史、5000年建城史。在8000年的文明演进中,形成了跨湖桥时期、良渚时期、吴越时期、南宋时期四大发展高峰,其中南宋时期是古代杭州城市发展史上的顶峰时期。南宋定都临安,杭州从州府升格为都城,城市地位发生了根本性变化。南宋时期的杭州,不但是全国政治、经济、科教、文化中心,而且是世界第一大都市。其后800年的历史演进中,由于种种原因,南宋古都遭到了严重破坏,皇城废圮荒芜,地表建筑荡然无存,遗址深埋地下,留下了无法弥补的历史缺憾。实施南宋皇城大遗址综合保护工程,保护南宋历史文化遗产,延续城市历史文脉,申报世界文化遗产,既是历史赋予我们的神圣使命,也是杭州人民的热切期盼。

一、南宋皇城大遗址的重大价值

南宋皇城遗址坐落在杭州凤凰山东麓。据《西湖游览志》记载:"凤凰山,两翅轩翥,左薄湖浒,右掠江滨,形若飞凤,一郡王气,皆藉此山。"①意思是凤凰山左接西湖,右掠钱塘江,形如凤凰翱翔,是杭州的一块"风水宝地"。

---

① 《西湖游览志》卷七《南山胜迹》,上海古籍出版社1958年出版。

隋开皇十一年(591),隋文帝杨坚改钱唐郡治为杭州州治,大臣杨素选定凤凰山为州治所在地。五代吴越王钱镠在隋、唐州治基础上扩建王宫,内修“子城”(宫城),外筑“罗城”(都城),凤凰山成为富丽堂皇的“地上天宫”。吴越国“纳土归宋”后,凤凰山麓复为州治。南宋建炎三年(1129),宋室南渡抵达杭州,升杭州为临安府,以州治为行宫。绍兴八年(1138)南宋王朝正式定都临安后,历经南宋诸帝的扩建和改建,皇城规模宏大,建构精美。据《武林旧事》卷四《故都宫殿》所列宫内殿堂名称,南宋皇城共有大殿30、堂33、阁13、斋4、楼7、台6、亭90。四面各开一大门,南称丽正门,北名和宁门,东为东华门,西是西华门。整个皇城充分利用山势精心规划布局,将主要宫殿置于较高的南部,显得气势恢弘。皇城内殿、堂、楼、阁、台、轩、观、亭等建筑鳞次栉比,金碧辉煌。德祐二年(1276),元丞相伯颜率军攻占临安城,大内宫殿惨遭空前浩劫。至元十四年(1277),大内宫殿被火延烧。至元二十一年(1284),江淮总摄、元僧杨琏真伽奏请朝廷将残留宫殿改建为5座寺院,改垂拱殿为报国寺,改芙蓉阁为兴元寺,改和宁门为般若寺,改延和殿为仙林寺,改福宁殿为尊胜寺。至正十九年(1359),张士诚重修杭州城垣,“截凤山于外”,“络市河于内”①,以和宁为南门,南宋皇城遗址被拒之于城门之外。明万历年间,皇城大殿基本坍毁,整个皇城渐成废墟,主要宫殿遗址深埋地下。

关于南宋皇城的范围,陈随应《南渡行宫记》等文献中有“皇城九里”的简略记载。明徐一夔《宋行宫考》提到南宋皇城的范围是:“南自圣果入路,北则入城环至德侔牌,东沿河,西至山岗,自地至山,随其上下,以为宫殿也。”《咸淳临安志》也有清同治六年补刊的南宋皇城图。但古今地名的变迁,使今人仅凭文献记载已难以准确界定南宋皇城的四至范围。经过二十多年的考古勘探,初步确定南宋皇城(大内)遗址的范围为:东起馒头山东麓,西至凤凰山,南至宋城路一带,北至万松岭南,占地面积约50万平方米。2001年,以南宋皇城遗址为核心的南宋临安城遗址被国务院确定为全国重

---

① 郎瑛:《七修类稿》卷四《天地类》,上海书店出版社2001年出版。

点文物保护单位，2006 年又被国家列入“十一五”100 处重要大遗址名录。因此，我们实施的南宋皇城大遗址综合保护工程范围不仅包括南宋皇城遗址，还包括皇城周边部分南宋临安城遗址，范围为：南至钱塘江，北至庆春路，东至中河（及德寿宫遗址），西至虎跑路—南山路—解放路—延安路一线，规划面积约 14.16 平方公里。

南宋皇城大遗址是中华灿烂文明的实证，是杭州城市文化景观的核心，是杭州城市可持续发展的资本和动力，蕴涵着极高的文物价值、历史价值、艺术价值、科学价值。

1. 历史价值。南宋皇城遗址文化积淀深厚，具有丰富的历史文化遗存和极高的历史研究价值。南宋皇城所在的凤凰山麓叠压了隋、唐、吴越、宋、元等朝代的文化积淀，承载着杭州悠久的历史、灿烂的文化。南宋皇城地下及周边，遗址十分丰富。考古探明，有皇城东南西北城墙遗址、南宋太庙遗址、老虎洞宋元窑址、南宋恭圣仁烈皇后宅遗址、德寿宫遗址、三省六部遗址、中山中路南宋御街遗址、南宋临安府府衙遗址、严官巷南宋御街遗址、南宋钱塘门遗址、朝天门遗址、郊坛下南宋官窑遗址、南宋临安城东城墙遗址、五府遗址、白马寺遗址、船坞遗址、梵天寺遗址、圣果寺遗址等重要遗址。其中，南宋太庙遗址、南宋恭圣仁烈皇后宅遗址、南宋临安府府衙遗址、老虎洞宋元窑遗址、严官巷南宋御街遗址等五处南宋遗址先后被评为“全国十大考古新发现”。同时，这个区域还有大量与南宋有关的自然人文景观，包括雷峰塔、净慈寺、万松书院、吴山、玉皇山、凤凰山、将台山、八卦田等等。这些弥足珍贵的遗址和景观，将为研究南宋历史、还原一个真实的南宋，提供宝贵的实物资料。南宋临安城“南宫北市”①的都城布局别具一格，在中国古代城市发展史上占有极其重要的地位。宋以前中国的都城布局，或以皇城占据主要面积，如汉代长安、北魏洛阳；或皇宫在北，市集在南，如唐代长安；或因旧城扩建而将宫城置于城市中间，如北宋汴梁。而

---

① 一般中国古代都城，按照《周礼·考工记》的形制，均为宫城居中偏北，市居南侧，而南宋临安城则为“南宫北市”的特殊格局。

南宋皇城的宫殿布局和临安城都城布局独树一帜，呈“南宫北市”格局，即以皇城为中心，太庙、三省六部等中央官署集中于城市南部，市集集中于城市北部，在钱塘江和西湖之间形成了腰鼓状的城市形态，为城市发展留出了足够空间。“南宫北市”的都城布局，使城市与西湖有足够长度的交接面，将西湖的景观留给了城市。孙应拓有诗赞曰：“牙城旧治扩篱藩，留得西湖翠浪翻。”

2. 艺术价值。南宋皇城代表了当时最高的建筑设计和园林建设水平，具有极高的艺术价值。南宋历代帝王推崇自然湖山之美，醉心于优美的园林景观，把南宋皇城营建成中国最美丽的山水花园式皇城。皇城选址在山水之间，从建筑体量上来看不算最大，但其华美、精巧的程度却非其他朝代的皇宫大内可比。皇城的宫殿布局，基本上承袭了《周礼》的“前朝后寝”的传统格式。朝区是整个皇城的重心，置于最重要的方位上，其他各殿按照各自功能，根据传统的礼仪制度并结合地形，因地制宜地配置在主殿的周围，形成一个有机整体。丽正门是皇宫的正大门，“其门有三，皆金钉朱户，画栋雕甍，覆以铜瓦，镌镂龙凤飞骧之状，巍峨壮丽，光耀溢目。”①大庆殿是国家举行各种大庆典礼的大殿，“正殿正对大门，漆式相同，金柱承之，天花板亦饰以金，墙壁则绘前王事迹”。东宫“入门，垂杨夹道，间芙蓉，环朱栏”。出东宫，经锦胭廊，直通廊外即达后苑。“梅花千树，曰梅岗亭，曰冰花亭。枕小西湖，曰水月境界，曰澄碧。牡丹曰伊洛传芳。芍药曰冠芳……以日本国松木为翠寒堂，不施丹雘，白如象齿，环以古松，碧琳堂近之。一山崔巍，作观堂，为上焚香祝天之所。”②后苑内人工开凿的“小西湖”，柳堤环抱，六桥横枕，层峦奇岫，“亭榭之胜，御舟之华，则非外间（西湖）可拟。”③其他各门各殿、亭台楼阁，百态千容，精巧奇绝，湖光山色，交相辉映。正如南宋著名诗人杨万里所赞：“春草池塘太液旁，水精宫殿牡丹香。”

3. 科学价值。皇城是古代社会中工程量最为浩大的建筑，是当时生

---

① 吴自牧：《梦粱录》卷八《大内》，浙江人民出版社 1980 年出版。

② 周密、朱廷焕：《增补武林旧事》卷四，台湾商务印书馆 1983 年出版。

③ 周密：《武林旧事》卷四《故都宫殿》，学苑出版社 2001 年出版。

产力水平的综合体现。南宋皇城遗址反映了南宋经济、科技发展水平，具有极高的科学价值。南宋皇城是中国古代利用地形组织建筑群的优秀例证。皇城选址在凤凰山麓，因山就势，气势浑成。从考古发掘和文献记录来看，南宋皇城中的大量建筑分布在凤凰山麓的台地及馒头山的山坡上，巧妙而充分地利用地形，安排宫殿、苑囿及官署区。皇城北城墙与西城墙以人工夯筑与自然山体相结合的方式建造，起到了很好的防御作用。南宋皇城遗址是研究中国古代城市规划建设的重要实物资料。皇城以土木为主要建筑材料，规模宏大、形制多样、用材高档、营造考究，是中国中古时期宫殿和园林建设的扛鼎之作。严官巷南宋御街遗址、三省六部遗迹、南宋临安府府衙遗址等，为研究南宋临安城城市规划格局、开放式街巷布局、中国南方城市路河相融城市风貌以及研究宋代建筑史，提供了重要的史料。

二、南宋皇城大遗址综合保护的重要意义

南宋皇城大遗址是南宋历史文化的象征，是杭州历史文化遗产的“制高点”，是杭州这座历史文化名城最重要的标志。实施南宋皇城大遗址综合保护工程，是一项具有重要历史意义和现实意义的战略抉择。

1. 实施南宋皇城大遗址综合保护工程，是延续中华文明的必然要求。中国是世界四大文明古国之一，中华文明源远流长、一脉相承、生生不息、辉煌灿烂。据史学界研究，两宋国土虽不及汉唐明清辽阔，却以在封建社会中无可比拟的繁荣和社会发展程度，跻身于中国古代最辉煌的历史时期之列。南宋时期无论是文化教育的普及、文学艺术的繁荣、学术思想的活跃、科学技术的进步，还是社会生活的丰富多彩，都达到了登峰造极的程度，在当时世界上处于领先地位。海上“丝绸之路”取代了陆上“丝绸之路”，成为中外经济文化交流的主要通道，被专家称为“世界最伟大海洋贸易史上的第一个时期”。举世瞩目的南宋商船“南海一号”的发现，堪称世界航海史上的一大奇迹。南宋时期，美洲和澳洲尚未被外部世界发现，非洲处于自生自灭的状态，欧洲现有的主要国家尚未完全形成，其中英国处于法国统治之下，东罗马内部四分五裂,北欧各地海盗肆虐,基辅大公国(俄罗斯)刚刚形成。[1]南宋后期(即13世纪中叶),都城临安的人口达150万—160万人[2]。此时,欧洲最大、最繁华的城市威尼斯只有10万人口,作为世界最著名的大都会伦敦、巴黎,直至14世纪的文艺复兴时期,人口也不过4—6万人。南宋都城临安给杭州留下了极其珍贵的历史文化遗产。作为南宋临安人的后人,我们有责任保护好历史赐予的宝贵财富,通过实施南宋皇城大遗址综合保护工程,延续中华文明,弘扬中华文化,增强民族自豪感和凝聚力,真正做到上无愧于先人,下无愧于子孙后代。

2. 实施南宋皇城大遗址综合保护工程,是保护历史文化名城的应有之义。历史文化是城市的"根"与"魂",是城市最具特色的宝贵资源。保护历史文化,就是弘扬城市的特色,就是保护城市的"根"与"魂"。杭州之所以能成为国务院首批命名的国家历史文化名城,成为我国七大古都之一,很大程度上就是得益于南宋定都临安,得益于南宋经济文化的高度繁荣。南宋都城临安,经过148年的精心营建,规模名列十二三世纪时世界首位,成为当时最为繁华的世界大都会,被意大利旅行家马可·波罗赞为"世界上最美丽华贵之天城"。南宋皇城大遗址集中了南宋文化遗产的精华,是杭州古都文化最主要的实物载体。我们必须把保护历史文化遗产作为第一责任,通过实施南宋皇城大遗址综合保护工程,对南宋皇城大遗址加以系统研究、综合保护和合理利用,保护好南宋皇城大遗址这一"无价之宝",保护好杭州历史的"活化石"、杭州文化的"主源头",传承杭州历史文化,延续杭州城市文脉,进一步提高杭州这座历史文化名城的"含金量"。

3. 实施南宋皇城大遗址综合保护工程,是实现大遗址社会价值最大化的创新之举。大遗址是遗存实物最多、历史信息量最大、文化和景观价值最高的历史文化遗产。文化遗产保护的根本目的,一是将其完好地保存下来传给后人,二是实现这一宝贵资源在当代的全民共享。共享的前提是人民

---

① 何亮亮:《从"南海一号"看中华复兴》,《文汇报》2008年1月6日。

② 杨宽:《中国古代都城制度史》,上海人民出版社2006年出版。

群众乐于接近遗址，乐于认知文化遗产。遗址公园是指基于考古遗址本体及其环境的保护与展示，融合了教育、科研、游览、休闲等多项功能的城市公共文化空间，既是大遗址保护工作的创新，也是对公园这一城市功能元素内涵的拓展，是对考古类文化遗产资源的一种保护、展示与利用方式。建设遗址公园已经成为国际通用并日趋成熟的考古遗址保护和利用模式。世界各国不乏通过建设遗址公园来保护和利用大遗址的成功案例。1748 年以来，意大利对庞贝古城的考古发掘已经历了两个多世纪，使庞贝古城遗址公园成为大遗址保护与利用的经典之作。美国最大的史前建筑遗址——卡萨格兰德遗址，早在 1918 年就成为第一个被纳入美国国家公园管理体系中的考古遗址。希腊的雅典卫城遗址公园，突尼斯的迦太基遗址公园，日本的大室公园、吉野里历史公园、飞鸟公园，柬埔寨的吴哥窟遗址公园等等，也都是世界上大遗址公园建设的上乘之作，被列入世界文化遗产。在我国，国家文物局于 2000 年批复《圆明园遗址公园规划》，标志着遗址公园这一概念正式引入文化遗产保护领域。《“十一五”国家重要大遗址保护规划纲要》进一步明确了建设遗址公园的要求，使建设遗址公园正面临着前所未有的机遇。我们要按照《“十一五”国家重要大遗址保护规划纲要》要求，借鉴世界各国和全国各地建设遗址公园的先进理念，总结良渚大遗址综合保护的成功经验，以南宋皇城大遗址综合保护工程为载体，建设南宋皇城大遗址公园，让灿烂的南宋文明与优美怡人的城市公园完美融合，让厚重的文化遗址以轻松悦目的形式出现，吸引广大市民和中外游客自发地走近南宋皇城大遗址，感知遗址，热爱遗址，把南宋皇城大遗址公园打造成传播南宋历史文化的“大课堂”，增强全民文化遗产保护意识的“主阵地”，展示杭州历史文化名城的“金橱窗”，实现南宋皇城大遗址社会价值的最大化。

4. 实施南宋皇城大遗址综合保护工程，是打造世界级文化旅游精品的迫切需要。一个国家、一个民族、一个城市的重要史迹，哪怕只剩下断壁残垣，仍然具有永恒的魅力，仍然是一个国家、一个民族、一个城市的“金名片”。世界上许多国家和城市，均以历史古迹而闻名：埃及以金字塔而闻名，希腊以卫城遗址而闻名，秘鲁以马丘比丘而闻名，西安以兵马俑而闻名。南宋皇城大遗址是杭州城市"含金量"最高的"金名片",是杭州城市的标志和象征,是与西湖、西溪、京杭大运河相得益彰的"金字招牌"。杭州是国家旅游局和世界旅游组织命名的"中国最佳旅游城市"、世界休闲组织命名的"东方休闲之都",旅游业是杭州城市的比较优势和核心竞争力所在,是杭州城市的"金饭碗"、杭州人民的"摇钱树"。旅游业之所以能成为杭州城市的"金饭碗"、杭州人民的"摇钱树",除了杭州拥有西湖、西溪、京杭大运河等重量级自然人文景观以外,更重要的是因为杭州拥有像南宋皇城大遗址这样的重量级旅游文化资源。南宋皇城大遗址凝聚着杭州先民的勤劳和智慧,承载着杭州悠久的文化积淀,是满足现代人崇尚寻根访古精神需求的重要载体,是最能吸引游客的人文景观,具有极高的旅游价值,是杭州这座风景旅游城市不可或缺的最大"卖点"之一。南宋皇城大遗址内容十分丰富,文化遗址和出土文物无论是数量上还是品位上在国内首屈一指,完全有可能成为具有世界影响力的文化精品。实施南宋皇城大遗址综合保护工程,对于把杭州这一独有的历史文化遗产资源打造成具有世界影响力的文化旅游精品,进一步提升城市的文化品位,推动杭州旅游国际化,具有十分重要的意义。

5. 实施南宋皇城大遗址综合保护工程,是杭州打响"南宋牌"的关键之举。南宋都城临安是一座兼容并蓄、精致和谐的生活城市。随着北方人口大量南下,中原文化全面渗透到本土的吴越文化中,形成了临安独特的社会生活习俗,并影响至今。临安的社会是本地居民与外来人员和谐相处的社会,临安的文化是南北文化交融、中外文化交流的结晶,临安的生活是中原风俗与江南民俗相互融合的产物。今天的杭州之所以能将"生活品质之城"作为自己的城市品牌,就是因为今天杭州城市的产业形态、思想文化、城市格局、园林建筑、西湖景观等方面都烙下了南宋临安的印迹;今天杭州人的生活观念、生活内涵、生活方式、生活环境、生活习俗,乃至性格、语言等方面,都与南宋临安人有着千丝万缕的历史渊源。2009 年国庆节前夕,南宋御街·中山路盛大开街,精彩亮相,一炮打响,受到了中央和省有关领导的充分肯定,得到了广大市民和中外游客的一致好评和国内外新闻媒体的高度关注，这在很大程度上就是得益于打“南宋牌”。与南宋御街·中山路相比，南宋皇城大遗址更是皇冠上的“明珠”，是杭州的“镇城之宝”。实施南宋皇城大遗址综合保护工程，可以让这颗深埋于地下的“明珠”把杭州照得更加熠熠生辉，让这块举世无双的“镇城之宝”为杭州申遗增加重要砝码，让“南宋牌”为杭州打造与世界名城相媲美的“生活品质之城”添上一张唯我独有的“王牌”。

三、南宋皇城大遗址综合保护的现实基础

南宋皇城大遗址综合保护工程是杭州继西湖、西溪湿地、运河、良渚大遗址四大综保工程之后实施的又一项重大工程，其规模之大、难度之高、困难之多，与上述四大工程不相上下甚至有可能超过。实施南宋皇城大遗址综合保护工程，无疑是城市管理者的一个“痛苦级”抉择，必须坚持谋定而后动。迈入新世纪以来，围绕实施南宋皇城大遗址综合保护工程，我们做了大量基础性工作，可谓“十年磨一剑”。如今，启动这项工程已是瓜熟蒂落、水到渠成，到“亮剑”的时候了。

1. 开展了南宋皇城遗址考古勘探。为了掌握南宋皇城大遗址文化遗产的“家底”，我们组建了由中国社会科学院考古研究所、省文物考古研究所、市文物考古所联合组成的南宋临安城考古队，从 1983 年开始，陆续对南宋皇城遗址进行考古勘探。历时多年的南宋皇城遗址考古勘探工作取得突破性成果，获得了一系列南宋遗址考古新发现，南宋皇城遗址的范围及核心宫殿区布局已基本探明。南宋皇城大遗址综合保护工程地形测绘、立项、考古工作计划方案已着手制定。

2. 深化了南宋历史文化研究。我们专门成立了南宋史研究中心，聘请国内外一流南宋史专家学者，开展南宋历史系列研究，编辑出版《南宋史研究丛书》(50 卷)，包括南宋研究论丛、南宋专题史、南宋人物、南宋与杭州、南宋全史 5 大类，约 2000 万字，研究成果受到史学界高度评价。《南宋史研究丛书》对南宋的政治、经济、社会、军事、科技、文化等诸多领域进行了全面、深入、客观、详实的研究，为实施南宋皇城大遗址综合保护工程提供了大

量珍贵的历史资料。

3. 编制了一系列保护规划。在对南宋皇城大遗址考古勘探基础上，我们组织力量开展了《南宋临安城遗址——皇城遗址保护规划》、《南宋博物院概念性规划》、《玉皇山南综合整治修建性详细规划》、《将台山南宋佛教文化生态公园规划》、《白塔公园规划》、《清河坊——大井巷历史街区保护规划》、《杭州市中山南路——十五奎巷历史街区保护规划》、《八卦田遗址保护规划》、《南宋皇城大遗址公园规划设计导则》、《南宋大遗址公园建筑设计导则》、《南宋皇城大遗址公园宋风建筑设计导则》等一系列规划的编制工作，初步形成了包括概念性规划、分区规划、详细规划、城市设计、建筑设计等在内的南宋皇城大遗址综合保护规划体系。

4. 积累了历史文化遗址保护经验。近年来，我们始终坚持"保老城、建新城"，把保护的重点放在老城区，把建设的重点放在新城区，推进"两疏散、三集中"，即疏散老城区人口和建筑，推动企业向工业园区集中、高校向高教功能区集中、建设向新城区集中，努力实现名城保护与城市化推进的"双赢"。我们始终坚持"城市有机更新"，把生物学中的"生命"概念引入城市建设，把城市作为一个生命体来对待，传承历史，面向未来，着力推进城市形态、街道建筑、自然人文景观、城市道路、城市河道等的有机更新，让杭州这座古老的城市青春永驻、生命长存。我们牢固确立保护历史文化遗产是最大的政绩，保护历史文化遗产就是保护生产力、保护与发展"鱼"与"熊掌"可以兼得、保护历史文化遗产人人有责的理念，始终坚持"保护第一、应保尽保"，把各种历史文化遗存包括"工业遗产"、"商业遗产"、"校园遗产"和有保护价值的老房子无一例外地保护下来，当好杭州这座历史文化名城的"薪火传人"。我们先后把26处历史文化街区和历史地段列入保护名录，相继实施了大井巷——清河坊、南山路、湖滨、梅家坞、北山街、小河直街、拱宸桥西、中山路等一系列历史文化街区和历史地段保护工程；我们公布了3批共192处历史建筑，并将其中70多处列入保护修缮计划，先后修复了玛瑙寺旧址、孩儿巷98号民居等一批历史建筑；我们有计划、有重点地对60多处文保单位进行了保护修缮，包括保护修缮白塔、梵天寺经幢、飞来峰造像、余杭南山造像等一批石质文物，凤凰寺、孔庙大成殿、梁宅、汪宅等一批濒危建筑，以及胡雪岩故居、都锦生故居、盖叫天故居、西博会旧址等一批文物建筑。尤其是在雷峰塔遗址、良渚遗址等文化遗址保护中，我们把保持遗址的真实性、完整性与营造较强的观赏性有机结合，积累了宝贵经验。在实施雷峰塔重建工程时，我们采取“神似+形似”的办法，在雷峰塔遗址上建了一个钢结构、铜屋面的金属塔，不仅没有对雷峰塔遗址造成任何破坏，而且外形看起来与砖木结构的雷峰塔极为相似、惟妙惟肖，得到了专家、市民和中外游客的充分肯定。在良渚遗址保护中，我们以自然生态为基础，在考古研究基础上加以保护和修复，着力彰显水和湿地两大元素，以多种业态带动良渚国家遗址公园的建设和综合利用。通过多年的实践，我们积累了不少经验：从被动的抢救性保护到主动的规划性保护；从补丁式的局部保护到着眼于遗址规模和格局的全面保护；从单纯的本体保护到涵盖遗址背景环境的全方位保护；从画地为牢的封闭式保护到引领参观的开放式保护；从文物的单一保护到推动“城市有机更新”、改善民生的综合保护。

5. 实施了一批重大项目。长期以来，我们依法对南宋皇城遗址进行严格保护和管理，使得南宋皇城遗址未遭破坏。但由于实施冻结式保护，凤凰山周边地区未进行“城市有机更新”，使得这一地区成为杭州中心城区内极少数尚未进行综合整治、环境较为杂乱的区域。迈入新世纪以来，我们加快南宋皇城大遗址周边城市基础设施建设，通过推进背街小巷改善、庭院改善、危旧房改善等民生工程，大大改善了当地的生态环境和居民的居住环境；通过实施雷峰塔重建、万松书院复建、环湖南线景区整合、八卦田遗址保护、严官巷南宋御街遗址陈列馆建设、南宋孔庙复建、太子湾公园综合整治、浙江美术馆建设、清河坊历史文化特色街区建设、吴山景区综合整治、中山路综合保护与有机更新、玉皇山南综合整治、凤凰山路综合整治工程、南宋官窑博物馆建设、净慈寺扩建、江洋畈生态公园建设等与南宋皇城大遗址综合保护相关的项目，为实施南宋皇城大遗址综合保护工程进一步奠定了基础。目前南宋皇城大遗址东、南、西、北面已基本完成整治，南宋皇城大遗址综合保护工程可谓“呼之欲出”。

6. 创新了历史建筑保护手法。近年来，我们在历史文化名城保护实践基础上，逐步探索和创新出保真、修复、改善、整饬、置换、加建、新建、迁移等8大历史建筑保护手法，并在中山路综合保护与有机更新等南宋皇城大遗址综保项目中进行了有效运用。一是保真，就是原封不动。主要针对文物保护单位和控制保护古建筑。二是修复，就是修旧如旧。主要针对文物保护单位和控制保护古建筑，对个别构件加以更换和修缮。三是改善，就是锦上添花。主要针对建筑风貌和主体结构保存情况较好，但不适应现代生活需要的历史建筑。对建成50年以上的老房子就是采取改善的手法，通过配置水电、厨卫等设施，改善原住民生活条件。四是整饬，就是新颜旧貌。主要针对建筑质量较好但风貌较差的现代建筑，通过立面整治达到与环境风貌的协调，或针对立面局部被破坏的历史建筑，进行立面修复整饬。五是置换，就是角色转换。主要针对建筑风貌和主体结构保存尚可，但功能不利于提高街区活力的一般建筑，保持建筑的基本结构和外貌，对建筑内部进行改造，用更新后的新功能置换旧的使用功能。六是加建，就是老树新芽。为了改善街区建筑空间的效能，在某些一般建筑上，按传统建筑形式或风貌加建骑楼等建筑。七是新建，就是应运而生。拆除与传统风貌冲突较大和建筑质量极差的一般建筑，重建与环境相协调的新建筑。八是迁移，就是异地保护。把已经完全不能与周边建筑融合的历史建筑，或街区内部处于同样尴尬地位的历史建筑迁移到街区内更为合适的区域进行保护和利用。

7. 破解了几大难题。在国家、省有关部门和驻杭部队的大力支持下，困扰南宋皇城大遗址综合保护多年的几大难题得到了解决。省军区和驻杭部队全力支持杭州实施南宋皇城大遗址综合保护工程，军地双方签署了有关通过土地置换解决皇城大遗址范围内军队仓库建设用地问题备忘录，在土地评估置换、职工住户安置等问题上达成了共识。铁道部已原则同意南宋皇城大遗址综合保护工程范围内的浙赣铁路线“上改下”和上海铁路局杭州机务段搬迁改造，目前这项工作正在紧锣密鼓地推进之中。2009年10月，省民族宗教委已正式批复同意杭州在将台山制作大型露天宗教景观将台山摩崖石刻，将台山南宋佛教文化生态公园建设获得了突破性进展。

四、南宋皇城大遗址综合保护的总体要求

《威尼斯宪章》指出:为社会公用之目的使用古迹永远有利于古迹的保护。实践证明,对历史文化遗产,只能实行积极保护,不能实行消极保护。所谓"积极保护",就是以保护为目的,以利用为手段,通过适度的利用实现真正的保护,在保护与利用之间找到一个最佳平衡点和"最大公约数",形成保护与利用的良性循环,实现生态效益、社会效益和经济效益的最大化、最优化。实施南宋皇城大遗址综合保护工程,必须遵循积极保护的方针和"城市有机更新"理念,坚持保护第一、生态优先,以人为本、以民为先,科学规划、分步实施,尊重历史、文化至上,和而不同、兼收并蓄,品质导向、集约节约,市区联动、三力合一原则,通过5—10年的努力,建设以遗址本体及周边环境的保护与展示为主,融合教育、科研、游览、休闲等功能,历史积淀深厚、人文景观丰富、自然景观优美、服务设施一流、环境整洁卫生、管理科学合理的南宋皇城大遗址公园,打造以"最小干预、和而不同"为准则,以宋风建筑为导向,以山、湖、江、河自然景观为依托,以南宋御街·中山路为中轴线,以鱼骨型坊巷居住形态为基础,以沿中河、东河"倚河而居"为特色,以国保单位、文保点、历史建筑、50年以上老房子及各个不同历史时期代表性建筑为主体的"建筑历史博物馆"和保持生活形态延续性的"活的遗址公园",展示中国最美丽的山水花园式皇城的遗韵,把南宋皇城大遗址公园打造成展示杭州历史文化名城的"窗口"、中国大遗址保护的典范,打造成世界级旅游产品和世界文化遗产。

我们之所以把目标定位明确为建设大遗址公园,而不是全国重点文物保护单位、历史街区、历史文化名城,主要是基于以下3点考虑:第一,2001年南宋临安城遗址已被确定为全国重点文物保护单位,但对面积如此之大的全国重点文物保护单位进行保护必须有一个载体,否则保护就落不到实处。第二,南宋皇城大遗址公园包括南宋御街·中山路在内的历史街区,但历史街区的定位范围偏小、内涵偏窄,很难涵盖杭州这座历史古都特别是南宋都城深厚的历史积淀。第三,杭州是一座历史文化名城,13个区、县(市)

1.66 万平方公里、8 个城区 3068 平方公里、6 个主城区 638 平方公里都可纳入历史文化名城保护范围。但这个保护范围面积过大,其间又有多项历史文化名城保护工程正在实施。杭州建设遗址公园至少有 4 个基础:一是“大遗址的基础”。无数考古发现证明,迄今为止南宋皇城遗址仍完整地保存在地下,特别是 14.16 平方公里完全具备打造大遗址公园的条件。二是“城市肌理的基础”。杭州的城市肌理特别是坊巷格局在中国古城中可能是保存最完整的,南宋皇城遗址周边的中河、东河也是南宋时期延续下来的河道,保存了完整的河道肌理。三是“建筑序列基础”。虽然现在南宋保留下来的建筑少之又少,但从南宋时期延续下来的建筑系列都保存得十分完整。四是“原住民的基础”。南宋皇城遗址范围内的原住民中有 800 年前的南宋居民后代,他们世世代代生活在遗址周边,讲的都是原汁原味的杭州话。坚持“城市有机更新”理念,很重要的一点,就是要保持大遗址公园生活形态的延续性,这是大遗址保护的一个重要原则,是杭州的优势和“撒手锏”。综上所述,我们认为大遗址公园是一个合适的目标定位。这种遗址公园不是狭义的“考古型遗址公园”,而是广义的“都市型遗址公园”。当然,如何去实现这个定位,国内目前尚无成功先例,特别是以“城市有机更新”的理念去实现它,更是一大创新。我们要在老城区范围内以大遗址公园为目标和载体,闯出一条在老城区、建成区进行大遗址保护利用的新路子,打造一种大遗址保护与利用的“杭州模式”。建设大遗址公园,绝不在建筑风格上搞“一刀切”,绝不在建设上搞大拆大建,绝不搞仿古一条街,绝不靠历史文化遗产赚钱。实施南宋皇城大遗址综合保护工程,建设南宋皇城大遗址公园,必须始终坚持以下几条原则:

1. 坚持保护第一、生态优先。历史文化遗产是人类在物质和非物质生产活动中创造的不可再生、不可替代的宝贵财富。实施南宋皇城大遗址综合保护工程,必须坚持“保护第一、应保尽保”原则,保护好大遗址历史信息的真实性、环境风貌的完整性、生活形态的延续性和人文景观的可识别性;必须坚持整体保护,保护遗址本体与周边环境,不惜代价保护与遗址本体相关的生态环境、自然景观、人文景观、文物古迹、民居村落,保护与遗址相关的一切历史的、社会的、精神的、习俗的、经济的和文化的内容；必须坚持“修旧如旧、似曾相识”理念，综合运用保真、修复、改善、整饬、置换、加建、新建、迁移等多种手法，让历史建筑保留传统风貌特征，新建建筑充分吸收南宋文化的元素符号，做到“神似”而非“形似”，坚决杜绝“假古董”；必须坚持生态优先，做到修复文化生态与修复自然生态并重，体现南宋皇城依山临江的特色，把南宋皇城大遗址公园打造成为自然环境与人文环境高度和谐、完美融合的历史文化遗产保护的典范。

2. 坚持以人为本、以民为先。以人为本、以民为先是南宋皇城大遗址综合保护的根本出发点和落脚点。南宋皇城大遗址的每一块砖、每一处遗存、每一件文物，都是公共资源，都要让人民群众共享，实现公共资源利用效益的最大化。特别是要把帮助原住民扩大就业、增加收入，改善原住民生产生活条件摆在首位，鼓励外迁、允许自保，让原住民共享南宋皇城大遗址综合保护的成果，成为保护南宋皇城大遗址的最大受益者，实现南宋皇城大遗址保护与提高原住民生活品质的“双赢”。要坚持以民主促民生，问情于民、问需于民、问计于民、问绩于民，落实人民群众的知情权、参与权、选择权、监督权，真正做到“保护为了人民、保护依靠人民、保护成果由人民共享、保护成效让人民检验”。

3. 坚持科学规划、分步实施。南宋皇城大遗址综合保护是一项宏大的系统工程，必须尊重科学、精心谋划，统一部署、群策群力，而不可能毕其功于一役，更来不得半点心急和马虎，要有打持久战的决心和准备，摒弃任何急功近利的思想，把控制、整治、保护有机结合起来，把着眼长远和立足当前有机结合起来。战略上，要着眼于今后5—10年，搞好综合保护的整体规划，为全面推进打好基础；战术上，要着眼于好中求快，每年列出阶段性工程实施方案，明确任务和进度，集中力量，逐个突破，积小胜为大胜，从而真正体现总体规划、分步实施，由点到面、由线到片，系统综合、有序推进。

4. 坚持尊重历史、文化至上。大遗址公园展示的是遗址本身及其价值，绝不能有丝毫臆测，容不得半点涂抹和篡改。实施南宋皇城大遗址综合保护工程，必须建立在考古的和历史的研究基础上，以原始资料和确凿的文献为依据，保护和再现历史文化遗存的审美和历史价值，还原一个真实的南宋；必须突出文化内涵，不仅要在规划上注重文化导向，更要在建设中体现文化品位；不仅要注重整体文化氛围，更要注重历史细节和文明碎片，充分展示南宋在经济、政治、科技、军事、文化，特别是文化方面所取得的成就，充分展示南宋在中华文化形成中的巨大推动作用以及在人类文明进步中所扮演的角色，当好杭州这座历史文化名城的"薪火传人"。

5. 坚持和而不同、兼收并蓄。南宋皇城大遗址范围内有大量隋、唐、吴越、宋、元等不同时期以及佛教、道教、伊斯兰教、天主教、基督教等不同宗教的文化遗存。实施南宋皇城大遗址综合保护工程，要在突出打好"南宋牌"、"佛教牌"的同时，正确处理南宋与吴越等不同历史时期文化之间的关系，正确处理佛教与道教等不同宗教文化之间的关系，妥善应对不同历史时期文化遗存在规划区范围内叠加带来的挑战，合理地把历史积累的文化元素和建筑符号妥善应用于现代城市发展和现代建筑设计中，充分体现多元共生、多元融合、多元和谐。

6. 坚持品质导向、集约节约。品质是杭州城市的鲜明特征，是杭州城市的核心竞争力。实施南宋皇城大遗址综合保护工程，必须坚持高起点规划、高强度投入、高标准建设、高效能管理"四高"方针，确立品质导向，强调"细节为王"、"细节决定成败"，强调精益求精、不留遗憾，追求卓越，打造精品，放大"名画效应"，努力使每一处景点、每一处建筑都经得起人民的检验、专家的检验、历史的检验，成为"专家叫好、百姓叫座"的世纪精品、传世之作，成为"今天的建筑、明天的文物"；必须坚持集约节约利用土地资源和建设资金，强调保质量、保进度、保安全、保稳定、保廉洁"五保"要求，强调把房屋拆迁量和树木迁移量降到最低限度，把给市民和沿线单位带来的不便降到最低限度，把工程建设成本降到最低限度，努力在集约节约与打造精品之间找到一个最佳平衡点。

7. 坚持市区联动、三力合一。南宋皇城大遗址综合保护工程综合性强，涉及面宽，难度特别大，需要协调配合的单位多，必须实行市区联动、资源整合，充分调动市、区两级政府的积极性；必须坚持政府主导力、企业主体力、市场配置力“三力合一”,既充分发挥政府“有形之手”的作用,又发挥市场“无形之手”的作用,找准“三力合一”的结合点,实现“三力合一”的最大化。党委、政府要在制订规划、整合资源、完善政策、市场准入、加强监管、优化环境、宣传促销、提供服务等方面充分发挥主导作用,以“有形之手”推动企业主体力和市场配置力的发挥。

五、南宋皇城大遗址综合保护的重大项目

项目带动是实施南宋皇城大遗址综合保护工程的“牛鼻子”。迈入新世纪以来,我们在南宋皇城大遗址规划范围内先后实施或正在谋划实施 25 个重大项目。其中,雷峰塔重建、万松书院复建、环湖南线景区整合、八卦田遗址保护、严官巷南宋御街遗址陈列馆建设、南宋孔庙复建、太子湾公园综合整治、浙江美术馆建设、南宋官窑博物馆扩建等 9 大项目已全面完成;清河坊历史文化特色街区建设、吴山景区综合整治、中山路综合保护与有机更新、新中东河综合整治与保护开发、玉皇山南综合整治、凤凰山路综合整治、净慈寺扩建、江洋畈生态公园建设、南宋文化研究等 9 大项目已取得重大阶段性成果;将台山南宋佛教文化生态公园建设、中国音乐博物馆建设、白塔公园建设、新海潮寺(南北院)建设、海潮公园建设、杭州卷烟厂地块转型提升、南宋博物院建设等 7 大项目正在筹划实施。我们要继续坚持“大项目带动”战略,深入实施《南宋皇城大遗址综合保护工程五年行动计划》,以重大项目为载体和平台,推进南宋皇城大遗址综合保护。

1. 雷峰塔重建。雷峰塔位于西湖南岸南屏山日慧峰下净慈寺前,相传为吴越王钱弘俶为庆祝皇妃得子而建,始建于北宋太平兴国二年(977)。北宋宣和二年(1120),雷峰塔因战乱遭到严重破坏,南宋庆元年间(1195—1200)重修,建筑和陈设气势磅礴、金碧辉煌。黄昏时,雷峰塔与落日相映生辉,故被命名为“雷峰夕照”,列入南宋“西湖十景”。南宋之后,雷峰塔几经损毁几经重建。1924 年 9 月 25 日,年久失修的雷峰塔轰然坍塌,“雷峰夕照”从此名存实亡。1999 年 7 月,省委、省政府作出重建雷峰塔的决策,并专门成立了雷峰塔重建工作协调小组。在历经 22 个月的设计论证基础上,

2000年12月雷峰塔重建工程正式启动,2002年10月竣工。雷峰塔按原塔的形制、体量和风貌,在原址上重建,外观呈八面、五层、楼阁式,通高71.679米,占地面积3133平方米。全塔上下内外装饰富丽典雅、陈设精美独到、功能完善齐备。特别是我们创造性地在雷峰塔遗址建造了保护罩,既实现了对遗址的有效保护,又满足了游客观赏遗址的需要。重建的雷峰塔,雄伟敦厚、古朴典雅,既保留了传统建筑的特色,又融入了现代科技和工艺,是古典文化、现代科技和时尚元素的完美结合,是遗址保护、展示与名胜古迹重建、利用的成功范例,被公认为"世纪精品、经典之作",成为杭州标志性旅游景点之一。雷峰塔的重建,再现了"雷峰夕照"这一独特美景,重现了杭州"一湖映双塔"的历史风貌。

2. 万松书院复建。万松书院位于凤凰山万松岭,取自白居易"万株松树青山上,十里沙堤明月中"①诗意而得名。唐贞元年间(785—805)在此建有报恩寺,以及舞凤轩、万菊轩、浣云池等。南宋时,寺院香火盛极一时。明弘治十一年(1498),浙江右参政周木在原报恩寺遗址上改建万松书院。万松书院曾名太和书院、敷文书院,是明清时杭州规模最大、历时最久、影响最广的书院。明代王阳明、清代齐召南等大学者曾在此讲学,"随园诗人"袁枚也曾在此就读。2001年9月,万松书院复建工程正式启动,2002年10月建成开放。书院按明代建筑风格样式修复,主体建筑包括仰圣门、毓秀阁、明道堂、大成殿等,其中毓秀阁原为接待各地访问学者的处所,现辟有"梁祝书房",展示梁山伯、祝英台当年刻苦攻读、"促膝并肩两无猜"的场景;明道堂为书院讲堂,陈设展示中国历代科举文化;大成殿为祭祀孔子处,设有"孔子行教图"壁画。仰圣门、明道堂、大成殿三大建筑依山而建,突出以山林做伴、清静读书的氛围。景区内石林秀逸,植被翳然,人工堆砌的湖石假山与原有裸岩连成一体,展示了"虽由人作,宛若天开"的精妙造园手法。2004年增建了讲堂及部分服务配套设施,于当年10月1日对外开放。其建筑风格、室内陈设与原有建筑风格一脉相承,既完整地展现了古代书院的风貌,

① 白居易:《白氏长庆集》卷二〇《夜归》,文学古籍刊行社1955年据宋本重印。

又满足了现代旅游业发展的需要。2009 年,又重建万松书院的国学馆“正谊堂”和藏书楼“存诚阁”,于国庆节向市民和游客开放,恢复了古代书院讲学、祭奠、藏书三大功能。

3. 环湖南线景区整合。环西湖南线地带是西湖风景名胜区中环境容量最大、历史积淀最深厚、景点类型最完整的地区。南山路是南宋临安城西城墙沿线;清波门外是皇家花园聚景堂所在地;涌金门、翠光亭曾是南宋皇帝高宗、孝宗游湖上船之地;涌金楼是南宋时读书人考取进士、状元后举行状元宴之地。宋代词人张先、李清照、周密,画家郑起、宫廷画家刘松年等文化名人,都曾在西湖南线一带居住。环湖南线景区还有列入南宋“西湖十景”的柳浪闻莺、雷峰夕照、南屏晚钟、花港观鱼等著名景区景点,潘天寿纪念馆、勾山樵舍、黄楼、澄庐、恒庐、茅以升旧居、乾隆御赐茶庄、卜氏墓园、胡庆余堂等 20 多处历史建筑,以及中国丝绸博物馆、中国美术学院、浙江美术馆等艺术殿堂。2002 年 2 月,环湖南线景区整合工程全面启动,2002 年国庆节竣工并向中外游客和杭州市民免费开放,全长约 15 公里的西湖沿岸全线贯通。我们坚持“还湖于民”、“还湖于游客”的目标,按照“开放性、通透性、可进入性”要求,通过拆除围栏、调整树木、加大绿化、引入水系、辟建河埠、建设滨湖步行道、配置灯光和音乐等措施,打破独立公园的组景概念,引西湖水体“南下”、“东伸”,拓宽环湖公共绿地,对柳浪闻莺公园、少儿公园、老年公园、长桥公园进行资源整合,使其成为向市民和中外游客免费开放的景观廊道,成为新世纪杭州的一个主打旅游产品。坚持“突出文化”要求,借助桥梁、雕塑、河埠头、文物建筑、景观小品等,充分挖掘南线景区深厚的历史文化、民俗文化、名人文化、历史故事和民间传说,使该景区一景一物皆有灵魂,提升景区的文化品位,使其成为一条展示西湖独特文化内涵和文化特色的文化廊道。坚持注重和谐,把南线景区与新湖滨公园、环湖北山线孤山公园连成一线,并与雷峰塔、万松书院、钱王祠等景点串珠成链,形成“环湖十里景观带”,打造品位高雅、特色鲜明、内涵丰富、设施一流、秩序井然的新南线景区,推动西湖核心景区旅游由“南冷北热”向“南旺北热”转变。

4. 八卦田遗址保护。八卦田遗址位于玉皇山南麓，曾是南宋皇家籍田的遗址，呈八卦状，九宫八格，总面积约 90 亩。南宋绍兴十三年(1143)正月，宋高宗赵构为表示对农事的尊重和对丰收的祈祷，采纳了礼部官员的提议，在皇城南郊开辟籍田，每年春耕开犁时，皇帝亲率文武百官到此行“籍礼”，执犁三推一拨，以祭先农。20 世纪 90 年代以来，八卦田遗址周边环境日益恶化，周围灰暗的建筑、嘈杂的市场以及污染严重的仓储加工场所，将这方原为圣地的沃土湮没在市井之中。2007 年 3 月八卦田遗址保护工程启动，当年 10 月开放。工程立足于保护遗址、整治环境、挖掘文化旅游休闲资源，在维持原有中间土埠阴阳鱼和外围八边形平面格局的基础上，形成主入口广场区、古遗址保护区、农耕文化体验区、农耕文化展示区四大区块，恢复其作为南宋时期皇家籍田的自然风貌，使其成为一个展现农耕文化的农业科普园地和历史文化遗址公园。主入口广场区的南入口处设一景墙浮雕，6.06 米长的福建青石上雕刻着南宋皇帝举行亲耕仪式、行籍田之礼的场景。古遗址保护区的中央圆台处按照原有太极图式阴阳鱼图案，对古遗址区内的绿化植被进行了适当调整和充实。八卦田的农作物种植以展现农耕文化为主线，综合考虑了土地环境、作物生长的自然规律、“南宋九谷”①品种的发展演变等因素，将种植区域分为外围区、环核心区和中心区。农耕文化体验区由以罗盘形式摆放的授时图小广场、展示农家十二月节候丰稔歌的景石道和康熙御制 23 幅耕图组成的景墙廊组成。农耕文化展示区主要展示农具实物和农具图谱。陈列室内所展示的犁、耙、石磨等用于整地、播种、收割的各种生产农具，较为完整地反映出浙杭地区农业耕作的特点和江南水乡农耕文化的特色。图谱以《四库全书》收录的明代徐光启《农政全书》为底本，按照农具六大类别挑选了 36 幅图谱仿制刻印在银杏木板上，集中展示了我国作为传统农业大国的悠久农耕文化史。

5. 严官巷南宋遗址陈列馆建设。严官巷南宋遗址地处南宋临安府城

---

① 南宋九谷：《宋史》所载南宋八卦田曾经播种过的九种作物，分别是稻、黍、稷、粟谷、糯谷、大豆、小豆、大麦、小麦。

墙外，与南宋皇城遗址、太庙遗址和三省六部遗址毗邻。据钟毓龙《说杭州》记载，南宋时巷内严姓医士为孝宗皇帝治愈痢疾，孝宗赐以金杵臼，封以官职，严官巷因此得名。2004 年年底，在万松岭隧道东接线（严官巷段）的道路建设中，市文物考古所对严官巷的南北两侧进行抢救性考古发掘，发现了南宋时期的御街、御街桥堍和桥墩基础、道路、殿址、围墙、河道、石砌水闸设施以及元代石板道路等重要遗迹，不仅种类多，而且保存较好，这在临安城考古中极其罕见。特别是发现了保存完好的南宋御街遗迹，从而确定了南宋临安城的中轴线。此项考古发掘入选 2004 年度全国十大考古新发现。发现严官巷南宋御街遗址后，杭州决定对原道路建设方案进行修改，对南宋御街遗址全部进行原址保护和展示。严官巷南宋遗址陈列馆建设工程于 2005 年 9 月动工，2006 年 6 月竣工开放。我们本着积极保护、最小干预的原则，根据现场条件及地理位置，采用混凝土框架和钢结构屋面，建设为南、北展厅。陈列馆的遗址保护和内部展陈，较好地利用了多媒体等先进的展陈手法和通俗易懂的陈列语言，市民可以沿着游步道参观南宋早期御街、南宋晚期一号殿址、南宋白马庙、南宋中期砖砌道、南宋晚期二号殿址的门楼与主道、南宋晚期石砌储水设施、南宋三省六部北围墙等遗迹。严官巷南宋遗址陈列馆建设，很好地处理了道路畅通、文物挖掘、部分遗址展示的关系，解决了老百姓生活改善、遗址保护和部分地面土地利用的关系问题，增强了遗址本身的观赏性，宣传了城市考古的意义和价值，为杭州地下考古遗址的保护与展示积累了宝贵经验。

6. 南宋孔庙复建。南宋孔庙坐落于吴山广场西北侧的劳动路，其渊源为杭州州学，始建于北宋仁宗年间（1023—1063）。南宋建炎三年（1129），杭州擢升为临安府，原州学成为府学，后被皇室征用为太学。绍兴元年（1131），搬迁至运司河下凌家桥西原慧安寺旧址，即今劳动路杭州碑林处，孔庙随之建于此。因此，旧时劳动路又称“府学巷”、“文庙巷”。南宋孔庙是南宋时期全国最高学府，学生从初期的 200 多人增至数千人。南宋以后，孔庙一直是杭州的最高学府，直到清末科举制度废除后才停办。20 世纪六七十年代，孔庙成为杭州碑林，珍藏各种碑刻、拓片等。2007 年 11 月，南宋孔庙复建工程开工,2008 年 9 月建成开放。孔庙占地面积 1.32 公顷,其平面布局和建筑风格依据传统格局、文化传承、文物内涵以及江南园林特色,由东、西两个既相互连贯又相对独立的区域组成。东区为碑林,西区为孔庙。西区以大成殿为核心,采取均衡对称、规整方正的平面布局,突出了庄严、肃穆的氛围,建筑群由棂星门、泮池、大成门、东西庑、碑亭、大成殿等组成,既完整地保留了孔庙的原有中轴线风貌,又使整个建筑群高低错落、动静有序。东区整体布局为江南园林式,主要建筑有太学堂、文昌阁、天文星象馆、国学馆、石经阁等,周围一圈碑廊,展示 450 多块石碑。其中,天文星象馆里放的是吴越王钱元瓘墓室顶部发现的天文图石刻,石经阁里放的是南宋皇帝赵构和皇后吴氏亲笔书写的 85 块石经,这些石经曾作为古代学生标准课本,也是杭州碑林的"镇馆之宝"。东西两庑则结合杭州的历史特点与文化内涵,充分展示出孔庙所蕴藏的丰富历史信息。南宋孔庙的复建,形成了集"孔庙、府学、碑林"于一体的格局。

7. 太子湾公园综合整治。太子湾公园东邻净慈寺、小有天园及张苍水墓祠、章太炎墓道,西接南高峰,北有一长列高大葱郁的水杉密林,如翠帷中垂,与车水马龙的南屏路相隔,颇似一把太师椅的椅座。相传此地曾是南宋庄文、景献两位太子的攒园。1989 年建成的太子湾公园,以大弯大曲、大起大伏、空阔疏远、简洁明快的独特空间设计自成风格,成为杭州风景园林中的佳作。随着时间的推移,园内植物生长日趋茂密,改变了当时设计的空间效果;沿南山路一侧植物郁闭度高,通透感差;建筑陈旧,基础设施不完善;道路铺装因土壤沉降而变形开裂。2008 年 10 月,杭州正式启动了太子湾公园综合整治工程。综合整治以"还湖于民、还绿于民、还景于民"为目标,高度重视人民群众和中外游客的需求,处处体现人文关怀,努力实现人与自然的和谐统一。一是调整园内植物。沿南山路打通多条透景线,开挖水系 2500 余平方米;园内增补樱花,营造早春烂漫樱花的氛围;对郁金香种植区域和逍遥坡、望山坪大草坪进行土壤改良,同时加大对郁金香的养护管理投入力度,确保整治后的花展质量更上一层楼。二是调整园内建筑。考虑到 24 小时免费开放后的游客流量,此次整治对原有建筑进行了立面整治和调整优化。三是调整园内基础设施。增建了木栈道、叠石、壁泉，打通了园内水系，更新了公园标识标牌系统。2009 年 3 月，太子湾公园对外免费开放。整治后的太子湾公园风光显山露水，景观通透延展，山水与西湖融为一体。尤其是太子湾公园郁金香展的免费开放，备受广大市民和中外游客的欢迎。

8. 浙江美术馆建设。浙江美术馆位于万松岭麓南山路 138 号，据明代张撝之在《武林旧事》夹注中的记载，馆址原为南宋宫廷画院所在地。①2005 年 5 月浙江美术馆开工，2009 年 8 月开馆。建筑依山傍水，集西子之灵秀，得玉皇之雄浑；依山展开，并向湖面层层低落，起伏有致的建筑轮廓线达到了建筑与自然环境共生共存的和谐状态。建筑造型自然而又充分地表露了江南文化所特有的韵味。粉墙黛瓦的色彩构成、坡顶穿插的造型特征、清新脱俗而又灵动洒脱的文化品位，在似与不似之间被融入了创作，使浙江美术馆成为传播人类文明、弘扬先进文化、塑造人文精神的重要场所和全国重要美术场馆。

9. 南宋官窑博物馆扩建。南宋官窑博物馆位于玉皇山以南乌龟山西麓，是中国第一座依托古窑址建立的陶瓷专题博物馆。南宋官窑是南宋朝廷专设的御用瓷窑，它烧制的瓷器造型端庄、釉色莹润、薄胎厚釉，被誉为宋代五大名窑之首，在中国陶瓷史上独树一帜。建成之初的馆区主要包括南宋官窑历史文物陈列厅和郊坛下遗址保护厅两个部分。历史文物陈列厅建筑采用宋代风格的短屋脊、斜坡顶仿古木架构形制，造型庄重古朴。遗址保护厅是我国南方地区最大的遗址保护建筑，由作坊保护厅和龙窑保护厅组成，建筑采用大跨度整体网状钢架结构，风格雄浑大气。2002 年对原展厅进行了扩建与陈列改造。2007 年又进行了二期扩建，2007 年 9 月建成开放，新增了中国陶瓷文化陈列厅、陶艺培训中心、临时展厅及仿古瓷工厂等几个部分，建筑采用框架结构，风格与南宋官窑历史文物陈列厅相呼应。为生动直观地再现南宋瓷器的生产过程，馆内复原了一套传统制瓷工具和设备，参观者可以亲自动手，体验制作仿古瓷器的乐趣。2010 年，启动南宋官窑博物

① 王伯敏：《中国绘画通史》，东大图书公司 1997 年出版。

馆三期扩建工程,2010 年 10 月 1 日建成开放。三期扩建工程包括陶瓷文化展厅(两座)、南宋历史陈列厅、管理服务用房及陶瓷文化园等。扩建后的南宋官窑博物馆馆区总占地面积达到 60 亩,形成以郊坛下遗址为中轴线,西侧展示陶瓷文物,东侧为陶瓷文化休闲区的空间布局,成为融文物收藏、研究、展览、旅游、休闲、生产、商贸为一体的"中国陶瓷文化村","国内领先、世界一流"的国家级、专业化、平民化博物馆。

10. 清河坊历史文化特色街区建设。清河坊历史文化特色街区东起中河中路,西至华光路,南起吴山北侧,北至高银巷,占地面积 13.66 公顷,是杭州保存较完整的历史街区。南宋清河郡王张俊就住在这一带的太平巷,故称为清河坊。河坊街新宫桥以东,是宋高宗"禅位"后的住地——德寿宫遗址。街区现存古建筑大多建于鼎盛时期的明末清初,杭州百年老店均集中于这一带,如胡庆余堂等。清河坊历史文化街区保护与改造工程于 2000 年 6 月启动,2004 年 10 月开街,恢复了方回春堂、保和堂、种德堂、万隆、王星记等老字号,引进了世界钱币博物馆、观复古典艺术博物馆、雅风堂馆、浙江古陶器收藏馆、龙泉官窑展馆等工艺品店,以及太极茶道、太和茶道、绍兴老酒店、香溢馆、华宝斋等特色店,成为古风扑面、环境典朴、功能完备、管理规范的步行街区和杭城新的商贸旅游景点。2005 年,清河坊历史文化特色街区被商务部中国步行商业街工作委员会授予"中国著名商业街"称号。2007 年,我们把清河坊历史文化特色街区二期改造工程与中山路综合保护与有机更新工程结合起来,重点实施大井巷、吴山科技馆、吴山博物馆等项目,保护与强化街区外部空间,延续其原有的低层、高密度的空间肌理和传统风貌,逐步恢复院落绿化系统,沿袭昔日文脉,展现市井风情,突出民俗生活,形成怀旧游、老店游、民俗游等特色旅游产品,打造以清末民初建筑风格为主,以传统商业、药业文化和传统民居为特色,集文化、旅游、商业、休闲娱乐、博物馆功能于一体,真实传递历史信息,具有杭州地方特色的历史街区。

11. 吴山景区综合整治。吴山俗称"城隍山",是西湖南山延伸进入杭州城区的尾脉。春秋时期,吴山是吴国的南界。山顶的城隍阁高 41.6 米,是连地下共七层的仿古阁楼式建筑,炫煌富丽,融合宋、元、明殿宇建筑风格,大处着眼,细处勾勒,兼揽杭州江、山、湖、城之胜。吴山是杭州最具平民特色的景区,自古有五多:古树清泉多、奇岩怪石多、祠庙寺观多、民俗风情多、名人遗迹多。尤其是自南宋绍兴九年(1139)城隍庙迁移至吴山以后,每当春节庙市麇集,江湖游艺百戏俱陈,自螺蛳山蔓延至十二生肖石,熙来攘往,市肆相望,洋洋大观,美不胜收,连金主完颜亮也作《南征至维扬望江左》诗,冀望"提兵百万西湖上,立马吴山第一峰。"千百年来,伴随着杭州城市的兴衰演变,吴山积淀了不同时期大量的历史文化,山上山下不但风景优美,而且名胜古迹众多。吴山景区内共有 46 处景点,分为河坊街景群、伍公山景群、城隍阁景群、阮公祠景群、三茅观景群、革命烈士纪念园区、云居山风景林、贺家山风景山林区等景观区块。吴山景区综合整治工程 2006 年至 2008 年分三期实施。在一、二期综合整治中,我们坚持保留"大碗茶",不增加老百姓活动成本、不挤占老百姓活动空间、不减少老百姓活动内容,让普通百姓上得了吴山、游得起吴山,实现了"还山于民";恢复了吴山庙会活动,展示民间的绝技绝活和特色小吃、传统手工艺、地方戏曲及传统中医中药,再现了历史上吴山庙会繁华景象。伍公山景群得到了彻底整治,阮公祠得以恢复。目前正在实施的吴山景区综合整治三期工程,恢复三茅观景区是其重中之重。三茅观原名"三茅堂",为祭祀传说中汉时得道成仙的三茅真君而建。南宋绍兴二十年(1150),因东都旧名,改称"三茅宁寿观"。三茅观是明朝名臣于谦幼时读书处,著名诗作《石灰吟》就是于谦在三茅观读书时写下的。三茅观后曾筑有七十二瑶台,遍植桃花,春时郊祭,有"瑶台万玉"之称,为"吴山十景"之一。抗战时三茅观为日军拆毁,但规模较大的遗迹保存至今。吴山景区三期综合整治除恢复三茅观主景区外,还包括修复瑞石古洞区、泼水观音民俗文化区、摩崖石刻石林区、乾隆用于镇火的"坎卦坛"、祭祀唐节度使汪华的汪越公庙遗址、石佛院造像、仁圃桃园遗址、江湖汇观亭等一大批历史文化遗存。

12. 中山路综合保护与有机更新。中山路为南宋时期的御街,又名天街、大街,是临安都城南北走向的主轴线。两侧官府、宅第、店铺林立,坊巷众多。“八百里湖山知是何年图画，十万家烟火尽归此处楼台”①，即是当年南宋御街的真实写照。中山路是自南宋以来历代中央或地方官署机构集中的地区，南宋太庙、三省六部等都设置于此地，至今还留存着中央或地方官署的路巷名称，如太庙巷因南宋时建有帝王宗庙而得名，察院前巷因南宋时建有左右仆射（丞相）府而得名，大马弄因南宋时建有车马司而得名。民国时期，中山路也是杭州人气最旺、最为繁华的一条街道。中山路周边是杭州主城区历史最悠久、遗存最丰富、历史风貌和民间生活最完整的片区，其空间格局、街巷形态、地名体系和字号门店等，都保存着杭州这座城市各个时代的历史、文化和生活的信息，保存着大量“活化的历史基因”。2008 年 1 月 18 日，中山路综合保护与有机更新工程正式启动，2009 年 9 月 30 日，南宋御街·中山路正式开街。2010 年 9 月 30 日，南宋御街中华美食夜市一条街正式开街。两年多来，我们引入“城市有机更新”理念，坚持积极保护方针，坚持高起点规划、高标准建设、高强度投入、高效能管理，坚持以民为本、保护第一、生态优先、系统综合、品质至上、文化为要、集约节约、可持续发展，坚持细节为王、细节决定成败，坚持打造世纪精品、传世之作，创造性地回答了中山路能不能打造“建筑历史博物馆”、能不能引水入街、能不能打造公共艺术精品长廊、能不能搞步行街、能不能调整业态、能不能适当增加新建筑和骑楼、能不能搞好资金筹措等七大问题，确保了中山路综合保护与有机更新工程的顺利推进。今天，一个有着厚重文化、顶端产业、精致空间、人性交通、品质生活的历史街区闪亮登场，一个集“吃、住、行、游、购、娱”六大要素于一体的国际旅游综合体雏形初现。在这里，人们可以鉴赏不同时期的杭州特色建筑，包括南宋三省六部遗址、太庙遗址、南宋御街遗址等历史遗迹，于谦故居、胡庆余堂、浙江兴业银行旧址、万源绸庄等历史建筑，河坊街的明清建筑，中山中路民国初年的西洋建筑，中山北路的现代建筑，宝成寺、天主堂、天水堂、凤凰寺、鼓楼堂等宗教建筑；可以品尝源于南宋，将南北烹饪技艺融会贯通于一体，独树一帜的

---

① 明代徐渭题杭州城隍阁“江湖汇观亭”楹联。

“杭帮菜”；可以体验以胡庆余堂、方回春堂为代表的博大精深的中医药文化；可以品玩做工讲究、小巧精致的杭绣、西湖绸伞、金银饰艺、邵芝岩毛笔、王星记扇子、张小泉剪刀等工艺美术品；可以在老字号购买杭州传统特产、在名品店购买时尚商品；可以欣赏“小热昏”、茶艺、越剧等文化表演，领略伊斯兰教、基督教、天主教、佛教等宗教文化；可以在坊巷的家庭旅馆体验杭州百姓的市井生活……南宋御街·中山路开街，只是万里长征走完了第一步。南宋御街国际旅游综合体的空间范围是以中山路为轴、以吴山为心、以坊巷为基，形成“甲”字形格局。具体而言，“甲”字上半部分的“田”字东至中河，西至延安路及吴山沿线，南至万松岭路，北至平海路，由中山中路、中山南路和河坊街构成“田”字中间“十”字形的横轴与纵轴，串联区域内坊巷、文保单位及其他特色区块。上城区中山中路（平海路至庆春路段）及下城区中山北路（庆春路至环城北路段）作为“甲”字下半部分，以此线为轴串联周边坊巷，与“田”字相连形成“甲”字的有机整体。打造南宋御街国际旅游综合体，打响“南宋御街”品牌，要在完善上下功夫，对已完成项目包括新老建筑、城市家具、绿化、水系等进行“回头看”，充分发挥它们的应有功能和作用；要在巩固上下功夫，按照一体化设计的要求，切实抓好相关坊巷综合整治与保护、部分新建筑建设、配套服务设施完善等工作，进一步彰显长度、宽度、动静态交通、建筑、坊巷结构、业态、绿化、公共艺术精品长廊、历史文化遗产和非物质文化遗产、水景观“十大特色”，恢复南宋时期的坊巷格局，变一条街为一个街区；要在拓展上下功夫，以中山南路恢复双面街工程和南宋御街中华美食夜市一条街建设为重点，打造以美食小吃为主，融合淘店购物、旅游体验，集食、淘、游功能于一体的中山南路旅游综合体和城市特色鲜明、服务设施一流、交通便捷通畅、环境整洁卫生、管理科学合理，本地人常到、外地人必到，国内领先、世界一流的“中华美食夜市第一街”，拓展南宋御街功能，使其成为市民群众的好去处、中外游客的新景点、南宋御街的新亮点，从而把南宋御街·中山路打造成展示古都风采、恢复城市记忆、重塑空间肌理、再现市井生活、交融中西文化，能满足“吃、住、行、游、购、娱”旅游六要素的南宋御街国际旅游综合体和

“宜居、宜游、宜文、宜商”的“中国生活品质第一街”，让老年人在这里追忆历史，让青年人在这里体验时尚，让外国人在这里感受中国，让中国人在这里品味世界。

13. 新中东河综合整治与保护开发。中河和东河由南向北贯穿杭州老城区，承载了杭州千百年来的历史和文化，寄托了杭州人民的期盼和憧憬，是杭州历史最悠久、底蕴最深厚、居民最集中、特色最鲜明的两条市河。中河开凿于唐代，原名沙河，宋时因河道当中有一桥是盐船靠岸的码头，人们便把此桥称为盐桥，把这条河也称为盐桥河，清代始称中河。南宋时盐桥河曾是临安城最主要的运输河道，南自皇城北门外的登平坊石桥起，向北直至天宗水门出城。盐桥河的西岸，皇亲贵戚府第林立，有吴后府、侍从官宅、福王府、成穆皇后宅、成肃皇后宅、全后府等。盐桥河的南端是南宋官府集中的地区，柴垛桥下又是临安最大的柴木交易场。盐桥河北端西岸粮仓密集，有葛家桥下的丰储仓，西桥场上的平籴仓、厅官仓、淳祐仓等及法物（指宗庙乐器、车驾、卤簿等）库、草料场等。北端东岸集中了数万禁军的驻防寨舍，有亲兵营、马司营、禁卫班直等。如东青门因是南宋后军营寨的东边大门而得名，东青门内的威乙巷，就有南宋禁军威捷军第一指挥的营房，巷名也因“威捷”而讹为“威乙”。东青门附近的全二营巷，是禁军全胜军第二指挥的驻地；今下水陆巷，旧名全三营巷，是南宋全捷军第三指挥的驻地。东河开凿于五代时期，南宋时称为菜市河，承担着重要的粮运功能，南自新门外，北沿城景隆观后，至章市桥、菜市桥、坝子桥，入泛阳湖，转北至德胜桥，与运河合流。清代因盐桥河改称中河，遂称此河为东河。东河两岸一直以来都是丝织业的汇集之地，留存西河下历史地段、三味庵巷、毛弄、五柳巷历史文化街区、小营巷历史街区等不少历史文化街区和历史地段。南宋时期的五柳巷是繁华都市的一个缩影，集聚了大量达官贵人的官邸。2009 年，为把中、东河打造成“宜居、宜业、宜文、宜游”的城市特色景观河和世界级旅游产品，让杭州老百姓圆上“倚河而居、倚河而业、倚河而游”的世纪之梦，杭州启动了新中东河综保工程。2010 年 10 月，完成历史文化保护、挖掘与展示项目，新中东河精彩亮相。工程实施中，我们始终坚持以人为本、保护第一、生态优先、文化为要、品质至上和“三个最低限度”①原则，依据“水生态、水文化、水景观、水旅游、水开发、水安全、水交通”评价标准，做好“水清、流畅、岸绿、景美、宜居、繁荣”六篇文章：坚持疏浚、截污、引水、生物治理“四管齐下”，恢复河道自然生态，修复河道自净能力，改善河道水体质量，保持河道水环境正常，还杭州老百姓一河清水；增强河道水利功能，沟通河道水系联系，开通水上巴士，做到“大河通大船”、“小河通小船”；加强陆地绿化和水面绿化、平面绿化和垂直绿化，特别是把沿河公园建设作为重中之重，让河道两岸成为“城中绿带”、“生态走廊”；搞好凤山水城门遗址公园、登云桥“平步青云”、盐桥金融文化广场、丰乐桥时代公园等主要景观节点建设，在此基础上“串珠成链”，特别是要做到“一桥一景”，打造“桥梁历史博物馆”，让中、东河每一寸岸线、每一个景点、每一幢建筑、每一座桥梁都成为“世纪精品、传世之作”；坚持河道综保与背街小巷改善、庭院改善、危旧房改善、物业管理改善四大工程相结合，在最小干预前提下贯通慢行交通系统，打通沿河16公里游步道，实施亮灯工程，显著改善河道沿线居民的生产生活环境特别是居住条件；构筑皇城文化保护区、街巷文化延续区、商业景观共生区、市井景观体验区、滨河发展转变区、漕运景观展现区和滨水生态游憩区等七个功能区块，实现旅游功能与景观功能、文化功能的有机结合。下一步，要重点实施五柳巷历史文化街区综合保护工程，坚持“保护第一、应保尽保”原则，针对不同类型的民居制定不同保护方案，做到“一房一楼一策”，如20世纪90年代以来的新建筑可通过“穿靴戴帽”、“涂脂抹粉”等方式进行优化设计，危旧房可通过“拼厨拼卫”等方式进行就地改善，“腾空房”可改造成旅游服务设施等，打造具有南宋元素与杭州特色的市河旅游产品。

14. 玉皇山南综合整治。玉皇山南地区，是吴越文化和南宋文化的交汇点，是大运河南端真正意义上的起点，是杭州从“西湖时代”回归“钱塘江时代”的重要标志。玉皇山南地区文化底蕴深厚，历史遗存密集，至今尚留

---

① 把房屋拆迁量和树木迁移量降到最低限度，把给市民出行和沿岸单位带来的不便降到最低限度，把建设整治的成本降到最低限度。

存吴越时代的梵天寺经幢、吴汉月墓、天龙寺造像、慈云岭造像、钱王拜郊台和南宋时期乌龟山老虎洞官窑遗址、南观音洞造像等古迹,以及清代及民国时期的大资福庙、白云庵、摩崖石刻等有价值的名胜古迹多处,其中列入国家级重点文物保护单位的就有三处,集中展示了五代吴越、南宋、清代、民国各个时期的文化。近年来,通过实施八卦田遗址保护、南宋官窑博物馆二期建设、杭州陶瓷品市场整合改造提升、大资福庙文化保护恢复、海月水景公园、居民拆迁安置房建设等重大项目,玉皇山南地区的面貌大为改观,取得了重大阶段性成果。要进一步加快推进玉皇山南综合整治工程,坚持道路有机更新、大项目带动、品质至上原则,按照"一次规划、滚动推进,先易后难、分期实施"要求,以八卦山庄地块改建、樱桃山景区建设、安家塘和甘水港历史风貌保护、大畈鱼塘南北旅游公建、海月水景公园二期、铁路培训中心转型提升、山南国际设计创意园、吴汉月墓综合保护等项目为载体,落实景区长效管理、加快安置房建设、尽快协调铁路搬迁、完善基础配套设施、保护历史文化遗产、同步推进业态规划,把玉皇山南地区打造成吴越文化和南宋文化的集中展示区、西湖景区与钱塘江的重要结合区、旅游休闲与商贸居住的综合功能区。建设山南国际设计创意产业园是玉皇山南综合整治工程的一个重点。2007 年以来,我们相继启动了天龙寺仓库、南复路仓库有机更新项目以及复兴路、南复路等基础配套设施建设等,着力把山南国际设计创意产业园打造成建筑工程设计中心、学术研讨交流中心、建筑信息发布中心、人才培训与储备中心、投融资服务中心"五个中心",形成"一主多副"的功能格局。"一主"指以设计产业为主体,其中设计产业以建筑、园林设计为主,兼顾工业设计、灯光设计、服装设计、工艺设计等其他各类设计;"多副"指其他与设计产业相关的配套和延伸的高端产业,集展示、交易、培训、信息发布、学术研讨为一体。

15. 凤凰山路综合整治。凤凰山路既是西湖风景名胜区南片的一条重要旅游线路,也是连接南宋皇城大遗址与西湖风景名胜区的一条景观大道,沿线保留着极其丰富的吴越文化、北宋文化、南宋文化、明清文化遗存。我们坚持"道路有机更新"理念,以"道路有机更新"带整治、带保护、带改造、带建设、带开发、带管理，实施凤凰山路综合整治工程，在增强道路交通功能的同时，提升道路的生态、经济和文化功能，实现道路“四大功能”的最大化；处理好凤凰山路与虎跑路、江洋畈生态公园、南宋皇城遗址公园的接点问题，推进道路沿线纵深整治，并把道路沿线市场、商店、民居等的整治纳入其中，真正做到“横向到边、纵向到底、不留空白、不留死角”。工程实施中，要充分挖掘景观、生态元素，道路、截洪沟、人行道铺装、挡墙工程及其之间的景观处理要以绿化、景观小品、历史文化碎片等方式实现无缝衔接。其中，挡墙工程从生态角度考虑进行饰面，在坡底和坡顶分别种植凌霄藤、云南黄馨等藤蔓类植物以实现生态景观；截洪沟明渠段结合北侧山体现状，在满足排水功能前提下充分挖掘美学元素，明渠以混凝土为基槽，利用山石、鹅卵石、绿化等设置景观堆石、叠石，形成景观水系；植物配置上，人行道与机非绿化带乔木采用落叶与非落叶树种相结合的原则，总体以杭州乡土树种为主，兼顾树木生态适应性和景观要求。道路立面整治、城市家具设计、城市雕塑设计等，都要围绕打好“南宋牌”做文章，体现南宋的元素和符号，使凤凰山路成为特色景观大道、南宋文化长廊。

16. 净慈寺扩建。净慈寺位于南屏山慧日峰下，最早叫“慧日永明院”，是五代十国时期后周显德元年(954)吴越王钱弘俶为高僧永明禅师而建。北宋太平兴国二年(977)，宋太宗赐慧日永明院为“寿宁禅院”，并加以修葺。翌年(978)，吴越王钱弘俶听从永明禅师遗嘱，“上表归宋，尽献十三州之地。”①南宋建炎二年(1128)，宋高宗下旨敕改寿宁院为“净慈禅寺”，并建造了五百罗汉堂。绍兴九年(1139)，宋高宗大赦天下，为表示祭祀宋徽宗，特将净慈禅寺改名为“报恩光孝禅寺”。绍兴十九年(1149)，又改为“净慈报恩光孝禅寺”，简称“净慈寺”或“净慈禅寺”。嘉定年间，朝廷品第江南诸寺，净慈禅寺以“闳胜甲于湖山”，列为江南禅宗五山之一。当时，位于该寺中心的主殿共五层，两旁“配有偏殿，各类阁、堂、轩、楼等33座，寺僧达数千人”。净慈寺的钟声在历史上久负盛名，明代诗人张岱作《西湖十景·南屏

---

① 《释氏稽古略》卷四，迪志文化出版公司2001年出版。

晚钟》，赞曰："夜气滃南屏，轻风薄如纸；钟声出上方，夜渡空江水。"南宋时期，"南屏晚钟"成为"西湖十景"之一。净慈寺内有与南宋僧人济公有关的"运木古井"，寺前有中国最早的放生池，寺后有南宋高僧如净的墓塔，是日本佛教曹洞宗朝拜圣地。1983年，净慈寺被国务院确定为汉族地区佛教全国重点寺院。2008年3月，净慈寺舍利殿开工建设，净慈寺扩建工程正式启动。实施净慈寺扩建工程，要坚持既有利于弘扬佛教文化，又有利于方便百姓通行，通过挖隧道等办法为恢复大净慈寺格局创造条件，采用通透的形式构筑沿山体的围墙以与周边景观相协调，通过扩建斋堂、僧房，新建鼓楼、藏经阁、舍利殿等建筑，使这座千年古刹更显庄严宏伟，使南屏景区更富文化内涵。

17. 江洋畈生态公园建设。江洋畈位于玉皇山南麓，南眺钱塘江，面积约250亩，周边有八卦田、南宋官窑等众多历史文化遗存，是"闹中取静"的"世外桃源"。建设江洋畈生态公园，有利于推进西湖申遗，有利于实现江洋畈的永续利用，有利于加强西湖风景名胜区的生态环境保护。2008年江洋畈生态公园建设开始启动，2010年10月部分建成开放。江洋畈生态公园建设，以山林为基础，以湿地为特征，以历史为依托，以美食为"亮点"，挖掘江洋畈本身和周边的历史遗产，利用现有的西湖疏浚淤泥库区，形成丰富自然的次生湿地景观公园，把昔日的烂泥塘打造成为21世纪杭州西湖公园新典范。下一步，要重点推进杭帮菜博物馆建设，坚持建筑景观化、特色化和功能完整性两大原则，展示秦至南北朝时杭州风貌、隋唐时期杭州饮食、宋元明时杭州菜品文化、清时杭州美食世界、中国古代食圣袁枚、近代民国时期杭州餐饮业、杭州餐饮名店名菜名厨等内容；建筑以南宋风格为主，突出杭州园林特点，高低起伏、立面通透，展示杭州建筑的元素和符号，建造自然环境中的景观；研究杭帮菜的定位和特色，科学界定杭帮菜的内涵和外延，设计新的杭帮菜载体，做好"餐厅＋博物馆"文章，促进杭帮菜与街区相结合、杭帮菜与游船相结合、杭帮菜与演艺相结合、杭帮菜与博物馆相结合，让参观者能真切地体验杭帮菜的"色、香、味、形"，打造有别于传统博物馆的真正意义上的杭帮菜博物馆。

18. 南宋文化研究。南宋文化研究承载着杭州发展成长的轨迹，延续着杭州文明的香火，融通着先人和今人情感的纽带。推进南宋文化研究，让人们对南宋有更深刻的了解，触摸到南宋的历史脉络和文化特征，具有强烈的历史和现实意义。几年来，在众多国内外一流学者的支持和参与下，杭州开展了一系列对南宋及南宋都城临安的深入研究，初步实现了“还原一个真实的南宋”的目标，改变了学界长期以来“重北轻南”的格局，基本扭转了社会上一直以来对南宋一朝的片面认识，杭州市民对南宋的认同感达到了前所未有的高度。推进南宋文化研究，要在《南宋史研究丛书》的基础上，编辑出版《南宋及南宋都城临安研究系列丛书》，培养壮大南宋史研究人才队伍，努力把南宋史研究中心建成全国乃至世界南宋史研究中心，形成一批最系统、最权威的研究成果。要加快相关硬件建设，着手实施南宋文化综合服务中心建设项目，强化南宋文化和旅游服务水平。

19. 将台山南宋佛教文化生态公园建设。将台山位于凤凰山西南、慈云岭东，连接凤凰山、玉皇山和慈云岭，南面正对钱塘江，海拔 203 米。将台山地区是南宋文化的核心区，将台山山顶平地是南宋皇宫禁卫军的“御校场”。绍兴十四年(1144)，宋高宗赵构在此亲阅殿前司马军将士骑射刺杀，曰“冬校”。后来宋孝宗、宋光宗也曾在此阅校。西南一端隆起之地，俗称“点将台”，将台山之名因此而得。20 世纪 50 年代到 80 年代，将台山成为杭州市区自产水泥的采石基地，南麓山体近半被削，约 2 万平方米直立岩面外露，生态环境遭到严重破坏。历经几十年的风侵雨蚀，将台山南麓裸露的山体风化严重，与周边环境极不协调，丰富的历史文化遗存也没有得到很好的保护和利用。建设将台山摩崖石刻大型露天宗教景观，打造将台山南宋佛教文化生态公园，是实施南宋皇城遗址综合保护工程的重要切入点，对于修复将台山自然生态、保护将台山历史文化，具有十分重要的意义。要遵循积极保护理念，坚持科学定位、以民为本、文化为要、保护第一、品质至上、可持续发展原则，传承历史、面向未来，建造融艺术、宗教、科学、自然于一体，具有震撼力、感染力的标志性摩崖石刻大型露天宗教景观，打造自然景观优美、人文景观丰富、服务设施一流、交通便捷通畅、环境整洁卫生、管理科学合理的将台山南宋佛教文化生态公园。特别需要强调的是,我们要建设的将台山摩崖石刻,既不是一个宗教活动场所,也不是一个大型露天宗教造像,而是一个以弘扬宗教文化、传承摩崖石刻艺术、保护生态环境、发展旅游业为目的的大型露天宗教景观。将台山摩崖石刻除雕刻一座释迦牟尼石刻坐像以外,还将以佛教故事为主线,在周边山体建设一系列体现禅理思想和佛教文化,具有启迪大众、教化社会功能的摩崖石刻艺术作品,它本质上是一个以佛教文化为内涵的摩崖石刻艺术群,是南宋文化生态公园的重要组成部分。将台山释迦牟尼石刻坐像本身,与一般意义上的大型露天宗教造像有本质区别,它是完全依托山体崖壁、用摩崖石刻的方式雕刻而成的,不是一般意义上的单体凌空立体全身塑像,而是一件以释迦牟尼为外形的摩崖石刻艺术作品,是将台山这个大型露天景观中一个具有代表性的文化与艺术景观。我们建设将台山摩崖石刻包括释迦牟尼石刻坐像,不仅是为了供人们顶礼膜拜和举办宗教活动,而且是为了建设一个集中展示佛教文化和摩崖石刻艺术的场所,一个供人们观光休闲的场所,一个集宗教、文化、艺术、生态于一体的旅游景观。建设将台山摩崖石刻大型露天宗教景观,既要严格按照国家和省关于大型露天宗教景观的规定办,又要遵循旅游景观建设、管理、营运的规律,给人以思想的启迪、艺术的欣赏和美的享受。

20. 中国音乐博物馆建设。杭师大玉皇山校区地处南宋皇城大遗址核心区保护范围内,地理位置独特,环境清幽宜人。校区内入驻的杭师大音乐学院被国内同行誉为"历史最悠久、全国最美丽"的音乐学院。为推动杭师大建设国内一流综合性大学,杭州决定建设杭师大仓前新校区,搬迁杭师大音乐学院,建设中国音乐博物馆,推动杭师大玉皇山校区转型提升。要坚持保护第一、生态优先,保护好杭师大玉皇山校区保留下来的真实反映新中国成立以来杭州学校及其建筑演变史的不同时代、不同学校的建筑,在此基础上充分发挥杭师大玉皇山校区的资源优势、区位优势和环境优势,建设中国音乐博物馆,打造成为以中国音乐文化展示为主题,以南宋音乐文化展示为特色,以山水园林为依托,集收藏、研究、培训、信息、演艺、旅游等功能于一体的专业化、平民化的国家级博物馆,成为中国最美丽的山水园林式音乐博物馆；要坚持修旧如旧、最小干预，邀请专家做好不同年代建筑的保护规划设计工作，对杭师大玉皇山校区原有建筑进行"改头换面、穿靴戴帽"，合理地把历史积累的文化元素和建筑符号妥善应用于中国音乐博物馆设计建设中，做到"和而不同"，保护好杭师大音乐学院的遗传密码；要坚持文化为要、音乐为王，打好"南宋牌"，唱响"音乐"主旋律，搞好南宋雅乐舞、宴乐等项目，在保护的基础上新建八音阁，把虚幻的声音与具象的建筑有机结合起来，研究考证八音阁八种色彩与中国传统音乐中的"八音"即丝、竹、木、石、金、土、匏、革之间的联系，认真做好颜色与音域呼应的文章，做到八种色彩和谐相容，并与周边环境融为一体；要坚持整合资源、雅俗共赏，整合各类有效资源，引入"第二课堂"做法，坚持事业单位企业化管理，利用多样化的展示手段，以老房子体现新内容、新功能，推动杭师大玉皇山校区转型提升，努力把杭师大玉皇山校区所在地建成以中国音乐博物馆为核心，集展示、研究、培训、信息、演艺等功能于一体的旅游综合体。

21. 白塔公园建设。白塔是全国重点文物保护单位，始建于五代吴越末期，采用湖石雕凿而成，是中国第一幢仿阁楼式石塔。白塔保存完整，外观八面九层，逐层收分，比例适度，出檐深远，起翘舒缓，轮廓挺拔秀丽，是当时建筑技术、雕刻工艺、佛教艺术的集中体现，具有很高的历史、科学、艺术价值。南宋时，白塔邻近皇城，可以看到凤凰山下金碧辉煌的宫阙。塔边原有白塔寺、白塔桥，白塔桥是进入皇城的必经之路，还有人在此售卖地经（导游图），曾流传"白塔桥边卖地经，长亭短驿甚分明"[①]的诗句。白塔东边有中国第一大运河——京杭大运河的起点，周边还有中国第一座跨江大桥和中国第一批铁路。白塔公园建设要以吴越文化、南宋文化、佛教文化、运河文化、钱塘江文化、铁路文化等内涵丰富的文化类型为依托，充分利用其丰富的历史积淀和"青山、碧江、白塔、黛瓦、褐轨"的自然条件，突出吴越文化和铁路文化特色，结合地形和江边周边环境，保护意蕴丰富的人文景观，恢复自然生态环境，营造优美的自然山水景观和植物景观，使其成为具有地域

① 陶宗仪：《说郛》卷四七《古杭杂记》，婉委山堂藏版顺治四年重印本。

文化特色，内涵丰富、环境优美、功能合理、景观优美的文化展示区和精品旅游区。白塔公园分东西两部分。东部包括白塔保护用地，是白塔公园景点建设用地，要拆除白塔周边铁路建筑，恢复其历史与自然环境；西部是白塔公园休闲服务用地，要拆除附属建筑、西端东西向遮挡景观建筑，对50年以上具有保存价值的建筑加以保留、利用，保护好“驾涛仙馆”、20世纪30年代钱江一桥工人宿舍等历史建筑，开辟休闲观景地，保留或改造部分当代建筑作为旅游服务设施。要保留百年铁路的工业、仓储、居住等各类50年以上有保存价值的建筑，作为近现代工业纪念空间，展示千年白塔、千年运河与百年工业史相交融、相辉映的灿烂历史。

22. 新海潮寺(南北院)建设。海潮寺旧址位于望江门杭州橡胶(集团)公司厂区东部，原名镇海禅院，“明万历三十一年僧如德、性和、海仁建，地约五亩余。郡邑给贴，焚修接众，凡进香普陀者必聚足于此，犹径山之有接待院也，与巽峰新塔相望。”①海潮寺因与延圣寺比邻而立，两寺山门曾并作一处，寺院规模与实力大增，香火更旺，成为大施主举办大型斋供活动最经常的场所之一，跻身于杭州以“四大丛林”(灵隐、圣因、昭庆、净慈)领衔的“外八寺”(“四大丛林”另加凤林、虎跑、圣果、海潮)之列。海潮寺内“双照井”相传为吴王夫差为西施、郑旦开凿，因作为梁祝“十八相送”场景而流传千年。寺旁的新开门(即望江门，俗称草桥门)、候潮门始建于南宋高宗绍兴年间，长期以来一直是杭州的重要门户，不远处的观潮楼、映江楼均为南宋时观潮胜地。抗战时，海潮寺毁于日寇之手，所存无几。1958年，海潮寺废墟上建起杭州海潮橡胶厂，在车间、厂房中间，金刚殿(天王殿)得以保存。2000年，海潮寺旧址被列为市级文物保护单位。新海潮(南北院)建设，要按照“新包旧”的要求，分为南北两院，建于钱塘江两侧，隔江呼应；要结合整个区块的城市设计做好建筑设计，将“将台山—海潮寺”临江地区建设成为杭州佛教文化新中心。

23. 海潮公园建设。海潮公园所在的钱塘江南岸区域，南宋时位于西

---

① 吴之鲸:《武林梵志》卷二《城外南山分脉》，杭州出版社2006年出版。

江塘外，是著名渡口渔浦渡至六和塔下龙山渡之间的钱塘江故道，部分陆面为渔浦寨辖地。由于周边云集了关山渡、渔浦渡、龙山渡、浙江渡、西兴渡、渔山渡等众多渡口，江上船只往来频繁，江面开阔，胥涛澎湃。建设海潮公园，要围绕文化艺术主题，采用分层引导与总体引导相结合的景观规划方式，以建筑高度为载体、空间廊道为纽带、山形江岸为背景，串联佛教文化、音乐文化、现代艺术，打好“生态牌”和“文化牌”，做好寺、桥、塔三篇文章，修复岸边及纵深建筑天际线，形成大疏大密、山水映衬、协调融合、错落有致的城市景观，促进沿江景观提升与功能重塑相结合，营造与北岸六和塔自然山体呼应的钱塘江南岸城市景观，与新海潮寺（南北院）共同构筑跨越钱塘江两岸的海潮旅游综合体，打造杭州主城区山、江、城、景观体验的示范区。

24. 杭州卷烟厂地块转型提升。杭州卷烟厂地块位于南宋皇城大遗址核心区块。经勘探该地块部分属于南宋皇宫之外的三省六部、大马厂和御街遗址范围，区域周边至今已发掘出南宋御街、南宋官窑瓷品和大型官衙建筑基址等文物和建筑遗迹。为更好地保护南宋皇城大遗址，我们启动了杭州卷烟厂地块转型提升工程。推进杭州卷烟厂地块功能调整和改造提升，要邀请国内外一流专家，对杭州卷烟厂地块的保护利用进行规划设计，在保护好杭州卷烟厂工业遗产的基础上，打造集酒店、购物、美食、娱乐、休闲、换乘等功能于一体的国际旅游综合体。

25. 南宋博物院建设。建设南宋博物院是实施南宋皇城大遗址综合保护工程的突破口和主载体，是保护和展示南宋皇城大遗址成本最低、风险最小、见效最大的一着棋。建设南宋博物院，要创新理念、创新思路，在彰显特色、张扬个性上下功夫，突出南宋历史文化的精粹，体现杭州作为南宋都城的历史风貌与文化传承，打造中国第一个专题性国史博物馆。要做好“活”的文章，突破高墙大院、皇宫禁地的传统模式，保留原住民生活形态，建设一个“活”的博物院。要做好“展示”文章，借鉴雷峰塔重建的成功经验，在开挖、展示部分地下遗址基础上复建宫殿，把地下遗址展示与地上实物展示相结合，让南宋博物院的每一个房间都能看得见遗址，既保护好南宋皇城地下遗址，又能再现惟妙惟肖的南宋宫殿，使南宋博物院不仅靠南宋皇城地下遗址吸引游客，而且借助丰富的藏品和现代化的表达手段展示南宋文化。要在全球征集南宋藏品，动员广大的海外华人参与南宋博物院建设。要做好“引水”文章，借鉴中山路有机更新工程引水入街的成功做法，引水入院，营造怡人水景，重现南宋山水皇城的韵味。要做好“绿化”文章，通过绿化和皇家园林建设，把南宋博物院打造成园林式的博物院，展现中国最美丽的山水花园式皇城的遗韵。

六、南宋皇城大遗址综合保护的保障措施

南宋皇城大遗址综合保护是一项传承历史的“文脉工程”、保护环境的“生态工程”、造福于民的“民心工程”、构建和谐的“示范工程”、提升城市品位的“竞争力工程”，一定要统一思想，整合资源，集中力量，重拳出击，狠抓各项工作的落实，真正把这件“功在当代、利在千秋”的好事办好、实事办实。

1. 加强组织领导。南宋皇城大遗址综合保护工程任务重、要求高、难度大、涉及面广，必须加强组织领导，形成强大合力。杭州已建立由国家文物局领导、市四套班子主要领导以及国内历史文化遗产保护专家组成的南宋皇城大遗址综合保护工程顾问组，建立了由市政府分管副市长担任组长的工程领导小组，对南宋皇城大遗址综合保护工程实行统一领导、统一协调。领导小组下设办公室，办公室设在杭州西湖风景名胜区管委会，负责领导小组的日常工作。相关城区和有关部门要积极配合、齐心协力，各司其职、各负其责，互相支持、协调配合。要进一步完善南宋皇城大遗址综合保护工程的定期通报制度，健全公众和舆论监督机制，落实历史文化遗产保护责任制和责任追究制度。

2. 完善保护规划。高起点、高水平制定和完善规划是实施南宋皇城大遗址综合保护工程的前提。要邀请国内外一流专家，加快编制《临安城遗址——皇城遗址保护规划》、《南宋皇城大遗址公园规划》、《南宋博物院规划》以及南宋皇城大遗址综合保护工程规划设计导则。要坚持依法编制规划，使规划符合4个层面的法律法规和相关政策：《中华人民共和国文物保护法》以及其他与国家重点文保单位、大遗址保护相关的法律法规和政策，

有关国家风景名胜区保护、利用、建设、管理的法律法规和政策，杭州城市总体规划和已制定的相关控制性详规所涉及的法律法规和政策，有关单位、居民搬迁的法律法规和政策。要坚持统筹编制规划，使规划不仅与《杭州城市总体规划》、《杭州西湖风景名胜区总体规划》、《杭州城市相关规划单元的控制性详规》等规划相衔接，而且与当前正在南宋皇城大遗址综合保护工程范围内实施的重大项目规划、实施方案相衔接。要坚持系统编制规划，根据南宋皇城大遗址综合保护工程的需要，及时开展国际招标，有计划、有步骤地编制相关专项规划设计，形成包括概念规划、总体规划、分区规划、详细规划、城市设计、建筑设计等在内的保护规划体系，充分体现规划设计超前性、系统性、操作性和权威性。在深入研究南宋文化元素和建筑符号基础上，按照纯宋式建筑（指运用宋代木构技术，以原材料、原工艺来完整重现宋代建筑风格的建筑）、新宋式建筑（指汲取宋式建筑的元素和符号，以现代材料与技术来相对完整地重现宋代建筑风格的建筑）、点缀式宋式建筑（指以现代材料与技术，在某些关键部位体现宋代建筑特征、韵味的建筑）、宋式遗址保护罩（指在考古发掘确定的重要遗址上建造一个宋风建筑充当保护罩的功能）四大类，进一步明确宋风建筑体系建设思路，对南宋皇城大遗址公园规划范围内的建筑逐项进行研究，使新建筑与大遗址公园风貌相吻合。

3. 创新体制机制。实施南宋皇城大遗址综合保护工程，要坚持统一领导、统一规划、统一标准、统一运营、分级筹资、分级管理的"四统二分"的保护、建设、管理和营运模式，构建统分结合、协调有序的体制机制。统一领导，就是要建立统一的领导和协调机构，负责南宋皇城大遗址综合保护重大问题的决策、指挥、协调和实施。统一规划，就是要统筹搞好南宋皇城大遗址综合保护的规划设计，并与城市总体规划、历史文化名城保护规划、土地利用规划等实现相互衔接。统一标准，就是要实行统一的设计、技术、规范标准及组织模式，确保安全、高效推进南宋皇城大遗址综合保护工程。统一营运，就是要借鉴国内外其他大遗址在保护、展示方面的成功经验，实行统一的营运模式，确保安全可靠、集约利用，努力提高营运效益和服务水平。分级筹资，就是要坚持"大平衡"理念，坚持自筹资金与招商引资并举，市区联动、责任共担、利益共享，以保护带开发，调动各级的积极性，解决好南宋皇城大遗址保护工程的资金筹措问题。分级管理，就是要坚持一级抓一级、一级对一级负责，层层抓好各项工作的落实，实现南宋皇城大遗址综合保护从分散领导、多头管理向统一领导、分级管理转变。

4. 加强考古勘探。通过考古勘探研究摸清地下遗址情况，是实施南宋皇城大遗址综合保护工程的基础。要依托南宋临安城考古队，整合考古勘探研究力量，加强国际国内合作，制定《南宋皇城大遗址综合保护工程考古发掘计划书》，对遗址进行全面的考古、调查、勘探、必要的发掘和研究，全面了解遗址的性质、内涵、范围和布局，合理推测原有地上建筑的形制、形态，准确判断该区域内地下可能埋藏遗存的分布，并对以往皇城遗址考古成果进行整理，为实施南宋皇城大遗址综合保护特别是建设南宋博物院提供充分的科学依据。要与国内外大遗址保护机构建立经常性联系，加强与他们的联络、沟通、交流，学习借鉴他们的先进经验。要聘请国内外知名专家参与南宋皇城大遗址综合保护工程，借用“外脑”，争取外援，为南宋皇城大遗址综合保护提供理论和技术指导。

5. 强化政策引导。南宋皇城大遗址综合保护工程是一项投入产出比最高的工程。要以大目标、大思路、大举措、大项目、大平衡解决大问题、克服大困难、做到大保护、实现大发展。要围绕解决好“钱从哪里来、地从哪里来、人往哪里去、手续怎么办”四大问题，全面梳理可用于南宋皇城遗址综合保护工程的各类政策，研究出台新的扶持政策。对遗址范围内的原住民，要坚持“鼓励外迁、允许自保”，既在最大程度上保护好大遗址，又保持原住民生活形态的延续性。对“外迁”的，要就近安置、优先安置；对“自保”的，要通过调整业态，实施危旧房改善、庭院改善、物业管理改善等民生工程，提高他们的生活品质。要借鉴中山路综合保护与有机更新工程跨城区土地出让金返还的成功做法，定资金、定地块、定项目，算好土地账、拆迁账、建筑账、资金账、资产账“五本账”，做好资金平衡文章。

6. 建设人才队伍。建立一支从事南宋文化及建筑研究的专业人才队伍，对于顺利实施南宋皇城大遗址综合保护工程具有十分重要的作用。要落实“四个尊重”，打好“杭州牌”、“浙江牌”、“中华牌”、“国际牌”，抓好培养、选拔、使用、引进、监督、服务六个环节，通过实施南宋皇城大遗址综合保护工程，发现、培养和引进一批新宋式建筑师。尤其要广发“英雄帖”，招募“千里马”，引进一批能熟练掌握并运用南宋文化元素和建筑符号的规划师、建筑师、设计师，以及工作室、设计所、设计院，使南宋皇城大遗址综合保护工程成为培养南宋文化研究人才和建筑师的摇篮，成为南宋文化研究人才与建筑师施展才华的舞台。

7. 加大宣传力度。南宋皇城大遗址综合保护涉及面广、敏感性强、社会关注度高。各级舆论宣传部门要坚持正确导向，加强正面舆论引导，大力宣传南宋皇城大遗址的重大价值，大力宣传实施南宋皇城大遗址综合保护工程的重大意义，大力宣传“保护第一”的理念，为南宋皇城大遗址综合保护营造良好的舆论氛围。在规划编制以及保护、考古、研究、建设过程中，要建立党政、媒体、市民“三位一体”，以“四问四权”为核心的以民主促民生工作机制，调动好、发挥好高等院校、科研院所、社会团体、志愿者和广大市民等社会各界的主动性、积极性和创造性，动员全社会力量共同保护好南宋皇城大遗址，建设好南宋皇城大遗址公园。

800 多年前，勤劳智慧的南宋临安人创造了辉煌灿烂的文化，打造了“世界上最美丽华贵之天城”。800 多年后的今天，我们有决心、有信心、有能力，传承历史、开创未来，当好杭州这座国家历史文化名城的“薪火传人”，把南宋皇城大遗址公园建设成为传世之作、世纪精品，成为世界文化遗产。

杭州市社会科学院南宋史研究中心的同志们，在国内外众多学者的积极支持下，通过近六年的努力，基本上完成了 50 卷本《南宋史研究丛书》的出版工作，为重新评价南宋，还原一个真实的南宋做出了不懈的努力，影响深远，成绩喜人。现在，他们又制订了“南宋及南宋都城临安研究系列丛书”的编撰计划，希望对南宋史作更加深入的研究，这是一件很有意义的事，我预祝他们在新的研究工作中取得更大的成绩。特为之序。

序　言

徐规

靖康之变,北宋灭亡。建炎元年(1127)五月初一日,宋徽宗第九子、钦宗之弟赵构在应天府(河南商丘)即帝位,重建宋政权。不久,宋高宗在金兵的追击下一路南逃,最终在杭州站稳了脚跟,并将此地称为行在所,成为实际上的南宋都城。

南宋自立国起,到最终为元朝灭亡(1279),国祚长达一百五十三年之久。对于南宋社会,历来评价甚低,以为它国力至弱,君臣腐败,偏安一隅,一无作为。但是近代以来,一些具有远见卓识的史学家却有不同看法,如著名史学大师陈寅恪先生在上个世纪四十年代初指出:

> 华夏民族之文化,历数千载之演进,造极于赵宋之世。①

著名宋史专家邓广铭先生更认为:

> 宋代是我国封建社会发展的最高阶段,两宋期内的物质文明和精神文明所达到的高度,在中国整个封建社会历史时期之内,可以说是空

---

① 《金明馆丛稿二编》,三联书店出版社2001年出版。

前绝后的。①

很显然，对宋代的这种高度评价，无论是陈寅恪还是邓广铭先生，都没有将南宋社会排斥在外。我以为，一些人所以对南宋贬抑至深，在很大程度上是出于对患有“恐金病”的宋高宗和权相秦桧一伙倒行逆施的义愤，同时从南宋对金人和蒙元步步妥协，国土日朘月削，直至灭亡的历史中，似乎也看到了它的懦弱和不振。当然，缺乏对南宋史的深入研究，恐怕也是其中的一个原因。

众所周知，南宋历史悠久，国土虽只及北宋的五分之三，但人口少说也有五千万人左右，经济之繁荣，文化之辉煌，人才之众多，政权之稳定，是历史上任何一个偏安政权所不能比拟的。因此，对南宋社会的认识，不仅要看到它的统治集团，更要看到它的广大人民群众；不仅要看到它的军事力量，更要看到它的经济、文化和科学技术等各个方面，看到它的人心之所向。特别是由于南宋的建立，才使汉唐以来的中华文明在这里得到较好的传承和发展，不至于产生大的倒退。对于这一点，人们更加不应该忽视。

北宋灭亡以后，由于在淮河、秦岭以南存在着南宋政权，才出现了北方人口的大量南移，再一次给中国南方带来了充足的劳动力、先进的技术和丰富的生产经验，从而推动了南宋农业、手工业、商业和海外贸易的显著的进步。

与此同时，南宋又是中国古代文化最为光辉灿烂的时期。它具体表现为：

一是理学的形成和儒学各派的互争雄长。

南宋时候，程朱理学最终形成，出现了以朱熹为代表的主流派道学，以胡安国、胡宏、张栻为代表的湖湘学，以谯定、李焘、李石为代表的蜀学，以陆九渊为代表的心学。此外，浙东事功学派也在尖锐复杂的民族矛盾和阶级矛盾的形势下崛起，他们中有以陈傅良、叶适为代表的永嘉学派，以陈亮、唐

① 《关于宋史研究的几个问题》，载《社会科学战线》1986年第2期。

仲友为代表的永康学派,以吕祖谦为代表的金华学派。理宗朝以前,各学派之间互争雄长,呈现出一派欣欣向荣的景象。

二是学校教育的大发展,推动了文化的普及。

南宋学校教育分中央官学、地方官学、书院和私塾村校,它们在南宋都获得了较大发展。如南宋嘉泰二年(1202),仅参加中央太学补试的士人就达三万七千余人,约为北宋熙宁初的二百五十倍①。州县学在北宋虽多次获得倡导,但只有到南宋才真正得以普及。两宋共有书院三百九十七所,其中南宋占三百十所②,比北宋的三倍还多,著名的白鹿洞、象山、丽泽等书院,都是各派学者讲学的重要场所。为了适应科举的需要,私塾村校更是遍及城乡。学校教育的大发展,有力地推动了南宋文化的普及,不仅应举的读书人较北宋为多,就是一般识字的人,其比例之大也达到了有史以来的高峰。

三是史学的空前繁荣。

通观整个南宋,除了权相秦桧执政时期,总的说来,文禁不密,士大夫熟识政治和本朝故事,对国家和民族有很强的责任感,不少人希望借助于史学研究,总结历史上的经验和教训,以供统治集团作为参考。另一方面,南宋重视文治,读书应举的人比以前任何时候都多,对史书的需要量极大,许多人通过著书立说来宣扬自己的政治主张,许多人将刻书卖书作为谋生的手段。这样就推动了南宋史学的空前繁荣,流传下来的史学著作,尤其是本朝史,大大超过了北宋一代,南宋史家辈出,他们治史态度之严肃,考辨之详赡,一直为后人所称道。四川、两浙东路、江南西路和福建路都是重要的史学中心。四川以李焘、李心传、王称等人为代表。浙东以陈傅良、王应麟、黄震、胡三省等人为代表。江南西路以徐梦莘、洪皓、洪迈、吴曾等人为代表,福建路以郑樵、陈均、熊克、袁枢等人为代表。他们既为后世留下了宝贵的史料,也创立了新的史学体例,史书中反映的爱国思想也对后世史家产生了

① 《宋会要辑稿》崇儒一之三九。

② 参见曹松叶《宋元明清书院概况》,载《中山大学语言历史研究所周刊》第十集,第111-115期,1929年12月至1930年出版。

重大影响。

四是公私藏书十分丰富。

南宋官方十分重视书籍的搜访整理，重建具有国家图书馆性质的秘书省，规模之宏大，藏书之丰富，远远超过以前各个朝代。私家藏书更是随着雕板印刷业的进步和重文精神的倡导而获得了空前发展。两宋时期，藏书数千卷且事迹可考的藏书家达到五百余人，生活于南宋的藏书家有近三百人①，又以浙江为最盛，其中最大的藏书家有郑樵、陆宰、叶梦得、晁公武、陈振孙、尤袤、周密等人，他们藏书的数量多达数万卷至十数万卷，有的甚至可与秘府、三馆等。

五是文学、艺术的繁荣。

南宋是中国古代文学、艺术繁荣昌盛的时代。词是两宋最具代表性的文学形式，据唐圭璋先生所辑《全宋词》统计，在所收作家籍贯和时代可考的八百七十三人中，北宋二百二十七人，占百分之二十六；南宋六百四十六人，占百分之七十四，李清照、辛弃疾、陆游、姜夔、刘克庄等都是南宋杰出词家。宋诗的地位虽不及唐代，但南宋诗就其数量和作者来说，却大大超过了北宋。由北方南移的诗人曾几、陈与义；有"中兴四大诗人"之称的陆游、杨万里、范成大、尤袤；有同为永嘉（浙江温州）人的徐照、徐玑、翁卷、赵师秀；有作为江湖派代表的戴复古、刘克庄；有南宋灭亡后作"遗民诗"的代表文天祥、谢翱、方凤、林景熙、汪元量、谢枋得等人。此外，南宋的绘画、书法、雕塑、音乐舞蹈以及戏曲等，都在中国文化史上占有一定的地位。

在日常生活中，南宋的民俗风情，宗教思想，乃至衣、食、住、行等方面，对今天的中国也有着深刻影响。

南宋亦是我国古代科学技术发展史上最为辉煌的时期，正如英国学者李约瑟所说："对于科技史家来说，唐代不如宋代那样有意义，这两个朝代的气氛是不同的。唐代是人文主义的，而宋代较着重科学技术方面……每当

---

① 参见《中国藏书通史》第五编第三章《宋代士大夫的私家藏书》，宁波出版社2001年出版。

人们在中国的文献中查找一种具体的科技史料时，往往会发现它的焦点在宋代，不管在应用科学方面或纯粹科学方面都是如此。”①此话当然一点不假，不过如果将南宋与北宋相比较，李约瑟上面所说的话，恐怕用在南宋会更加恰当一些。

首先，中国四大发明中的三大发明，即指南针、火药和印刷术而言，在南宋都获得了比北宋更大的进步和更广泛的应用。别的暂且不说，仅就将指南针应用于航海上，并制成为罗盘针使用这一点来看，它就为中国由陆上国家向海洋国家的转变创造了技术上的条件，意义十分巨大。再如，对人类文明有重大贡献的活字印刷术虽然发明于北宋，但这项技术的成熟与正式运用却是在南宋。其次，在农业、数学、医药、纺织、制瓷、造船、冶金、造纸、酿酒、地学、水利、天文历法、军器制造等方面的技术水平都比过去有很大进步。可以这样说：在西方自然科学东传之前，南宋的科学技术在很大程度上代表了中国封建社会科学技术的最高水平。

南宋军事力量虽然弱小，但军民的斗争意志却异常强大。公元1234年，金朝为宋蒙联军灭亡以后，宋蒙战争随即展开。蒙古铁骑是当时世界上最为强大的军队，它通过短短的二十余年时间，就灭亡了西夏和金，在此前后又发动三次大规模的西征，横扫了中亚、西亚和俄罗斯等大片土地，前锋一直打到中欧的多瑙河流域。但面对如此劲敌，南宋竟顽强地抵抗了四十五年之久，这不能不说是世界战争史上的一个奇迹。从中涌现出了大量可歌可泣的英雄人物，反映了南宋军民不畏强暴的大无畏战斗精神，他们与前期的岳飞精神一样，成为中华民族宝贵的精神财富。

古人有言：“以古为镜，可以知兴替。”近人有言：“古为今用，推陈出新。”前者是说，认真研究历史，可为后人提供历史上的经验和教训，以少犯错误；后者是说，应该吸取历史上一切有益的东西，通过去粗取精，改造、发展，以造福人民，总之，认真研究历史，有利于加强精神文明的建设，也有利于将我国建设成为一个和谐的、幸福的社会。我觉得南宋可供我们借鉴反

---

① 《中国科学技术史·导论》中译本，北京科学出版社1990年出版。

思和保护利用的东西实为不少。

以前,南宋史研究与北宋史研究相比,显得比较薄弱,但随着杭州市社会科学院主持的50卷《南宋史研究丛书》编撰出版工作的基本完成,这一情况发生了一些令人欣喜的改变。但历史研究没有穷尽,关于南宋和南宋都城临安的研究,尚有许多问题值得进一步探讨,也还有一些空白需要填补。近日,欣闻杭州市社会科学院南宋史研究中心拟进一步深化和扩大南宋史研究,同时出版博士文库,加强对南宋史研究后备人才的培养,对杭州凤凰山皇城遗址综保工程,也正从学术上予以充分配合和参与,此外还正在点校和整理部分南宋史的重要典籍。组织编撰《南宋及南宋都城临安研究系列丛书》,对于开展以上一系列的研究,我认为很有意义。我相信,在汲取编撰《南宋史研究丛书》成功经验的基础上,新的系列丛书一定会进一步推动我国南宋史研究的深入开展,对杭州乃至全国的精神文明建设都有莫大的贡献,故乐为之序。

2010年11月于杭州市道古桥寓所

前　　言

本书虽名为《南宋建筑史》，但需要指出的是，一般谈到某一时间段的“历史”，是指在这一时间段中发生的事，对于建筑史来讲也应如此。然而，在中国古代，影响建筑发展的因素是多方面的，建筑的发展与改朝换代并不是同步的。同时对于国土广大的朝代来讲，由于古代的交通不便，建筑技术的传播受到影响，即使在同一时间段，处在不同的地理位置，建筑发展的水平也是不同的。

南宋更是一个很特殊的朝代，它所在的地域前身是北宋，北宋时期已有的建筑政令、法规，在南宋大多继续实行，因此本书在谈到建筑总体发展背景方面，往往难以区分北宋与南宋的差别。

另外，建筑本身属于技术、技巧的方面，有其自身的发展规律，更难以用行政手段来左右，出现在北宋建筑之上的先进技术，可能优于南宋现存者，这毫不奇怪，但并不等于南宋没有这样的技术，因此用北宋实例说明南宋建筑技术水平是不可避免的。另外，由于在民间一些建筑技术发展缓慢，难以区分北宋、南宋的差别，如民居一类，故本书选用北宋绘画案例来说明。

本书涉及的内容中，“都城”、“宫殿”、“皇陵”等是有明确的历史范畴的，其他各章则以南宋所在地域作为选择标准，特别是木构建筑、砖石高层建筑，在南宋统治区的北宋的重要遗物多被选入。从这层意义来说，本书内容可以称之为南宋地域的宋代建筑。而有些建筑的南宋遗物足以代表这一建筑类型的发展水平，则仅选择南宋时期的案例，如桥梁。对于近年在杭州进行的考古发掘工作中，曾经发掘出南宋时期的建筑局部或城市街道局部，尚需进一步研究其全貌，才能说明其在南宋建筑发展史中的地位，故本书未将其作为南宋建筑的实例入选。

另外需要指出的是，因南宋地域受到气候、战争等因素的影响而未能存留建筑实例，为了说明南宋这一历史阶段中国建筑的发展水平，故引用了北宋和辽、金政权统治区域所存建筑实例，这在本书中也是不可避免的。

目　　录

绪　论

第一节　多民族政权对峙的地理环境

公元10世纪末至13世纪末的300年间，中国正处在一个多民族政权对峙的历史时期。公元960年，北宋立国，在长江、黄河流域范围内实现了统一。北宋的版图北至丰州（今陕西府谷县）、代州（今山西代县）、霸州（今河北霸县），即今河北、山西中部一线；西至西宁州，即今青海西宁；西南至矩州（今贵州贵阳）、邕州（今南宁）一带，相当于今贵州、广西及云南北部；南至琼州，相当于今海南岛；东至东海。宋境内分若干路，各路又分若干府、州、军、监为其行政区划。北宋崇宁年间为“路”划分最多的时期，全境共有24路。但此时北宋对东北部契丹族政权辽、西北部西夏政权并未能制服。

由于宋代统治集团在政治上采取守内虚外的方针，对内严加防范，对外退让妥协，致使丢掉了半壁江山，宋室南迁，史称南宋。宋南迁后北部以淮水为界，边境重镇有楚州（今江苏淮安）、濠州（今安徽凤阳以东）、信阳（今河南信阳）、均州（今湖北均县以西），再向西经陕西至今甘肃岷县。嘉定元年（1208）全境共分17路。

在北部女真族建立的金政权，灭辽后与南宋对峙。与南宋对峙的还有占据今内蒙、甘肃、宁夏大部及青海北部、陕西北部的西夏政权。金辖区域包括辽东部及原宋北部。金灭辽的同时，原居于辽北部的蒙古族向南扩展，占领辽的中部，直抵西夏北部边境。辽残部西撤，将西州回鹘及黑汗等政权统一成西辽。西南还有吐蕃等部地方政权（图0－1）。

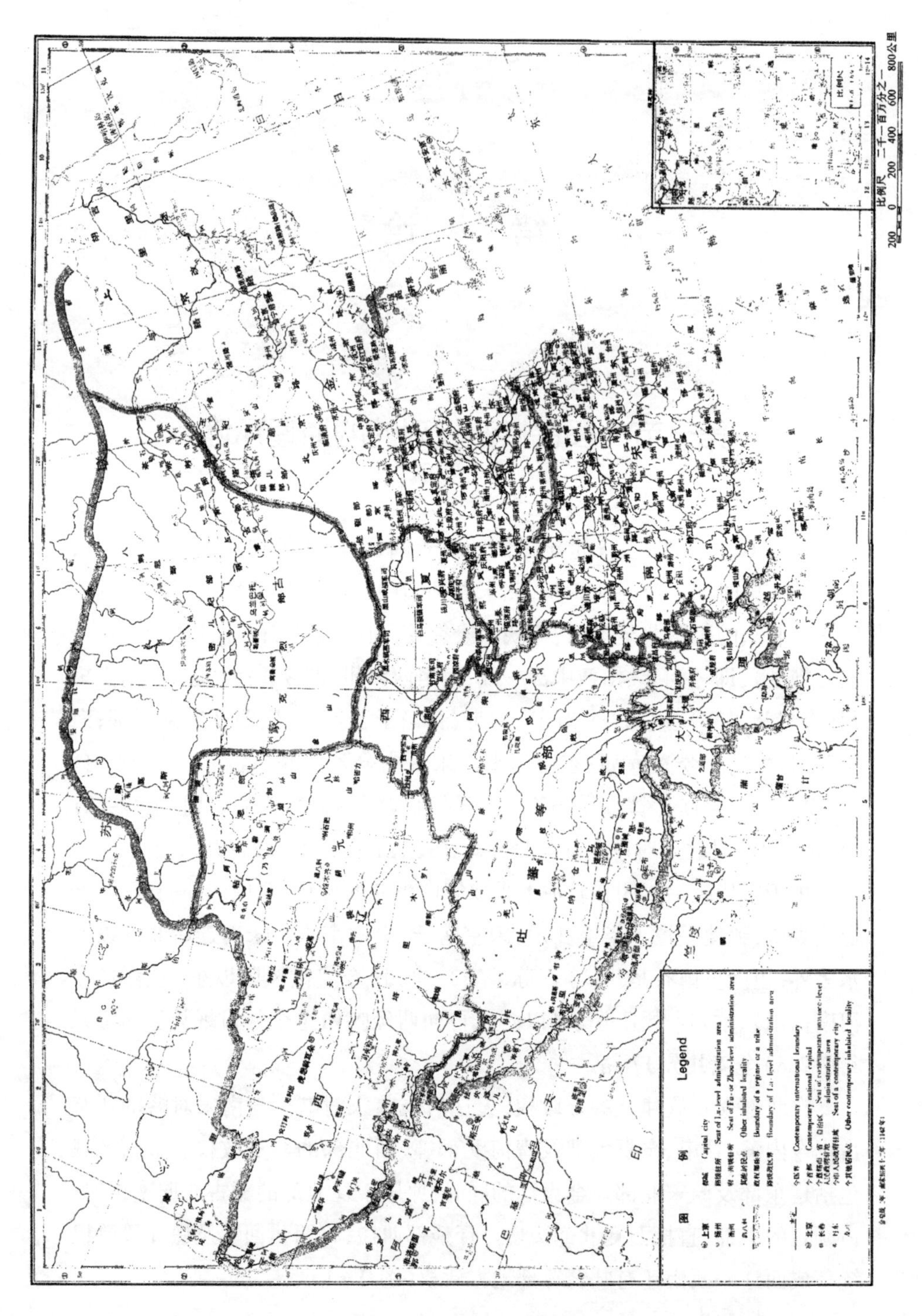

图0-1　南宋、金时期全图

第二节　南宋时期的政治、经济、文化概况

北宋建国后实行中央集权制，宋太祖解除武将兵权，任用文官，将精锐部队编为禁军，驻守京城。赵宋并重视立法，使之成为巩固统治、保持社会稳定的重要措施。这些政策对于革除五代积弊，促进国家统一起了积极作用，也为社会经济、文化的发展提供了有利条件。但宋后期统治者对异族的侵略行为一味妥协退让，最后不得不退避江南。南宋政权在强烈的外来军事冲击下偏安一隅，高宗懦弱、腐败并宠信秦桧，对北方金国的进攻仍一味退让，正如学者所指出的："'绍兴和议'签订以后……为南宋赢得了发展社会经济、增强军事力量的难得时机……但南宋不仅没有出现什么'中兴'局面，反而士气低落，军政腐败，阶级矛盾尖锐，最终一步步地走向衰落。"①

北宋时期正值中国封建社会发展的成熟期，与前代相比，在人口、农业生产、工技、商贸、文化、都市化水平等方面都有巨大的发展。宋代前期人口约一亿，到宋末约有一亿二千万，而汉唐盛世人口不过五六千万②。这在历史上是空前的，并影响到国家发展的各个方面。宋代的农业生产关系发生了巨大的变化，"封建租佃制在广大地区已占主导地位，生产者有了更多的自主权去经营各项生产，产品地租代替了劳动地租而居于支配地位"③。农民的生产积极性大大提高，垦田数量扩大到700万顷至750万顷，为唐代的两倍，且亩产量高达600—700斤，也是唐代的两倍④。随之官营及私营工业及手工业也得到了发展：到1078年间，华北生铁产量有7.5—15万吨，

---

① 何忠礼：《"绍兴和议"签订以后的南宋政治》，载《杭州大学学报》1997年第3期。

② [美]费正清(John King Fairbank)：《中国新史》(CHINA: A NEW HISTORY)，台湾正中书局1994年出版，第91页。

③ 漆侠：《宋代在我国历史上的地位》，载《文史知识》1985年第2期。

④ 漆侠：《宋代社会生产力的发展及其在中国古代经济发展过程中的地位》，载《中国经济史研究》1986年第1期。

为700年后(1640)的英国工业革命时期产量的2.5至5.0倍;已能制造可容600—700人或可装载千吨货物的海船,当时在世界上是独一无二的;且“航海图用罗盘导向,这种科技远远超过西亚与欧洲”①。手工业的发展方面:“两宋三百年间是我国古代冶铁技术和铁制工具第二次变革的重要时期,变革的主要内容是灌钢法、百炼钢法的广泛使用,铁犁进一步改进,钢刃农具的创制和推广等。特别是由于铁产量的激增使这次变革具有了更坚实的基础。”农具的改进使得一些荒地、低洼地得以开垦,农业得到广泛发展。

与此同时,农业技术也有所创新。“稻—麦两作制,这是在南宋发展起来的一种复种制度……稻—稻两作制仅实行于福建路沿海,稻—麦两作制则在成都府路、江东路盛行……(农田)单位面积产量有了较大幅度的增长。两浙路太湖流域江东路好田区是当时稳产高产田集中的所在,亩产量从北宋时的米三石发展到南宋时的五六石或六七石,高达六七百斤。……比唐也提高了两倍到三倍之间。”明清时期与之相比并没有再提高。

宋代的纺织业也有很大发展。“在纺织生产中又发明了水转大纺车……是手工纺织业的生产工具在发展过程中的一个突出的进步,对当时的纺织手工业生产起到了一定的促进作用……这是世界上最早的水力纺织机械。”②当时,全国从事纺织业生产的机户,“在十万户上下,约占总户数的0.5%—0.7%……分布在成都府路、扬州路、梓州路、京东路、河北路、两浙路和江南东路等处”③。北宋后期由于战乱频繁,北方地区纺织业的发展受到影响,但江南纺织业则未受影响。宋室南迁后,北方的手工业者也随之南下,临安出现了大量的丝绸商铺及丰富的丝织品。丝织产品则从唐代的粗厚型向细密轻薄型发展。

---

① 漆侠:《宋代社会生产力的发展及其在中国古代经济发展过程中的地位》,载《中国经济史研究》1986年第1期。

② 张蓓蓓:《浅谈宋代纺织服装业发展的背景》,载《苏州大学学报》(工科版)2010年第5期。

③ 漆侠:《宋代社会生产力的发展及其在中国古代经济发展过程中的地位》,载《中国经济史研究》1986年第1期。

棉麻产业也有一定的发展。周去非《岭外代答》曾记载:“邕州(今广西南宁)左右江溪峒,地产苎麻,洁白细薄而长,土人择其尤细长者为练子,暑衣之轻凉离汗者也,有花纹者为花练,一端长四丈余而重止数十钱,卷而入之小竹筒,尚有余地。以染真红尤易着色,厥价不廉,稍细者一端十余缗也。”①

随着农业、手工业的发展,商业得以迅速发展。特别是北宋中期以后,开始出现“工商亦为本业”的思潮,产生了弃农从商、官商融合的潮流,社会上层人士追求物质享乐,好新慕异成风,这更刺激了商贸活动的发展。这样便奠定南宋时期各个行业发展的基础。

南宋时期,社会经济按照其自身的规律不断发展,商业以空前规模占据了所有城市的市场、街巷,对外贸易进一步拓展。由于通往西域的丝绸之路受战争阻隔,于是商业贸易改行海路,吴越时代已经开始发展的海运至此得以飞速发展。承五代之风,宋也积极开展对外贸易。宋太祖曾于杭州设立市舶司,管理对外贸易。市舶收入甚为可观,为北宋国库重要财源之一。南渡后,因军费开支浩繁,高宗更加重视发展对外贸易。绍兴七年(1137),他曾指出:“市舶之利最厚,若措置合宜,所得动以百万计,岂不胜取之于民?朕(所)以留意于此,庶几可以少宽民力尔。”②高宗除继承北宋鼓励海外贸易、加强管理防止漏税并实行舶来商品专卖等政策外,还积极扩大进出口商品范围,以增加收入。

南宋在临安附近的澉浦镇设有市舶官,负责管理对外贸易事务。《海盐澉水志》卷三云:“市舶场在镇东海岸。淳祐六年创市舶官,十年置场。”海港在镇东五里,“东达泉湖,西通交广,南对会稽,北接江阴许浦,中有苏州……”③。其时,澉浦镇已蔚然成为一个重要的对外贸易海港。《马可波罗行纪》曾叙述当时澉浦港的情况云:“其地有船舶甚众,运载种种商货往来

① (宋)周去非:《岭外代答》卷六《练子》,文渊阁《四库全书》本。

② (宋)熊克:《中兴小纪》卷二三,文渊阁《四库全书》本。

③ (宋)常棠:《海盐澉水志》卷三,文渊阁《四库全书》本。

印度及其他外国,因是此城愈增价值。有一大川自北行在城流至此海港而入海,由是船舶往来随意载货。"

当时还出现了其他的海外贸易港口,如明州、泉州、广州皆为重要的外贸口岸,中国货船从这些城市出海,可抵达东印度群岛、印度甚至东非。南宋时政府的岁入中,外贸居大宗,这在世界历史上几乎是19世纪以前仅有的孤例。

不仅经济方面高度发达,科学技术和文化也有了巨大的发展。享誉世界的中国四大发明中指南针、火药、印刷术皆产生于宋代,造纸技术虽创始于汉,但在此时也有较大提高。

哲学、史学、文学、艺术等方面,均比前代有了较大的发展。

在哲学思想领域,宋初表现为儒学复兴、佛学衰退、《易》学盛行,至北宋中期儒、佛、道互相融合,产生了以程、朱理学为代表的新儒学。程颐、程灏开创了一套以唯心主义宇宙观来阐释和论证人事的思想体系。哲学在一种内向封闭的境界中实现着从总体到细节的不断自我完善。朱熹集前代之大成,继承儒家,吸收佛、道,发展出一套完善的唯心主义哲学理论体系。其理论将自然观、认识论、人性论、道德修养以"天理"、"人欲"来概括,提出"人之一心,天理存则人欲亡,人欲胜则天理灭",主张"革人欲"、"复天礼"①。"南宋理学在追求体认'天理'的过程中,建构起道德自觉的理想人格,体现出不为外在压力所动的坚韧的精神和注重社会道德责任感的文化性格,这对于不能在短时间内实现强大、剔除社会弊病的南宋社会来说,也正好是内在的安慰和对外来压力的缓冲。"②

佛学积极向儒学靠拢,糅佛入儒,著名高僧契嵩所著《镡津集》提出佛、儒"心同迹异",并将佛家的"五戒"、"十善"与儒家的"五常"等同起来。道家的老庄之学虽比不上佛家在哲学上的精致,但也被儒者进行儒学化的解释,甚至《道藏》的"太极先天图"启发了理学家周敦颐、邵雍,绘出

---

① (宋)黎靖德编:《朱子语类》卷一三,文渊阁《四库全书》本。

② 关长龙:《两宋道学命运的历史考察》,学林出版社2000年出版。

了“太极图”和“先天图”。道家代表人物张伯端直截了当地称“教虽分三，道乃归一”①。儒、佛、道三学合流成为北宋中期以后的哲学思想的主流。另外，佛、道两教，随着帝王态度的不同而各有兴衰起伏。佛教中以禅、净两宗最为流行②。随着佛学的儒学化，佛教的汉化更为彻底，同时也更加世俗化。

史学领域，当代史学家蒙文通指出：“宋代史学以南渡为卓绝”③，南宋时期的浙东史学家“深于史识”、“长于观变”④，远胜于以考据为学的治史学派，“体现了史学的真谛，达到了传统史学的最高境界”⑤。

文学领域，则由外向拓展转向纵深的内在开掘。宋词以其柔美婉约与豪迈奔放的不同风格先后行于词坛，对田园闲适生活的品赏和身边琐事的吟咏，在文人的作品中逐渐多起来。诗词主流已转向缠绵悱恻、空灵婉约。宋诗以意象创新、含有深刻寓意而更胜一筹。“与唐诗相比，宋诗的情感强度稍嫌不足，但思想的深刻则独臻高境。宋诗不追求高华绚丽，而以平淡美为艺术极境。”⑥

宋代士大夫知识分子阶层出于对国家、社会的责任感而激发出强烈的忧患意识，例如南宋以后诗坛上以陆游、范成大为代表的诗人，借诗表达着抗金复国的深刻思想内涵，成就了许多光照千古的爱国诗篇，在中国文学史上占有独特地位。

宋诗中有不少是吟咏感情生活以及描写风景名胜、茶酒书画、花草树木、庭园泉石等题材的，园林诗和园林词成为宋代诗词中的一大类别。它们或即景生情，或托物言志，通过对叠石为山、引水为池以及花、木、草、虫的细腻描写而寄托作者的情怀。宋代话本的出现，则开辟了文学史上的新纪元，并成为明清白话小说的先导。

---

① (宋)张伯端：《悟真篇》，文渊阁《四库全书》本。
② 中国佛教协会编：《中国佛教》，知识出版社 1982 年出版。
③ 转引自粟品孝《蒙文通与南宋浙东史学》，载《浙江学刊》2005 年第 3 期。
④ 原载《蒙文通文集》，转引自粟品孝《蒙文通与南宋浙东史学》，载《浙江学刊》2005 年第 3 期。
⑤ 粟品孝：《蒙文通与南宋浙东史学》，载《浙江学刊》2005 年第 3 期。
⑥ 莫砺锋：《宋诗三论》，载《广西师范大学学报》2005 年第 2 期。

绘画艺术的发展达到高峰，画家获得了前所未有的受人尊崇的社会地位。画坛呈现出人物、山水、花鸟鼎足三分的兴盛局面，山水画尤其受到重视而达至最高水平。北宋山水画的代表人物为董源、李成、关仝、荆浩四大家，以写实和写意相结合的方法表现出士大夫心目中的理想境界。继之后，南宋的马远、夏珪一派的平远小景中，简练的画面构图偏于一角，留出大片空白，使观者的眼光随之望入那一片空虚之中，顿觉水天辽阔、发人幽思而萌生出无限的意境。同时在画面中以各种建筑物来点缀自然风景，突出人文景观的分量，体现出自然风景的“园林化”的倾向。这一画风也相应地培育了文人、士大夫的造园兴趣，他们有的直接参与园林的规划设计，逐渐形成民间的“士流园林”，促成了“文人园林”的兴盛局面。

文化方面的另一重要发展是教育。当时不仅设中央官学，而且在北宋天圣、景祐年间，地方州、县大量兴办学校，朝廷并诏天下州、县皆立学。随后书院兴起，宋儒入院讲学之风大盛，不同学派互相争鸣，迎来了学术发展的辉煌时期。

总之，宋代无论在经济还是文化、科技方面，都达到了中国封建社会发展的最高阶段，正如历史学家陈寅恪所指出的：“华夏文化，历数千载之演进，造极于赵宋之世。”①美国学者费正清博士称：“宋代是伟大创造的时代，使中国人在工技发明、物质生产、政治哲学、政府、士人文化等方面领先全世界。”②

第三节　建筑发展特点

宋代建筑取得了极高的成就，在中国建筑发展史上占有重要地位。北宋时期比起唐代，在城市规划、木构建筑、砖石建筑、园林等方面皆有突破性

① 陈寅恪：《金明馆从稿二编》，三联书店 2004 年出版，第 245 页。
② 费正清：《中国新史》，台北正中书局 2002 年出版，第 90 页。

的发展。北方辽政权统治区,利用当地原有建筑匠师的技术,在木构建筑方面继续得到发展,其他方面则落后于宋。辽所辖有些地区由于落后生产关系的束缚,建筑发展远逊于宋。江南在唐亡后,形成南唐、吴越、闽、楚等地方政权,建筑得到一定发展;宋初,这些政权先后纳土归宋,成为经济较繁荣的地域,其中吴越尤为突出,建筑进一步得以发展;宋室南迁后,江南的浙、闽、蜀等区域利用已有的较好经济基础,为建筑发展创造了有利条件,取得了很高成就。

一、经济的发展所引出的城市与建筑的巨大变革

宋统治区内,随着工农业生产的发展,商业贸易活动频繁,城市成为经济发展的重要据点。中国历史上的城市可明显分成政治性城市、军事性城堡、综合性城市三种,这一时期的政治性城市,又普遍发展成为经济中心,且在大城市周围出现了专门的经济性城市——镇市。北宋东京、南宋临安皆如此。就连一些地方性的府、州、军、县,也发展成当地的经济中心。这样便引起了城市建置结构的变化,城市建设完全冲破了里坊制的束缚,不再以方便统治者的统治为中心,而是沿着城市自身发展需要的轨道前进。坊巷制代替了里坊制,坊墙被推倒,城市空间发生了巨大变化,街巷中充满了商业店铺、驿站、客馆,各种商业服务性的建筑堆房、仓库占据着城市的水陆交通要道周围的地段,在繁华的市井中出现了市民游艺场所——瓦市。

统治者在城市规划中所追求的"唯我独尊"的政治型城市模式一天天被削弱,南宋都城临安的宫殿,仅利用原有州衙加以改建,不再追求占用城市的中心位置,这姑且可以说是由于政治原因,故仅仅以"行都"的标准来维持,所以不拘一格。同时从经济方面看,也是不得已而为之。早在北宋时,都城东京的规划就已经显出政治性城市的观念被削弱。北宋宫殿仅在原有汴梁城中改建,并未重新建设新的都城,这也可以认为是赵宋王朝识时务之举。到了南宋,有些地方的州、府衙署本来处于城市中心的显要位置,这时却被新发展的商业贸易区甩在一旁,失去了昔日以中为尊的威严。一种新的按照经济规律而发展的城市,在这一历史时期如雨后春笋般出现,使中国

古代城市发展达到了新的高度。

随着经济的发展,手工业也迅速发展,作为官方(手)工业的建筑业已达到相当的水平,各工种分工明确,技术日渐熟练。但在官方建造的工程中因管理不善,一些官员从中虚报冒领,贪污浪费严重。官方为了改善工程管理,在王安石变法的背景下,着手编订各行业的《法式》时,曾编写有《营造法式》,以杜绝贪污、浪费。不过元祐六年编出的《营造法式》,因其"工料太宽,关防无用"①,后改由有着丰富工程经验的将作少监②李诫重新编修,于北宋末的哲宗元符三年(1100)完成。这便产生了中国历史上第一套建筑技术标准和建筑工料定额标准。这不但是对中国长期流行于建筑行业的"经久行用之法"的一次总结,同时也是对当时高标准、高质量的建筑技术的展示。《营造法式》编成后,曾降旨颁行全国,从而使各地区发展不平衡的建筑技术得以改善,而且指导着以后的城市建设。宋室南迁后,应新的建设工程之需,于南宋绍兴十五年(1145)重刊《营造法式》。元、明、清各朝都有过一些"刊本"、"抄本",说明此书一直影响着后来的建筑行业,例如明人赵琦美在南京修治公廨,自称取得事半功倍的效果乃得益于《营造法式》③便是重要例证。

二、文化发展带来建筑文化的繁荣

两宋时期文化的发展是空前的,其中理学的发展又占有重要地位,一些理学家所倡导的学风影响着社会思想的主流,如提出"学贵心悟,守旧无功"④;"君子之学必日新,日新者日进也,未有不进而不退者"⑤。这种追求

---

① 李诫:《札子》(编修《营造法式》),原载《营造法式》正文之前,文渊阁《四库全书》本。

② 将作监是当时全国建筑工程的最高管理部门,其负责官员的官职即"将作监",副职为"将作少监"。

③ 赵琦美为明末南京都察院照磨,世人评"其修治公廨,费约而功倍",赵曰:"吾取宋人将作营造式也。"

④ (宋)张载:《张子全书》卷六《义理》,文渊阁《四库全书》本。

⑤ (宋)晁说之:《晁氏客语》,但无"未有不进二不退者"一句。另据(宋)张镃《仕学规范》卷二引文称,此段出自《晁氏客语》,文渊阁《四库全书》本。

日日出新、鄙薄守旧而提倡创新精神的君子们，与处在建筑业中、从徭役制解放出来的劳动者的思想恰好一拍即合。前者在儒学复兴中对先儒重新审视，有所发现、有所创新，后者则在建设活动中展现出他们的创新精神。这便使得宋代建筑在诸多方面均以前所未有的姿态表现出来，它没有拘泥于传统模式，而是结合自己的实际，建造出自己这个时代的建筑。

（一）宋代建筑中所表现的创新精神

1. 新建筑类型的崛起

两宋时期的商业、娱乐、教育建筑，以崭新的面貌呈献给世人。例如商业建筑，它的出现可追溯到商周时期的“市”，但直至唐代，店铺只能在“市坊”或“里坊”的局部发展，到了宋代才从“市坊”中解放出来并占据了城市的大街小巷，迎来了其发展的辉煌时期，随之商业店铺的面貌也更加丰富多彩。从功能安排看，既有仅仅满足单一商业交换职能的，也有与“作坊”结合的；从空间安排看，既有直接面向街巷的，也有带院落及花园的；从外观形式上看，既有单层的，也有两层、三层的。虽然形式多样，但无论哪一种都要特别装饰一番，或于立面缚彩楼、欢门，或挂招牌、幌子，还有的在门前设红色杈子、绯绿帘子、金红纱栀子灯等，由此形成了中国商业建筑的独特风貌。又如文娱建筑“戏台”的出现被认为是中国戏曲正式形成的标志。在宋代，由于城市中瓦舍勾栏不断涌现，使戏曲演出的舞台从皇宫中或祠庙中的“露台”发展成木制的舞台，并于台上加盖房屋，形成“舞亭”或“舞楼”，完成了从露天之台向正式舞台的转变。教育建筑中的书院建筑更是一种新出现的建筑类型，可谓中国古代的“研究生院”。

2. 建筑群与个体建筑的多样化

宋代建筑群的组合产生了诸多变化，既有单一轴线贯穿的建筑群，又有多条轴线并列的建筑群，还有以十字形轴线组成的建筑群。在群组之中建筑高低错落、连绵起伏、层出不穷，仅从此时的宗教建筑遗物中就可看到其变化之丰富：寺院布局既有层层殿宇平面铺展者，又有以高阁穿插于殿宇之间者。至于个体建筑，其形象变化之多样更远胜前朝。个体建筑造型追求变化多样，建筑平面即有十字、工字、凸字、凹字、曲尺、圆弧、圆形、一字等多种形式，在复杂平面之上又以多个高低错落的屋顶互相穿插，覆于平面之上，如黄鹤楼、滕王阁，其造型之绚丽多姿更是前朝无可匹敌的。这种创新精神也融于北宋末官颁的建筑管理典籍——《营造法式》的字里行间。如《营造法式》在控制工料定额的同时，给工匠留有创造的余地，凡关系建筑之坚牢、工程质量之高下者，通过用材制度严格控制；而关系到艺术效果者，则可由工匠按照一定的原则结合实际建筑尺寸“随宜加减”；对于色彩“或深或浅，或轻或重，随其所写，任其自然”。因此在《营造法式》中看不到具体的对于建筑开间、进深、柱高等尺寸的规定，正是把建筑艺术看成创造性的劳动成果，这也正是今日所见宋代建筑遗物无一雷同的原因所在。

3. 建筑技术的创新

从建筑技术方面再作进一步审视，还可看出这种创新使建筑技术产生了质的飞跃。诸如木构中结构类型的划分，科学的木构模数和梁方断面形式，建筑施工管理的法制化等。另外在砖石建筑方面，如砖塔采用高层砖砌双套筒或筒中柱的筒体结构，并以砖发券砌筑各层楼面从而代替木楼板，同时还创造出多样塔梯构造形式，其结构方式竟与现代高层建筑中的筒体结构异曲同工。桥梁建设中的浮堡基础、蛎房固基、开合式桥梁、大跨度拱券式木桥等更属世界领先水平，也是有目共睹的。

（二）宋代建筑艺术中出现追求哲理内涵的新思潮

宋代思想文化的另一个特点是以宣扬儒家伦理为基础的意象追求，例如在宋代诗论中就曾有“无雅岂明王教化，有风方识国兴衰”①的论题，认为不能只是雕章丽句，吟咏花间柳下，歌台舞榭，而要明先王之教化，兴赵氏之国运。于是在诗、词中出现了关心国家命运、述说人生哲理的作品，如李觏的《乡思》诗“人言落日是天涯，望极天涯不见家。已恨碧山相阻隔，碧山还被暮云遮”②，李清照的“欲将血泪寄山河，去洒东山一抔土”③，都是以诗的

① （宋）邵雍：《伊川击壤集》卷一五《观物吟》，文渊阁《四库全书》本。

② （宋）李觏：《盱江集》卷三六《思乡》，文渊阁《四库全书》本。

③ （宋）李清照：《上枢密韩公工部尚书胡公》诗，转引自（宋）赵彦卫《云麓漫抄》卷一四，文渊阁《四库全书》本。

形式表现出知识分子的忧患意识。王安石的《元日》诗“爆竹声中一岁除，春风送暖入屠苏，千门万户曈曈日，总把新桃换旧符”①，借用诗的形式寓意以新代旧的改革之必然。这些诗，使人们从美的享受中领悟思想的深邃。

在建筑艺术创作中也表现出了以“明理”为基础的环境、意境塑造，如在南宋的村落规划中出现了“文房四宝”的规划格局，以激励人们奋发有为。不仅有大宗祠一类施行伦理、教化的建筑，而且有以表现兄弟手足情谊之家庭伦理精神的“望兄亭”、“送弟阁”一类建筑被加入到村落规划中。在住宅这类大量建造的建筑中能赋予其深刻的哲理内涵，足以说明宋代建筑艺术的品味之高是空前的。

（三）建筑风格追求细腻柔美

尽管在宋代的理学家眼里，雕章丽句的柳永、晏殊的词是上不了台面的，但它毕竟是那一历史时期文化的组成部分。由于社会生产力的提高，物质生活的丰富多彩，社会的文化心理发生了变化，人们不仅需要风格豪迈的作品，也需要他们那种具有婉转柔美艺术风格的诗词。这种社会文化心理的变化，对于造型艺术具有相当的影响。它不仅使北宋画苑中出现了“写实”、“象真”风格的花鸟画派，而且更直接地影响到建筑艺术风格，使之发生了重要的转变，即一扫唐代单纯追求豪迈气魄但缺少细部的遗憾，而着力于建筑细部的刻画、推敲，使建筑走向工巧、精致。木构建筑工种从大木作中派生出小木作，专事精细木件的加工制作，例如在南宋时期出现了可以选择两三厘米大小的木料为“材”，用以制作斗栱，充当木装修中的装饰物件，从而使建筑的装修、装饰工艺水平跃上新的高度。与此同时，建筑色彩、彩画品类增多，等第鲜明。《营造法式》中所记载的带有多种动物、植物、几何纹样的五彩遍装、碾玉装等彩画式样，施于高等级的建筑装饰、装修中，唐代宫殿中所见的赤白装彩画已渐趋衰微。在雕刻艺术中娴熟地运用剔地起突、压地隐起、减地平钑等多种手法，雕凿出层次分明、凹凸有致的建筑装饰物。这些彩画与雕饰和具有多样化平面和屋顶的建筑物组合在一起，便产

---

① （宋）王安石：《临川先生文集》卷二七《元日》诗，文渊阁《四库全书》本。

生了新一代绚丽、柔美的建筑风格。随之砖石建筑以将木构建筑模仿得惟妙惟肖作为时尚来追求。

三、多民族政权对峙为佛教建筑发展带来契机

宋代统治者对佛教的发展采取的政策是“存其教”，稍有推崇而又多加限制，而百姓则因战争频繁、经济拮据、走投无路而多投入佛门。到了南宋，帝王公然提出“以佛修心，以道养生，以儒治世”，还加封寺额，并令各地官员每年至寺院进行祭祀活动。在这样的社会背景下，佛寺多有修建，朱熹曾说：“今老佛之宫遍满天下，大郡至踰千计，小邑亦或不下数十，而公私增益，其势未已。”①且佛寺土木之功力精湛，成为仅次于皇家宫殿、园林的一大类别。其特点如下：

（一）平面布局丰富多彩

这一时期佛教建筑的规模或许比不上《戒坛图经》中所绘的佛寺，但建筑群体布局丰富，群组中建筑高低起伏、错落有致，艺术效果多姿多彩，令人叹为观止。佛教寺院的布局有以塔为中心型、以高阁为主体型，还有佛殿与双塔型、七堂伽蓝型等，这些佛寺建筑不仅保留了前代常见类型，而且能结合宗教本身的发展推陈出新，宗教个性更加鲜明，如以南宋五山为代表的十字轴式七堂伽蓝，是禅宗“心印成佛”思想的建筑表征。

（二）重视环境塑造

早在唐代，寺院建筑已注意对前导空间的加工和对环境的改造。到宋代，寺院的这种做法更加普遍，致力于将寺院建筑群组本身与周围环境融为一体。

（三）个体建筑追求宏伟、壮观

在寺院中建造“高”、“大”建筑，是信徒们所热衷的，并常以此作为寺院荣誉的标志，所以至今所存古典建筑遗物中，这一时期最为高、大者首推宗教建筑，一些未能留存至今而保留于史籍之中者更是屡见不鲜。禅宗五山

---

① （宋）朱熹：《晦庵集》卷一三《延和奏札七》，文渊阁《四库全书》本。

寺院中有“千僧阁”一类的大型禅堂，能列千僧案位于其中，每当举行法事活动时，场面之壮观空前绝后。五山中的径山寺还曾建起九开间的五凤楼式山门，比北宋宫殿大门宣德楼还大。天童寺山门曾为三层高阁，其主旨是要“高出云霄之上，真足以弹压山川”。这一时期宗教传播尽管在向儒家靠拢，但这些建筑却反映着一种突破礼制秩序、等级观念约束的倾向。

（四）技术水平高超

在宋代，寺院木构建筑中表现较为突出的，是对斗栱的“铺作层”体系进一步改进、完善，以加强建筑的整体性。而砖木结构物建造中，宋代砖、石塔虽以木构为蓝本，但对砖石结构体系作了多种尝试，为了符合砖、石的材料特性，而不拘泥于忠实模仿，更重视探索砖石结构本身的特性。

四、园林建筑的兴盛

这一时期园林建筑较前代有了长足的进步，在宋代，经济的繁荣成为园林发展的物质基础，苟且偷安、追求享受的社会心态促成造园之风大盛。南宋临安即有“一色楼台三十里，不知何处觅孤山”①的说法。园林不仅数量多，而且质量有了很大提高，是继唐代全盛之后又一次新的跨越。无论是皇家园林、私家园林还是寺观园林，都已具备了中国古典园林的主要特点，即源于自然而高于自然，建筑物与自然山水完美地融合，并将诗情画意融入园林，从而使园林能表物外之情、言外之意，蕴含着深邃的意境。园林艺术从北宋初期继承唐代写实与写意并存的创作方法，经过百余年的发展，到南宋已完全写意化，促成了以后写意山水园的大发展。就各种类型的园林来看，这时期的皇家园林规模较前代缩小，气派有所减弱，但设计更为精细。私家园林中文士园林尤其兴盛，风格简素、优雅。寺观园林则文士化，个性削弱。

宋代园林风格随着佛教禅宗流传东瀛，对日本禅僧造园有着相当的影响。当然也影响着中土其他少数民族政权统治区内的园林发展。

---

①（明）田汝成：《西湖游览志余》卷二三《委巷丛谈》，文渊阁《四库全书》本。

五、皇室御用建筑发生了变革

从政治上看，宋王朝虽然比不上唐王朝繁荣昌盛，被认为是委曲求全、屈辱投降的一代，但从经济、文化上看，却开辟了一个了不起的新时代，被一些学者誉为“伟大创造的时代”。在这个时代，皇室御用的宫殿、陵墓无论是建筑的宏伟性还是格局的完整性，均逊于汉、唐，但其在某些方面却改变了传统做法，成为新一代的模本。如北宋东京的宫殿开创了“御街、千步廊”形制，成为后世宫殿效仿的楷模。南宋时宫殿以杭州州治为基础兴建，因地处城南凤凰山，只好以北门与城市主干道相接，但宫殿礼仪活动需以南门为正门，因之临安宫城设有南、北宫门，但这又成为元、明、清皇城设前后两座宫门的先声。

北宋的皇陵出于风水考虑，九帝八陵都集中在河南巩义，由此开创帝陵集中制度的先河。不仅如此，在每座陵墓的建置上，北宋虽继承了唐代上、下宫的形制，但将下宫置于上宫西北，这种布局弱化了供奉陵主神灵衣冠的下宫的地位，而位于上宫陵台前的献殿在朝陵礼仪中的地位尤显突出。至南宋，献殿成为陵域最主要的殿宇，陵主的“梓宫”采用“攒宫”形式藏于殿后龟头屋，这本属权厝之制，但却启发了后世。明、清皇陵均取消了下宫，保留祭殿，宋陵正是这种陵墓建置新格局的转折点。从以上诸例可证，宋代或因政治环境，或因风水形势，或因权宜之计，使皇室的御用建筑出现种种变革，无论其主观意愿如何，在客观上却成为建筑发展的积极因素，成为宫殿、陵墓建筑变革的先导。

附录1　南宋帝王世系年表

公元	南宋皇帝	年　号	在位年数	总计
1127—1130 1130—1162	宋高宗赵构	建炎元年—四年 绍兴元年—三十二年	4年 32年	36年
1163—1164 1165—1173 1174—1189	宋孝宗赵昚	隆兴元年—二年 乾道元年—九年 淳熙元年—十六年	2年 9年 16年	27年

（续　表）

公元	南宋皇帝	年　　号	在位年数	总计
1190—1195	宋光宗赵惇	绍熙元年—六年	6 年	6 年
1195—1200 1201—1204 1205—1207 1208—1224	宋宁宗赵扩	庆元元年—六年 嘉泰元年—四年 开禧元年—三年 嘉定元年—二十四年	6 年 4 年 3 年 24 年	37 年
1225—1227 1228—1233 1234—1236 1237—1240 1241—1252 1253—1258 1259 1260—1264	宋理宗赵昀	宝庆元年—三年 绍定元年—六年 端平元年—三年 嘉熙元年—四年 淳祐元年—十二年 宝祐元年—六年 开庆元年 景定元年—五年	3 年 6 年 3 年 4 年 12 年 6 年 1 年 5 年	36 年
1265—1274	宋度宗赵禥	咸淳元年—十年	10 年	10 年
1275—1276	宋恭宗赵㬎	德祐元年—二年	1 年多	1 年多
1276—1278	宋端宗赵昰	景炎元年—三年	2 年多	2 年多
1278	宋赵昺	祥兴元年	2 年	2 年
1279	宋亡	祥兴二年		

附录 2　北宋、南宋行政区划对照表

南宋地理志列目名称	行政区	重要城市	今名	北宋地理志列目名称	行政区	重要城市	今名
临安府	两浙西路	临安府	杭州	杭州	两浙路	杭州	杭州
平江府		平江府	苏州	苏州		苏州	苏州
镇江府		镇江府	镇江	润州		润州	镇江
建德府		建德	（今建德东）	睦州		睦州	（今建德东）
绍兴府	两浙东路	绍兴府	绍兴	越州		会稽	绍兴
庆元府		庆元府	宁波	明州		明州	宁波

（续 表）

南宋地理志列目名称	行政区	重要城市	今名	北宋地理志列目名称	行政区	重要城市	今名
瑞安府		瑞安府	（温州）	温州永嘉		温州永嘉	（温州）
建康府	江南东路	建康府	（南京）	江宁府	江南东路	江宁府	（南京）
歙州	江南东路	歙州	（歙县）	徽州	江南东路	歙州	（歙县）
隆兴府	江南西路	隆兴府	南昌	洪州	江南西路	洪州	南昌
扬州	淮南东路	扬州	扬州	扬州	淮南东路	扬州	扬州
庐州	淮南西路	庐州	（合肥）	庐州	淮南西路	庐州	合肥
江陵府	荆湖北路	江陵府	（江陵）	江陵府	荆湖北路	江陵府	（江陵）
潭州	荆湖南路	潭州	（长沙）	潭州	荆湖南路	潭州	长沙
成都府	成都府路	成都府	（成都）	成都府	成都府路	成都府	（成都）
潼川府	潼川府路	潼川府	（三台）	梓州	梓州路	梓州	三台
兴元府	利州东路	兴元府	（汉中）	利州	利州路	兴元府	汉中
沔州	利州西路	沔州	（略阳）				
夔州	夔州路	夔州	（奉节）	夔州	夔州路	夔州	奉节
绍庆府		绍庆府（黔州）	（彭水）	黔州		黔州	彭水
咸淳府		咸淳府（忠州）	（忠县）	忠州		忠州	（忠县）
	福建路	福州	（福州）	福州	福建路	福州	（福州）
兴化军		莆田	（莆田）	兴化军		莆田	（莆田）
泉州		泉州	（泉州）	泉州		泉州	（泉州）
广州	广南东路	广州	（广州）	广州	广南东路	广州	（广州）
静江府	广南西路	静江府	（桂林）	桂州	广南西路	桂州	（桂林）
琼州		琼州	（海口）	琼州		琼州	（海口）
邕州		邕州	（南宁）	邕州		邕州	（南宁）

第一章　城　　市

在公元10世纪末到13世纪下半叶这段历史时期，中国古代城市的发展出现了一场革命，这就是城市从里坊制转化为坊巷制。引起这场变革的原因不但有社会经济发展的冲击，而且有社会政治状况的影响。关于这个问题要追溯到前一个历史时期。

五代时期的开封，在周世宗对其进行扩建之时，强调更多的是改善城市拥挤不堪的环境，于是在四面加筑罗城；但罗城中未划定里坊，而是“候宫中擘画，定军营、街巷、仓场、诸司公院务了，即任百姓营造”①。北宋东京在继承后周扩建后的城市之时，当时的外城便没有带围墙的里坊之设，内城里坊的围墙也多残缺不全。许多史料虽然记载北宋皇帝下诏制止侵街现象，拆掉侵占街道的房屋，且在街巷入口挂上坊牌，企图恢复唐长安的街鼓制。这一行政指令确也曾有过短时间的成效，但“侵街”和“有无坊墙”毕竟是两种不同的概念，因为当时的街道已是商肆林立，商业活动早已不受时间的约束，早市、夜市依然进行。街鼓指挥管理城市居民的职能已经消失，不久这项用法律形式颁布的制度便自行消亡了。由此可以说明，经济的发展是不能以某些个人的意志为转移的，任何君主都不能向经济发号施令。里坊制在经济发展的冲击下自此彻底崩溃。宋室未南迁之前，南宋所在地域的城市，里坊制也早已名存实亡。若论城市在总体上的变化，并非由于统治者的

① (宋)王溥：《五代会要》卷二六《城郭》，文渊阁《四库全书》本。

更换而马上彰显，只是城市级别的变化会引起城市构成的改变。

在从里坊制走向坊巷制的变革之中，都城和地方城市的面貌和格局都发生了巨大的变化。城中街巷市肆林立，餐饮、服务业空前发达，新兴的文化娱乐场所瓦市、勾栏点缀在街巷之中。城市空间不再以显示皇权的威力为本。处处是熙熙攘攘在街道上活动的人群，可见平民百姓在城市中地位的上升，他们的出行或经商不再受时间的约束、街鼓的管治，人们可以自由地在商业店铺购物，在茶楼、酒肆出入。

不仅都城出现了巨大的变化，地方城市也经历了这场变革。变化最大的可举泉州为例。唐代的泉州是地方政治中心，城市为方形，丁字街贯穿全城。但宋以后便抛开了这方形的模式，在向四周扩展的同时主要向东南方向扩展，以至把城市重心移到了东南部，城市扩建部分变成了不规则的形式。之所以如此，是因东南方向有晋江，可通海，整座城市随着经济的发展、海外贸易的兴旺，便向港口方向推移了。有的城市虽不像泉州的城市形态扩展变化那样突出，但其城中的建筑构成已经发生了变化，街道上繁华的商业建筑、娱乐性建筑成为主角，随之出现了为其服务的仓储建筑。为了保证商业流通，交通运输亦得以发展。《平江图》中所刻画的南宋城市形态，即为典型代表。

随着经济发展，在较大的城市周围，出现了一批“镇”。“镇”的性质按文献所记为“民聚不成县而有税课者则为镇”①。北宋东京周围有31个镇，南宋临安周围有11个镇。这些镇实际上是一批小产商业、手工业基地，它们与大城市有着紧密的经济关系。镇与大城市和镇周围的草市，共同构成了一组多层次的经济网络。大城市从仅仅作为地方性的商品集散地，发展成区域性商品交换市场。当时全国东、南、西、北各区的区域性市场中心有东京、临安、平江、成都等。城市作为经济网络中的节点，必须通过较为发达的水陆交通来联系，这便促进了水陆交通的发展，两宋时期中国桥梁建筑的发展便是水上交通发展的反映。

---

① （宋）高承：《事物纪原》卷七《镇》，文渊阁《四库全书》本。

镇的大量兴起，标志着自然经济型城市的大量出现，它与城市里坊制的被冲破、坊巷制的出现共同扭转了中国城市发展的方向，可以说两宋时期中国城市走上了较为符合城市发展科学规律的轨道。

第一节 南宋临安

杭州是我国六大古都之一。吴越国曾以此为国都；宋室南迁，以此为行都，称为临安。

临安不仅是南宋的政治及文化中心，同时又是全国的一大经济都会。由于当时经济发达，城市非常繁荣。从宋孝宗乾道年间（1165—1173）至度宗咸淳年间（1265—1274）的一百多年间，临安府以及钱塘及仁和两赤县城市人口增长了两倍，足以概见临安城市发展的情况①。城市经济迅速发展，促进了城市各个方面的变革，临安承担了这一番大变革的历史任务。

一、南宋以前的杭州

（一）建城历史概况

大约4000年前，居民聚居在今杭州城老和山麓西北直至余杭县良渚一带地域内。后逐渐向东南方向发展，迁徙到灵隐山下。这里成为最早的钱塘县治所在②，直至西汉初。东汉华信筑防海塘后，西湖才形成。约在东汉中叶，钱塘县治又由灵隐山下移至宝石山东。故南朝宋刘道真《钱塘记》载："明圣湖（西湖）在县南二百步，防海大塘在县东一里，县西则为石姥山（即今宝石山）。"这可谓今杭州城范围内建城之始，但局限于西北一隅，且规模颇为狭小。以后由于地理上的变化，海湾淤积不断扩大，钱塘江河道也有变

① （宋）吴自牧：《梦粱录》卷一八《户口》，中国商业出版社1982年出版。

② 灵隐山，古称武林山。《水经注》载："浙江又东迳灵隐山……山下有钱塘故县。"南朝刘宋之刘道真所著《钱唐记》云："昔一境逼江流，而县在灵隐山下，至今基础犹存。"

动，加之六朝以来的开发经营，钱塘江西岩日渐繁荣起来。隋开皇十一年(591)，将州治迁到柳浦以西、凤凰山以东①，由杨素主持营建的杭州城，城周围三十六里九十步。唐代城址无变化。吴越钱镠，以杭州为都，就唐城加以扩建。经过三次筑城，子城外又有内城和罗城。罗城周围达七十里，较之隋城几乎扩展了近一倍。除西面濒湖无法发展外，其余三面均有扩展，尤其东、南两面扩展较多。

北宋大抵仍承吴越之旧，不过吴越时的内城已拆除，而以罗城为城，但北垣局部可能稍许南移，例如吴越的北关门即稍移西南，改名余杭门。因内城既拆，已不存在三重城的格局了。南宋高宗建炎三年(1129)，升杭州为临安府，称“行在所”，以原州治为行宫。绍兴八年(1138)定为行都。

(二) 吴越时代的杭州

吴越对杭州的建设经营，为南宋定都打下了基础。五代梁龙德三年(923)，封钱镠为吴越国王。吴越国传至第五代钱弘俶，在宋太宗太平兴国三年(978)归并于宋。在吴越国建立以前，钱镠任唐代镇海军节度使时即着手经营杭州。钱氏据杭长达84年，对杭州的城市建设多有建树。

1. 大城址

唐时杭州城东濒盐桥河，西接西湖东缘，南依凤凰山，北抵钱塘门。南垣东段划吴山于城外，西段则包金地山(今之云居山)及万松岭于城中，北垣止于虎林山(今之祖山)，山在钱塘门外。吴越时杭州有子城(宫城)、内城和罗城，内城仍承袭唐城规模。唐时城门有钱塘门、盐桥门、炭桥门及凤凰门。吴越时又增辟朝天门，此门遗址即今之鼓楼位置。吴越时于内城之外，加筑罗城，扩展了城址，杭城规模竟达周长七十里。

吴越时所筑罗城，先后辟有龙山、西关、南土、北土、保德、竹车、候潮及通江诸门。西面因濒湖未加扩展，仍以钱塘门为西门。钱元瓘时又于西城增置涌金门。这一时期除增筑罗城外，并扩建子城。钱镠任镇海军节度使

---

① (宋)乐史:《太平寰宇记》卷九三《江南东道五·杭州》载，(开皇)“十年复移州于柳浦西，依山筑城，即今郡是也”。文渊阁《四库全书》本。

时，于唐光化三年(900)扩展州城西南隅，依山阜为宫室；建吴越国后，在此基础上经营宫城，设朝于凤凰山下。子城南门称通越门，在凤凰山右。东北隅为双门（又称贯门），门外临江，建碧波亭（在今稽接骨桥），为钱镠检阅水军处。子城规模及四至，史料无从查考。南宋宫城与吴越子城的关系有待考古发掘来判断。

2. 兴修水利

1）筑防海塘

钱塘江潮对杭城为患甚大，自汉以来，修筑海塘防潮冲击，成了历代杭州水利建设的一件大事。梁开平四年(910)八月，吴越王钱镠射潮筑塘，是杭城建设史上著名的故事。钱氏这次筑塘，捍卫了杭州东城，奠定了通江门及候潮门的城基。吴越各代非常重视海塘建设，从六和塔至艮山门沿江地带都建了石堤，既保护杭州城不受江潮冲击，也为杭城的发展创造了条件。

2）疏浚西湖

唐李密引湖水入城，凿六井，解决了城中居民的饮水问题。白居易更利用湖水灌溉田亩，筑堤分隔江湖，尽除湖葑，以保障西湖蓄水。吴越设“撩浅军”，专责除葑浚湖，又鉴于城中诸河赖江水浸灌，常致淤塞，于是设龙山、浙江两闸，节制江流，并开涌金池，引湖水入城，以为城内诸河水源，解决了泥沙淤塞问题，治湖又有了新发展。

3）发展海运

由于当时南北对峙，吴越重视发展海运，扩大对外贸易，因此大力整治钱塘江航道，使杭州海运畅通。“闽商海贾，风帆海舶，出入于江涛浩渺，烟云杳霭之间”①，“舟楫辐辏，望之不见其首尾”②，可见其时海运发展的盛况。

同时，吴越还积极治理大运河，加宽、加深河道，并设闸控制钱塘江潮的

① (宋)欧阳修：《有美堂记》，转引自(宋)周淙《乾道临安志》卷二，文渊阁《四库全书》本。
② (宋)陶岳：《五代史补》卷五，文渊阁《四库全书》本。

泥沙以利航行。

此外，吴越在农田水利方面也采取了一系列的改进措施。从杭州、嘉兴直到江阴、武进一带，广造堰闸，并疏浚太湖、鉴湖，以防旱涝。这些水利建设，对发展以杭州为中心的广大地区的农业生产，起了积极的促进作用。

3. 确立杭州城市建设基本要点

隋杨素营建杭州州城，倚江带湖，南设州治于凤凰山，北以平陆为城市。整个杭州呈南北长、东西狭的带状。吴越扩建后，进一步发展了杭州城的地理特征，对后世杭州城的发展有着深刻影响。

1）控江保湖，综合治理

自汉迄唐，历代筑海塘防潮袭，利用西湖解决城市用水问题，取得不少成绩。吴越借鉴了前人经验，且把两者结合起来综合治理，不仅大规模兴筑海防石塘，而且设闸节制江流，免除城内诸河淤塞之患；同时又浚治西湖，更进一步引湖水为城内河流水源，充分发挥了西湖的有利作用。吴越控江保湖、综合治理的建设方针，一直为后世所继承。

2）重视水利，发展经济

吴越很重视发挥杭州水乡城市的地理特色，大力发展内河及海上贸易，还在大运河流域广造塘泾，发展农业生产。吴越时杭州城市经济之所以颇为发达，显见不仅有交换经济繁荣的因素，而且还有雄厚的农业经济为背景，并以水利作为繁荣城市经济的一项重要手段。

3）确立杭城建制格局

隋唐设州治于凤凰山，而以北部平陆为城市。吴越就镇海军治所扩展为宫室，致子城仍居凤凰山，偏处内城南端，市、里都在内城北部平陆。增筑都城虽南部扩大到六和塔东，但这一带属丘陵地段，且毗连宫禁，未便充作市里。所以，吴越杭州虽扩展颇多，而城市主体部分却仍在宫北平陆地带。吴越时营建都城，确立了“南宫北城”的格局。这种格局不仅为南宋所继承，一直到明清也没有改变，所不同的只是元末张士诚改筑城垣，废弃南宋宫城，以和宁门为南门，截凤凰山于城外而已。至于政治中心仍居城南，市、里处城北，这个“南宫北城”或者“前朝后市”的基本格局依然未变（图1－1）。

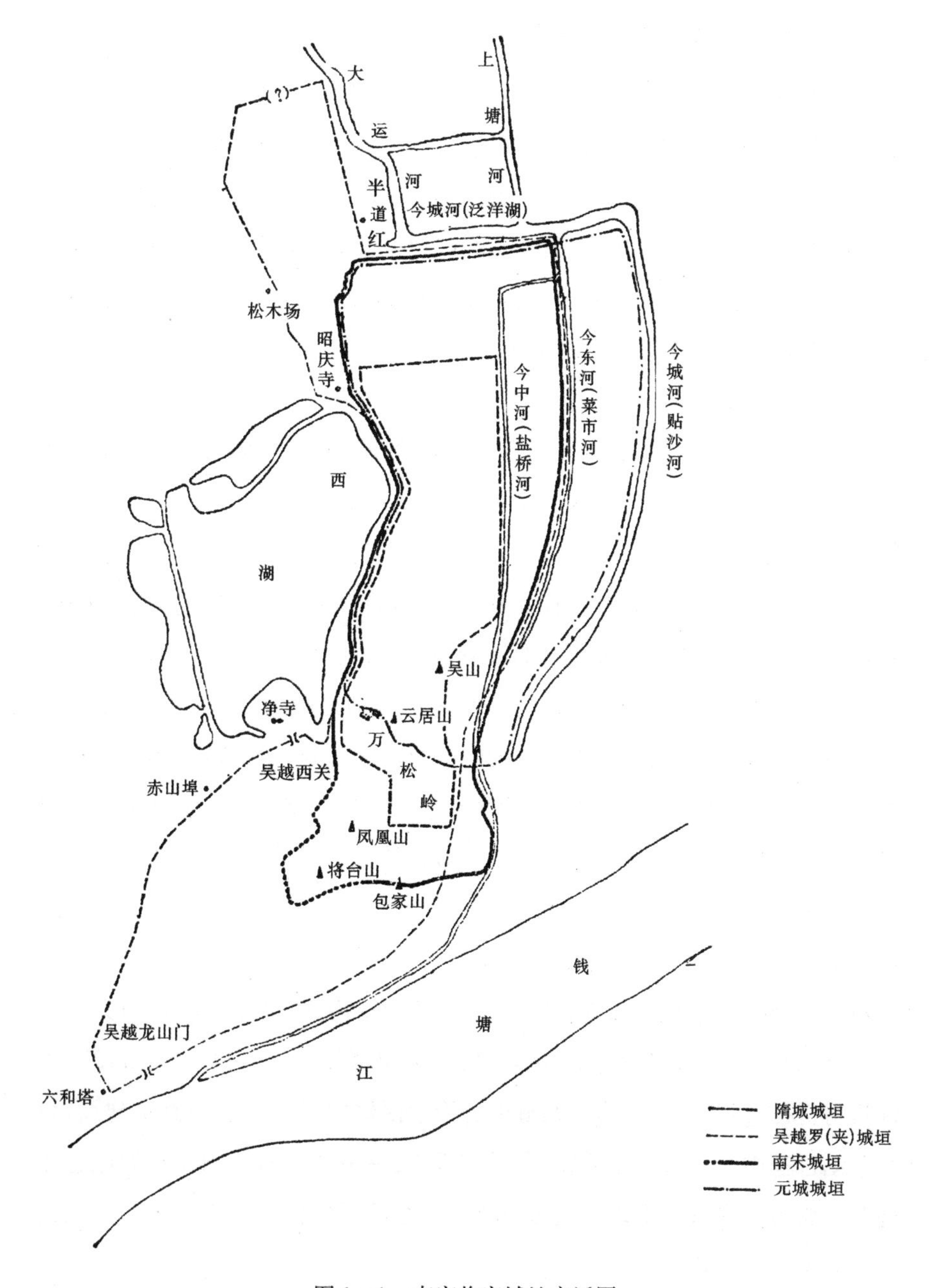

图1－1 南宋临安城址变迁图

二、南宋行都建设发展概况

南宋行都是据北宋杭州州城扩建而成的。由于这番扩建,不仅要按国都规格要求,进行城市政治等级升格的改造工作;同时更须根据当时社会的城市经济发展趋势,继北宋末,进一步改革旧的市坊规划制度,为后期城市规划制度奠定基础。因此,南宋临安的扩建,实际上既是一个具有政治与经济双重历史任务的旧城改造规划,也是我国封建社会城市规划制度演进历程中一个具有划阶段意义的城市规划。

(一) 行都建设的演进历程

南宋行都建设大体上经历了三个发展阶段。建炎三年(1129)以临安为行在所,至绍兴八年(1138)正式定为行都,这段时间可视为草创阶段。自绍兴八年(1138)至绍兴三十二年(1162)是扩建阶段。特别是绍兴十一年(1141)与金人议和后,行都不仅兴建了不少宫室、郊坛、官署、府邸、御园等,而且还扩展了皇城和外城。至高宗晚年更大规模地营建了德寿宫("北内"),城市建设如道路、水利等也有发展。特别是随着工商业的进一步繁荣,更深入地进行了旧市坊规划制度的改革。通过这一阶段的经营,行都建设已颇具规模,城市结构也出现了新变化。孝宗继统,临安建设又有新进展。以后各代也不断有所补充,使临安城日臻完备。此为第三阶段。

1. 草创阶段

宋高宗赵构是在"时危势逼,兵弱财匮"①的情况下即位的。当时军马匆匆、民心鼎沸,赵构为维系民心、军心,维护统治,建炎元年(1127)九月下诏,对他的巡幸处所诸事力求"因旧就简,无得骚扰"②。建炎三年(1129)以杭州为行在,以州治作行宫。从建炎三年到绍兴八年,行在的宫室建设,仅在草创过程中。不仅宫室简陋,作为帝都的一些必备的礼制建筑设施也不健全。城市建设基本上以维持原局为主,无显著变化。其中较为重要的建

---

① (元)脱脱等:《宋史》卷三三《高宗九》,文渊阁《四库全书》本。
② (宋)徐梦莘:《三朝北盟会编》卷一〇三,文渊阁《四库全书》本。

设,大致有以下几项:

1) 修缮城垣

因旧城年久失修,且有居民拆城建屋之事,故不得不加以修缮,以固城防。绍兴二年(1132)曾修筑外城城垣达三百余丈。

2) 疏浚河道及西湖

北宋时杭州城中有茆山、盐桥两条运河。南宋初,由于泥沙淤塞,两河都难以担负建都以来的繁重运输任务。绍兴八年(1138)知临安府张澄曾大事疏浚两河,以保证当时运输要求。西湖是临安的重要水源,对城市航运以及市民的生产生活关系甚密。绍兴初仍承前代办法,常派人除葑浚湖,并禁止污染湖水,以保证城市水源和环境卫生,对维护西湖风景也起了很好的作用。

3) 加强消防措施

自临安作为行都以来,人口日益增多,建筑密集,加之席屋多,经常发生大火灾,造成重大损失。绍兴二年(1132)五月的一次大火灾,"火弥六七里,延烧万余家"①。为了减少火灾,曾采取了一些重大防火措施。第一是开辟火巷,减少火灾蔓延。按照实际情况,将旧巷陌展宽,重要建筑物周围都留空地。第二是取缔易燃屋盖。绍兴二年十二月曾下诏:"临安民居皆改造席屋,毋得以茅覆屋。"②第三是颁布"临安火禁条约",规定"凡是纵火者行军法"③。第四是设军巡铺,监视火警。临安仿汴京旧制,绍兴二年正月,临安府、左右厢设军巡"百有十五铺"④,负责"巡警地方盗贼烟火"⑤。强化城市消防工作,是定都后市政建设及城市管理上的新发展。开辟火巷及增置空场地,对调整旧城建筑密度,改进旧城街巷功能,具有积极意义。

4) 扩大城市工商业区

北宋时,杭州工商业颇为发达。自从作为行都后,除民间工商业又有进

① (宋)李心传:《建炎以来系年要录》(以下简称《系年要录》)卷五四,绍兴二年五月庚辰条,文渊阁《四库全书》本。

② 《系年要录》卷六一,绍兴二年十二月戊戌条。

③ 《系年要录》卷一一七,绍兴七年十一月丁酉条。

④ 《系年要录》卷五一,绍兴二年正月戊午条。

⑤ 《梦粱录》卷一〇《防隅巡警》,第81页。

一步发展外,官府工商业更有所增长。因而城市工商业的经营区域必日益扩展,对城市各个行业的布局也颇有影响。当时官府手工业有军器监所属之军工工业,少府监所属之内府服饰器物工业,将作监所属之土木营造工业以及政府专利的酿酒和制醋业。其中以兵器及酒、醋酿造业的规模最大。这些官府手工业在临安城郊都设有不少作坊,尤以酒、醋作坊分布较广。

临安虽是南宋的政治中心,同时又是这个王朝的经济中心。如何适应城市经济发展的需要,是临安城市建设面临的一个重要问题。

2. 扩建阶段

自绍兴十一年(1141)冬与金人媾和,南宋偏安局势稍趋稳定,行都建设进入了第二阶段。经过近10年的发展,城市经济日趋发达,人口不断增长,原有州城的各项建设与新形势需求之间的矛盾更加突出。和议既成,临安建设也迅速展开。自绍兴十二年至绍兴三十二年(1142—1162),临安城进一步扩建,主要建设活动如下:

1) 皇家建筑

从绍兴十二年(1142)起,先后营建了各种宫观、庙坛、府库、学校、官署以及宗室达官的府邸。至绍兴二十八年(1158),作为行都所必备的宫省郊庙等设施都已大体就绪。绍兴三十二年(1162),更新建了规模庞大的德寿宫,另又于宫城外开辟了一些御园。当时贵戚、王公也纷纷兴建府邸,设置私园。

2) 城市建设

① 扩展城址,修缮城垣

绍兴二十八年(1158)扩展皇城及皇城东南一带外城13丈,计修筑城垣511丈。新筑南门,名"嘉会门"。经过这番扩建,皇城规模已达周回九里。年久失修的旧城垣亦被大加修缮。绍兴三十一年(1161)修缮倒塌城垣100多处,达1800余丈①。

② 增辟道路,改善城市交通

---

① (清)徐松辑:《宋会要辑稿》方域二之二五。

首先是调整城市道路布局。御街是在原来杭城主要街道基础上加以改造而成的全城南北主干道。南起皇城北门——和宁门,经朝天门,北抵城西北之景灵宫,全长13500尺,使用35000多块石板铺成①。临安城内道路网便以御街为主干进行了适当的调整。

其次,随着东南城址的扩展,增辟了一条从候潮门经嘉会门直抵郊坛的宽5丈的御路②。城内坊巷街道,也随营建增多和防火条件改善,都放宽了路幅。在有些交通冲要处及大建筑物前,还增开了广场。这番调整改革,对改善临安城市交通状况起了积极作用。

③ 发展手工业和市肆,繁荣城市经济

A. 发展手工业

随着手工业生产的发展,各种手工业作坊区也不断向外扩展。除增加官府手工业区,如少府与将作两监所属之各"作"及酿酒作坊外,民间各种手工业作坊发展更为迅速。不仅作坊规模日益扩大,如丝织、印书等;而且还增添了不少新"行"、"作"的作坊。据《武林旧事》所记,仅饮食及制药的"作"就达12种之多。在这些"作"、"行"中,以丝织业和印刷业规模最大。

B. 建房廊式店面

房廊为临街道建造的廊式店面。北宋时杭州就有房廊。南渡后,朝廷又继续营建房廊出赁。这种官营房廊出租的办法,孝宗时尚存在,当时尚书汪应辰曾批评孝宗"置房廊与民争利"③。

C. 坊巷街市增加

随着交换经济的进一步繁荣,行业组织的不断发展,临安城市又陆续增加了不少的行业街市。各坊巷内的日用品店铺,也随商品生产的增长与人民生活需求的提高而日益增多。特别是御街中段一带出现了城市中心综合商业区,由于增添各种大型铺店及酒楼、瓦子等,致市肆更加繁盛,范围亦不断扩大。临安城市的新型商业网络布局至此已颇具规模。

---

① (明)田汝成:《西湖游览志余》卷二〇《北山分脉》城内胜迹,文渊阁《四库全书》本。

② 《宋会要辑稿》方域二之二〇。

③ 《宋史》卷三八七《汪应辰传》,文渊阁《四库全书》本。

D. 酒楼、瓦子、茶坊、浴室增多

官府经营的酒楼规模大、陈设华丽。此外,还有私营酒楼,又称“市楼”,规模大的可与官营酒楼相伯仲,其中以武林园为代表。坊巷中的小酒肆更多,几无处不有。

瓦子即演出场所,汴京已有瓦子。南渡后,临安也出现了瓦子,先是专为军旅而设,继之及于民间。临安禁军驻地环列城内外,因此瓦子也遍布城内外。此外,还增添了不少大大小小的茶坊和浴室,为市民提供服务。

E. 置堆垛场、塌房

宋代称货栈为堆垛场或塌房,商贾以之来储存货物。临安自作为行都以来,商品经济愈加繁荣,商贾往来频繁,货物储运量陡增,货栈业也随之发达。在江河要道商品集散的码头都设有堆垛场或塌房。官营的场、房由“楼店务”统一管理。“楼店务”是专门“掌官邸店直出僦及修造缮完”的政府机构。

④ 疏浚河、湖,满足城市水源及航运需求

临安水利至关重要的,一为西湖,一为运河。前者关系城市水源,后者为城市航运命脉。绍兴九年(1139),知临安府张澄招置厢军兵士 200 人,专职撩湖。对“包占种田,沃以粪土,重置于法”①,以杜绝侵湖造田和污染湖水的不法行为。绍兴十九年(1149),郡守汤鹏举以西湖秽浊堙塞,招工开撩,并补足撩湖厢军名额,建造寨房船只,专门负责疏浚西湖②。

这两次疏浚和此后建立的经常维护制度,对确保西湖水源和城市环境卫生具有积极作用。茅山河及盐桥河是临安城内两条水运最繁忙的运河。绍兴三年(1133)浚治后,绍兴八年(1138)、十九年(1149)再浚,以维航运。除浚运河外,绍兴三十二年(1162)还诏令临安府开掏南城外的龙山河。不过后因营建德寿宫,加之茅山河两岸民居不断侵占河道,使龙山河日渐堙塞,城内水运便以盐桥河为主了。

---

① 《宋史》卷九七《河渠志》,文渊阁《四库全书》本。

② (宋)潜说友:《咸淳临安志》卷三二《山川》一一,文渊阁《四库全书》本。

⑤ 配合城郊发展,增设城市管理机构

南渡以来,临安人口骤增,原来的州城范围自难容纳,故逐渐向城外市镇发展;市肆也随着繁荣起来。绍兴十一年(1141)郡守俞俟奏称"府城之外南北相距三十里,人烟繁盛,各比一邑"①,说明此时南北城郊的人口之众、市肆之盛,已相当于一个县城了。俞俟并因此申请于城外设南北两厢,以便管理。以后郑湜在《城南厢厅避记》也提及"编户日繁,南厢四十万,视北厢为倍",从这个户口数字,更足以推见城郊的繁荣盛况。

随着城市不断扩大,为加强城内治安及消防的管理,绍兴二十二年(1152)朝廷又增置35个军巡铺,连同绍兴二年(1132)建置的115铺,此时城内外共置有150个军巡铺了。

厢的设置,军巡铺的增多,也可从强化城市管理这一侧面,说明这个过程中临安郊区市镇的发展概貌。通过这一阶段的发展,临安的城市建设已具备了相当规模,也奠定了150多年南宋行都城市发展的基本格局。此后第三个阶段的建设,实不过是在这一格局下加以补充调整而已。

3. 补充调整阶段

这一阶段自孝宗继位(1163)直至南宋灭亡(1279)。这一阶段临安城重要的营建活动主要有:

1) 宫室建设

这一阶段对宫室的营建多属补充调整性质,并无重大的改变或新的大规模建设。

2) 城市建设

这一时期的市政工程,主要有淳熙年间修缮城垣及咸淳年间大修御街,除此之外一般都是日常养护性质的。城市服务性设施仍有增建,其中增加较多的是瓦子和官营酒楼。私营酒肆、茶坊更加发达,不仅种类和数量日益增多,规模也有所扩展。

这一时期增建了一些粮食仓库及水上"塌房",如孝宗建丰储仓,

---

① 《咸淳临安志》卷一九《疆域》四。

"于仁和县侧仓桥东","成廒百眼"。又置丰储西仓于余杭外,"其廒五十九眼"①。理宗淳祐九年(1249)又置佑仓,积贮百二十万担,此后度宗时又建咸淳仓。这些粮仓的建设,提高了临安城市的粮食储备能力。

除朝廷营建粮仓外,这一时期私家大力开展水上塌房经营,"专以假赁市郭间铺席宅舍,及客旅寄藏物货"②,构成临安城市所特有的水上仓库区。

3) 疏浚河、湖,修筑海塘堤岸

疏浚湖、河及修筑海塘堤岸的工程仍在继续,除多次浚治西湖及城内各河道外,淳熙四年(1177)并修筑海潮所坏的塘岸。淳熙十一年(1184)开浚浙西运河,"自临安府北郭务至镇江江口闸,六百四十一里"③。嘉泰二年(1202)再次浚浙西运河。另一项较大的水利工程是理宗淳祐七年(1247)开宦塘河,此河距临安城北 35 里,南接北新桥、涨桥,北达奉口河④。这两条水道对临安城市经济发展关系至巨,尤其浙西运河更是城市经济命脉所系。

4) 增置分厢,加强城市管理

绍兴年间曾于城外置南、北厢,继之又一度在城内设左、右厢。随着城市的发展,为加强城市管理,分厢建制也在不断调整。乾道以后,城内已划分为 9 厢,连同城外的南、北、东、西 4 厢,城内外共置 13 厢。因分厢建制有所调整,故城内诸厢所辖坊巷也有所调整。

综观上述南宋行都的建设过程,实质上正是对旧杭州城市的改造过程。虽然改造工作包括政治与经济两项内容,但重点却在经济方面。为了适应建都以来城市经济迅速发展的形势,行都的建设以工商业建设活动比重为大,而且都是直接或间接围绕改革市制这一主题来开展的。此时临安城市结构已呈现出新的面貌,体现了与旧杭州城市迥然不同的结构特征。事实表明,这番改革已逐渐深入到城市建制的革新过程了。

---

① 《梦粱录》卷九《诸仓》。
② 《梦粱录》卷一九《塌房》。
③ 《宋史》卷九七《河渠志》。
④ 《浙江通志》卷五三《水利二 · 杭州府下》,文渊阁《四库全书》本。

（二）开发郊区市镇

这里所述的郊区市镇，是就临安府属赤县的郊区而言。“钱塘、仁和附郭名曰赤县，而赤县所管市镇者一十有五，且如嘉会门外名浙江市，北关门外名北郭市、江涨东市、湖州市、江涨西市、半道红市，西溪谓之西溪市，惠因寺北教场南曰赤山市，江儿头名龙山市，安溪镇前曰安溪市，艮山门外名范浦镇市，汤村曰汤村镇市，临平镇名临平市，城东崇新门外名南土门市，东青门外北土门市。今诸镇市盖因南渡以来杭为行都二百余年，户口蕃盛；商贾买卖者十倍于昔，往来辐辏非他郡比也。”①

其中南土门市、北土门市、湖州市、半道红市、赤山市为南宋时新增。江涨桥镇由于位于大运河起点，正当交通冲要，镇市繁荣，故绍兴初年城外北厢即设治于此。这座镇市发展很快，后又分成东、西两市。新增的6个市中，除南土门市及北土门市在东城外，其余均分布在城的东北郊及西北郊，且以西北郊较多。因这一带濒临大运河，交通方便，为货物集散和商旅往来的中心。从这些新兴镇、市的分布情况来看，南宋临安城郊发展的方向与吴越时期杭城的扩展方向是一致的（图1－2）。

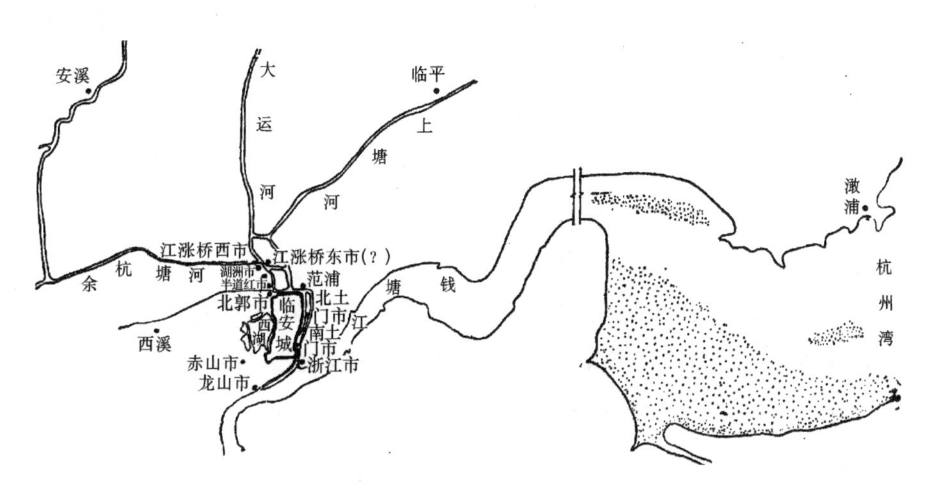

图1－2 南宋临安城与郊区市镇及海港配置关系图

① 《梦粱录》卷一三《两赤县市镇》。

采取以发展都城郊县的办法来处理城的扩展问题,我国历史上秦汉时也曾出现过。不过秦汉时发展郊县,主要是出于“强干弱枝”的政策要求,与南宋临安顺应封建社会后期城市经济发展的需要而积极开发郊区卫星市镇,自又有所区别。就这个意义而言,临安的城市规划经验是颇值得重视的。

三、临安城市建置特点

(一) 总体布局

探索临安城市建置的特点,不能局限于城市内部,而应该联系郊区市镇总体来考虑,否则将难以说明城市总体布局的全貌(图 1－3)。临安在郊区临江濒河建置了十几个市镇,利用江河航运之便,将周围市镇与都城连为一体,这些市镇成为沟通临安城市与广大郊区农村及周围城市的桥梁。各市镇的规模大小不等,如江涨桥、旷平等市镇,规模均颇可观。它们与临安城的距离,近的不过数里,远的则达数十里。这十几处市镇有如众星拱月一般,环列在临安城的周围。除发展赤县的郊区市镇外,还开发了作为临安海港的澉浦镇。此镇虽不属赤县所辖,但为临安的外贸港口,由钱塘江可直达临安城。这个港口市镇是临安城市的重要门户,故而理所当然地成为临安城的海港区。

临安本是水乡城市,东南临钱塘江,西北接大运河。以江河为主干,结合郊区其他大小河道,形成一个环城的大型水上交通网。临安城市的总体布局,充分发挥了其水乡城市的优势,以临安城为中心的水上交通网成为主要交通脉络,配合京畿驿道,聚结起周围郊区一系列的大小卫星市镇及澉浦港口。南宋临安城市的总体建置结构形式确与前代都城不同,而这正是地理条件和封建社会城市经济已进入一个新的发展历程的反映。

(二) 临安城的分区与建置结构

1. 城的分区

为适应行都建置和城市经济迅速发展的新形势的要求,南宋临安对原来州城等级的城市功能分区做了新的调整。一方面按照封建都城的规格,建立了宫廷区及中央行政区,并增辟了相应的新功能分区,例如宗庙、郊坛

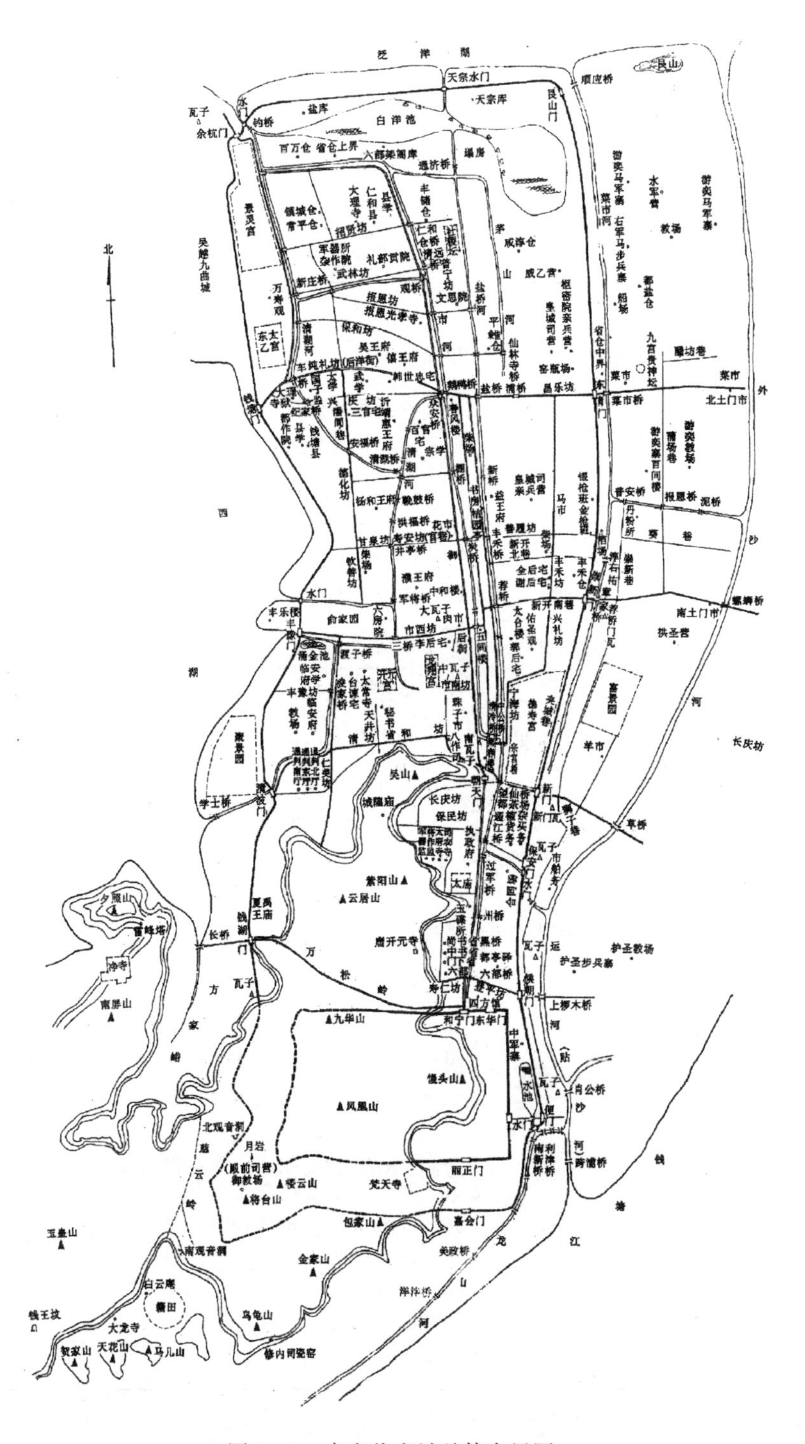

图 1－3　南宋临安城总体布局图

及城防等。另一方面,随着城市规制的变革,进一步改革了市坊制度,改进了原来杭州城市的经济分区结构。其城市分区按其功能可分为宫廷、行政、商业、仓库、码头、手工业、文教、居住、城防和风景园林等区。现将各分区列表如下:

表1 南宋临安城市规划分区表

序号	类别	内容	所在位置
1	宫廷区	宫禁区	皇城内及德寿宫
		宗庙区	太庙在御街南段 景灵宫在城市西北隅,御街北端
		郊坛区	社稷坛在御街北段,余在南郊及东郊
2	行政区	中央行政区	御街南段
		地方行政区	西城内沿清波门至丰豫门近城垣地带
3	商业区	中心综合商业区	御街中段
		官府商业区	通江桥东西地带
		各种专业商业区	江干湖墅及城内河道桥头和中心商业区附近街巷
4	仓库区	官府粮盐仓区	盐桥以北茅山河至清湖河之间地带及城西北隅
		货栈区	城北白洋池
5	码头区	江河区	龙山、浙江、北关、秀州
		澉浦海运码头	澉浦镇
6	手工业	官营手工业区	招贤坊南武林坊北、涌金门北(军工) 北桥巷、义井巷(少府) 康裕桥、咸淳仓南(将作) 纪家桥、通江桥、保民坊(印刷) 凤凰山麓(瓷业) 造船、冶炼、制炭作坊区在东青门外
		民营手工业区	丝织作坊区在三桥、市西坊一带 印书作坊区在睦亲坊、棚桥一带
7	文教区	太学、武学区	城北纪家桥
		府县学区	在地方行政区内

（续 表）

序号	类别	内容	所在位置
8	居住区	府邸区	一区在南起清河坊沿清湖河而北，直抵武林坊南一带 二区在御街东，德寿宫北，丰乐桥南，东达丰乐坊一带
		一般居住区	一区在御街东，新门以北，白洋湖以南，介于市河与盐桥河之间地带 二区在御街西，钱塘门以南，丰豫门以北，介于中心商业区与地方行政区之间地带
9	城防区		环城均有军寨，以东城外沿江一带为重点，驻军尤多。这一带可视为城防区
10	园林风景区		西湖、南山、北山

上表所示为临安的城市分区概况。其中宫廷区的郊坛，由于礼制及具体条件的限制，布置当不能集中。商业区的各种专业性商业分区（即行业街市），除零售及少数特殊的行业街市设置在中心商业区之外，其余批发性的行业街市则多分布在江干湖墅及城内河道的重要桥头一带，以利运输。至于手工业作坊区，其分布情况颇为复杂。除官营手工业中三监所属之兵器、服饰和营造的一些作坊，以及私营的丝织与印书等规模较大的作坊设置较集中且可以划分成区外，其余如官府的酿酒、制醋，私营的日用小商品生产及饮食业等作坊多为分散设置，杂处坊巷居民区内。特别是这类私营手工业者基本上是自产自销，作坊与铺店混为一体，在分区上与居民区并无明显区别，而在性质上实为亦工亦商的“工肆之人”。像这样的作坊多为各业杂处，同行集结的很少，对功能分区并无影响，只宜并入一般居民坊巷的商肆，不必按行划分。

2. 城市结构

自隋代建城以来，杭州的地理特征便决定了这座城市南北长、东西狭的腰鼓式形制。城内主干道与主要河道平行，由南而北贯串全城。吴越建都，杭城虽几经扩展，但城的基本形制及其主轴线并未改变。南宋临安的城市建置仍继承了前代传统，城市主干道为御街，南起皇城和宁门，北达景灵宫。临安全城的结构,即以御街为主轴线而部署。皇城在主轴线的南端,市坊居皇城以北。

就分区结构而言,城中的两个商业分区,一居全城主轴线中段,一则与中央行政区并列,置于宫廷区的皇城与德寿宫之间。以如此重要的位置来安排经济性的区域,足以体现经济因素对城市结构的深刻影响。这种影响同时还反映在城市用地的比重变化上。从前表中可知,经济性的功能分区除这两项外,尚有各种专业商业区、仓库区、码头区和各类手工业作坊区。这几个区域占地颇多,所占面积颇为可观。其他区虽大小不等,但占地面积并不少。表中的经济类各区,加上分布在坊、巷中各种铺、席的用地,其总和当超过宫廷类和行政类的区域用地。

综上所述,临安城的城市结构虽说保持了以宫为主体的“前朝后市”的传统格局,但这个“朝”并不居于城市中央,而市却在城市中占有相当的比重。这是它和过去历代都城的城市结构最大的不同之处。

3. 城市主要分区特点

1) 宫廷区

宫廷区南起钱塘江边,北抵今凤山门,东至候潮门,西讫万松岭。宫城位于凤凰山麓,地形起伏多变,宫廷区的各种建筑设施势必随地形作出安排。临安宫廷区的总体布局基本遵循“前朝后寝”之制。其他各区则按各自功能结合地形配置在周围。由于地形复杂,各区内部建筑的布置则多因地制宜、富于变化。

2) 商业组织及新型商业区

(1) 商业组织

临安商品交换经济甚为发达,各种商肆遍布全城。各坊巷也是处处有茶坊、酒肆以及各种日用品店铺。除各种商店外,城内还设有瓦子(剧场)、浴室等,为市民生活提供服务。在江河码头,即江干湖墅一带以及城北白洋湖,建有不少货栈(又称塌房),专供商贾往来贮货。

临安的商业组织分工细致,配合也极为严谨,行业虽多,却有条不紊。这些商业形式就经营性质论可分为两大类:一为负责商品流通的商业,一为满足城市生活需要的服务行业,包括专供商贾用的货栈。“行”是商业分工的标志,也是它的组织基础。早在唐代,商人就有行业组织,这是从古典市制中的"肆"发展起来的[①]。商人各按自己经营的商品形成行业组织——"行"("团")。"市肆谓之行者,因官府科索而得此名,不以其物小大,但合充用者,皆置为行。"[②]此时,行业组织的领域进一步扩大,而且各行本身的组织益加严密,甚至各有自己的行服,以后还出现了"行语"。

当时的临安,不仅经营各类商品流通的商业有"行",服务业有的也有称"行"的,例如洗浴业的称"香水行",饮食业的叫"酒行"、"食饭行"。手工业分工虽一般称"作",却也有个别称"行"的,例如"做靴鞋者名双线行","钻珠子者名曰散儿行"[③]。

临安的商业组织,既有大类之别,各类又有官营与私营之分。在各类私营商业中,按经营范围的不同,划分为各种不同专业的"行"或"团",而同"行"内部,又视商品流通过程的分工,分为批发商和零售商。各行零售商所经营的各种"铺户"、"铺席"以及瓦子、酒肆、茶坊、浴室等遍及全城街巷,形成商业网的基层网点,也是网的纵向组织基点。网的横向组织配合,便是各类各行之间官营与私营之间的配合。一般商品通过私营商业的各自行业组织进入市场。官营的专卖商店则通过与私营商业同样的渠道提供给消费者。服务性行业的横向关系也基本相似。专卖商品与一般商品互相配合,各类各行互相协作,汇聚而为一个有机整体。

(2) 新型商业网

集中市制彻底瓦解后,市坊区分的体制不复存在,代之而起的是商肆遍及全城的新体制。

在坊巷中出现的瓦子、酒肆、茶坊、浴室等形成一系列基层商肆。同时在城市的中心区还有综合商业区、塌房区和各种行业性的专门分区,特别是其中的各种"行业街市",即按行业特点组成的各种商肆区。大多数"行业街市"则由于市制的变革,其中市的概念也发生了根本变化(图1-4)。

---

① (汉)郑氏注,(唐)陆德明音义,贾公彦疏:《周礼注疏》卷一四,文渊阁《四库全书》本。
② (宋)耐得翁:《都城纪胜·井市》,文渊阁《四库全书》本。
③ 《梦粱录》卷一三《团行》。

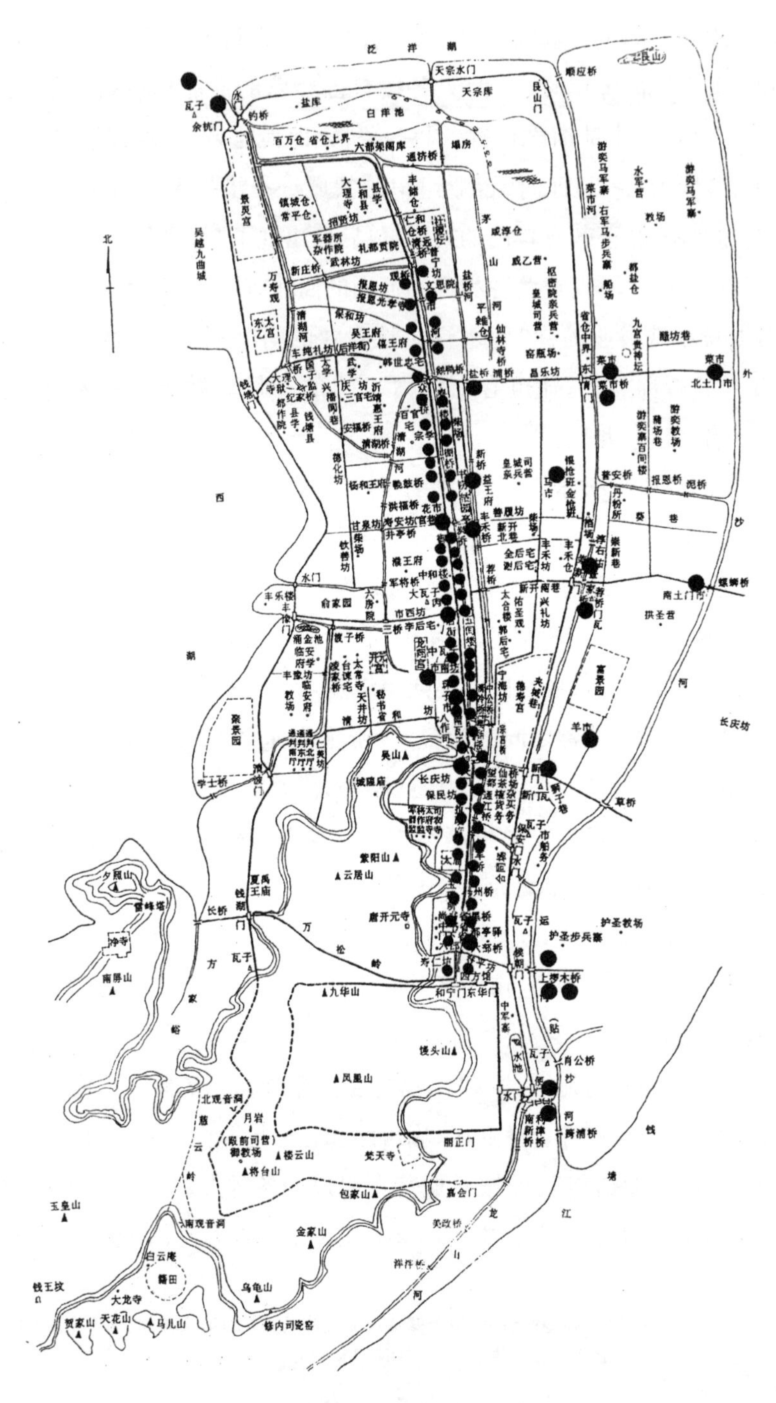

图1-4　南宋临安城商业网点分布图

A. 中心综合商业区

御街的中段，自和宁门杈子外直到观桥，沿御街铺店林立，特别是从朝天门至众安桥这段御街，更是商肆栉比，甚为繁华，为临安的中心综合商业区。就此区的构成内容论，既有特殊商品的行业街市，如五间楼北至官巷南街的金、银、盐、钞引交易铺，珠子市和官巷的花市；也有一般商品的行业街市，如修义坊的肉市。至于零售商店，包罗的行业更为广泛，像药铺、绒线铺、彩帛铺、干果铺、扇子铺、白衣铺、幞状铺、腰带铺……如此种种，不胜枚举。临安的一些著名的商店、瓦子、酒楼乃至茶坊、饮食店，也大多开设于此。临安夜市繁荣，甚至通宵达旦，尤其中瓦前夜市，犹如汴京州桥，且更为著称。据记载，高宗和孝宗均曾在此观灯买市。

御街南段东侧通江桥东西一带，为官府经营的商业区。此区介于皇城与德寿宫之间，设有官府专卖商店之专卖机构以及“宫市”（杂买务），区内还设有会子库，“日以工匠二百有四人，以取于左帑，而印会归库”①。“会子”是南宋的纸币，货币库设在官府商业区，靠近中央行政区，显然是为了便于官府管理。

按行业聚集而成的行业街市，分为批发、零售两种；《咸淳临安志》卷十九列举的十几种市、行、团，“皆四方物货所聚”，大抵都属于批发性的。其中鲞团就是一个例子：“城南浑水闸，有团招客旅，鲞鱼聚集于此。城内外鲞铺，不下一二百余家，皆就此上行合摭。”②至于零售性质的行业街市，由于经营的商品范围颇广，既有特殊商品，也有普通商品，自不可能每种商店都有自己的行业街市。

行业街市大小规模不一，视聚合铺户多寡而定。多则所占街区地段较长，例如五间楼北至官巷南御街，两侧多是金银钞引交易铺，计达百余家，形成较长的行业街市；反之，则地段较短。有的行业街市虽以一市命名，其实包括了多种行业。譬如官巷，总称花市，其中实包含有方梳行、冠子行、销金

① 《梦粱录》卷九《监当诸局》。

② 《梦粱录》卷一六《鲞铺》。

行等与花饰有关的专行,故以花市统称之。时称"所聚花朵、冠梳、钗环、领抹,极其工巧"①。

行业街市种类多,分"行"也复杂,不过决定因素在于便利供销。所以,凡批发性的市、行、团,大多分布在江干、湖墅一带航运线上。譬如米市,主要设在北关外米市桥、黑桥。因临安食米多仰给苏、湖、常、秀诸州以及淮、广等地,货源多循大运河而来,而大运河在北关外与城内运河衔接,方便供销。又如菜市,设在东青门外坝子桥及崇新门外南北土门,是因为临安的蔬菜基地在东城外,且有东运河(菜市河)运输之便,杭人习称"东门菜"、"北门米"。其他如城南浑水闸的鲞团、北关外的鱼行、候潮门外的南猪行、便门外横河头的布市等,均类此。设立在桥头、闸口之类地方的行业街市,其性质实为定时集市的同业街市,是客商与临安土著商同行之间的批量交易的场所。

城内行业街市著名的有炭桥(芳润桥)的药市、修义坊的肉店、桔园亭的书房、官巷的花市、马市巷的马市、福佑巷(皮市巷)的皮市以及珠子市、金银盐钞引交易铺等。在这些行业街市中,有的是批发性的定时"市",有的为一般商品零售性的街市。

各行业的供销点——铺户或铺席,大型的主要都集结在御街中段的中心综合商业区,而一般日用必需商品和中、小型服务行业的供销点,则分布在各居民坊巷。在全城坊巷中,"处处各有茶房、酒肆、面店、果子、彩帛、绒线、香烛、油酱、食米、下饭鱼肉鲞腊等铺"②。

此外,服务行业尚在坊巷中开设浴堂③、交通要道处建置瓦子。坊巷中除了这些固定的商业铺户外,还有不少流动商贩沿街叫卖,以弥补网点之不足。

B. 仓储行业

在商业发展的同时,仓储(货栈)行业应运而生。临安城内各类仓库甚

---

① 《都城纪胜·井市》。

② 《梦粱录》卷一三《铺席》。

③ 《马可波罗行记》卷二载:"……中有若干街道置有冷水浴场不少……浴场之中亦有热水浴,以备外国人未习冷水浴者之用。"

多,有集中设置可自成一区的,也有分散设在各相关区内的。建都以来官府在临安建有不少的粮仓及盐仓。这些仓库大多分布在盐桥以北茅山河至清湖河之间的地域内,以城之西北隅较多。大体上茅山河东之咸淳仓及盐桥河东岸之平籴仓,可各自形成一小区。从观桥北丰储仓起,包括城西北隅白洋湖两岸之粮盐仓及清湖河东岸之镇城、常平两仓,又可构成一个小区。

水上货栈(塌房)是库区的另一建筑类型。除江干湖墅码头,即浙江、龙山、湖州等处码头区置有堆垛场或塌房外,官府商业区也有堆垛场。特别是著名的城北白洋湖塌房区更是新颖。“其富家于水次起迭塌坊十余所,每所为屋千余房,小者亦数百间,以寄藏都城店铺及客旅货物,四维皆水,亦可防避风烛,又免盗贼,甚为都城富室之便,其他州郡无比,虽荆南沙市、太平州黄池,皆客商所聚,亦无此等坊院。”①《梦粱录·塌房》亦有同样记载,不同的是称“塌房数十所”,而非“塌房十余所”,并且指明了具体地点为“自梅家桥至白洋湖、方家桥直到法物库市舶前”。两书所述,均说明其时临安货栈行业之发达。

临安货栈的建置形式,有集中的,也有分散的。白洋湖的水上塌房便是集中成为一个独立的“塌房区”。其他则分散设置,附于各区之内。就使用性质而言,除码头区的转运货栈和白洋湖的“塌房”为一般通用性货栈外,其他却属于专用性货栈,或为官商所用,或为海外客商服务。

为了防火,货栈多采用石质结构,更利用临安水乡城市的特征,建成水上塌房,进一步提高货栈的防火能力。水上货栈的出现,确是南宋临安栈建设上的一个创举。

3）坊巷制居住区

(1）居住区的构成

临安的居住区是以坊巷制为聚居制度而设置的。坊巷内不仅有城市居民的住宅,还有商业网点,形成市、坊结合的统一体。居民坊巷内可以开设铺店,设立与居民日常生活密切关联的一些行业基层网点,这是与旧坊制迥

① 《都城纪胜·坊院》。

然不同之处。这种市、坊的有机结合,正是新体制与以市、坊区分为特点的旧体制的根本差别。

坊巷内设有学校,是临安坊巷制的另一项新内容,反映了建都以来临安文化发达的新面貌。

各个城市的坊巷规模并无定制。南宋城乡间虽仍沿用北宋的保甲制,但城市保甲组织也日益松弛,未曾产生过显著影响。一般说来,《两坊表》所截取的坊巷,大体上与原里坊制规模还保持了一定的关系,平江如此,临安同样也如此。看来除按街巷划分坊巷外,似别无其他因素了。

坊巷实为临安城市的组织管理单位,坊巷之上设有厢,厢设立厢厅,“分置厢官,以听民之讼诉,分使臣十员,以缉捕在城盗贼”①。“坊巷近二百余步置一军巡铺,以兵卒三五人为一铺。遇夜巡警地方盗贼、烟火。或有闹吵不律、公事投铺,即与经厢发觉,解州陈讼。更有火下地分,遇夜在官舍第宅名望之家伏路,以防盗贼。盖官府以潜火为重,于诸坊界置立防隅,官屋屯驻军兵及于森立望楼,朝夕轮差,兵卒卓望,如有烟煺处,以旗帜指其方向为号,夜则易其灯。若朝天门内以旗者三,朝天门外以旗者二,城外以旗者一,则夜间以灯,如旗分三等也。”②由此可知坊巷、厢在城市组织管理上的作用。

厢和坊巷一样,规模大小不一,并无定制。例如《乾道临安志》记的左一厢,共辖 14 条坊巷,而左三厢所辖则只不过 5 条坊巷而已。

坊巷及厢也有变动。《梦粱录》载“杭旧有坊巷,废之者七”③,并列举了 7 个坊巷名称。另一方面,也有新增辟的坊巷,例如与仁和县衙相对的登省坊就是买民地建置的。厢的变化也如此。绍兴初不过于城外置南、北两厢,至南宋末年已逐渐发展到城内外分置 13 厢了。坊巷及厢都有变化,因之随厢界的调整,各厢所属的坊巷也不断变化。

(2) 居住分区

临安的居住区可分为两类:第一类为府邸区,包括皇帝潜邸、皇室贵戚

---

① 《宋史》卷一六六《职官六》。
② 《梦粱录》卷一○《防虞巡警》。
③ 《梦粱录》卷七《禁城九·厢坊巷》。

以及王公大臣府第，各种官舍也在此类。第二类为一般居民区，即城市各阶层居民的居住区。

A. 府邸区

府邸区有两区。第一区在御街西，第二区在御街东。第一区范围较广，南起清河坊，沿清湖河而北，一直延伸到观桥附近武林坊以南。其间有些地段与地方行政区及一般居民区相错并列，致呈断续之势。自清河坊以北，市西坊以南，临安府治以东，后市街以西，这个地域内有龙翔宫（理宗潜邸）、开元宫（宁宗潜邸）、孟太后宅、谢太后宅、李后宅、忠王府、张循王府（曾封清河郡王，故名其地为清河坊）以及省府官属宅等。

由市西坊西端转北为俞家园，这是南宋新开辟的居住区，其中有六房院，卿监郎官宅、韩后宅、濮王府。井亭桥附近为庄文太子府，洪福桥西有杨和王府。此府"第当清湖，洪福两桥之间，规制甚广，自居其中，旁列子舍，皆极宏丽"①。杨府西有五房院，府北为周汉国公主第，沂靖惠王府则在第东。附近还有百官宅、十官宅、三官宅等。再北为韩世忠宅、吴王府、僖王府以及岳飞宅等。

第二区在御街及盐桥河之东、德寿宫以北、丰乐桥以南，东达丰乐坊一带。此区范围较小，其中包括有韦太后宅、刑后宅、夏后宅、谢后宅、全后宅、庆王府、恭王府、荣王府以及十少保府等主要府邸。此区较整齐，没有与他区交错的现象。

B. 一般居住区

临安自从被定为行在所以后，当时追随高宗的宗室、贵戚、臣僚、军属以及南下的中原人士纷纷进入临安。为了安置大批南来人员，不得不将原来的土著居民迁徙城外，以致绍兴初年一度出现郊区人口陡增的现象。城内因人口骤然大量集中，而南来人员大多为皇室、贵戚、显宦、富贾，自必引起城市居民结构的变化。这种变化也必然在居住区建制上有所反映，原来的一般居民区中不少坊巷逐渐发展成为府邸区。不仅如此，由于建都以来宫

① （明）田汝成：《西湖游览志余》卷一三《衢巷河桥》，文渊阁《四库全书》本。

廷官署用地增多,市肆繁荣,工商业区也日益扩大,临安城内一般居住区势必不断压缩,这显然有利于城郊市镇的发展。

一般居住区也以御街为基准,可分为两区:第一居住区在御街东,新门以北,白洋池以南,介于市河与盐桥河之间的狭长地带;第二居住区在御街西,钱塘门以南,丰豫门以北,介于中心商业区与地方行政区之间的地域。此区部分地段与府邸区呈犬牙交错之势,故不及第一居住区规整。

除此之外,城隅一带还穿插有少量居住坊巷,例如绍兴年间扩展东南外城,曾划候潮门至嘉会门外新筑御道两旁为民居用地。

一般居住区人口密度大,建筑密度高,消防管理至关重要。除设置军巡铺外,坊巷中还建有石砌塔式塌房,以备居民火警时存放重要物品①。临安坊巷不建坊表,也与消防要求有关。这两个居住区都毗邻闹市,因之有些坊巷铺户较多。例如第一居住区近朝天门一带之沙皮巷、漆器墙、抱剑营等,便是如此,其中还不乏声誉颇著的店铺。其次,临安自建都以来,手工业生产甚为发达,各"作"(行)的作坊几乎散布全城,故居住区中也穿插有手工业作坊,既是作坊,又兼铺店。

4）手工业作坊区

临安的手工业生产颇为发达。建都以来,除官营手工业有较大发展外,私营手工业也随城市经济的发展,呈现出一派欣欣向荣的景象。从全城手工业作坊的布局来看,官府手工业作坊较为集中,私营手工业作坊较为分散。就经营范围看,除少数具有一定规模的主要手工业作坊较为集中外,其余日用小商品生产作坊则多散布在各坊巷,很少按"作"集结。

临安虽作为行都,但城市并无更多扩展,缺乏大面积基地供手工业建设作坊之用。因此,除个别官营手工业外,新建或扩展的一些手工业作坊大多被安排在原杭州作坊地带,就已有基础作些调整补充。由于条件限制,手工业区一般规模不大,且配置上也不免有些零散,特别是私营手工业表现得更为明显。

---

① 据《马可波罗游记》卷二载:"此城每一街市建立石塔,遇有火灾,居民可藏物于其中。"

（1）官府手工业区规划

临安城内的官府手工业，主要为三监所属的各院、司、所、场、作，其次为酒、醋酿造业和印刷业。

军器监所属作坊区，在礼部贡院之西，即招贤坊以南、武林坊以北的地段。都作院设在涌金门北。少府监所属的作坊区中文思院分上、下两界，服役的各作工匠很多，设在观桥东南之安国坊，即北桥巷。染坊在荐桥北义井巷。将作监所属之东西八作司在康裕坊，即俗称八作司巷。丹粉所在崇新门外普安桥南，帘箔场在崇新门外淳祐桥西。修内司营在东青门内咸淳仓南，修内司窑瓶场在咸淳仓东。

官府印刷业有三方面作业。一为国子监印刷经、史、子、医等书籍，国子监印书作坊当在纪家桥，书板闸亦设于此。另一为都茶场会子库印制会子，为交引库印造茶盐钞引。会子印刷作坊即在会子库，附在通江桥东之都茶场内。其所属的造会纸局则设在赤山湖滨，颇具规模。第三是交引印造作坊，在保民坊太府寺门内。这三者较为集中且有一定规模。酒、醋酿造是南宋官府手工业的重要组成部分。临安酿酒作坊很多，几遍布城郊。除禁军所属作坊外，点检所直属主要作坊（煮界库）便有 13 处。此外，还有“九小库”及“碧香诸库”。另有曲院在金沙港西北，取港水造曲以酿官酒，为酿酒业作坊之一，以多荷成名景。临安主要醋库共 12 处，和酿酒作坊一样，散布在城郊各处。

上面列举的不包括禁军酒库以及地方的公使酒库和醋库等。从这些主要作坊的分布情况看，都采取分散的点式布局方式，无论酿酒或制醋，并没有集中起来，按“作”形成一个独立分区。

临安官府工业除上述几项外，尚有瓷业及造船业也很有名。杭州的造船业在唐以前即已出名，南宋建都后，造船业更有了发展，所造巨型海船，长二十余丈，可载重万石，乘五六百人。其余如内河航船、渔船及西湖游船，制作更多。湖船中尤以龙舟及车船（脚踏船）更为精巧。船场在东青门外菜市河边。据《梦粱录》记载，除船场外，东青门外还有铁场、炭场、铸冶场。看来这一带是官府其他手工业较为集中的地方。

宋代瓷业颇发达，五大名窑之一的官窑便是政府经营的。汴京沦陷，修内司即于嘉会门外凤凰山麓建置瓷窑，所产青瓷极为精致，釉色亦莹彻，为时所重。

（2）民间手工业区

临安的私营手工业生产范围颇广，除军器及政府专卖品，其余生活及生产所需的商品基本上都是私家作坊生产的。私营手工业中，最负盛名的便是丝织业和印书业。不仅产量大，质量高，而且品种多，生产规模也不小。丝织业除少府监的绫锦院外，市上丝织商品均为私营作坊生产。私营丝织业铺店多兼营本业织染作坊，生产与供销合一。这种特征反映到私营丝织业作坊规划上，势必出现作坊的分布要与商业布局保持密切关系。主要的作坊相对集中在主要商业区，次要的则散布城内各坊巷。大都在临安中心综合商业区内，如清河坊、水巷口，尤其是三桥、市西坊一带聚集较多，此地基本上可视为私营丝织业作坊区。

至于私营印书作坊，从一些已著录的传世南宋临安坊刻本情况，可以推知其大多分布在御街南段及中段地带。其在南段者，有大隐坊、太庙前及执政府附近几处。在御街中段的分布范围较广，大致西起河鞔鼓桥，经睦亲坊，过御街至小河棚桥附近街巷，呈东连桔园亭书房（行市）之势。睦亲坊又名宗学巷，为南宋宗学所在，故附近书坊较多，其中数陈氏家族书坊规模大，最负盛名。在当时出版的书籍中可见“睦亲坊棚北大街陈解元”或“陈道人”、“临安府棚北大街睦亲坊南陈解元宅书籍铺刊字一行”①等字样者，堪称上乘，尤为世所珍重。御街中段这一带书坊分布虽仍呈点状，尚未构成完整的独立分区。

5）园林区

绍兴十一年（1141）以后，随着临安城市建设的发展，园林建设也逐渐兴起。除大内及北内（德寿宫）的宫廷园苑外，皇家尚经营了不少别馆园囿，如富景园、聚景园、延祥园、翠芳园、玉津园等。贵戚、功臣、权臣、内侍、富室乃

---

① （宋）陈起：《江湖后集》卷五《郑清之上》，文渊阁《四库全书》本。

至寺院等亦相继营筑园林。名园瑶圃,盛极一时,一代菁华荟萃于此。据文献记载,除御园外,私家名园可稽考者不下百处。其中如云洞、水月、梅冈、真珠、湖曲、隐秀、养乐等园,都是精心擘划的佳构,规模亦很可观。至于别院小筑更是不可胜数。现列表以举其大概,从中不但可见临安园林之盛,亦可一窥当时园林分布的情况。

南宋临安西湖的开发建设,是园林建设、寺观建设与山水风景开发相结合的典型一例。

西湖在古代原是钱塘江入海的湾口处的泥沙淤积而形成的"潟湖",秦汉时叫做武林水,唐代改称钱塘湖,又以"其地负会城之西,故通称西湖"。东晋、隋唐以来,佛寺、道观陆续围绕西湖建置。唐末五代,东南吴越国建都杭州,对西湖又进行了规模颇大的风景建设,置军士千人专门疏浚西湖,疏通涌金池,把西湖与南运河联结起来。

历任地方官都对西湖作过整治,其中成效最大的当推苏轼。元祐四年(1089),苏轼第二次知杭州时,"西湖葑积为田,漕河失利取给,江湖舟行多淤,三年一淘,为民大患,六井亦几于废"①。为此,他采取了根治的措施:用20万民工把湖上的葑草打撩干净,并用葑草和淤泥筑起一条长3里的大堤,沟通南北交通。堤上遍植桃、柳以保护堤岸,后人把它叫做"苏堤"。在湖中建石塔三座,三塔以内的水面一律不许种植,塔以外则让百姓改种菱茭,从而彻底改变了湖面葑积的状况。同时又浚茆山、盐桥二河以通漕,"复造堰闸以为湖水之蓄聚,限以余力完井"。经过这一番整治之后,西湖划分为若干大小水域,绿波盈盈,烟水渺渺,苏轼为此美景写下了千古传唱的诗句:

水光潋滟晴方好,山色空蒙雨亦奇。
欲把西湖比西子,淡妆浓抹总相宜。②

南宋时期又对西湖作进一步的整治,使"湖山之景,四时无穷;虽有画工,莫能摹写",著名的"西湖十景"在南宋时已形成。西湖及其周围无异于

---

① 《宋史》卷三三《苏轼传》。
② (宋)王十朋注:《东坡诗集注》卷一七《饮湖上初晴后雨二首》,文渊阁《四库全书》本。

一座特大型的公共园林，建置在环湖一带的众多小园林则是点缀其间的园中之园，诸园各抱地势，借景湖山，开拓视野和意境。湖山得园林之润饰而更臻于画意之境界，园林得湖山之衬托而把人工与天然凝为一体。利用园林建筑来装点湖山，虽着笔不多，纵令一桥一亭亦错落有致。临安的西湖，在南宋时已形成具有公共园林性质的特大型风景游览地。此后，历经元、明、清三朝的持续开发经营，终于发展成为闻名中外的风景名胜区。

南宋临安部分名园表

编号	园　名	位　置	附　注
1	玉津	嘉会门外洋泮桥附近	御园 *
2	富景(东御园)	新门外(百花池上巷)	御园
3	樱桃	七宝山	御园
4	聚景	清波门外	御园
5	翠芳(屏山园)	南屏山	御园
6	延祥	孤山	御园
7	玉壶	钱塘门外	原属刘世光，后为理宗御园
8	胜景(又名庆乐、南园)	长桥南雷峰路口	本高宗别馆御园，后赐韩侂胄，再收为御园
9	水月	大佛头西	本杨存中园，后归御前
10	北园	天水院桥	福王府园
11	择胜	钱塘门外九曲城	秀王府园
12	梅坡	小麦岭北龙井路口	杨太后宅园
13	集芳	葛岭前	原为张婉仪园，一度归太后，后归贾似道
14	挹秀	葛岭水仙庙前	杨驸马园
15	瑶池	昭庆寺西石涵桥北	中贵吕氏外宅园
16	真珠	南山路口	张循王(俊)园
17	华津洞	梯云岭	赵翼王园
18	凝碧	孤山路	张府园

（续 表）

编号	园 名	位 置	附 注
19	桂隐	白洋池北	张循王孙张镃之园
20	隐秀	钱塘门外	刘鄜王别墅园
21	云洞	昭庆寺西石涵桥北	杨和王(存中)园
22	梅园	十八涧	杨和王(存中)园
23	环碧(旧名清晖)	丰豫门外柳州寺侧近杨王上船亭	杨和王(存中)园
24	秀芳	清湖北	杨和王(存中)园
25	梅冈	西马塍	韩王(世中)园
26	斑衣	九里松旁	韩王别墅园
27	半春	葛岭玛瑙寺西	
28	琼华	葛岭玛瑙寺	西史弥远别墅
29	香月	邻葛岭后	廖药洲,后归贾似道
30	香林	九里松	苏尚书园
31	湖曲(甘园)	雷峰塔西、净慈寺对面	甘升园
32	小隐	赵公堤旁	内侍陈源园
33	总宜	孤山路西冷桥西	张内侍园
34	卢园	大麦岭	内侍卢允升小墅
35	壮观	嘉会门外包家山	内侍张侯园
36	王保生园	嘉会门外包家山	内待王保生园
37	蒋苑使宅园	望仙桥下牛羊司侧	内侍蒋苑使园
38	富览园	万松岭	内贵王氏园
39	裴禧园	赵公堤	
40	史徽孙园	赵公堤	
41	乔幼闻园	赵公堤	
42	嬉游园	九里松	
43	谢府园	北山路	
44	罗家园	雷峰塔后	

（续　表）

编号	园　　名	位　　置	附　　注
45	白蓬寺园	雷峰塔后	
46	霍家园	雷峰塔后	
47	刘氏园	方家坞	
48	一清堂园	涌金门外堤北	
49	大吴园	宝石山大佛头寺西	
50	小吴园	宝石山大佛头寺西	
51	赵郭园	昭庆寺西石涵桥北	
52	水丘园	昭庆寺西石涵桥北	
53	聚秀园	昭庆寺西石涵桥北	
54	钱氏园	昭庆寺西石涵桥北	
55	张氏园	昭庆寺西石涵桥北	
56	王氏园	昭庆寺西石涵桥北	
57	万花小隐园	昭庆寺西石涵桥北	
58	养乐园	葛岭玛瑙寺西	贾似道别墅
59	里湖内侍诸园	在里湖筑有不少别业小园	
60	快活	葛岭	赵婉容别墅
61	水竹院落	西冷桥南	贾似道别墅

全城园林布局以西湖为中心，以南北两山为环卫，随地形及景色的变化，借广阔湖山为背景，分段聚集，或依山，或滨湖，起伏有节，配合得宜，天然与人工浑为一体。

它的主体结构大体上由三段组成。南起嘉会门外玉津园，循包家山、梯云岭直达南屏山一带，是为南段。由长桥环湖沿城北行，经钱湖门、清波门、丰豫门（涌金门）至钱塘门是为中段。孤山耸峙湖中，当属此段。自昭庆寺循湖而西，过宝石山，入葛岭，是为北段。这里，长桥是南段转中段的枢纽，西冷桥为北段与中段的衔接处。由长桥东行，入万松岭，为南段的另支。这支在全城园林布局上，起到了沟通东西两部分的作用。虽然园林的重心在城西，但城东也有少数园林，如德寿宫御苑、富景园、樱桃园等作为陪衬。南段万松岭一支，在全局上正是历七宝山东连富景等园之联系体，通过它把东城园林聚集在重心周围。南段随南山逶迤直接南高峰；北段沿北山入九里松一带，顺山势而及北高峰，另一支则沿城至白洋池北。就现有史料分析，南宋临安的公私园林基本上是按照这样的结构而配置的。当然，这种结构并不见得是一次规划所能形成，应是百多年来逐步实践积累的成果。由于这种结构是因地形随景色而形成的，当时对园址的选择势必要求能够与自然地形景色协调，以收到互为因借、相得益彰的效果。因此可以说，宋人对园址的选择，乃至造园的艺术格调，都经过了仔细推敲。表现在总体结构上，致三段之间的园苑配置有起有伏，即使一段之内也有疏密轻重之分，其变化处，或实联或虚转，随机措置，颇为得体合宜（图 1-5）。

首先看三段的总体布置：西湖虽是临安的掌上明珠，若无南北两山衬托，也将黯然失色。只有千峰滴翠，方更能显现银光万顷之美。而郁郁山色也只有借潋滟湖光，才得益彰之妙。宋人造园深知两山在全局上的作用，故南北两段随山势蜿蜒，高低错落，名园小筑相机缔造。其近湖处，以奇峰突起之势集结名园佳构，借此渲染山林。譬如胜景、翠芳、真珠等园之于南山南屏，云洞、水月、集芳诸园之于北山葛岭、宝石山。反之，滨湖造园较少，仅有聚景、玉壶以及环碧等几处。着笔不多，却极尽工巧。恰似碧空辰星，益增西子淡装的典雅。

至于三段衔接，亦因地制宜，有虚有实。长桥当南屏山与万松岭及钱湖门外滨湖地带交通要冲，襟山临湖，既是山湖景色转折处，也是全城园林布局上依南山山脉联系东西两部分的枢纽。宋时此桥有三孔，跨度较长，且建有桥亭，壮丽特甚。因之借此桥沟通南屏、万松。南屏多名园巨构，万松则以别业小圃为主。长桥介于两者之间，作为南山一脉园林建筑由重入轻的过渡手段。

南段与中段的衔接则不然，南屏处于南段造园重点，而钱湖门外滨湖地带正是中段起点，碧波荡漾，远山含黛，全赖天然，并无园林点缀。而南屏则

图 1－5　南宋临安城园林规划结构图

1. 桃花关一带别业小圃,如壮观园等;2. 华津洞赵翼王园;3. 西林法惠之小圃;4. 真珠园;5. 湖曲园;6. 大麦岭畔之卢园;7. 小麦岭之梅坡园;8. 万松岭之别业小圃,如富览园等;9. 环碧园;10. 玉壶园;11. 水竹院落;12. 云洞园;13. 水月园;14. 集芳园;15. 养乐园;16. 嬉游园;17. 斑衣园;18. 香林园;19. 择胜园;20. 梅冈园;21. 北园;22. 桂隐园;23. 赵公堤之小隐园等别业小圃及里湖之内侍诸园

层峦起伏,台阁争辉,又是一番意境。从西湖上望去,长桥顺山势而建,仅以一桥将两段连成一体,格外得体合宜。

北段与中段的转折,在葛岭、宝石山与孤山之间。这两处正处于北段和中段的园林布置重点,倘仅持西泠桥作为转折手段,显得力所不及,故在桥南配置“水竹院落”,以资加强。此处本为贾似道离亭,左挟孤山,右带苏堤,波光万顷,配以几处亭阁,既可与两段园林协调,又得借景换境之妙。这种转折方式又另有一番风味。

再看各段的园林配置特点：嘉会门外洋泮桥附近有玉津园。这是宫廷射圃，性质与一般御园有别，故置于南城近宫处，列为南段诸园之首。为了突出玉津，在以桃林著称的包家山一带，几处小筑成为陪衬。入梯云岭，有赵翼王园。园以水、石取胜，与方家峪西林法惠院之"雪斋"，激水为池，叠石作山，风格相似，颇具林壑深沉的自然景色。循山而北，达南屏、雷峰。这一带集结有胜景、湖曲、真珠等名园。至此，园苑布置已进入重点区域。过翠芳园而西，大麦岭有卢园，小麦岭有梅坡园，与南高峰下水乐洞呈遥相对应之势。从南段主体部署看，玉津以后造园，格调各异，或以小筑精构润饰桃林，或借水石之奇增色林壑，寓奇趣于平淡之中。进入南屏山一带，风格突转，真珠、胜景等园的配置，成为重点区域的标志。

中段沿城滨湖地带，建置聚景、玉壶、环碧等园，缀饰西湖。并借远山及苏堤对应以显现西子之雍容素雅。继之，沿湖西转，顺白堤轻快地引出了孤山。孤山自唐以来历有经营，白居易喻之为水中蓬莱。南宋时，山中胜迹颇多，如白居易之竹阁、僧志铨之柏堂、林逋之巢居梅圃等。绍兴年间高宗在此营建祥符御园，亭馆窈窕，丽若图画。理宗作太乙西宫，再事扩展御园，成为中段诸园之首。以孤山形势之胜，经此装点，更借北段宝石山、葛岭诸园为背景，与南段南屏一带诸园及本段滨湖园林互相呼应，蔚为大观。不仅如此，赵公堤及里湖一带的若干别业小圃，以为隔水帮衬，使孤山的园林更富有余韵，凸显出其在园林全局上所处的重要地位。

北段的园林与中段园林的婉转多致又有不同：昭庆寺西石涵桥北一带集结云洞、瑶池、聚秀、水丘等名园，气势磅礴，继之于宝石山麓大佛寺附近营建水月等园，再西又在玛瑙寺傍置养乐、半春、小隐、琼花诸园。入葛岭，更有集芳、挹秀、秀野等园，借西泠桥畔之"水竹院落"衔接孤山，使北段、中段凝成一体，假北山环卫之力，强化孤山，凸显西湖之胜。葛岭以西，北段则转入平淡，逶迤西行，至九里松始有斑衣、香林、嬉游等园。

北段除上述主干外，尚有另支，自昭庆寺而东，沿城北行直抵白洋池一带。其间西马塍有梅冈，九曲城下有择胜园，天水院桥有北园，白洋池北有桂隐园等。这一带园圃布置较稀疏，可看作北段园林发展的余绪。

第二节　宋平江府

南宋平江府为“府”一级城市的代表之一，由于其地处江南河湖密集的区域，在规划建制方面颇有特点，可称之为“水网城市”。该城位于长江下游南岸，太湖三角洲的中心。它南临太湖，东通吴淞江，北近阳澄湖，西部有灵岩、天平、邓尉、穹窿、尧峰、七子、上方等山。受海洋性气候影响，气候温和，雨量充沛。境内河湖纵横，地理条件优越，素称鱼米之乡。又因地处太湖水系和大运河的航运要冲，商业和手工业也十分发达，素为江南政治、经济、文化中心。

一、平江府城历史沿革

苏州，宋称平江府。这是一座具有2500年悠久历史的著名古城，据《史记》卷三十记载，春秋吴王阖闾欲“兴霸成王”，于即位之初命伍子胥主持修筑吴城，全城设“陆门八，以象天八风。水门八，以法地八聪”。以“象天法地”①之说，威慑邻国。后人又称阖闾城，为其后的城市发展奠定了基础。后越国灭吴，楚威王伐越，尽取吴地，封吴地予其相国春申君。春申君在子城内修宫殿、仓库，又在外城营建市场、监狱等，并在城内外开凿了纵横交错的河道，“城内北渎，四纵五横”②，这些工程构成了以后的城市基本格局。

秦汉时期设会稽郡治。到晋南北朝宗教兴盛，城市内修建了大量宗教建筑，仅据同治《苏州府志》和民国《吴县志》所做不完全统计，始建于这一时期的寺观宫庵共计107处。同时期也开始出现私家园林，如最早见于记载的私家园林即建于东晋的顾辟疆园。到隋唐时，这里已经是江南一座商业、手工业极其繁荣的城市。隋开皇九年(589)设州，因城有姑苏山而称苏

① (汉)赵烨:《吴越春秋》卷二《阖闾内传》，文渊阁《四库全书》本。
② 《江南通志》卷六三《河渠志》，文渊阁《四库全书》本。

州。唐代的城市建设进一步发展，苏州城八道陆门和八道水门全部开启；城内河道纵横，和道路并行。城内居住区设于里坊之中，据《吴地记》载城里共有60坊，各坊均设坊门，由坊正管理，定时启闭。唐代延续了战国秦汉时代的市场管理制度，集中设东、西两市。

唐末苏州被吴越王钱镠及其子控制。五代龙德二年(922)，钱氏为加强防务，重修苏州城池，首次以砖筑城，新修的砖城高二丈四尺，厚二丈五尺，里外有深濠，气势更为雄伟。北宋开皇八年(975)改称平江军，仍由吴越王掌管。太平兴国三年(978)归宋，政和三年(1113)升为平江府。

南宋建炎三年(1129)金兵入侵，平江城几乎全部毁于战火，"建炎之祸一切扫地，至举城无区宅能存"①。之后一百年间，平江城进行了大量改建和重建。因平江位于建康和临安之间，所以成为南宋封建统治的重要据点。到绍定二年(1229)，平江城已经得到了恢复和发展，其繁荣程度甚至超过了北宋时期。这时郡守李寿明主治平江，他把当时城市建设的实际情况，命张允成、张允迪、吕梃三人精细地刻绘在一块石碑上，即现存的南宋绍定二年宋平江图碑。此图形象地、比较准确地反映了南宋平江府城的面貌和建设的成就，特别是反映了南方水乡城市规划设计的特点。从南宋《平江城图》及其他文献资料，可以看到宋平江府确实是我国古代城市规划建设史上的杰作。

二、平江府城建筑构成②

从文献及《平江图》中可看到当时府城一级的城市中所包含的建筑类型及位置(图1-6)。

(一) 政治机构

府衙：位于子城中。

长洲、吴县两县衙署：位于子城以北，东西两侧，并各于城外置尉司，长

---

① (宋)范成大：《吴郡志》卷三《城郭》，文渊阁《四库全书》本。

② 本节系参考《吴郡志》、《平江图》及潘谷西《名城千秋》[载《南京工学院学报》(1983年建筑学专刊)]等文献写成。

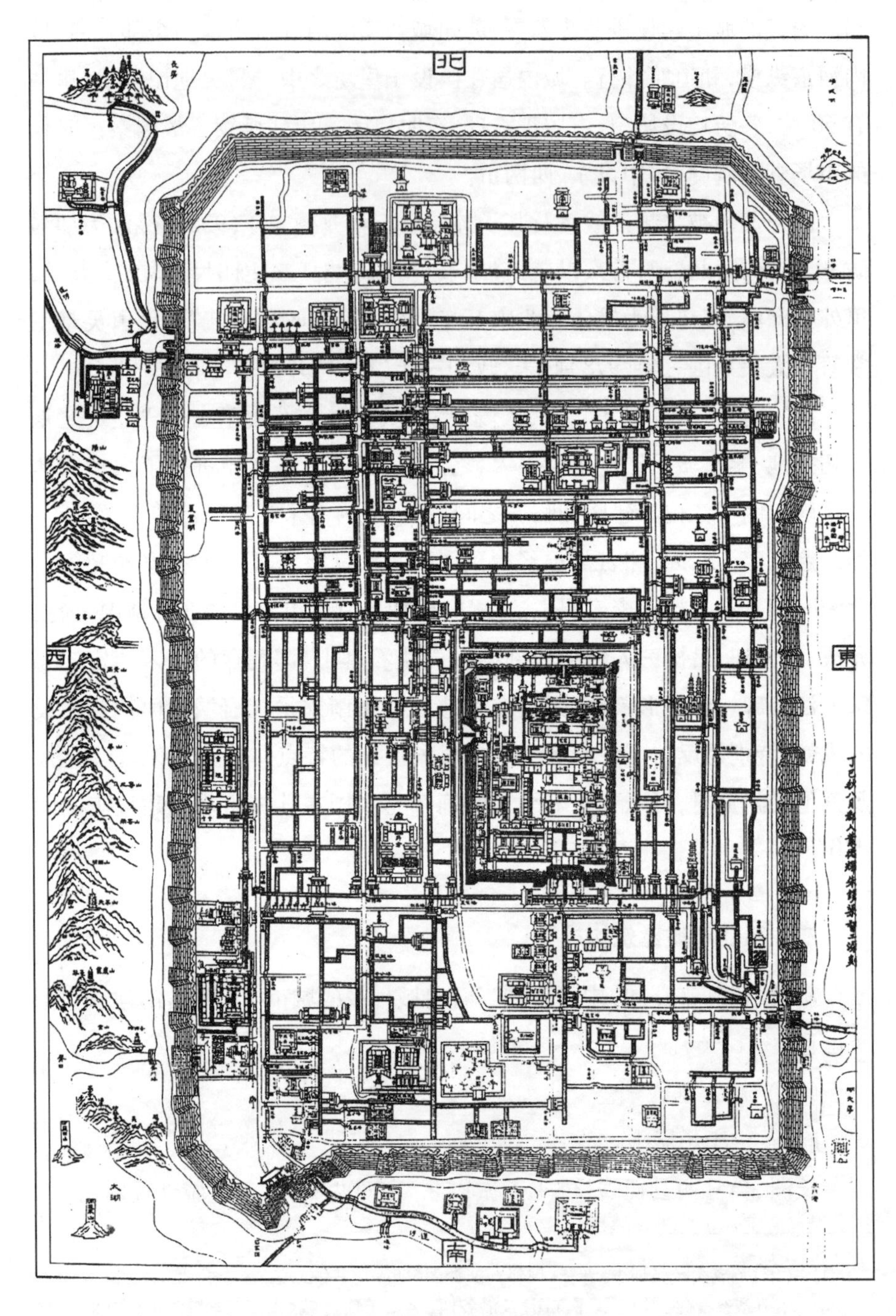

图 1-6　南宋平江府总体布局图

洲尉司在城东北，吴县尉司在城南。负责保安。

官署：除部分在子城内，主要设于子城南门外，如司法机构提刑司、检法厅、提干厅。军事机构钤辖厅，财政机构提举司、四酒务、监酒厅、都税务、监盐厅等。

（二）礼制建筑

社稷坛：在城南。

风伯雨师坛：在城南。

祠庙：《吴郡志》记有泰伯、春申、伍员等祠庙，子城中并有城隍庙。

（三）宗教建筑

佛寺：《平江图》中有佛寺42处，塔13处。

道观：《平江图》中有6处。

（四）公益建筑

医院：在子城南偏东。

安济院。

惠民局：在子城南偏东。

居养院：收容鳏寡孤独者，在沧浪亭以南。

慈幼局：收养孤儿。

慈济局、齐升院、漏泽园：处理贫苦死者的慈养机构。齐升院在盘门外，漏泽园在齐门和东城外各有1处。

（五）公共建筑

学校：府学，在南园以南。

贡院：在城西。

亭馆：《平江图》中绘有12处，如姑苏馆。为旅馆性质的建筑。

（六）商业建筑

酒楼：《平江图》中绘有多处。

其他商业建筑：分布在城西繁华街巷、河道等处。

（七）园林建筑

官署园林：府衙后部有郡圃，西斋前小圃及司户厅西小圃。另有子城东南角墙外的东提举司,府城西墙南端的都税务。

私家园林:韩园(韩世忠园)即沧浪亭,在城南。南园,钱元璙旧园。杨园。张府为钱氏南园一部分。

其他园林:姑苏馆旁百花洲,仅通姑苏馆,似为宾馆专用。

(八) 仓储建筑

府仓:在子城外西侧,主河道旁。

茶场、盐仓:在子城外西南。

军资库、甲仗库、公使库、架阁库等:在子城内。

户部百万仓:在阊门里。

(九) 住宅

分布在全城。

(十) 军事建筑

教场:子城内、南城外吴县尉司旁,北城外长洲尉司旁。

军营:东城有北军寨、威果二十八营;南城有雄节营、威果四十一营;北城有全捷二十一营,威果六十五营。

三、平江府城规划特点

(一) 因地制宜选择城址

在我国城市建设史上,古老的城市不胜枚举,但像平江城那样上袭春秋阖闾城,下延至今日苏州城,城址一直固定在原来位置上,前后达2500年之久的城市是罕有的。究其原因,在于选择了一个好的城址,并因地制宜地进行开发建设。

平江位于长江下游南岸,南临太湖,四面环水,河流湖泊众多,且彼此串通,一向有"泽国"之称,其"地势倾于东南,而吴之境为居东南最卑处,故宜多水"。而太湖由东北流出之水都经过平江,平江水虽多"惟水势至此渐平,故曰平江"①。这说明平江有很好的水利和航运条件,加上大运河绕城而

① (明)张国维:《吴中水利全书》卷中《任都水水利议答》,文渊阁《四库全书》本。

过，平江成了南北航运的重要枢纽，是东南水乡物资交流的集散地。平江城的位置完全符合城市要建立在“要害之处，通川之道”①的规划原则，这是这里长期城址未变的原因之一。

平江城长期兴盛，还与城市周围具有富足的农业生产有密切的联系。这里有优越的自然地理条件，又经历代长期建设，并大力改造自然，因势利导，改良水利灌溉，发展农业，到唐宋时期便成为全国主要粮食生产基地，故有“苏湖熟，天下足”之说。平江生产和输出大量米、鱼、丝、茶，促进了商业和手工业的繁盛，为城市发展奠定了物质基础。尽管苏州历史上多次遭受兵火之灾，但总能在原地迅速恢复起来。

平江城外多山，盛产建材。如阳山白泥，“可用圬墁，洁白如粉，唐时岁以入贡”②。金山、天平、灵岩、上方、狮子、七子等山的花岗石，洞庭西山、光福、邓尉等山的石灰石，又西山湖石、尧峰山的黄石等，这些给平江城2000多年的城市建设提供了取之不尽的建筑原料。

2500年前阖闾城址的选择就是综合考虑了上述因素而确定的。据《吴越春秋·阖闾内传》载，阖闾在吴王以后，欲行国富民强之策而问计子胥：“吾国在东南偏远之地，险阻润湿有江海之害，内无守御，民无所依，仓库不设，田畴不垦，为之奈何？”子胥回答说：“安君治民，兴霸成王，从近制远者，必先立城郭，设守备，实仓廪，治兵库。”③阖闾乃委计于子胥，子胥“相其阴阳之和，尝其水泉之味，审其土地之宜，观其草木之饶，然后营邑立城”④。也即开展实地调研，对城址的水文、地质、地理环境、气候等进行勘查，了解水质优劣，土地肥瘠，终于选择了这一依山傍水、交通便利、适于耕作生产的地址，开始创建阖闾城，充分利用地理优势，改造劣势。其结果正如正德《姑苏志》所说：“若夫支川曲渠，吐纳交贡，舟楫旁通，开邑罗络，则未有如吴城者。故虽号泽国，而未尝有垫溺之患，信智者之所经营乎？”⑤对阖闾选择城

---

① (宋)王应麟：《玉海》卷二五《地理》，文渊阁《四库全书》本。
② (宋)朱长文：《吴郡图经续记》卷中《山》，文渊阁《四库全书》本。
③ (清)陈厚耀：《春秋战国异辞》卷三六《吴·阖闾》，文渊阁《四库全书》本。
④ (元)陈仁子辑：《文选补遗卷十三·鼌错》，文渊阁《四库全书》本。
⑤ (明)王鏊撰：《姑苏志》卷一六《城池》，文渊阁《四库全书》本。

址、建设城池、治理环境称赞不已。

(二) 外城、子城的城市构成形制

平江城有内外两重城垣,分别是外城(或称大城)和子城(又称府城)。宋范成大《吴郡志》称:“大城周回四十七里,陆门八,以象天之八风,水门八,以法地之八卦,小城周十里。门之名皆伍子胥制,东面娄、葑二门,西面阊、胥二门,南面盘、蛇二门,北面齐、平二门。唐时八门悉启。……今惟启五门。”①

有关外城的面积、周长,各种文献记载不一。如《吴地记》记载外城规模为“周回四十二里三百步”;《吴越春秋·阖闾内传》则记有:“造筑大城,周四十七里。”《越绝书·吴地记》的记载更为具体:“吴大城,阖闾所造,周四十七里二百一十步二尺。”该书又记载吴大城四面城垣的长度分别为:“南面十里四十二步五尺,西面七里一十二步三尺,北面八里二百二十六步三尺,东面十一里七十九步一尺。”四面城垣之总和不过三十七八里,故后人疑该书前文所载吴大城周回“四十七里二百一十步二尺”应为“三十七里二百一十步二尺”。大约是历代城墙位置周界略有变迁,春秋战国以来,城垣的位置有过数次的修改和重筑的缘故,造成上述城垣周回长度的不同记载。

外城城门、各门位置历代基本未变。到南宋时从《平江图》中可见外城城门只开5座:北面偏东的齐门;南面偏西的盘门;东面偏北的娄门,偏南的葑门;西门偏北的阊门。各门皆为水、陆两门。城西面偏南原有胥门,宋时已闭塞,在原门楼处改建为姑苏台。5门中盘门规模最大,盘门上面有闸楼,平时驻有许多士卒,还储存大量武器和物资以为防御之用。盘门为水陆两门并列,面向东南,两门皆成梯形。陆门前设有方形瓮城。水门内有两道闸门,外高内低,外窄内宽,以控制水位。城墙和门均为砖石包砌,内部为木构架构成。盘门保存至今,为我们留下了保存完好的水、陆两门的实例。

据《平江图》所示,城墙上面隔一定距离向外凸出马面,底面很宽,向上逐渐收小,上宽只相当于底宽的三分之二。实践证明,马面必须长且密,这

---

① 《吴郡志》卷三《城郭》。

样利于防守,使敌人难以接近城墙。平江城外城上的马面共计 60 余座,每逢作战时马面上便搭置战棚,城墙顶部排列着整齐的雉堞。

根据城内钻探发现,城垣地下瓦砾有六七层之多,厚达三四米,同时在几处城墙上发现过六朝墓葬群,证明从春秋到六朝,城墙一直是土筑的,六朝时代平江还是一座土城,且城市的地平面比现在的城要低得多。但表现在《平江图》上的城墙,则已完全是用砖包砌的了。文献称在五代后梁龙德年间将原土城包砖,卢熊《苏州府志》载《图经》(按即《吴郡图经》,已佚)云:"(唐)乾符三年(876)刺史张博重筑,梁龙德二年(922)四月砖筑,高二丈四尺,厚二丈五尺,里外有濠。"然 1955 年苏州市园林管理处在清理虎丘山的唐陆羽井时,曾发现井底两壁的砖与苏州城墙内出土的砖系同一形制,即呈狭长条形,长约 30 厘米,宽约 8 厘米,厚约 2.5 厘米。据此推测,苏州城墙至少在唐代已包砖,五代时吴越王钱镠重加陶甓砖,质地特坚。

苏州大城内外设两层护城河,这也是古代城市少见之例。史称平江城"濠堑深阔",其外城河宽约四十丈,本系运河。至于内城河的成因,殆因土城年久失修,后来重筑时乃就地取土,故成内濠。

子城,又称内城或府城,在阖闾筑城时即有,应是吴城的宫城。吴时子城的周长,据《吴越春秋》、《越绝书》和《吴地记》等文献记载有八里、十里和十二里三种说法。从《平江图》中看,子城由于要突出其地位和表现内部众多的机构位置,尺度、比例明显被夸大了。杜瑜曾考证子城的范围,认为平江府城中的子城,大约相当于今苏州城内十梓街至前梗子巷、锦帆路至公园路的范围。子城南北距离约 550—600 米,东西距离约 400 米,子城周长约 2000 米,只合四里①。但此有待考古发掘证实。从宋平江府至今日苏州,其街巷结构、位置略有变化。

子城的城墙结构与外城相似,唯马面仅设置在城门两侧及城墙转角处(角台)。子城位置虽在大城中央,但略偏东南。子城为长方形平面。子城城墙四周有泄水沟(代城濠),建自唐僖宗乾符二年(875)。《越绝书》载其

① 杜瑜:《从宋〈平江图〉看平江府城的规模和布局》,载《自然科学史研究》1989 年第 1 期。

城墙高度及厚度说:"……其下广二丈七尺,高四丈七尺……"《吴郡志》载子城城门有三,但碑刻所示只见南门及西门,另一门疑在北城墙的齐云楼下面,因为这样才能与南门在同一轴线上。依位置论,南门是正门,北门是后门,西门则是侧门。此外,子城又建有小型城门三座,《越绝书》载其中一座是柴路门,另两座是水门。因子城内并无大的水道,故推测两座水门可能为运水之门。此三座小门位置无从考证。

子城城门之上都有楼,南面正门门楼面宽五间,屋顶单檐九脊,下有高台,四周设栏杆。子城正门原拟作宫门,故门楼规制较大,但两旁挟楼迄未建起。改府衙门后,上为谯楼,作报时、报警之用。偏门城楼称西楼,面宽三间,屋顶单檐五脊,平台四周设栏杆。此楼在北宋时一度取名"观风楼"。子城上北面有一组建筑,主楼叫"齐云楼",位于府门中轴线上,面阔五间,屋顶单檐五脊,两侧有廊厅堂相连,楼南城下筑高台踏步,可由此登楼。此楼建筑华丽,位于古代月华楼的旧址之上。"绍兴十四年(1144)重建……轮奂特雄,不惟甲于二浙,虽蜀之西楼,鄂之南楼、岳阳楼、庾楼,皆在下风"①,成为平江父老的骄傲。

(三)根据地形、水势规划城市平面和城门位置

宋平江城的平面形制来源于吴阖闾城,宋《吴郡图经续记》、《姑苏志》均称之为亚字形。宋《平江图》也是绘成亚字形的。

确切讲平江城的城市平面应为略有变化的长方形。一般情况,这种长方形平面的城墙,其转角应为直角形,而从《平江图》中可以看到,平江城外城的东北、西北转角均抹角,西南角向外凸出成弧形,东南角又是工整的直角形。这是结合地形和考虑水势变化,因势利导而规划设计出来的特定形制。由于城北护城河水流湍急,城墙转角如果是直角,河流转角太小将导致水流不畅,故而抹角后变直角为钝角。这对排水和行船都有利,并可避免急流冲毁河堤。大城的西南角不抹角,略向外凸出呈弧形,而盘门又是东南向。原因是平江城西南多山,地势较高,又接近太湖,一旦山洪暴发,水势凶

① 《吴郡志》卷六《官宇》。

猛,容易冲到城中造成水灾。所以在城市建设时把城西南转角建成外凸状,让胥江、运河来水绕过弧形城角继续下流,同时把盘门位置调整为面朝东南,避开西南向正面的洪峰,且盘门单纯做成水门。这样不仅可以避免洪水冲灌城内,同时也利于防御。城东南角则不同,在护城河转弯处有一"赤门湾",湾的水面较宽阔,有一条河与它连接,因水的流向是顺城东侧、南侧流向东南角,这样直接流向"赤门湾",城东南角做成直角也无妨。

亚字形的城市平面布局说明当时的规划设计很注意地形条件和水势变化,并不是机械地如其他城市那样采用方形平面。

平江城门的开辟,不拘泥于中轴对称,而是根据地势和河流走向来决定。宋以前,平江城共有八座城门,到宋时减为五座。从《平江图》可以看到这五座城门与周围主要水道走势的关系。平江城位于太湖下游,太湖东北处的流水都经此而出。凡是接近主河道的地方皆有城门,且为水、陆两门,二者并重,以加强河道的管理和城市安全。而原胥江正对的胥门,到宋时废除不开,恐怕是因为西南山势高、水势凶猛、不易防范的原因,以防止胥江洪水直冲胥门。

城市建筑布局还反映出与水运状况的密切联系。大运河之水自西侧阊、盘两门入城,与城内水道连通,并经城西南北走向的水道穿城而出,成为平江对外的交通枢纽。因之在河道附近,商业店铺、场市应运而生,从《平江图》中可看到"谷市桥"、"小市桥"等桥名,或可作为市场位置的地标,同时还可看到丽景楼、跨街楼、花月楼等著名大酒楼也皆在城西,还有为商业服务的仓储建筑如盐仓、府仓等。伴随商业和对外贸易,一些宾馆、驿站也出现在城门及河道旁,如姑苏馆、望云馆、宾兴馆、高丽亭等12处亭馆,均用于接待中、外宾客。城东一片街巷间仅偶有几处塔寺,城西却是一片繁华景象。

总之,平江城门的位置和建筑布局经过精心规划设计,突出地反映了水乡城市的规划特点。

(四) 水陆并行的城市交通系统

平江素有"泽国"之称,盖"地势倾东南,而吴之为境居东南最卑处,故宜多水”。平江位居太湖的下游，历史上太湖距离苏州要比现在更近些，如《平江图》所示。太湖东北流出的水都经过平江，平江城郊水道不但多而且都是活水，平江水就是吴淞江、娄江、运河和胥江的一部分。自隋开凿的大运河便把苏州纳入全国水路网络之中。运河环绕平江城的四周流过，成为城市的主要水道之一，是天然的护城河。整个城市规划以城外原有的主要水道为依托，引水入城，在城内开凿河道系统，使之纵横交错，构成城市脉络，形成完整的水上交通系统，这是平江规划的一大特色。同时水路与陆路相辅相成，形成相互结合的交通系统。

在历史上，水路运输的地位优于陆路。宋代，在全国交通网中水道占据优势。平江城的生产、生活以及军事上皆依靠水源，所以河道便构成了这座城市的主要骨架，街道辅之。市民多“以舟代步”，城乡物资也主要靠水路运输。其河道之密、数量之多，是中国城市建设史上罕见的。全城 14 平方公里多的范围内，河道总长约 82 公里，约占道路总长的 78%，从近年的考古发现来估测，那时河宽一般不少于 10 米，其深度在 3—5 米间。

城内的河与城外的水道相连，四通八达，不仅解决了物资的运输问题，同时又可以排泄洪水、雨水和污水。河道的蓄水还能提供部分城市用水，利于消防；并可以美化城市环境，调节城市小气候。

宋平江河道的分布有疏有密：城北居住区密度大，河道也密，居住此地的人们充分利用水道生息。城南大型建筑多，河道比较稀疏。由于河道多，城内桥梁也多，白居易诗称“绿浪东西南北水，红栏三百九十桥”；《吴郡志》记桥为 359 座；《平江图》中记载了 310 座桥的名字，其中城内有 293 座。

平江水路与陆路交通并用，河道与街道平行，特别是主要交通干线和城市居住区内，基本上都是有河必有路，舟楫、车马各行其道，又相互照应，街道与河道互相交汇的地方，通过桥梁进行立体交叉，形成独特的水陆立体交通系统。人在桥上走，船在桥下过，水陆并行，交通方便。全城交通网呈井字形结构。《平江图》中的网格节点即呈现出桥、河、路多种多样巧妙的交叉关系，至今令人称赞。

（五）水乡城市独特的街坊规划布局

宋朝以前城市的居住区形式多为里坊制。从《吴郡志》的记载看，平江内设有众多的坊。以乐桥为中心，乐桥东南有孝义坊、绣锦坊等 17 个；乐桥东北有干将坊、真庆坊等 16 个；乐桥西南有武状元坊、平泉坊等 17 个；乐桥西北有西市坊、嘉鱼坊等 15 个，共计 65 坊。但从《平江图》中，根本看不出像唐长安那样以墙包围的坊，坊名也只是刻于牌坊表上，牌坊跨街而立，如孝义坊在东憩桥巷，孝友坊在南园东巷，真庆坊在天庆观巷，武状元坊在乐桥南纸廊巷，西市坊在铁瓶巷……①

平江城典型的居住街坊，是由城内井字形网状水、陆交通系统划分成的。多数街坊采用前街后河式。由于城市经济发达，平江人多地少，居住区建筑非常密集，形成南北向一户户紧密相邻的连排式住宅，大户住宅院落进深多达五进至七进。由于宅前房后均临河，许多房屋临水而建，构成了“楼台俯舟楫”、“家家门前泊舟舫”的水城景观。这种与河街相邻的街坊规划布局，为居民生活和生产创造了方便条件。居民日常所需的生活资料，如柴草、粮食等，可由水路直接运抵宅下；商店的货物、手工作坊的生产原料和产品，都可通过水运到达临河码头，再转运出去。近年来科学测定平江城的方位，发现无论大城还是子城都不是正南北向，而是南偏东 7°54′②。一般解释是古代选择城址位置及方向时均考虑风水因素，而测定风水的指南设备未考虑磁偏角，故测得的方位有所偏差。但这样的城市方位却非常有利于城市住宅的通风。因城内道路以横向居多，建筑物也多与道路平行，即面向东南。平江城夏季的主导风向恰为东南风，所以建筑物按这种方向排列，适于接纳夏季风向，合理利用了气候等自然条件。

从地段的划分来看，街坊大多为东西长、南北短的长方形，东西向横街间距约在 100 米至 150 米。每个街坊中住宅又以南北向为进深的形式，每户住宅邻河的面宽很小。这样的住宅布局不仅有良好的朝向，而且能保持

① 《吴郡志》卷六《坊市》。
② 《从宋〈平江图〉看平江府城的规模和布局》。

相当安静。

街坊的规模因建筑性质而有所区别，一般居住区和商店所在的街坊规模较小，河道和街巷较密；而寺院、宫观、官邸、园林、大手工业作坊等所在的街坊就比较大，路网相对宽松。而这些大型建筑有的往往仅用院墙与河道隔开，建筑群门外架设桥梁，沟通内外，如城西北区的能仁寺。更有河道直接通入寺院、园林等大建筑群的，如阊门外的枫桥寺(图1－7)。

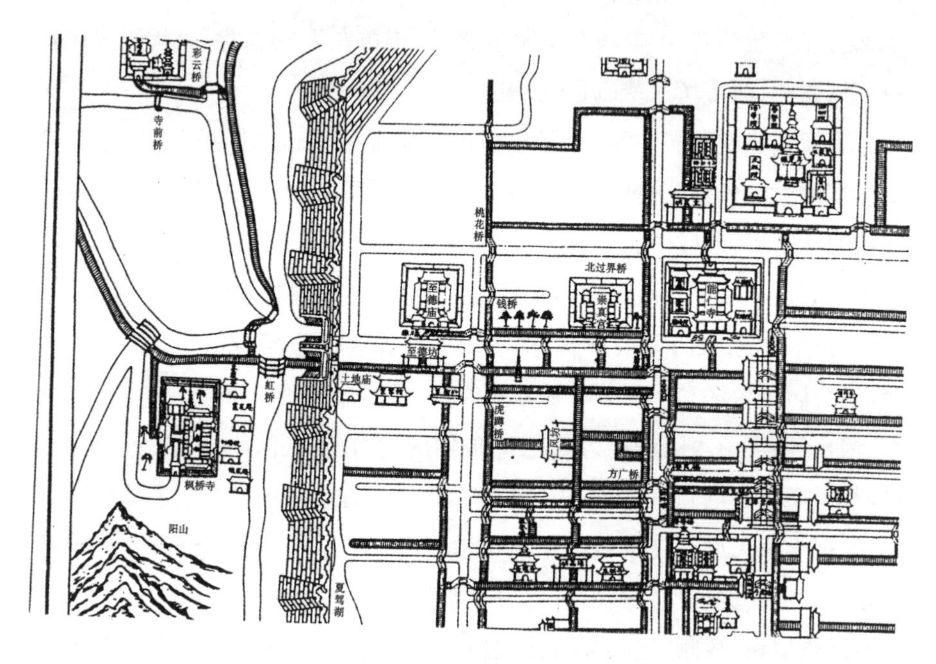

图1－7　南宋平江府寺院、园林与河道关系图

可见平江街坊和建筑群的布局，与城市总体规划是一个有机结合的整体。

（六）颇具规模的子城建筑群

子城位于平江中部略偏东南，是平江城的府衙，它既是城市的行政和军事管理中心，也是城市的形态中心(图1－8)。其建筑由大厅、府属办事机构、府后宅、郡圃四部分组成，前堂后寝，一循古制。在《平江图》中，相对于外城中自由灵活的建筑和城市空间，子城有所不同，建筑群的规模、气势非常宏大并有一条明确的南北向轴线，从子城南门起，到子城北端齐云楼止，子城内的主要建筑沿此轴线展开。从子城南门谯楼即图中所题“平江府”

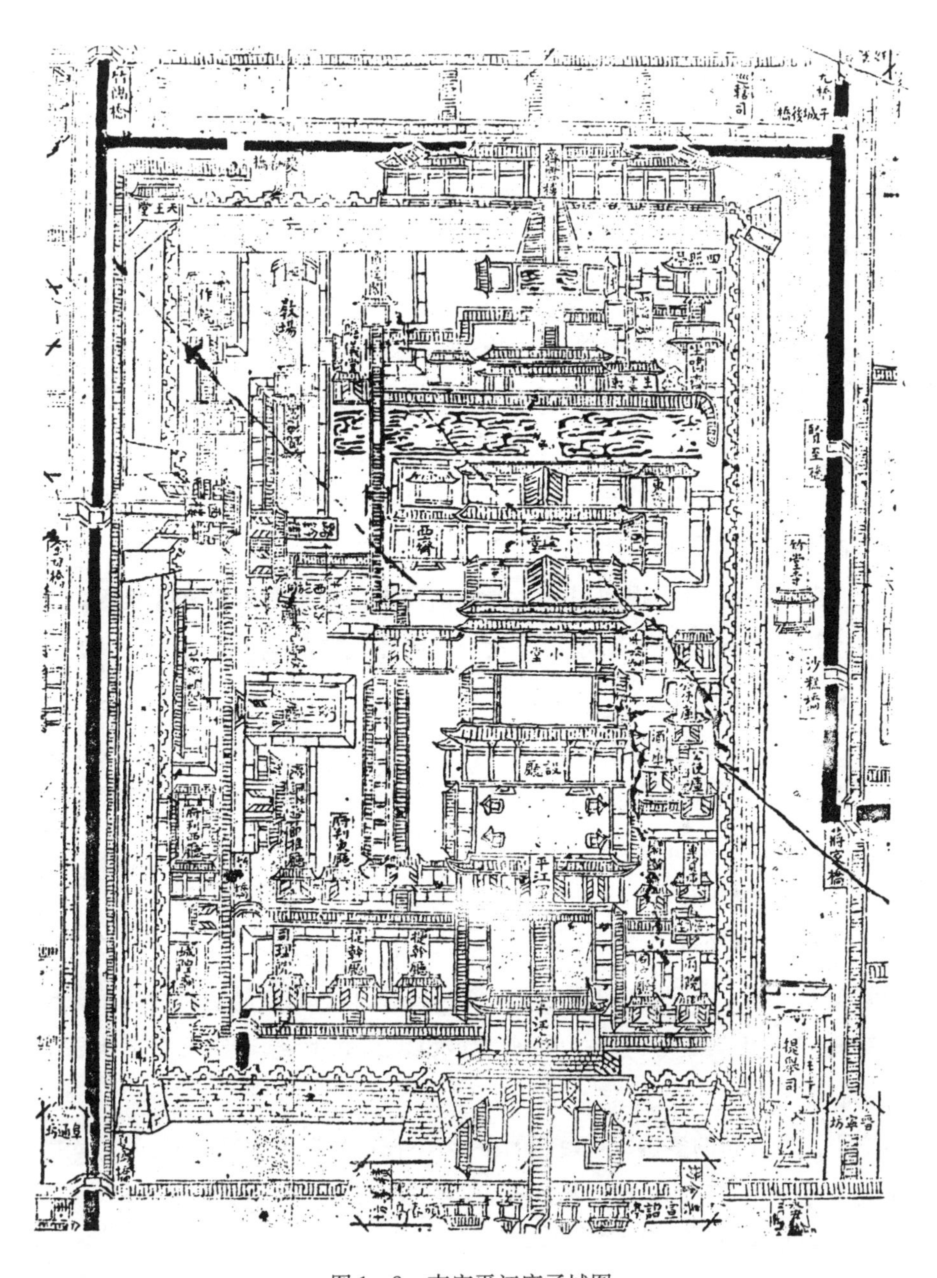

图1-8 南宋平江府子城图

起，向北依次排列着平江军、设厅、小堂、宅堂及北墙上的齐云楼。这里是子城的核心，其中平江军为府衙之正门，设厅，又称大厅，建于南宋嘉祐中（1057—1064），规模宏阔，居于子城建筑之首。府后宅即小堂、宅堂及两侧之东、西斋；小堂、宅堂平面作王字形，沿用唐代官署“轴心舍”的形式。宅后便是郡圃，有大池及若干园林亭、阁建筑。中轴两侧则是各种府属办事机构，日常议事，公文案牍及延纳接待之所，以及教场、兵营、作院、城隍庙等。平江子城的中轴线向北并没有延伸出去，向南虽延伸至南外城墙下，但未达外城墙边而中止。所以子城的南北轴线并没有形成城市的轴线，或者说平江城的规划者并没有生硬地强调以南北轴线形成左右对称的形式，而是因地制宜，恰当、合理地处理了这条轴线。

从子城南门出来的道路，跨过平桥后向南形成府前直街，两侧并列着一系列衙署：东有惠民局、提干厅、检法厅、监酒厅、钤辖厅等，西有司法厅、察推厅、四酒务、提干厅、提刑司等。平桥以及府前直街两侧衙署等建筑群的布置所构成的空间序列，对于子城及子城内建筑群的城市中心地位及其规模气势起了强化作用。

（七）丰富的城市空间景观

由于平江城自由灵活的规划布局及江南水乡的城市特点，平江城的城市空间景观极其丰富，其景观构成包括以下诸方面：

1. 桥梁景观

从城市设计的角度看，桥梁的重要性，除交通功能之外，便在于其对城市景观的贡献。平江城内的桥多为石拱桥，桥面宽，起拱高。桥的分布又多在交通、人流汇集之处，从桥上可观赏城市河道和街景，这样桥面也就成了空中瞭望平台。

平江城分布的多达300余座的桥梁，不仅本身造型丰富多彩，并与周围的房舍、街道空间、河道空间相映成辉，共同组成城市的优美景观。

2. 牌坊景观

平江以“坊”作为城市居住邻里的划分单元。而坊的意义仅局限于地名的区分，坊名刻于牌坊或称牌楼上，立于街巷入口。从《平江图》中可以看出牌坊的分布地点。这些牌坊有木制的,也有石制的,形式有繁有简。牌坊一方面确定了居住邻里的起始范围,另一方面也成为街道空间的一道景观建筑。

3. 宝塔景观

《平江图》中标明南宋平江城内至少有13座宝塔。这些砖石或木构的塔,造型多种多样,不但本身可作为城市景点,登上塔顶又可俯视城市风貌,远眺城外湖光山色。更重要的是,由于塔高大挺拔的形象与城区低矮的房舍形成对比,加上它们多在城内显要位置,不仅对构成城市轮廓线大有助益,更具有作为路标、地标的价值。

从《平江图》中还可看到宝塔作为主要街道或河道对景的城市设计手法之运用。如平江城内以乐桥为中心的南北向干路,其北向正对报恩寺塔,该塔1000年来一直影响着城北地区的城市轮廓线,成为城市重要的标志性建筑。

4. 河道景观

由于平江城内居住街坊与街道、河道平行相连,前街后河,宅前房后多临河水,许多房屋临水而建,不但形成了独特的水城河街景观,而且为市民生活、生产创造了方便的条件。居民住宅的前后往往有踏步直通河道边的小码头,河道作为运输、出行的重要通道,在居民生活中起了极其重要的作用。河道通过码头与住宅相接,成为居住生活空间的延伸。

街坊临河的布置形式也是多种多样的,有一巷沿河、二巷夹一河、一街一廊夹一河等多种形式。这种独特的、变化丰富的水乡城市空间景观,在《平江图》中清晰可见。平江城的规划充分体现了对地理环境的合理利用,体现出灵活自由、因地制宜的思想,创造出丰富多彩的水乡城市空间。

宋平江城不愧为中国古代城市规划史上的杰作。

第三节 泉 州

泉州属于"州"一级城市,因其所处地理位置对城市发展有着重要影响,反映出南宋时代城市发展的个性。

一、泉州的历史沿革

泉州地处今福建省东南隅,面海背山。地势由西北向东南分三级倾斜,城西北为戴云山脉的大面积山地丘陵,有“闽中屋脊”之称。泉州城夹在两水之间,西面晋江绕经城南,东边洛阳江自北南流,共汇泉州湾。自梁朝以后,这两条江成为泉州港重要的内河航道。泉州湾面对台湾海峡,岩岸曲折,半岛突出,水深浪平,为一优良海湾。泉州由于地处低纬度,西北又有山岭阻挡寒流,东南有海风调节,气候温暖湿润,属亚热带季风性气候。唐末诗人韩偓《登南台岩》诗云“四季有花常见雨,一冬无雪却闻雷”,道出了泉州温暖湿润的气候特点。

这里早在新石器时期就有闽越人劳动生息。西周属七闽地。春秋战国属闽越地。秦时属闽中郡地。汉时改闽中郡为闽越国。东汉分属南部都尉地。后汉三国时属吴建安郡地。晋太康三年始属晋安郡之晋安县。西晋末年中原八王肇乱,有林、黄、陈、郑、詹、丘、何、胡八姓从中原入闽,其中部分人来到后来的泉州一带,沿江而居,晋江因此得名。由于晋人带来了中原先进的文化和生产技术,与本地人民共同开发,促进了这个地区农业和手工业的发展。

唐开元六年(718),迁泉州州治于晋江县,领五县。此后开始筑城,是为唐城。光启二年(886)河南人王潮、王审邦、王审知开进福建,占领泉州。唐乾宁四年(897)以泉州属威武军。王潮为泉州刺史,王审知后领威武军节度使。

五代后晋开运四年(947),南唐升泉州为清源军,领九县。任命留从效为清源军节度使,后累封为晋江王。

宋建隆元年(960),留从效降宋。因泉州地处边远,宋乾德二年(964)改清源军为平海军,授留从效部将陈洪进节度泉、漳等州观察使;到太平兴国三年(978),陈洪进向宋廷纳土,献上泉、漳两州并十四县,泉州属威武军。六年,析晋江东乡十六里置惠安,泉州始领七县。

二、两宋时期泉州城市经济、贸易、交通发展概况

泉州包括晋江、洛阳江下游滨海的港湾,有三湾十二港之称(图1-9)。三湾即泉州湾、深沪湾、围头湾。每湾各有四港,以后渚港、围头湾、安海港最为著名。后渚港规模最大,居十二港之首。泉州港水陆交通便利,水道深邃,港湾曲折,是天然良港。五代时王审知、留从效及宋初的陈洪进均采取了一些有利于生产的措施,使泉州一带的农业、手工业特别是陶瓷业、冶铁业和丝织业都得到发展和提高,为海外交通贸易提供了重要物质条件,而通过海外交通贸易反过来又促进了社会经济的进一步繁荣。

图1-9 南宋泉州港

两宋时期,泉州港步入最繁荣的阶段。北宋时泉州与广州并列为全国最大的贸易港口。开宝四年(971)最先在广州设市舶司,到元祐二年(1087),正式在泉州设市舶司。当时泉州市舶司在府治南水仙门内,即今泉州水门巷内。市舶司的职责是"掌番货、海舶、征榷、贸易之事,以来远人,通远物"。对商户"抽解(抽税)用定数,取之不苛"①。还负责接送外国商使,保护中外舶商。

南宋时期泉州港已是"风樯鳞集,舶计骤增"、"涨海声中万国商"②,超越广州跃居全国首位,成为东方世界一大重要港口。南宋时代,泉州港对外贸易兴盛,有多方面原因:从东晋到南宋这段相当长的时期里相对和平安定,生产得到显著发展。中西方日益增长的贸易需求仅靠陆上丝绸之路漫长而艰辛的交通是不能满足的,阿拉伯、印度等地商人相继由海上来到中

① 《宋史》卷一八六《食货十八》。

② 陈泗东、庄炳章编:《泉州——宋元大港》,建筑工业出版社1990年出版,第34页。

国。北宋元祐年间(1086—1094)泉州已与海外31个国家和地区建立了贸易关系。宋室南迁后,两浙诸路因受战火威胁,海商纷纷趋集泉州。南宋定都临安,泉州地位更显举足轻重,泉州港每年大量的贸易税收也成为宋室重要的国库来源。自建炎三年至绍兴四年(1129—1134)泉州市舶税收入98万缗,到了绍兴三十二年(1162)泉州、广州二市舶税收入200万缗,高宗为此称"市舶之利,颇助国用"①。

宋代泉州港的繁盛,与泉州造船业和航海技术的发达是分不开的。宋时,泉州拥有多处造船场,成为当时我国造船业的重要基地之一。泉州所造海船驰名海内外,中外使节、商人、旅行家、传教士等,大都选择在泉州搭船放洋或登陆。

泉州对外贸易的发展和城市经济的发达,使泉州城人口急剧增加。据《元丰九域志》记载,北宋元丰年间(1078—1085),泉州居户20万,人口百万余,其与长沙、汴京(开封府)、京兆府(西安)、杭州、福州、南昌、泸州并列为全国八大州府。到南宋淳祐年间(1241—1252),泉州的居户达255758户,比唐开元年间(713—741)增加了七倍多②。

三、泉州城市的建设概况

泉州城由唐以前的地区性政治中心,逐渐转变为宋、元时期全国最大的港口贸易城市。城市性质的转变、城市经济的繁荣,促使城市建设迅速发展,出现了几次大规模的城市改建和扩建。泉州城市发展正是泉州整个社会经济发展的反映(图1-10)。

(一) 三国至唐代

三国时孙吴永安三年(260),在今晋江中游北岸丰州公社的狮子山附近建立了一个小城,名"东安县城",为"建安郡"九县之一。到公元8世纪,过去作为闽南政治中心的武荣州治向东迁到今泉州,迁治的主要原因在于武

---

① 《泉州——宋元大港》,第34页。
② (明)林俊:《泉州府志》卷八《户口》。

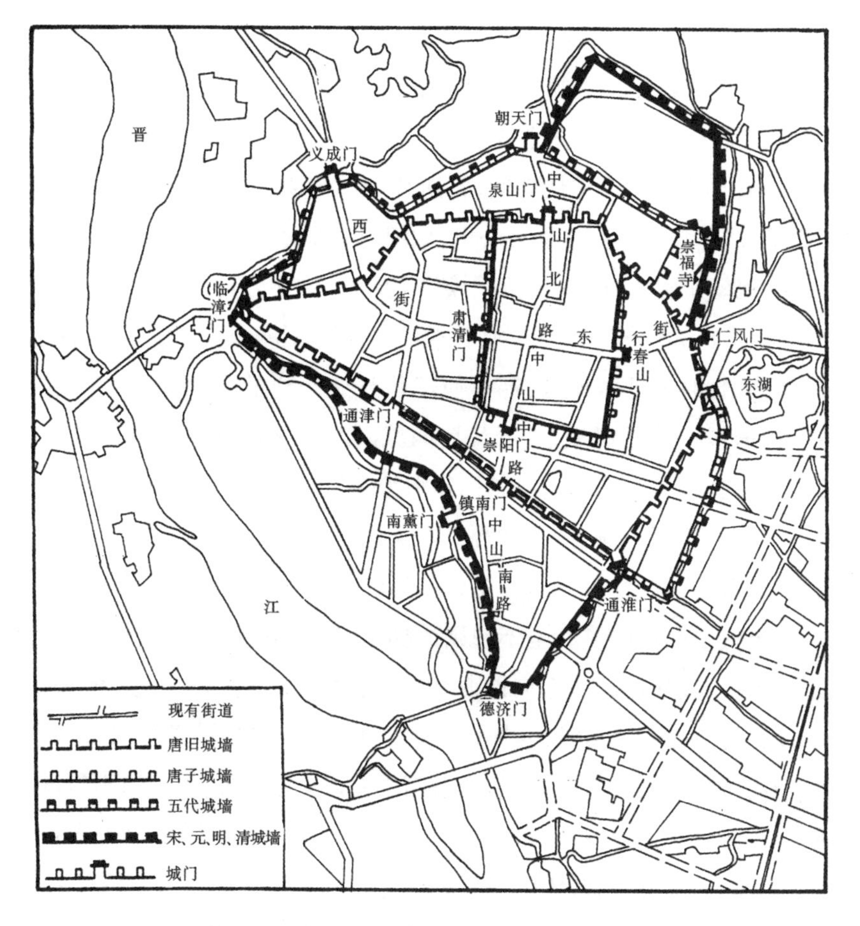

图 1－10 泉州城址变迁图

荣州所在的古丰州地处晋江中游,交通不便,于是迁到晋江下游的今泉州之地建设新城。

唐代所建的泉州城,后称子城,筑城时间在唐乾元以前。唐城周围三里百六十步,平面呈四方形,设有四门,东为行春,西为肃清,南为崇阳,北为泉山。唐泉州城内十字路口以北,为唐"六曹新都堂署",分掌政府事务,分别为司功、司户、司仓、司法、司兵、司田参军厅,州治位置则更靠北。晋江县治的位置"在子城东南"①,十字街口以南有东、西两坊,为工商业集中点。

① 《晋江县志》。

（二）五代至宋初

五代时期福建在王审知的统治下相对安定。后晋开运二年(945)，泉州升为“清源军”，领五县四场，辖县比唐时增加，随着城市经济发展，人口进一步增加。节度使留从效在任期间，将唐代“子城”扩建为五代“罗城”，范围从1.5平方公里扩建为10平方公里，城门由4个增为7个。这是泉州城市的一次大规模扩建。据《清源留氏族谱》卷三《留鄂公传》记载：“……城市旧狭窄，至是扩大仁风、通淮等数门，教民开通衢，构云屋（货栈）……陶器钢铁，泛于蕃国，取金贝而还，民甚称便。”留从效扩建的泉州城，共有三层城垣：中有“衙城”，即原唐城址，五代后四城门改为鼓楼，以报时辰，俗称“四鼓楼”。外为“罗城”，有7个城门，分别为东门（仁风）、西门（义成）、南门（镇南）、北门（朝天）、东南门（通淮，又称涂门）、西南门（临漳，又称新门）、新南门（通津，又称水门）。这7个新城门名称一直沿用至今，被称为“七门头子”。五代泉州城的形状呈不规则的梯形，南底边较长，北边较短。五代末，王延彬扩大西门城，使它向西北突出。《晋江县志》载：“王延彬为泉州刺史，其妹为西禅寺尼，拓城西地以甸寺。”其后，宋初陈洪进再次扩大东门城，使城向东北突出。《县志》又载：“陈洪进于宋乾德初，领清源军节度使，以城东松湾地，建崇福寺，后拓其地包之，今城北东隅、西隅地稍长者由此。俗号葫芦城，又号鲤鱼城，皆以其形似也。”

五代，泉州城的7门均有水关，可通江达海。城内有两个十字街，顶十字街是子城十字街的延长，这个十字街东起洛阳江，经城内东街、西街向西北通南安丰州至永春县。中十字街从涂门（通淮）进城，经涂门街、新门街出新门（临漳），这是东西走向的第二条大街。从子城北门延长到罗城朝天门外，是通到北方的古大路。又从子城南门延长到罗城镇南门，这里是五代最热闹的街市。这条大街向南通到晋江边，由晋江可达海湾。

五代留从效在泉州城环植刺桐，初夏开花，引人入胜，为阿拉伯等国商人赞赏，以“刺桐城”闻名海外。

（三）两宋时期

北宋泉州辖七县，比五代少。这时的城址与五代时大体相似，南部仍以新门、南门、涂门为界。北宋元祐二年(1087)泉州设市舶司,位于南城界外,以便利外商。北宋宣和二年(1120)泉州由砖城改建为石城,《晋江县志》载:"外砖内石,基横二丈,高过之。"

南宋泉州城变化较大,从新门、涂门街这一线向南扩大,一直扩到现在的下十字街,建立新的南城门、南熏门。这一地带在泉州南部,称为"泉南",是南宋泉州对外贸易最繁荣的地方。南宋时代的泉州曾六次重修五代罗城,并有一次大规模的扩建。据《晋江县志》记载:"绍兴二年,守连南夫重修(罗城)。十八年,守叶廷珪复修之。淳熙、绍兴中,守邓祚、张坚、颜师鲁相继修。嘉定四年(1211),守邹应龙以贾胡簿之资,请于朝而大修之,罗城始固。"足见南宋时市舶司税入丰足,始能保证六次修城工程所需。

为了防止水患,宋"绍定三年(1230)守游九功于诸城口增筑瓮城各一,东瓮城二,复于南城外拓地增筑翼城。东起浯浦,西抵甘掌桥,沿江为蔽,成石城四百三十八丈,高盈丈,基阔八尺"①。翼城从西南的新门(临漳)起,沿江筑城,经过水门(通津)、南门转弯到涂门,与五代时的罗城连在一起,把城南部分包围起来。同时还辟罗城镇南门外为"蕃坊",十州之人在此聚集交易②。据《舆地纪胜》载:"泉州城画坊八十,生齿无虑五十万。"足见当时人口之繁盛。南宋扩城后,城内干道已有顶、中、下三个十字街,出城后东到洛阳江,西到丰州,南到晋江边,北到朋山岭,东南可入海,西部可达安溪。七城门六条街直达周围各县,并通江入海。水路自东边泉州湾后渚港到晋江口,可顺江上到泉州南门。陆路和水门构成泉州城发达的交通网,对促进泉州城市经济的发展十分有利。

四、泉州城市发展的特点

(一) 泉州城改扩建与经济贸易发展相匹配

泉州在唐时就已成为全国四大港口城市之一,五代时期第一次大规模

---

① 《晋江县志》。

② 陈泗东、庄炳章编:《泉州——刺桐春秋》,建筑工业出版社 1990 年出版,第 18 页。

扩城正是唐代泉州城市发展的延续。南宋泉州一跃成为全国第一对外商贸大港,城市经济的发展和对外商贸的需要,促使泉州多次重修五代罗城,乃至两次向南扩建翼城。元代后期的内乱打断了泉州的发展进程,泉州从极盛转为衰落,以至明、清几百年内泉州城再无更大发展。

(二) 泉州城市朝向海边发展

泉州的发展方向是自西北向东南,自内地而向海边,从清源山坡到晋江边。唐初因海外贸易的需要,州治从武荣州(古丰州),迁到今泉州,由晋江中游迁向晋江下游。五代到宋元时期城址虽未更迁,而城市三次扩大,特别是其中的南宋游九功修南翼,终使泉州城南扩至晋江江边,而城的东、西、北三面并无再大发展。这个发展方向正反映了泉南地区海外交通便利、工商业集中、海外商贸繁盛,因此这里成为城市发展最为活跃的地区。

(三) 泉州城市形制的变化反映了城市性质的变化

封建前期的州城、县城大都为方形四门,内有十字街,街坊排列整齐对称,这是地区性政治中心城市的形制。唐代泉州城区的特点符合了其所具有的这种城市性质。自唐以后,泉州转变为对外商贸城市,城市形状先为五代时的似梯形,后为南宋时的不规则三角形。城市的形状变化一则由于多次扩建而成,二则由于地形所限,但最为重要的是城市经济发展方向的决定作用,使城市从西北到西南紧紧靠着晋江成为大弯形状,而城东、城北因山势而为直线短折边形。城市的迅速发展,终于突破唐时拘谨规则的四方形而向四方扩张,并南达晋江。

(四) 泉州商业、手工业在偏于海港的方向发展起来

在宋代泉州作为对外商贸城市,其商业区的分布经历了数次变迁。唐代,子城十字街口以南划有两块商坊;到五代,商业中心改在东门、涂门;北宋,渐移到涂门、南门、新门一线;南宋时,商业区则移到水门、南门一带。泉州的手工业区,五代在城东门外碗窑村南门外的磁灶乡西南的炼铁场(铁矿庙);北宋则集中在子城南崇阳门外,有花巷、打锡巷、风炉巷、莲灯巷、炉仔巷等手工作坊区;南宋则在南门外晋江下游出现了大规模的造船工场。

泉州对外交通也很发达。五代有东门、涂门两条大路以及北门朋山路

可通福州。北宋洛阳桥建成,改由东北到福州。以上陆路均设有驿站,现北鼓楼内有驿内埕,西鼓楼外有旧馆驿,南门有来远驿,都是古代驿站的名称。城内主要干道由五代的顶、中两条十字街扩建出下十字街。水路通过晋江可达内地,通过港湾可出海。

(五) 泉南蕃坊——外贸港口的标志

南宋泉州最繁华的“泉南”地区,有大量外国商客集中侨居在这里,据《诸蕃志》载当时有58个海外国家和地区的商人来此。其中有的人通过商贸成为巨富后便择居泉州,并在城南建有巨大的豪华花园府第①。“蕃坊”的范围大致在南城门内外一带,东起青龙、聚宝街及平桥,西至富美及风炉里,北从横巷起,南至聚宝街以南的宝海庵为止。蕃坊是古代对外贸易港口城市的特殊建置,它的出现可证泉州对外贸易之繁荣。当时泉州的外国人以阿拉伯人最多,其他还有印度人、犹太人、意大利人、摩洛哥人、占城(越南)人、朝鲜人,最多时达万人。他们特殊的生活习惯和宗教信仰也在泉州的建设中留下遗迹,如北宋间所建的伊斯兰教建筑清净寺,涂门附近有蕃佛寺等。这一带还遗留了一些婆罗门教、印度教的宗教石刻。泉州东北郊外地区还有大量外国人的墓葬。城市的建设发展是城市经济发展的直接反映,城市扩建是城市整体发展的一个组成部分。泉州城市的发展明显反映了工商业贸易港口性城市发展的特点,这一特点在宋代乃至中国古代城市发展中都是具有代表意义的。

第四节　庆　元　府

一、庆元府的历史沿革

庆元府(宁波)地处全国海岸线的中段、长江三角洲的东南角,唐宋以来为我国海外交通贸易的重要口岸。

---

① 《泉州——宋元大港》,第35页。

秦统一中国后，这里置鄮、鄞、句章三县，属会稽郡。两汉、三国至隋，三县除隶属的州、国或县名时有变动外，其区域范围基本未变。唐开元二十六年(738)设明州，州治在小溪(今鄞县鄞江镇)，长庆元年(821)州治从小溪迁至“三江口”(宁波老城区)，并建子城，唐末景福年间(892—893)建罗城。罗城周长18里，其四周有“奉化江自南来，限其东，慈溪江自西来，限其北，西与南皆它山之水环之”①。

北宋建隆元年(960)升明州为奉国军，南宋绍熙五年(1190)升为庆元府，元至元十三年(1276)称庆元路，朱元璋于公元1367年将庆元路改称明州府，明洪武十四年(1381)为避国号讳，又因境内有定海(今镇海)县，取“海定则波宁”之意，改称宁波府。宁波之名沿用至今。如果说唐明州城政治地位的确立、子城的建造为一千多年来宁波城市的发展奠定了基础，则城市的格局形成于宋(图1-11)。

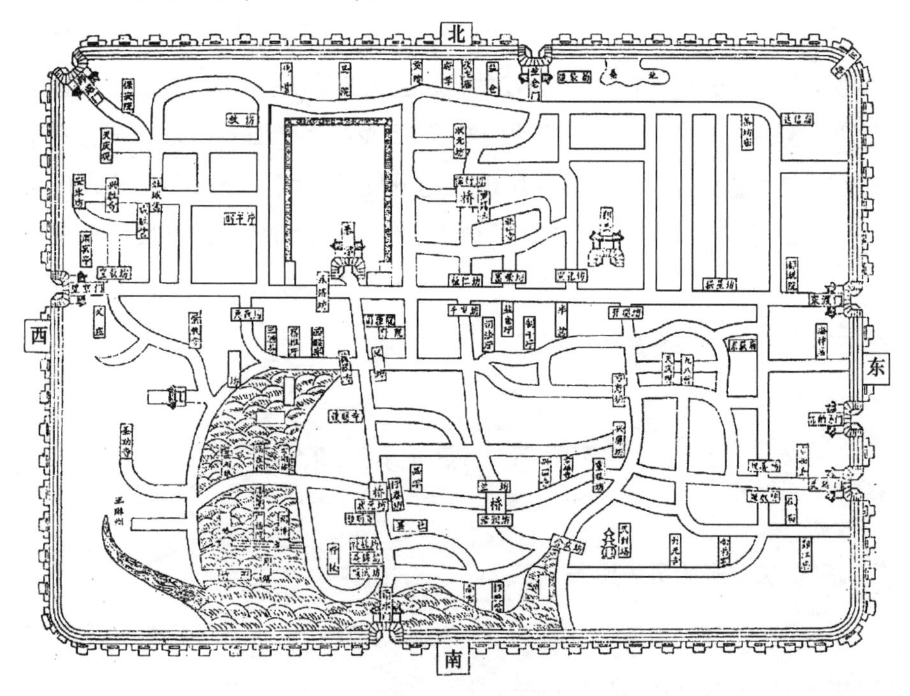

图1-11　南宋庆元府城总体布局图

① (宋)罗浚:《宝庆四明志》卷三《郡志》，文渊阁《四库全书》本。

二、庆元府建筑构成

(一) 政治机构

府衙:位于子城中。

鄞县衙署:位于子城西北。

官署:部分在子城内,其他机构设于子城外,如都税务、都酒务、市舶务等。

(二) 礼制建筑

社稷坛:在城南,斋宫在坛之北。

(三) 宗教建筑

佛寺:在府城之内的寺院,《景定建康志》记载了 3 处禅院、4 处教院、6 处十方律院、6 处甲乙律院、5 处尼院。这些寺院的始建年代多在唐或北宋,南宋时期新建不多,仅在嘉定十三年火灾后重建了 5 处。一些著名的大寺院如天童寺、阿育王寺、保国寺等,皆位于府城周围各县。

(四) 公益建筑

药局:于郡圃射垛之西,宝庆三年建。

惠民局:在子城南偏东。

居养院:收容鳏寡孤独者,在西门里。

安济坊:西门里,收留疾而无医者。

漏泽园:处理贫苦死者的机构。

(五) 公共建筑

府学:在子城之东北一里半。建炎兵毁,先圣殿岿然独存,绍兴七年重建明伦堂、门庑、六斋,“东庑之东斋曰上达、曰广誉、曰造道,西庑之西斋曰登贤、曰成已、曰时升”,“淳熙十三年……堂庑重门皆为一新,增置成德斋于上达之后”,两年后又“创冷斋于稽古堂之西”。

贡院:旧无贡院,乾道五年建院。

亭馆:高丽使行馆、同文馆。

（六）商业建筑

酒楼、茶店以及其他商业建筑，分布在繁华街巷、河湖之滨。

（七）园林建筑

官署园林：府衙后部有郡圃，城西南有月湖。

私家园林：在月湖东西岸。

（八）仓储建筑

府城中有府都仓，糯米仓，支盐仓，醅酒库，东、西醋库等。

子城内有常平仓、军资库、甲仗库、公使库等。

（九）住宅

分布在全城。

三、庆元府城总体布局

宋建隆年间（960—963），明州不仅有子城和罗城，而且将鄞县县署迁入，形成一城两座政治统治中心的布局，子城位于城市北部偏西，而县署位于子城东部的开明坊，两者占据着全城北半部、望京门与来安门之间的东西干道之北。升为庆元府后依然如此。

子城的具体位置在今鼓楼至中山公园一带，史载其周长 420 丈，设有南、东、西三门。南门名“奉国军门”，据载子城正北有一小丘，系北宋天禧年间（1017—1021）被土增高，目的是满足风水要求，作为子城的主山，并以远处的骠骑山（今洪圹镇马鞍山、灵山）为祖山。

罗城范围在 20 世纪的“老城区”环路以内，周长 2527 丈，形状不规整，四至多以江、河为界。其四周有“奉化江自南来，限其东，慈溪江自西来，限其北，西与南皆它山之水环之”①。宋初曾重修罗城，元丰元年（1078）、宝庆二年（1226）、宝祐五年（1257），又曾多次修筑城墙、城门。当时罗城共开十门，在西部有望京门，南部有甬水门、鄞江门，东部自南而北有灵桥门、来安门、东渡门，东北角有渔浦门，北有盐仓门、信达门，西北角有郑堰门，其中望

---

① 《宝庆四明志》卷三《郡志三》。

京、甬水两门可通漕运。盐仓门平时关闭，盐入则开。鄞江、渔浦、达信三门已于宝庆年间关闭。

庆元府城内的建筑布局有明显的功能分区，可分为政治核心、文化园林、商贸管理等区。在望京门与东渡门之间的东西主干道以北为政治核心区，为府治和县署所在地，西南部为文化园林区，东部为商贸区。

（一）政治核心区——子城

子城内的建筑有府治、正寝、郡圃及部分仓储建筑。

府治：作为治事机构，位于子城南门内，自南门起，在一条南北轴线上布置有礼仪及政务活动性建筑，即奉国军门、庆元府门、仪门、设厅、进思堂、平易堂。与仪门内设厅构成一座院落，有东、西庑，两庑设府治办事机构——庆元府签厅和制置司签厅。

奉国军门上设谯楼，置有刻漏，绍兴三十一年（1161）将其更新为铜"莲华漏，艺精制古"。嘉熙二年（1238）因风灾重建，史载"庆元府门，有楼……嘉熙二年（1238）重建"。

奉国门外设有宣诏亭、颁春亭，宝庆三年（1227）重修两亭。

设厅：入仪门后便是府治的主体建筑设厅，厅"前有庭、后有穿堂屋"，设厅前庭中有戒石亭、茶酒亭，"茶酒亭分峙设厅前之东西"。宝庆二年（1226）"皆圮于风，绍定元年（1228）守胡榘重建"①。

设厅之左（东），有治事厅，厅后有锦堂，为正寝。锦堂之西有清暑堂，东有镇海楼，句章道院设于镇海楼下。镇海楼之北有鄮山堂，堂前有水池、古桧等。

子城北部的桃源洞为郡圃，内有春风堂、双瑞楼、芙蓉堂、秀明楼以及带有曲水流觞的传觞亭、茅亭、曲廊等十余座园林建筑。春风堂后叠石为山，山下水池清幽，芙蓉堂后小池植莲，芙蓉飘香，亭堂之间山容水态穿插辉映。郡圃设有长廊，"自鄮山堂……经射亭前入桃源洞，西折北行转西至传觞亭，

---

① 《宝庆四明志》卷三《郡志三》。

西行至明秀、传觞亭之东北，出圃后门，虽雨雪不妨步履”（图1－12）。

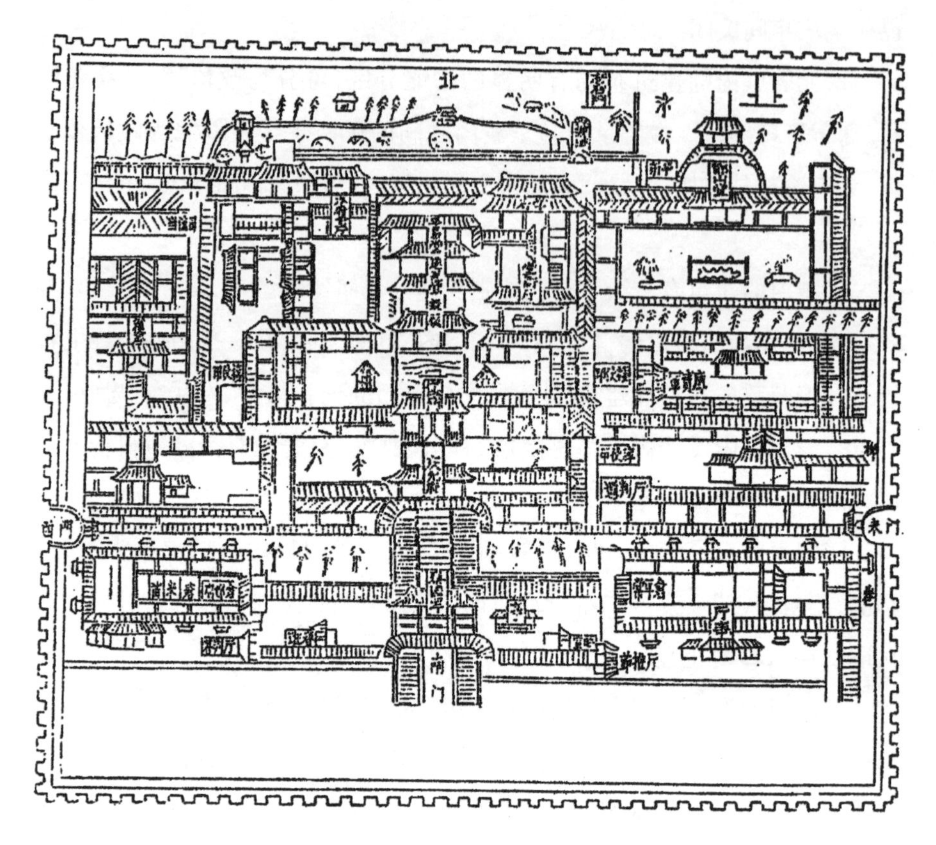

图1－12　南宋庆元府子城图

此外，子城之内还军资库、甲仗库、苗米仓、常平仓等①。

（二）文化园林区

府城东南月湖一带风景优美、文化发达，在宋代已成为东南名胜之地。原本曾有日、月两湖，日湖“久湮，仅如污泽，独西隅存焉，曰月湖，又曰西湖”②。“其纵南北三百五十丈，其横东西四十丈，其周围总七百三十丈有奇，中有桥二，绝湖而过……初无游观，人迹往往不至，嘉祐（1056—1064）中……（桥）始作而新之，总桥三十丈，桥之东西有廊，总二十丈，廊中有亭曰

① 《宝庆四明志》卷三《郡志三・城郭》。
② 《宝庆四明志》卷四《郡志四・叙水》。

众乐。其深广几十丈,其前后有庑,其左右有室,而又环亭以为岛屿,植花木于是,遂为州人游赏之地方。"①在北宋嘉祐间月湖开始建造园林建筑——众乐亭,其为一组建筑群,包括主体建筑的"亭",以及"廊庑"、"室"、岛屿等。在众乐亭以南的小洲,本为守桥人的小屋,到了乾道年间已经演变成僧院。众乐亭之北还有红莲阁。熙宁中大旱,月湖"浸废不治……元祐癸酉(1093)……疏浚之,增卑呸薄,环植松柳,复因其积土广为十洲"②。"湖中有汀、洲、岛屿凡十,曰柳汀,曰雪汀,曰芳草洲,曰芙蓉洲,曰菊花洲,曰月岛,曰松岛,曰花屿,曰竹屿,曰烟屿(十洲三岛,大家多变置,不可尽考,而景象犹存)。亭台院阁,随方面势。四时之景不同,而士女游赏特盛于春夏。飞盖成阴,画船漾影,殆无虚日。"③

据清代学者全祖望在《鄞西湖十洲志》考证,花屿为十洲之首,柳汀在其北,众乐亭建于柳汀之上。柳汀两侧有桥可通两岸,东侧的称东憧憧桥,西侧的称西憧憧桥,芳草洲居柳汀之北,花屿居柳汀之南。稍东有松岛,"由松岛绝湖而东为竹屿,以其接月岛,画锦桥当其南,牢家桥当其北。竹屿之下(上?)为月岛……以斜对柳汀也,牢家桥当其南,均奢桥当其北,月岛之下为菊洲,史氏宝奎里在焉,直至平桥而止……由松岛之西为烟屿……锦鲤桥当其南,观音寺桥当其北……烟屿之下(上)为雪汀,即报恩观音寺也……观音寺桥当其南,感圣寺桥当其北……雪汀之下为芙蓉洲,直至衮绣桥而止"④。从上述记载可知十洲的大概位置,文中竹屿和月岛、烟屿和雪汀的关系,依照彼此相接的桥的位置,与所记之"下"字不符,推测应为"上"字。另外原文中还有"月岛之下为菊洲"、"雪汀之下为芙蓉洲",这里的"下"字可理解成"斜下方",并非笔直的对位。而且菊洲和芙蓉洲可能为"半岛"形式,所

---

① (宋)邵亢:《众乐亭记》,原载《乾道四明图经》卷九,《宋元方志丛刊》,中华书局1990年出版,第4942页。

② (宋)舒亶:《西湖记》,原载《乾道四明图经》卷一〇,《宋元方志丛刊》,中华书局1990年出版,第4958—4959页。

③ 《宝庆四明志》卷四《郡志四·叙水》。

④ (清)全祖望:《鲒埼亭集外编》卷四九《鄞西湖十洲志》,原载《全祖望集汇校集注》中册,上海古籍出版社2000年出版,第1826—1827页。

以这两个岛仅仅记载了与临岛之间相通的一座桥。

到了南宋宝庆年间(1225—1227),“洲之大者为寺、为观、为台馆,未免自有其有,仅存一洲,询之,耆老亦莫能识,广袤不盈丈,自安其小,以此得全。淳祐二年(1242)秋,郡守陈垲政事之暇,一日拉僚属登此洲,喟然曰:人弃我取,因其地势,命添倅赵体要植亭其上,与邦之人及远方好游者共之,遂名”①。这时十洲的景观只剩下“十洲之一亭”了。

南宋孝宗朝宰相史浩在芳草洲建起私家园林“四明洞天”,并将芳草洲改名碧沚,作为告归后的隐居之处。史浩另有“寿乐府”在菊洲上,府内建有专为庋藏孝宗所赐御书的“明良庆会之阁”。该阁“觚棱金碧,既上耸于星辰;榱桷丹青,更交辉于海岳”②。其子史弥远的相府在“芙蓉洲”。史氏的别业遍布月湖之滨,城市的公共性园林为私家占有。

(三) 商贸区及手工业区

城东甬江、奉化、姚江三江交汇处成为商贸最为繁华的一区,码头设在东渡门外至来安门外,市舶管理机构也应运而生,并设在城东的来安门内。此外,城中还有若干集市,如月湖西侧的湖市,鄞县县署前后的大市、后市,灵桥门外奉化江东岸的甬东市等。城内街巷中可见“谯楼巨丽,下临九达之庄,云屋参差,旁列万家之市”③。

手工业中以造船业为代表。在宋代,明州造船技术居于全国首位,《宋史·食货志》记载,宋太祖至道年间(995—997)“诸州岁造运船……三千二百三十七艘”;南宋初,江淮四路年造船数可达2700余艘④;且早在北宋时期已经能造“万斛船”⑤。

北宋末徐兢出使高丽,按“旧例每因朝廷遣使,先期委福建两浙监司,顾募客舟,复令明州装饰……(客舟)其长十余丈,深三丈,阔二丈五尺,可载二

---

① 《宝庆四明志》卷三《郡志三·城郭》。

② (宋)史浩:《鄮峰真隐漫录》卷三九《明良庆会阁上梁文》,文渊阁《四库全书》本。

③ (宋)楼钥:《攻媿先生文集》卷八二《庆元府砌街疏》,见《全宋文》卷六〇一六,安徽教育出版社2006年出版,第355页。

④ 阴法鲁、许树安:《中国古代文化史》,北京大学出版社1989年出版,第386页。

⑤ (清)陈元龙:《格致镜原》卷二八《大舟车一》,文渊阁《四库全书》本。

千斛粟。其制皆以全木巨枋搀迭而成。……若夫神舟之长、阔，高大，什物、器用、人数，皆三倍于客舟也”。徐兢的两艘神舟抵达时，曾令高丽“倾国耸观，欢呼嘉叹”①。

手工业布于全城。官办的手工业作坊，规模最大的是月湖西岸的作院，内设大炉作、小炉作、穿联作、磨锃作、头魁作、熟皮作、磨擦结里作、头魁衣子作、弓弩作、箭作、漆作等十三个作坊。盐仓门东设有造袋局，射圃垛之西设有药局，月湖东北侧的美禄坊设有酒务、醋务作坊。民间的有些同业作坊往往集中在同一条街巷里，如铸冶巷一带的铸冶作坊、石板巷里的石板作坊等。

随着商业、手工业的发展，城内出现了集中的仓库，设在临河之处，便于交通运输。如望京门外的糯米仓、盐仓门内的支盐仓、延庆寺西的平粜仓、灵桥门外的东醋库、美禄坊的西醋库等。

随着城市繁荣，人口增加，居住日趋拥挤，出现了“梁水而楹，跨衢而宇”的局面。为了便于行政管理，城内划分为 4 厢，共辖 51 坊，但这些坊已非里坊制的“坊”，而是以跨街而建的牌坊作为街巷入口。例如东南厢中“连桂坊—施家巷口、康乐坊—皂角巷口”。又如西南厢中“美禄坊—四明桥西、迎凤坊—四明桥东”。

有的牌坊位于桥头、大建筑之前，或作为厢与厢分界的标志，例如东南厢中的握兰坊在与西南厢交界的新桥东，清润坊在与西北厢交界的新桥南，西南厢的史君坊在史府前，东北厢的安平坊在天庆观前。

四、城市道路及水系

城内的道路，东、西方向以子城前贯穿全城的大街为主干线，东起东渡门，西抵望京门。南北向道路有多条，分布不规则，最主要的一条是从子城南门外至甬水门的大街，其两侧街巷则沿河分布，有大梁街、小梁街、孝文巷、白衣寺巷、姚家巷、铸冶坊巷等。全城大街小巷有五六十条之多②。路

① （宋）徐兢：《宣和奉使高丽图经》卷三四《客舟》，文渊阁《四库全书》本。

② 《宝庆四明志》卷三《郡志三》。

面铺以青砖、卵石,这些道路网格多呈丁字形,基本保持到20世纪后期。而大梁街、孝闻(文)街等街名一直沿用至今。

明州河网密布,有“三江六圹河”之称,即城外有奉化江、姚江、甬江及南圹河、中圹河、西圹河、东圹河、前圹河、后圹河等。另有北斗河、濠河自西而南环城。城内有月湖,平时引城南它山一带的河水蓄之,以供城市用水,溢时经城东的气、食、水三喉泄于江。城内主要河道有西水关里河、南水关里河及平桥河等,平桥头及月湖的水则亭一带为内河航运码头。三河的支流环绕全市,起着饮用、交通、消防等重要作用。全城有四明桥、迎凤桥、仓桥、车桥等120余座①。最长的桥为灵桥门外跨于奉化江上的东津浮桥,其长五十五丈,阔一丈四尺。下置舟十六只以承托桥面。

五、海外贸易鼎盛时期的城市特点

明州自唐以来,成为我国的主要港口城市之一。到两宋,明州的海外交通、贸易到了鼎盛时期,同海外贸易有关的机构、设施的设置,形成了港城特有的风貌。

1. 海外贸易管理部门的设置

明州在唐代无专设的市舶机构。宋明州的市舶管理机构主要有市舶务、来远亭、舶务厅事、船场指挥营、造船监官厅事等。

市舶务:于宋太宗淳化元年(990)设置,最初在明州的定海(今镇海)城内,后迁至州城,其址“左倚罗城”,在今东渡路一带。嘉定十三年(1220)被毁,宝庆三年(1227)由明州通判蔡范重建,务内有“清白堂”、“双清堂”等,东、西、前、后可到四市舶库,分为二十八间,市舶务内“寸地天天皆入贡,奇祥异瑞争来送。不知何国致白环,复道渚山得银瓮”②。这首小诗的28个字为房屋的编号,并设有东、西两门,东门与来安门通。

来远亭:位于来安门外滨江,南宋乾道年间(1165—1173)建,宝庆三年

---

① 《宝庆四明志》卷四《郡志四》。

② 《宝庆四明志》卷三《郡志三》。

(1226)重建时更名为“来安亭”。为外商到此办理签证查验手续的地方。

舶务厅事:宝庆三年(1227)设,在州城东南的戚家桥。

造船监官厅事:位于城东北滨江桃花渡口(今江左街南昌巷),大观年间(1107—1110)造船场监官晁洗之建,内建有超然亭。

船场指挥营:在东渡门外,与造船监官厅事相近。

来远局:政和七年(1117)楼异知明州时设置,为处理外事的机构。

2. 接待贡使的驿馆的设置

明州城随着海外交通的发展,为了接待高丽、日本等国的贡使设置了驿馆,一些波斯、阿拉伯国家的商人在这里定居下来,形成了集居的街区。国内一些商人也在此建造了集会、祭祀的场所。接待高丽使者的“同文馆”在延(宜)秋坊,熙宁中(1068—1077)置。元丰二年(1079),明州及定海县作高丽贡使馆,名“乐宾馆”①;政和七年(1117),楼异知明州,建高丽使馆接待高丽使者②,其位置在月湖菊花洲的北端、宝奎巷一带。月湖东岸的高丽使行馆为旅馆性质的建筑,现已对其进行了考古发掘,除建筑基址外,还发现有宋代钱币③。来明州定居的阿拉伯商人,宋咸平年间(998—1003)聚居在狮子桥(今狮子街)附近,并建造了清真寺。波斯人主要聚居在今车桥街南巷一带,“有波斯巷,该地驻有波斯团(馆)”④。

南宋绍熙二年(1191),福建船帮的船长沈长询舍宅为庙,在来远亭北建造了府城的第一座“天妃宫”。

庆元府城的繁华区偏于东部,城墙上开的门东部数量多于西部,正是这种繁荣区域偏于一侧的反映。尽管为府治所在地,是地方政治统治的中心,但城市的发展却抛弃了以子城为中心的传统格局,而向着有利于城市商贸发展的方向演变,这再次说明在宋代经济的发展已经对城市发展起决定性作用了。

---

① (宋)王应麟:《玉海》卷一七二《宫室》,文渊阁《四库全书》本。

② 《宝庆四明志》卷六《郡志六》。

③ 林世民、褚晓波:《浙江宁波月湖历史文化景区考古发掘获重要收获》,载《浙东文化》1999年第1期。

④ 《鄞县志·街卷》。

第五节 钓 鱼 城

钓鱼城位于重庆市合川县境内距县城5公里的钓鱼山上，是南宋淳祐三年到祥兴二年(1243—1279)四川合川军民的抗元据点。

一、地理概况

钓鱼城立于合川县境内的钓鱼山上，距县城约5公里。钓鱼山属于四川东部平行岭谷的一部分，地处华莹山西南支脉，位于嘉陵江、渠江、涪江交汇处。山高海拔在186—391米。山顶东、西部地势微斜，台地层层。西南角、西北角和中部地区山地隆起，形成薄刀岭、马鞍山、中岩等平顶山峦。整个山顶东西长1596米，南北宽96米，面积2.5平方公里(图1－13)。钓鱼

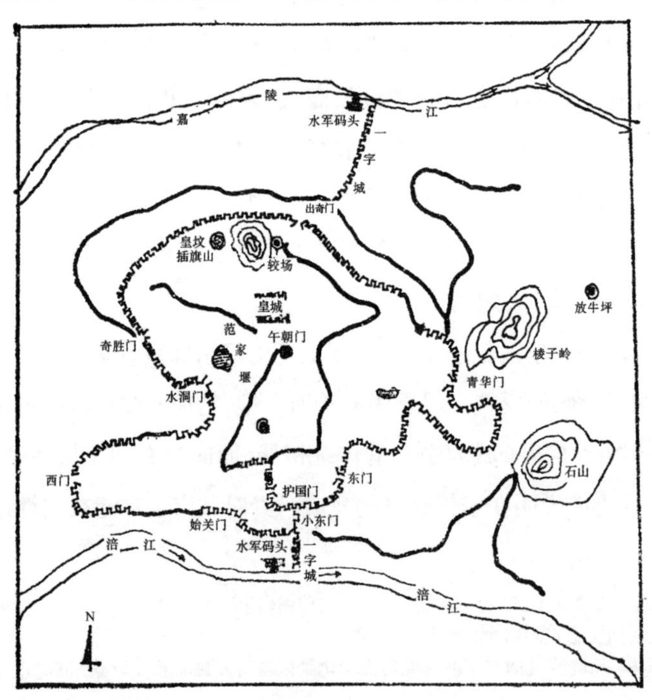

图1－13 南宋钓鱼城平面图

山峭崖拔地,突兀于江水环抱之中。由北而来的嘉陵江,在山北面的渠河口与从东北来的渠江汇合后,沿山脚西泻到合川县城,再于鸭嘴与西南来的涪江汇合,绕经钓鱼山南滔滔东去,形成了一个巨大的钳形江流。这道长约20公里的天堑,在最为险要的鸡心子、丈八滩、花滩等险滩,枯水季节仅深1.2米左右,航道最窄处仅6米,但水流湍急,流速每秒6米以上。一旦洪水来临,即使水流平缓,这一地段变得与前后险滩激流一样,漩涡四起,波涛汹涌。

二、钓鱼城历史沿革

据钓鱼城护国寺和忠义祠内历代碑刻的记载,早在唐代,合川名僧石头和尚就在山上创建了护国寺和站佛、千佛石窟等摩崖造像。南宋绍兴二十五年(1155),思南宣慰田少卿捐资新建护国寺"堂殿廊庑百有余间",护国禅院遂成为僧徒云集的佛教名刹。乾道三年(1167),州人又于山顶建起著名的飞鸟楼,钓鱼山从此被人们视为游览胜地。到南宋晚期,蒙古汗国在蒙、宋联军灭金之后,发动了对南宋王朝的进攻。理宗嘉熙四年(1240),四川制置副使彭大雅在修筑重庆城的同时,选择有重庆门户之称的合川,派部将太尉甘闰于合川钓鱼山筑寨,以作重庆屏障。淳祐三年(1243)于钓鱼山筑城,迁合川及石照县治所于其上,屯兵积粮,作为四川山城防御战的重要支柱。钓鱼城之名即始于此。宝祐二年(1254)七月,新建水军码头和一字城墙。景定四年(1263),再一次对城郭进行加修。在皇都临安陷落的景炎元年(1276),军民在城内修了一座皇城以待王室前来避难。祥兴二年(1279)正月,守将王立举城降元,在元朝安西王相李德辉督饬下,钓鱼城墙垛口及城内军事设施遂渐被拆除。

三、钓鱼城修筑与宋蒙巴蜀之战

从钓鱼城的历史沿革可以看出,钓鱼城的修筑与蒙宋巴蜀之战有着直接联系。13世纪初,我国北方草原兴起的蒙古族,由成吉思汗统一建立了自己的政权。在公元1219—1227年,征服了西域各国。随后,继为蒙古大汗的窝阔台又联合南宋发动了灭金的战争。公元1234年,蒙、宋联军灭金后,蒙古拒不履行与南宋订立的盟约,即“灭金后以河南之地归还南宋”,宋军发起了“端平入洛”之战,北上收复汴京等地,与蒙军发生冲突,在蒙军重兵围攻下,全军溃败。蒙大汗窝阔台以此谴责南宋破坏盟约,命皇子阔端进攻四川,开始了对南宋的战争。

端平三年(1236)成都一度为蒙古攻陷,造成全川惊恐。后蒙军退出四川,在蜀边建立了兴元、沔州、阶州等几个战略基地,以为长江上游防线。但蒙古发动进攻南宋的战争,仍将突击口开始选在四川①,因其深知无蜀则无江南的道理,便采取了先取四川,顺江东下席卷江南的战略。

(一) 钓鱼城在四川具有重要战略地位

钓鱼城的重要战略地位有以下四点:

1. 从地理位置看,合川居四川之中,钓鱼山为形胜之地,居巴蜀之中,扼三江之口,加之地形独特,天生奇险,确是巴蜀屏障、渝夔之门户。

2. 从战史上看,合川历来是易守难攻之地。如东汉岑彭讨孙述,三国时刘备诣刘璋等战役中均显示了钓鱼山的地利之便。

3. 经济上基础丰厚。合川是膏腴之地,有利屯兵。巴蜀为天府之国,物产极其丰富,而合州居巴蜀腹地,三江汇口,水路交通便利,为极好的聚粮屯兵之所。

4. 钓鱼城是全川防御要点和支柱。

淳祐三年(1243),四川制置使余玠帅蜀,从1243—1251年,在全川修筑了山城20座,主要分布在川东、川东北及川南山丘地带,构成完整的防御体系。计有:

川东九城:重庆城、钓鱼城、多功城、白帝城、瞿塘城、赤牛城、大良及小良城、三台城、天生城。

---

① 万历《合州志》卷一载,明代翰林邹智分析:“立国于南者,恃长江之险。而蜀,实江之上游也。敌人有蜀,则舟师可自蜀治江而下,而长江之险,敌人与我共之矣。由之言之,守江尤在于守蜀也。元南侵必自蜀始……向使无钓鱼城,则无蜀久矣。无蜀,则无江南久矣。”说明了四川对于南宋王朝、钓鱼城对于四川防御的重要战略地位。

山东北七城：大获城、苦竹隘、运山城、小宁城、青居城、得汉城、平梁城。

川南四城：登高城、神臂城、紫云城、嘉定城。

川西一城：云顶城。

宋人又称这20城中最具战备意义的四城为“四舆”，就是川东的重庆、钓鱼、白帝，川西的嘉定。四舆中重庆处于中心位置并为军事指挥中心，其他三城各挡一面，而钓鱼城则独挡来自北方的威胁，故该城号称“巴蜀要津”。

（二）抗元史实

针对蒙古铁骑善于在平原驰骋、快速机动的特点，余玠依托合川易守难攻的地理优势，构成纵深点面结合、相互支撑的山城防御体系，这一策略十分有效。而作为守卫要津的钓鱼城，依其险峻地势，在抗击蒙古侵略的战争中发挥了巨大作用。钓鱼城在淳祐三年（1243）迅速建成后，余玠将合川及石照县治移至城内，并调兴戎司前往驻守，从此揭开了钓鱼城保卫战的序幕。淳祐十一年（1251），成吉思汗之孙、拖雷之子蒙哥被拥立为大汗，次年再次大举向南宋进兵。宝祐二年（1254）和宝祐四年（1256），蒙军两次进攻合川，守将王坚使蒙军惨败而还。宝祐六年（1258）春，蒙哥汗完成了对南宋的战略包围后，亲率七万蒙军主力进攻四川，十个月内成都及川西北的府、州俱被占领。从十二月起，蒙军猛攻钓鱼城，次年四月二十四日深夜，蒙军屡次强攻均遭败绩。宋理宗闻捷后下诏嘉奖王坚，使钓鱼城军民深受鼓舞，斗志昂扬。进入五、六月后，王坚多次出城袭击，使蒙军惶恐不安，加之夏季湿热，疫疾蔓延，蒙军士气低落。六月五日晨，城中发飞石击毙蒙军总帅汪德臣。蒙哥大怒，亲选城东门外脑顶坪山堡命筑高台，以窥城中虚实，七月二十一日，当蒙哥出现在台楼上，城中炮击台楼，蒙哥身受重伤，后崩于钓鱼山①，钓鱼城之围遂解。蒙哥之死，使蒙古征讨欧亚各地之军为争汗位匆忙回师，从而延缓了南宋灭亡的时间。

宋景定元年（1260）忽必烈即汗位后，改变了灭宋战略，以主力攻取襄

---

① （明）宋濂等：《元史》卷三《宪宗纪》：“（宪宗九年七月）癸亥，帝崩于钓鱼山。”文渊阁《四库全书》本。

汉,以重兵进逼四川,并采用在四川屯田、扩军、造船、筑城的策略,使钓鱼城这座壁垒成了被困的弧岛。至景炎二年(1277)元军云集钓鱼城下,合川此时已连旱两年,城内无粮草,城中军民易子而食,坚持抗战。至景炎三年(1278)重庆失守,钓鱼城成了四川唯一的抗元据点。宋祥兴二年(1279)春正月,城中主将王立降元,至此结束了钓鱼城军民守城抗战三十六年的光荣历史。

四、钓鱼城城防工程及建筑

(一) 城墙与城门

1. 城墙

据《钓鱼城志》记载:"钓鱼城凭险修有两道高二三丈不等的石城墙,沿城墙一圈约十三华里,加上两侧沿山直贯嘉陵江的一字城墙,则达十六华里。"以不久前培修的护国门至新东门一段山险墙为例,墙身大多为悬崖绝壁劈削而成,平均高约 15 米,其下地势陡然,绝难攀登。墙顶为石砌跑马道,宽 3.2 米,可容三马并行,或五人并进,墙顶靠外一侧,用条石砌成高 2 米的垛口,每个垛口上部有一"凹"形缺口,为瞭望口,垛下有一方形小孔,为射洞,用以射击来犯之敌。钓鱼城东南部地势略低的地段,为加强纵深防卫,采用了内外城的形式,修筑有两道城墙,构成双层防线,使城垒更加坚固。在钓鱼城南北各有一字城一道,既是限制敌人在江岸活动的外围防线,又是水军码头和运输通道的屏障。现存南一字城遗址,从城南峭壁下至嘉陵江心,长约 0.5 公里,残墙平均高约 5 米,底厚 4 米,外侧陡直,难以登攀;内侧墙身有部分倾斜段,呈阶梯状,可供守城士卒上下。

在冷兵器时代的南宋晚期,城墙高,据险固守,在对抗蒙军围攻的战斗中发挥了显著的防御功效,蒙古丞相史天泽曾仰望其城,发出过"云梯不可接,矢不可至"的哀叹。

2. 城门

钓鱼城原建有始关、护国、小东、新东、菁华、出奇、奇胜、镇西门八座石拱券城门。它们雄峙在险绝的隘口之地,作为钓鱼城防御工程体系不可缺少的重要组成部分,起了“一夫当关,万夫莫开”的作用。在八座城门中,最为高大的要数护国门,它位于城南第二道防线,系扼守山上山下往来交通的重要孔道。城门东西向,右倚峭壁,左临悬崖,当年曾施以栈道出入。现存双拱门洞曾经过明清时代培修,高3.15米,宽2.5米,前壁厚0.73米,后壁厚0.98米,前后壁间距0.71米。顶部城台上面原有城楼,但已毁,现存者系最近复原。新东门门洞现存有双层拱券的门洞,洞顶有安置闸门的门缝,门洞地面有石门槛,仍为南宋门洞遗物。

3. 飞檐洞

由护国门城楼沿城墙跑马道东行百余米,在跑马道左侧石基下,有一个钓鱼城军民出击敌人的秘密出口——飞檐洞。建造得十分隐蔽,若从洞口出城,需用绳索下,故有“可出不可入”之说。

4. 皇洞

在城东面新东门左侧百余步的城墙脚下,洞系条石砌筑而成,高1.25米,宽1米,洞身直线型向内延伸,前系券拱,后为平顶。该洞极有可能是七百多年前,钓鱼城军民为藏兵运兵而挖掘的秘密坑道出入口。

(二) 城内重要建筑

1. 皇宫、皇城

在古军营北面不远处。公元1276年南宋临安陷落之后,赵罡、赵昺二王出走,守将张珏欲迎二王至钓鱼城,重振宋室江山,一面调集能工巧匠,在城中兴建皇宫,一面派数百人前往福建、广东沿海访寻二王下落,但一直没有消息,皇宫一直闲置未用。

2. 武道衙门

在城内护国寺后高地上,为钓鱼山最高点,这是钓鱼城在南宋时军民抗战的“帅府”。它的前身为合川著名建筑飞鸟(音戏)楼,宋乾道七年(1171)建,钓鱼城筑起后便成为军事指挥机关——兴戎司的住所,故称“帅府”或“武道衙门”。

3. 财库

在奇胜门内大天池左侧,系当年钓鱼城守存放财物的处所,因清乾隆间掘地得银两,库址被发现。

4. 古军营

坐落在城中部平缓的山顶上,是南宋晚期移驻钓鱼城中的兴戎司所辖军队驻所。当年有9幢营房和操场。

5. 校场

又称阅武场,系当年守将王坚、张珏等人训练士卒、检视军队的场所。

6. 水军码头

码头在城正南石山脚下的嘉陵江边,共两座,为南宋晚期合川军民修筑,是当时钓鱼城水军战船停泊处。整座码头以巨石垒砌而成,现存一座遗址,基高约4米,全长70米,宽约60米,呈长方形,从山脚到江边共有三层平台,不论江水涨落,均可供船只停靠。

钓鱼城是南宋时期一座特殊的城,作为一座军事城堡,能如此巧妙地与山水环境结合,因势构筑,堪称典范。

第二章　南宋宫殿与行宫

第一节　临安宫殿

一、临安宫殿营建的历史背景

南宋临安宫殿是在特殊的历史条件下建造的。建炎三年（1129）二月，高宗自扬州逃到杭州，以州治为行宫，七月将杭州升为临安府；绍兴二年（1132），行都从绍兴迁往临安，决定在临安兴建行宫。当时对于行宫的选址有两种方案，一种是选择风景优雅的西溪、留下一带建新宫，另一方案是以凤凰山东麓的杭州州治为基础扩建成行宫。经比较，采取了后一方案。这是当时处在政局动荡、财力不足条件下所做出的选择，因此临安的宫殿位置不同于历史上几个朝代的宫殿，居于京城北部或城市中轴线北端以讲求气派的传统，而是坐落在临安城东南部的凤凰山一带。绍兴八年（1138），南宋朝廷正式以临安为都城，启用临安宫殿。这座宫殿仍以南大门为正门，宫殿北门为联系城市的大门，宫殿与北部官署、太庙等建筑的关系倒置。为此，绍兴二十八年（1158）不得不在宫殿东南部、皇城之外，于候潮门与嘉会门之间拓展出一条街路，以便皇帝车驾、仪仗南北通行①。

---

① 王士伦：《皇城九里——南宋故宫》，载《南宋京城杭州》，浙江人民出版社 1988 年出版。

（一）皇城与宫殿位置

临安宫殿又称大内，皇城包在宫殿周围，位于临安城南部的凤凰山。关于它的具体范围，文献只有一些零散的记载。《咸淳临安志》曾载《皇城图》（图2－1a）。近年通过考古发掘，对皇城的范围有了更为确切的答案。皇城“东起馒头山东麓，西至凤凰山，南临宋城路，北至万松岭路南。皇城东西直线距离长约800余米，南北直线距离长600余米，呈不规则长方形，面积近50万平方米”①（图2－1b）。临安大内皇城主要的城门共四座，南门为丽正门，北门为和宁门，东门为东华门。按《梦粱录》所载，并对照《皇城图》，可知东华门位置在皇城东北角，其南还有一座东便门，在皇城的东南角。西部据《武林旧事》载有西华门，在《皇城图》的西部无此门，只有一座“府后门”，或许这就是西华门的别称。

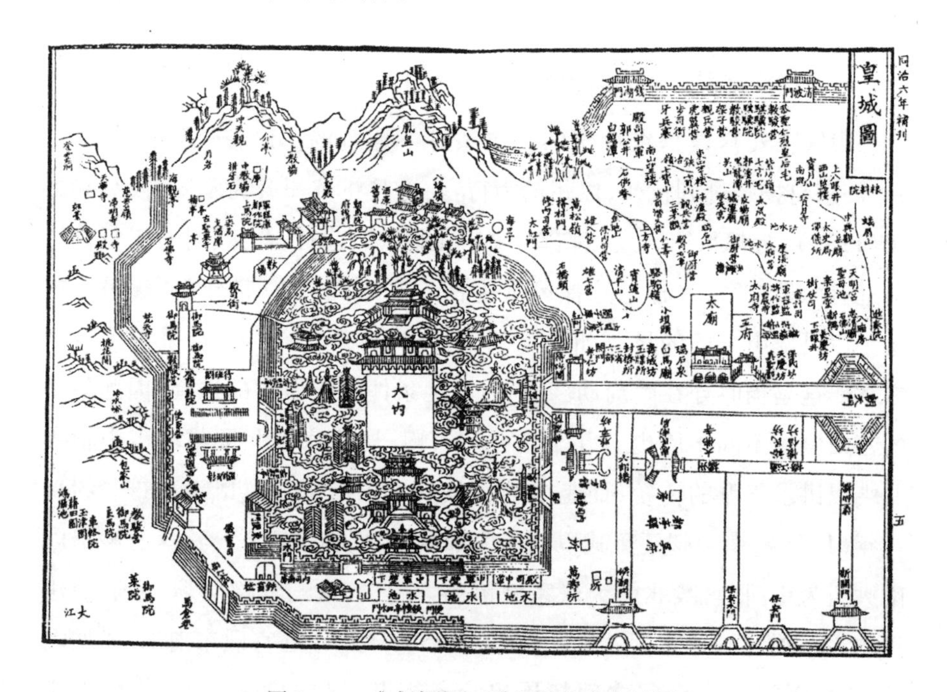

图2－1a 《咸淳临安志》所载临安皇城图

① 唐俊杰：《武林旧事——南宋临安城考古的主要收获》，载何忠礼主编《南宋史及南宋都城临安研究》（下），人民出版社2009年出版。

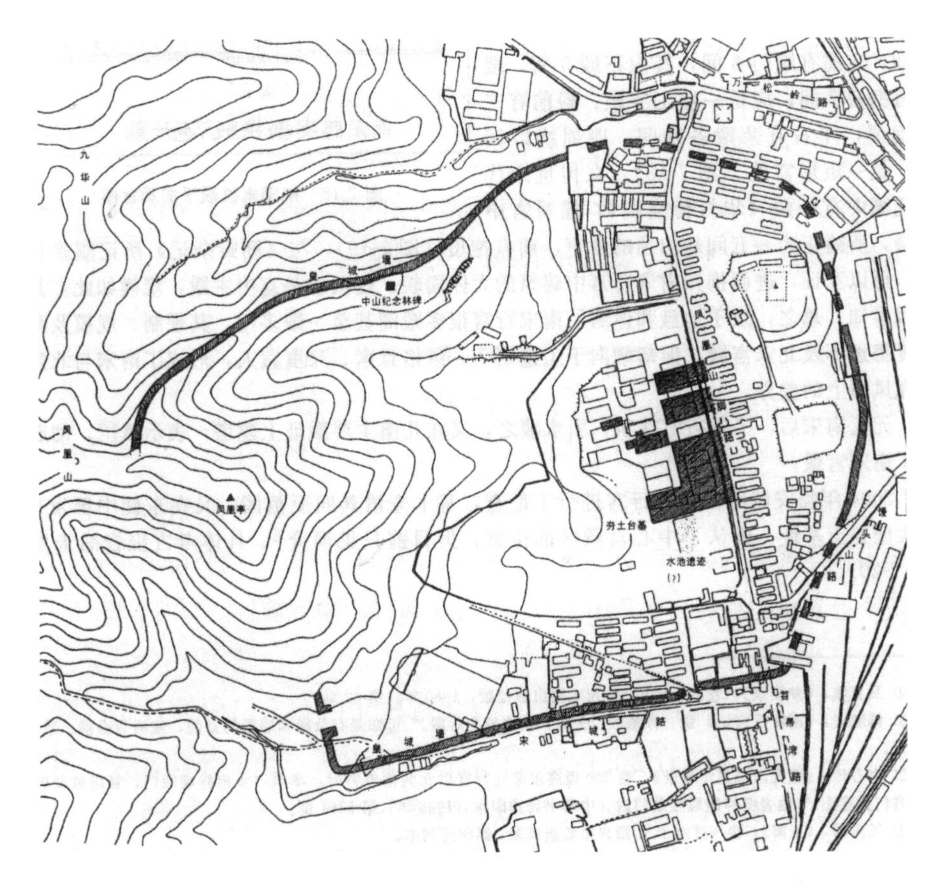

图 2-1b　临安皇城考古发掘平面图

1. 皇城北部城墙及城门位置

《梦粱录》载，大内“后门名和宁，在孝仁，登平坊中”。《咸淳临安志》卷八载“万松岭在和宁门西”，又称“万松岭在大内之西”。现经考古发掘，发现其尚有残存遗迹，长 710 米，宽约 11 米，东段位于万松岭路南，西段位于凤凰山北侧余脉的山坡和山脊上，止于凤亭叉路的陡坡。有学者认为“和宁门位置当在凤凰山脚路与中药材库西测暴露的皇城北墙（遗迹）向东延伸段相交处附近”。

2. 皇城南部城墙及城门位置

为了说明南部城墙的位置，需借用南部一些地标性建筑加以说明。杭州凤凰山南部现存五代梵天寺经幢两座，在《皇城图》中标有“梵天寺”，图中南偏西有“古圣果寺”,在梵天寺与圣果寺以北,图中有殿司卫衙。《咸淳临安志》卷七十六载,圣果寺“中兴后其地为殿前司”,与《皇城图》位置标示相同。考古发掘证实皇城南墙位于今杭州市地图所标之“宋城路”北侧,“大部分与宋城路平行。长约600米、宽9—14米……”①,皇城南门“推测其位置当位于宋城路与凤凰山脚路相交处西侧”。

3. 皇城东部城墙位置

现经考古发掘得知“皇城东墙位于馒头山东麓,南段在馒头山路西侧的断崖上。现存长约390米、宽8.8—12米”。

4. 皇城西部城墙位置

从《皇城图》可知,皇城西部城墙在凤凰山下,“大部分利用凤凰山的自然山体作屏障,西墙南段长约100米、宽10—11米,其南端与南墙衔接,构成了近直角的皇城西南角……北端终止于凤凰山南麓陡坡”②。

5. 宫殿区

在皇城南门丽正门内设有南宫门,皇城北门和宁门内设有北宫门,这两座门为宫殿区的南北位置所在。宫殿核心区一些主要殿宇基址,经考古初步发掘,可确知其位于凤凰山脚路东西两侧,在路的西侧有大夯土台基5处,推测其为宫殿“前朝”和“后寝”殿宇的遗迹。在皇城馒头山北部,现杭州气象台处,发现有个别营造考究的殿基,推测其为妃嫔寝宫。

(二)临安宫殿的建设沿革

1. 草创阶段

据《宋史》载:“宫室汴宋之制侈而不可以训,中兴服御惟务简省,宫殿尤朴。皇帝之居曰殿,总曰大内,又曰南内,本杭州治也。”③尽管“州治屋宇不多,六宫居必隘窄,且东南春夏之交多雨,蒸润非京师比”,但高宗有旨称:

---

① 唐俊杰:《武林旧事——南宋临安城考古的主要收获》,载何忠礼主编《南宋史及南宋都城临安研究》(下),人民出版社,2009年。

② 《宝庆四明志》卷三《郡志》。

③ 《宋史》卷一五四《舆服六》。

“止今草创，仅蔽风雨足矣，椽楹未暇丹雘（红色油漆）亦无害”，“务要精省，不得华饰”①。当时修内司乞造三百间，高宗诏“减二百”，初始规模可见一斑。此可称之为草创阶段。据文献记载的建设活动如下：

绍兴二年九月（1132），筑成皇城南门，“诏：名曰行宫之门”②。

绍兴三年，诏梁汝嘉创廊庑于南门之内（以百官遇雨泥行非便）。

绍兴九年（1139），因宋金议和将成，高宗之母作为人质将从金营返回，于是命修内司建慈宁宫以待太后归来，当年十月建成③。

这一阶段的建设有皇城大门、临时性理政建筑、部分寝宫建筑。

2. 增筑城门及主要朝寝殿宇

绍兴十一年（1141），宋、金和议成功，南宋朝廷打算稳定下来，于是开始修建临朝理政的主要殿宇、主要寝宫以及祭祀先祖的建筑。

绍兴十二年（1142），建文德殿正衙和常朝四参官起居之垂拱殿。

绍兴十五年（1145），建敷文阁，以存徽宗的图籍及宝瑞之物，并建钦先孝思殿以奉历代神御。

绍兴“十八年（1148）名南门曰丽正，北门曰和宁（门外各有百官待漏院），东苑门曰东华”。④

绍兴二十四年（1154），建天章阁，以保存北宋太祖、太宗、真宗、神宗、真宗、哲宗诸祖宗的图籍、宝瑞、御图、御书等。

绍兴二十六年（1156），建纯福殿。

绍兴二十八年（1158），增筑皇城东南外城及西华门。福宁殿作为皇帝寝殿，也于此年兴建，并在宫后苑建复古殿、损斋为皇帝燕闲休息之所⑤。

① 《宋会要辑稿》方域二之一四。

② 《咸淳临安志》卷一。

③ 《宋会要辑稿》方域二之一六载：“正月二十日修内司承受提辖王晋锡言：奉旨与内中修改皇太后殿、门廊一所，今踏逐‘直笔内省事物承庆院’屋宇地步可以修改。诏依。合用工料令临安府应副。”“十月三十日，昭宣使中州防御使入内，内侍省押班陈永锡言：修盖皇太后殿宇、门廊并创造到铺设什物、帘、额等一切了毕。”

④ 《咸淳临安志》卷一。

⑤ 《朝野杂记》甲集卷二《今大内》。

隆兴二年末乾道初(约1164),建选德殿,又称射殿。

淳熙六年(1179),建后殿延和殿,为圣节、冬至、正旦、寒食大礼斋宿(或避殿)之所①。

3. 续建各帝诸阁

绍兴二十四年已经建成天章阁,藏先祖文墨,目的是“崇建层阁以严宝藏,用传示于永久”。南宋诸帝退位之后,继统新帝依此目的也效仿之。

淳熙十五年(1188),建焕章阁,藏高宗御制图籍。

庆元二年(1196)五月,建华文阁,藏孝宗御制图籍。

嘉泰元年(1201)十一月,建宝谟阁,藏光宗御制图籍。

宝庆二年(1226)十月,建宝章阁,藏宁宗御制图籍。

咸淳元年(1265)六月,建显文阁,藏理宗御制图籍。

4. 东宫

东宫的建设“初无定制,盖宋诸帝多由外邸入继正统,不遑筑宫,如孝宗之资善堂、度宗之益堂皆在宫中,遂以为就学之地”②。

乾道七年(1171),光宗被立为太子时,“在丽正门内之东盖达太子宫门”,“淳熙二年(1175),创建射为游艺之地,囿中荣观、玉洞、清赏等堂及凤山楼皆次第建置”③。

理宗朝(1225—1264),度宗为太子时,又对东宫进行了扩建,北部新增建的殿堂有凝华殿、彝斋、新益堂、绎已堂、瞻篆堂等,还有若干园林亭榭。

以上所列的建设活动只不过是宫殿建设的一部分,尚有若干改建项目,工程量也占相当的比例,尽管初始时曾经强调“务要精省”,但在孝宗(1163—1189)以后陆续增建,以至“一时制画规模,悉与东京相埒”④。据万

① 《咸淳临安志》卷一。另据《朝野杂记》载:“淳熙八年改后殿拥舍为别殿,取旧名谓之延和。”

② (明)徐一夔:《始丰稿》卷一〇《宋行宫考》,文渊阁《四库全书》本。

③ 《咸淳临安志》卷二《宫阙二》:“七年光宗皇帝升储,乃诏于丽正门内之东盖达太子宫门。”文渊阁《四库全书》本。

④ 张奕光:《南宋杂事诗》序。

历《钱塘县志》载，南宋大内共有“殿三十、堂三十三、斋四、楼七、阁二十、台六、轩一、阁六、观一、亭九十……”①。《武林旧事》曾开列了殿宇名称。

二、临安宫殿建置与布局

临安大内可分为外朝、内朝、东宫、学士院、宫后苑五个部分。

由于大内位于凤凰山余脉之间，所处地段岗阜连绵，因此《南宋古迹考》称“自平陆至山岗随其上下以为宫殿”。这样的地理条件使临安的宫殿不比北宋时期那样规整，每组建筑群所占地盘大小不一，礼仪秩序也会随之改变。据陈随应《南渡行宫记》的描绘，五个部分之间的关系错落布置，大内有南宫门、北宫门，外朝殿堂居于南部和西部，内朝偏于北部和东北。太子宫门（即东宫门）在丽正门与南宫门之间东侧②。东宫居东南，另外在东宫之北有若干妃嫔寝居建筑以及一些服务性建筑。“学士院在和宁门内”③，宫后苑在北部偏西。大体维持前朝后寝的格局。

（一）外朝

外朝为举行仪典活动的场所，主要有两组建筑：

1. 大庆殿

《梦粱录》卷七记“丽正门内正衙，即大庆殿”。是举行上寿朝贺，百官听麻④、明堂祭典、策士唱合等大朝会使用的殿宇，位于南宫门以内。

2. 垂拱殿

为常朝四参官起居之地。《西湖游览志》称“报国寺即垂拱殿”⑤。根据报国寺的遗迹可以进一步确定垂拱殿的位置。《南宋古迹考》载“南至笤帚湾，抵北至柳翠桥，皆报国寺界”⑥。笤帚湾的地名至今未变，柳翠桥位于万

---

① （明）聂心汤：万历《钱塘县志·纪都》。

② 太子宫门据《咸淳临安志》载“在丽正门内之东”，《南渡行宫记》载“东宫在丽正门内，南宫门外”。两者互相补充，可说明其位置。

③ 《始丰稿》卷一○《宋行宫考》。

④ 宋代任免将相的诏书是用一种带麻的纸，听宣读诏即称听麻。

⑤ （明）田汝成：《西湖游览志余》卷七《南山胜迹》：“报国寺，元至元十三年从嘉木扬喇勒智之请，即宋故（宫）内建五寺，曰报国，曰兴元，曰般若，曰仙林，曰尊胜，报国寺即垂拱殿。”

⑥ （清）朱彭：《南宋古迹考》引《考古录》，浙江人民出版社 1983 年出版，第 14 页。

松岭下。

以上两组殿宇基本上是前后对位的，大庆殿靠近南宫门，垂拱殿在其后，对照考古发掘图看，这两组殿宇应在皇城中部的夯土台基位置。

（二）内朝

内朝为帝后起居、生活的处所，殿宇众多，且各种文献记载不一，其中主要殿宇功能及位置，散见于各文献，现仅做初步整理如下：

1. *帝后寝殿*

1）福宁殿

为皇帝主要寝殿，“殿侧有清暑楼”①。光宗时改为寿康宫，另建福宁殿②。

2）延和殿

“延和在垂拱之后，遇圣节、冬至、正旦、寒食斋戒或避正殿则御焉。”③这座延和殿并非皇帝日常的寝宫，其使用功能与外朝重大节日关系密切。

3）慈明殿

关于后妃殿宇建筑，文献描绘稍详者为慈明殿。位于东宫之后部，据《南渡行宫记》称，在彝斋之北“有便门通绎已堂，重檐复屋，昔杨太后垂帘于此，曰慈明殿。前射圃竟百步，环修廊，右博雅楼十二间，左转数十步，雕阑花甃，万卉中出秋千，对阳春亭、清霁亭，前芙蓉、后木樨，玉质亭，梅绕之”④。这组殿宇环境幽雅，其中的主要殿宇为绎已堂，是一座两层楼，前部有射圃，周围有长廊环绕，在绎已堂东侧有博雅楼十二间，西侧则是一片园林景象，可见诸多亭榭、花木。

---

① 《玉海》卷一六〇载：“绍兴中禁中营祥曦、福宁等殿……福宁殿侧有清暑楼。”

② 《朝野杂记》甲集卷一载：“上（宁宗）始受禅，赵子直议以秘书省为泰安宫，已而不果，乃以慈懿皇后外第为之，会光宗不欲迁。因以旧福宁殿为寿康宫，而更建福宁殿。”

③ 关于“后殿”，在史料中有不止一处，据（明）徐一夔《始丰稿》卷一〇《宋行宫考》载：“后殿有四：曰崇政（一名祥曦）、曰福宁、曰复古、曰延和……而延和在垂拱之后，遇圣节、冬至、正旦、寒食斋戒或避正殿则御焉。”文渊阁《四库全书》本。

④ （元）陶宗仪：《辍耕录》载（宋）陈随应《南渡行宫记》，文渊阁《四库全书》本。

4）勤政殿

《梦粱录》称“勤政即木帷寝殿也”①。关于勤政殿的位置，还要从其与嘉明殿的关系说起。《梦粱录》载：“供进御膳即嘉明殿，在勤政殿之前。”另据《咸淳临安志》载：“嘉明殿，今上皇帝咸淳二年即东宫绎己堂改建”，“勤政殿，今上皇帝咸淳二年即进食殿改建”②。由此可知这座勤政殿在原绎己堂之北，绎己堂并非东宫建筑或南宋初杨太后的慈明殿。这一区环境幽雅，适宜寝居。《梦粱录》、《咸淳临安志》所记的时间皆为南宋后期，“勤政殿”实为在南宋后期的寝殿。

5）其他寝殿

在大内东北部有若干供后妃居住、生活的寝殿，有的仅殿名和使用者见于文献记载，如慈宁殿、坤宁殿、秾华殿、慈元殿、仁明殿、受厘殿等。其中慈宁殿是为迎接显仁韦后从金营中返回临安所建的一组寝殿，后来在此曾为韦后举行过七十岁、八十岁两次庆寿典礼。

此外还有贵妃、昭仪、婕妤等位宫人直舍，皆靠近东部。

2. 主要起居殿宇

1）选德殿

又名射殿，孝宗皇帝建，理宗（宝庆元年至景定五年，1225—1264）时为讲殿，取“选射观德”之义。据载，殿内设屏风，列官员姓名，随时标出其政绩备览③。对于中外奏报、军国之机务，皆于此省决。此殿是皇帝与群臣议事、考察官员政绩的场所。

2）崇政殿

是学士侍从掌读史书、讲释经义之处，宋代宫中有“崇政殿说书”之衔，王十朋、范成大等人曾任其职。此殿又名祥曦殿④，位置靠近北宫门。

---

① 《梦粱录》卷八《大内》。

② 《咸淳临安志》卷一《行在所录》宫阙一大内。

③ 《咸淳临安志》卷一《行在所录》记载：“殿内御坐后有大屏风，正面‘分画诸道，列监司郡守为两行，各标职位姓名’，背面有全面政区疆域图。若‘群臣有图方略来上，可采者辄栖之壁，以备观览’。”

④ 《咸淳临安志》卷一《行在所录》。

3. 讲读殿宇

1）缉熙殿

理宗绍定六年(1233)由旧讲殿改建而成,供其在此读书自娱、寄情翰墨。位置靠近崇政殿。

2）复古殿

为皇帝燕闲休息之处,皇帝也在这里阅读奏章,与文武大臣研究咨访历代治国之策,高宗还常于此作画、写字。由于临近宫后苑的小西湖,又是夏日纳凉的去处。元夕时节在此殿张灯结彩,作为观灯处所之一。

4. 进膳殿

在勤政殿之前的嘉明殿,是一处由廊庑环绕的建筑群,为皇帝进膳所①。与嘉明殿相对的有殿中省、六尚局(六尚局指尚食、尚药、尚医、尚乘、尚辇等六局),掌管皇室膳食、车辇、服饰等。嘉明殿使用时"殿上常列禁卫两重,时刻提醒,出入甚严"。

5. 钦先孝思殿

在崇政殿之东,又名内中神御殿,"凡朔望、节序、生辰、酌献行香,用家人礼"②。

(三)东宫

在丽正门与南宫门之间的太子宫门进入后,便是一片园林景象:"垂杨夹道,间芙蓉,环朱栏,二里至外宫门。"东宫内主要殿堂有以下几组:

1. 正殿群组

据《南渡行宫记》载:"讲堂七楹,名新益……外为讲官直舍。正殿向明,左圣堂、右祠堂……"③这里所谓的正殿名新益堂,其东、西两厢为圣堂与祠堂,为一组院落。主要殿宇新益堂为讲堂,祭奠孔子的"圣堂"和祭奠先

---

① 《梦粱录》卷八载:"每遇进膳,自殿中省对嘉明殿,禁卫成列,约拦不许过往",只有供应侍者出入往来。"殿之廊庑皆知省、御药、御带、门司内辖等官幕次,听候喧唤……内诸司所属人员等上番者,俱聚于廊庑,只候服役。"可见帝王进膳之排场讲究。

② 《玉海》卷一六〇《宫室》。

③ (元)陶宗仪:《辍耕录》载(宋)陈随应《南渡行宫记》。

师的祠堂置于两厢,讲官的办公室在这组院落之外。这与宋代一般“学校”建置相似。新益堂在咸淳年间(1265—1274)改建为讲读之所,称熙明殿①。

2. 寝殿

《南渡行宫记》称在新益堂之后有凝华殿、瞻箓堂,以竹环绕之。这些建筑的左边为寝室,右边为各斋及附属用房,共一百二十楹,其中包括一座较为重要的寝室,即在左侧有太子赐号的彝斋,“接绣香堂便门,通绎已堂”②。其中的“凝华殿”,据《宋会要辑稿》载:“淳熙二年(1175)夏,始创射堂,为游艺之所。圃中又有荣观、玉渊、清赏等堂、凤楼,皆燕息之地。”在这条记载旁夹注“景定东宫,堂名凝华”③。与前述对照来看,凝华殿本为射堂,只是到了景定年间(1260—1264)更名为“凝华”。

南宋初期“孝宗谓辅臣曰:今次东宫却不须创建,朕宫中空闲不用宫殿甚多,可掇移修立,由是工役省”。但《南渡行宫记》却记有“寝室”若干,这些建筑的建设时间推测也应在南宋后期。

(四) 宫后苑

从内朝的嘉明殿(原绎已堂)经过一条180间的锦臙廊,便可通到御前主要殿宇。而“廊外即后苑”,后苑不但有各种名花奇木,而且有不少殿堂,成为帝王日常活动频繁的处所。这180间的长廊成为界定宫后苑范围的重要依据,但东侧的东宫、寝宫并非一条直线,且地形起伏,这条锦臙廊可能为带有一定曲折的廊子。180间的长廊长度如何?宋代建筑的廊子每间大小7—8尺,即合2.5米左右,这样锦臙廊总长为450米,可称之为宋代宫苑长廊之最。

后苑有人工湖,称“小西湖”,据文献称约十亩,相当于6000平方米大小。苑中还有模拟飞来峰的人工叠山,嵌入自然山林环境,殿、堂、亭、榭分布其间。其主要殿宇有以下几组:

1. 翠寒堂

高宗时以“日本国松木建造,不施丹雘,白如象齿”④。堂前有古松、修

---

① 《咸淳临安志》卷一:“熙明殿,今上皇帝即东宫新益堂改建以为讲读之所。”

② 《辍耕录》载(宋)陈随应《南渡行宫记》。

③ 《宋会要辑稿》方域三之三〇。

④ (明)朱廷焕补:《增补武林旧事》卷四《故都宫殿》,文渊阁《四库全书》本。

竹,苍翠蔽日,“层峦奇草,静穷萦深,寒瀑飞空,下注大池可十亩”。池中有红白菡萏(荷花)万柄;庭院中有茉莉、素馨、玉桂、建兰等南国花卉数百盆,“于广庭鼓以风轮,清芬满殿。……初不知人间有尘暑也”①。

2. 观堂、凌虚楼、损斋

距翠寒堂不远,一山崔巍,建有观堂,为皇帝焚香祝天之所。“每三茅观钟鸣,观堂之钟应之,则驾兴”。山下一溪萦带,通小西湖。小溪两岸“怪石夹列,洞穴深杳,豁然平朗,翚飞翼拱凌虚楼”②。楼对面即为损斋。高宗称建这座建筑是为了“屏去声色、玩好,置经史古书其中。朝夕燕坐,亦尝作记以自警”。

3. 瑞庆殿

位于凌虚楼对面,据《武林旧事》载:“禁中例入八日作重九排当③,瑞庆殿分列万菊,灿然炫眼,且点菊灯,略如元夕。…… 盖赏灯之宴,权舆于此。”④冬至大朝会在此举行晚筵。

4. 清燕殿

重九时禁中人在此赏橙、桔。冬至大朝之后,中午于此设御宴。元夕在此观灯⑤。

5. 膺福殿

元夕观灯处。殿内除布置各式彩灯外,还有各种特殊的装修,如“梁栋窗户间为涌壁”,可造成“龙凤噀水,蜿蜒如生”的效果。并在“小窗间垂小水晶帘,流苏宝带,交映璀璨”。御座居于殿内正中,“恍然如在广寒清虚府中也”⑥。

6. 钟美堂

《武林旧事》赏花一节记载了后苑各种赏花的堂、亭之类:“梅堂赏梅,芳

① (明)朱廷焕补:《增补武林旧事》卷四《故都宫殿》,文渊阁《四库全书》本。

② (元)陶宗仪:《南村辍耕录》载(宋)陈随应《南渡行宫记》,文渊阁《四库全书》本。

③ 一种宴会形式,据《武林旧事》卷三《赏花》解释:“大抵内宴赏,初坐、插食盘架者,谓之‘排当’,否则谓之‘进酒’。”文渊阁《四库全书》本。

④ 《武林旧事》卷二《元夕》,文渊阁《四库全书》本。

⑤ 《武林旧事》卷三《重九》,文渊阁《四库全书》本。

⑥ 《武林旧事》卷二《元夕》。

春堂赏杏花，桃源观桃，粲锦堂金林檎，照妆亭海棠，兰亭修禊，至于钟美堂赏大花为极盛，堂三面皆花，石为台，三层，各植名品，标以象牌，覆以碧幕，台后分植玉绣球数百株，俨如镂玉屏。堂内左右各列三层雕花彩槛，护以彩色牡丹画，衣（依）间列碾玉水晶、金壶及大食玻璃、官窑等瓶。各簪奇品，如姚魏、御衣黄、照殿红之类。至于梁栋窗户间，亦以湘筒贮花，鳞次簇插，何翅万朵。"从这段记载可以看到钟美堂不但周围设置了三层石台放置各种花卉，而且室内放置一些贵重器物，室内装修异常华丽。这座堂似为一座五开间的建筑，在开间的间缝上设有雕花的木装修——"彩槛"，类似隔扇之类的装修，隔扇上贴有彩色牡丹画。每一间还陈列着水晶、金壶、进口的玻璃、官窑的瓷器等。

在宫后苑还有许多殿宇、亭、阁，如澄碧殿，皇帝常赐宴于此。此外还有清华、芙蓉、倚佳等阁。苑中几十座亭子或在花间，或在池边，或近水口，或处山顶。枕小西湖者，"曰水月境界、曰澄碧"。并有流杯亭、射亭独具特色。苑中还有小桥、旱船架临池溪，几座庵堂、几处小园充满其间，显示出皇家宫苑的豪华气派。

此外，在宫苑中于选德殿前设有球场，供帝王观球、打马球。

（五）其他建筑

1. 学士院

在和宁门内东侧，沿袭唐代北门学士院之制，有玉堂殿、擒文堂等建筑。

2. 宫内附属用房

财帛、生料库，在东宫。内藏库、军器库，在外朝。外库、御药库、御酒库等在内朝。一些办事机构，如内侍者、大都巡栏司、内东门司等，也属内朝范围。还有仪鸾、修内、八作、翰林诸司位于东华门里。

3. 收藏书籍、文物的馆阁

其中天章阁、建焕章阁、华文阁、宝谟阁、宝章阁、显文阁等，位于北宫门的东南方。

4. 御书院

有三处，即文囿案、稽古堂、书林堂。

三、临安宫殿的建筑特点

(一) 外朝殿宇精省

外朝殿宇只增建了文德、垂拱、崇政等殿,这少量建筑为满足功能需求,只能一殿多用,随时更换名称或布局。

《咸淳临安志》卷一载:"文德殿,正衙,六参官起居,百官听宣布……紫宸殿,上寿;大庆殿、朝贺;明堂殿,宗祀;集英殿,策士。以上四殿皆文德殿,随事揭名。"

《梦粱录》卷八也有类似的记载:"丽正门内正衙,即大庆殿,遇明堂大礼,正朔大朝会,俱御之。如六参起居,百官听麻,改殿牌为文德殿;圣节上寿,改名紫宸;进士唱名,易牌集英;明烟为明堂殿。"

在使用中,各种活动具有不同的氛围,全靠制作舞台场景式的办法来完成,例如,凡遇明堂大礼、正朔大朝会时,便按大庆殿的规格来布置。据《梦粱录》记载:"遇大朝会,驾坐大庆殿,有介胄长大武士四人,立于殿陛四角,谓之'镇殿将军'。殿西庑皆列法驾、卤簿、仪仗,龙墀立清凉伞十把,效太宗朝立诸王班次,如钱武肃、孟蜀王等也。有官皆冠冕朝服,诸州进奏吏各执方物之贡。诸外国正副贺正使随班入贺,百僚执政,俱于殿廊侍班。"①大庆殿内外,气氛庄严肃穆。作为紫宸殿使用之时,则布置成另外一种气氛,以满足皇帝赐宴的需要。这时,"殿前山棚结彩,飞龙舞风之形,教乐听人员等,效学百禽鸣,内外肃然,止闻半空和鸣,鸾凤翔集"②。宴会进行过程中,百官进酒,同时击鼓、奏乐、演出百戏,又是另一番场面。作为集英殿充当殿试场所时,不再做更多的布景,而是在殿试前三天,"宣押知制诰、详定、考试等官赴学士院锁院,命御策题,然后宣押赴殿。士人诣集英殿起居,就殿庑赐坐引试,依图分庑坐定,各赐刊策题"③。殿庭内外除考官、应试生之外,

---

① 《梦粱录》卷一《元旦大朝会》。

② 《梦粱录》卷三《宰执亲王南班百官入内上寿宴》。这里的山棚结彩,相当于后世的院内搭天棚、彩牌楼的做法。

③ 《梦粱录》卷三《士人赴殿试唱名》。

少有多余人员，气氛显得格外森严。

这就是古代“多功能厅堂”的使用状况。虽然从历代帝王所追求的豪华排场上论颇为逊色，但也确实在“精省”的前提下，能满足使用的需求，与当时的国力是吻合的。对于封建王朝的统治者来说，避免耗费巨资修建外朝宫殿，这是一种进步，但这种进步并不是自觉的。

（二）寝居殿宇多有园林设置

南宋时期的这组宫殿，外朝殿宇不多，帝后寝居殿宇和东宫仍然较注重环境建设，多有亭、廊、花木陪衬，并有较大的宫后苑，凭借凤凰山的自然风光取得了较好的居住环境。

（三）主要殿宇及建筑群配置

1. 大庆殿

大庆殿建筑群组的状况，据《宋史》载：“高宗移跸临安，殿无南廊，遇雨雪则日参官于南阁内起居，宰执使相立檐下，侍从两省台谏官以下立南阁内，卿监、郎官、武功大夫以下立东西廊。”①依据这段文字，可以看出大庆殿是一座带有东西廊和南阁的建筑群，并明确指出“殿无南廊”，这可能是高宗移跸临安的初期。当时的主要殿宇已经存在，另据《宋会要辑稿》载：“绍兴十二年(1142)十一月十二日提举修内司承受提辖王晋锡言：依已降指挥，同临安府将射殿修盖两廊并南廊，殿门作崇政殿，遇朔望权安置幕帐门作文德、紫宸殿……乞依画到图本修建。”“十四日……王晋锡言：已依降指挥修盖射殿廊舍，合用两朵殿，乞依修盖，从之。”

崇政殿在旧射殿的基础上于绍兴十二年修盖完善，其功能为举行大朝会的场所，后来重新使用北宋时期相同的殿名，故称大庆殿。

吴自牧笔下的大庆殿“遇大朝会，驾坐大庆殿……殿两庑皆列法驾、卤簿、仪仗”②，“就殿庑赐坐引试，分庑坐定……”③，“百僚执政俱于殿廊侍班”④，殿前有龙墀，并有“武士四人，立殿陛之角”。

---

① 《宋史》卷一四三《仪卫一》。
② 《梦粱录》卷一《元旦大朝会》。
③ 《梦粱录》卷三《士人赴殿试唱名》。
④ 《梦粱录》卷一《元旦大朝会》。

这组建筑群有大门、主殿、朵殿、东西庑、回廊的建筑群。高宗在此举行了第一次大朝会，孝宗在这举行庆祝八十大寿的庆寿册宝。大庆殿建筑群应为一座有相当规模的殿宇①，院落能容纳参加大朝会文武百官，至少要有五六十米宽，六七十米深。

2. 垂拱殿

《建炎以来朝野杂记》对垂拱殿的一组建筑作了较详细的描述，这是对临安大内建筑唯一的最详细的记录："其广仅如大郡之设厅……每殿为屋五间、十二架，修六丈，广八丈四尺，殿南檐屋三间，修一丈五尺，广亦如之。两朵殿各二间，东西廊各二十间，南廊九间。其中为殿门，三间六架，修三丈，广四丈六尺。殿后拥舍七间，寿皇（高宗）因以为延和殿。"《南渡行宫记》载延和殿有"右便门通后殿"。

依据这段文字可知，垂拱殿一组为一廊院式建筑群，前后两进。第一进院落的主要殿宇为垂拱殿，殿东西两侧带有朵殿。过20间东西廊后，转到南廊，两端各9间，中央夹一殿门。但这里朵殿及两廊、南廊尺寸未给出，现按通常的建筑尺度，若朵殿两间广28尺，另外再依据大门和南廊长度推算，南廊9间总长若为54尺，加上大门，院落南面宽为181尺。再看东西廊20间，假定廊子开间为7.5尺，则可得出廊子长度为150尺，院子的尺度控制在宽181尺、深150尺的范围，约合宽58米、深48米。这样的尺度对于中等规模的建筑群是合适的。

第二进院的主要建筑即为拥舍7间。其右侧有一小门，通后殿。至于"殿南檐屋三间"在何位置尚不明确，似应设于垂拱殿前檐下，以抱厦形式存在。以下为据此绘出的这组建筑的平面复原想象图（图2-2）。

对于这组建筑群中的垂拱殿，依据文献可作出以下的复原想象图（图2-3、图2-4）。现说明如下：

开间划分：此建筑殿身采用逐间递减式，心间广20尺，两次间广17尺，两梢间各广15尺。

---

① 关于大庆殿建筑群的大小，没有直接史料记载。

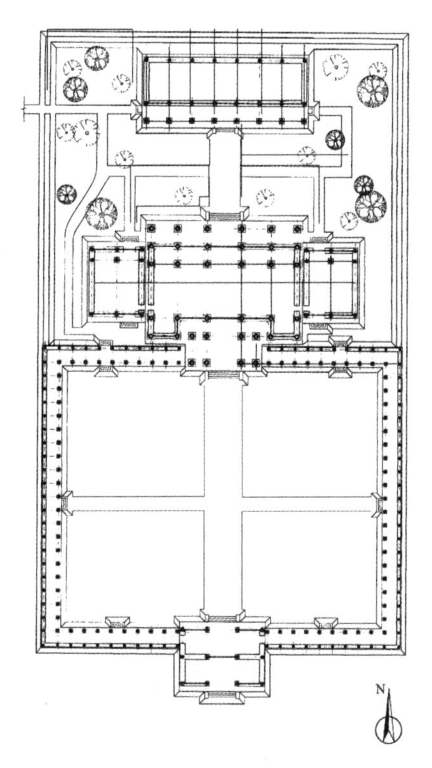

图 2－2 临安大内垂拱殿平面复原想象图

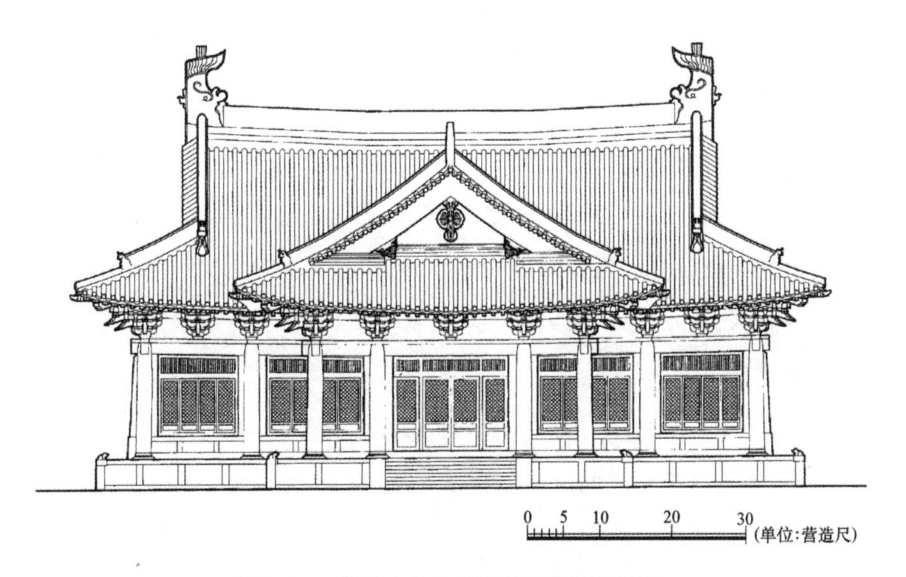

图 2－3 临安大内垂拱殿立面复原想象图

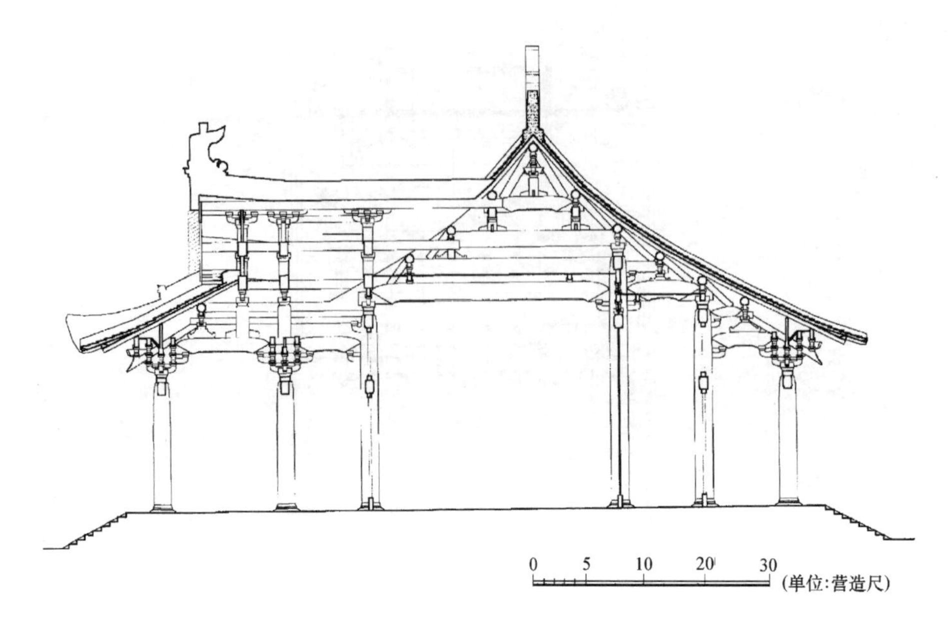

图 2－4　临安大内垂拱殿剖面复原想象图

侧立面共四开间,总进深 60 尺,两梢间各广 10 尺。至于南檐屋,其“修一丈五尺”可理解为自殿身前檐向前伸出 15 尺,而“广亦如之”不可能是广 15 尺,因为这一尺寸难以做成三间,故将其“广亦如之”理解成开间处理同殿身,作成“递减式”,当心间广 20 尺,次间广 10 尺。

椽架及构架:殿身椽架为 12 架,每架水平长 5 尺。构架采用前后乳栿对六椽栿、乳栿用五柱形式,身内双槽。前部减除当心间前檐柱,以便接南檐屋。按常见的宋代抱厦形式推测,南檐屋应采用九脊顶,以山面朝前。其心间构架为抱厦檐柱与殿身檐柱间架丁栿,再于丁栿上作系头栿及平梁以承角梁、槫、椽,并承出际、搏风等。南檐屋椽架共 4 架,每架水平长 5 尺,以便与殿身搭接。具体如下:

铺作:采用三等材、五铺作单杪单下昂,逐间皆用单补间。

柱高:本着柱高不越间广的原则,柱高定为 18 尺。

屋顶形式:采用九脊顶。

最终形式:垂拱殿为正面五开间、侧面四开间、单檐九脊顶之建筑。

殿门：开间为当心间宽16尺，两次间各宽15尺。进深为6架椽，每架水平长5尺。侧立面作两间。构架形式为“前后三椽栿分心用三柱”。斗栱用四等材，四铺作插昂造，每间皆用双补间。屋顶为单檐九脊顶。柱高不越间广，考虑为12尺。殿门最终形式为正面三开间，侧面两开间，单檐九脊顶建筑。

3. 新益堂

据《南渡行宫记》描述，新益堂有“讲堂七楹，匾新益，外为讲官直舍；正殿向明，左圣堂、右祠堂”。这里可能为前后两进的院落，新益堂本身作为一进，新益堂外的讲官直舍有可能作成一座单独的小院落，但又需靠近新益堂。对新益堂的描述没有廊子，只是圣堂、祠堂等建筑左右对称排列。

嘉明殿也是一组带有廊、庑的建筑群组。

总的来看，宫内建群组众多，每组规模不大。每组除主要殿堂之外，多带有廊庑。

4. 宫门的形制

南宫门丽正门：据《梦粱录》卷八载：“其门有三，皆金钉朱户。画栋雕甍，覆以铜瓦，镌镂龙凤飞骧之状，巍峨壮丽，光耀溢目。左右列阙，待百官侍班阁子。登闻鼓院、检院相对，悉皆红杈子，排列森然……”又据《武林旧事》卷一《登门肆赦》一节描述皇帝要到“丽正门御楼”，并多次称门下如何，门上如何。由此可证，丽正门系一座城门楼，下部城墙“其门有三，皆金钉朱户”，城门楼上的建筑则“画栋雕甍，覆以铜瓦，镌镂龙凤飞骧之状……”。且此城门楼左右列阙，其具体形象可参见山西繁峙严山寺壁画所列城阙及门楼。城门前面还设有附属用房，即登闻鼓院、检院，相对排列，并有“红杈子”（又称拒马杈子，用交叉木棍做的路障）列于大门两侧。

这些设置均承袭汴梁宫殿的传统，和宁门与丽正门的形式相同。

附录1 《武林旧事》卷四《故都宫殿》所列临安大内建筑一览表

大内建筑	《故都宫殿》具体所列
门	丽正(南门)、和宁(北门)、东华(东门)、西华(西门)、苑东、苑西、北宫、南宫、南水门、东水门、会通、上阁、宣德、隔门、斜门、关门、玉华阁、含和(系天章阁门)、贻谟(系天章阁门)
殿	垂拱(常朝四参)、文德(六参宣布)、大庆(明堂朝贺)、紫宸(生寿)、集英(策士)以上谓之"正朝",亦有随事更名者
后殿	延和(斋宿避殿)、崇政(即祥曦)、福宁(寝殿)、复古(高宗建)、选德(孝宗建,有御屏)、缉熙(理宗建)、熙明(即修改,度宗建)、明华(监司郡守姓名)、清燕、膺福、庆瑞(即天顺,理宗建)、射殿、需云(大燕)、符宝(贮恭膺天命之宝)、嘉明(度宗以绎己堂改)、明堂(即文德、合祭改)、坤宁(皇后)、秾华(皇后)、慈明(杨太后,累朝母后皆旋更名)、慈元(谢太后)、仁明(全太后)、进食(即勤政)、钦先(神御)、孝思(神御)、清华
堂	翠寒(高宗以日本罗木建,古松数十株)、澄碧(观堂)、芳春、凌寒、钟美(牡丹)、灿锦(海棠)、燕喜、静华、清赏、稽古(御书院)、清远、清彻、澄碧(水堂)、蕊渊、环秀(山堂)、文囿(御书院)、书林(御书院)、华馆、衍秀、披香、德勤、云锦(荷堂,李阳冰书扁)、清霁、萼绿华(梅堂,李阳冰书额,度宗题名"琼姿")、碧琳、凝光、澄辉、绣香、呈芳、会景【青华石柱,正始为后殿,谢后怡然(惠顺位)改宁寿殿,香楠栿额,玛瑙石砌】、信美(婉容位)
斋	损斋(高宗建)、彝斋、谨习斋、燕申斋
楼	博雅(书楼)、观德、万景、清暑、清美、明远、倚香
阁	龙图(太祖,太宗)、天章(真宗,并祀祖宗神御)、宝文(仁宗)、显谟(神宗)、徽猷(哲宗)、敷文(徽宗)、焕章(高宗)、华文(孝宗)、宝谟(光宗)、宝章(宁宗)、显文(理宗)、云章(祖宗御书)、清华、凌虚、清漏、倚桂、来凤、观音、芙蓉、万春(太后殿)
台	钦天(奉天)、宴春、秋芳、天开图画、舒啸、跄台
轩	晚晴
阁	清华、睿思、怡真、容膝、受厘、绿绮
观	云涛

（续　表）

大内建筑	《故都宫殿》具体所列
亭	清凉（宋刻“清泳”）、清趣、清颢、清晖、清迥、清隐、清寒、清激（放水）、清甑、清兴、静香、静华、春妍、春华、春阳、春信（梅）、留春、皆春、寒碧、寒香、香琼、香玉（梅）、香界、碧岑、滟碧（鱼池）、琼英、琼秀、明秀、濯秀、衍秀、深秀（假山）、锦烟、锦浪、绣锦、万锦、丽锦、丛锦、照妆、浣绮、缀金（橙桔）、缀琼（梨花）、秾香、暗香、晚节香（菊）、岩香（桂）、云岫（山亭）、映波、含晖、达观、秀野、凌寒（梅竹）、涵虚、平津、真赏、芳远、垂纶（近池）、鱼乐（池上）、喷雪（放水）、流芳、芳屿（山子）、玉质、此君（竹）、聚芳、延芳、兰亭、激瑞、崇峻、惠和、汾钳、泛羽（并流杯亭）、凌穹（山顶）、迎熏、会英、正已（射亭）、丹晖、凝光、雪迳（梅）、参月、共乐、迎祥、莹妆、植杖（村庄）、可乐、文杏、壶中天、别是一家春（度宗新作或谓此非佳许也，未几果验）
园	山桃源（观桃）、杏坞、梅岗、瑶圃（村庄）、桐木园
庵	寂然、怡真
坡	马脑、洗马
桥	万岁、清平、春波、玉虹
泉	穗泉、御舟、兰桡、荃桡、旱船
教场	南教场、北教场

附录2　不同文献中的临安宫殿内朝殿堂一览表

序号	《梦粱录》	《武林旧事》	《南渡行宫记》	《咸淳临安志》	《宋史·地理志》
1	延和	延和（宿斋避殿）		延和	延和
2	崇政	崇丽，即祥曦	崇政	祥曦（崇政）	崇政祥曦
3	福宁	福宁寝殿	木围即福宁	福宁	
4	复古	复古	复古	复古	复古
5	缉熙	缉熙	缉熙	缉熙（讲筵之所）	
6	勤政	进食即勤政		勤政，即进食殿改建	
7	嘉明	嘉明，度宗以绎已堂改		嘉明，东宫绎已堂改建	

（续 表）

序号	《梦粱录》	《武林旧事》	《南渡行宫记》	《咸淳临安志》	《宋史·地理志》
8	射殿	射殿	射殿曰选德	选德	射殿
9	选德	选德	选德		
10	钦先孝思	钦先（神御）、孝思（神御）	钦先孝思	钦先孝思	钦先孝思
11		熙明（修政）	熙明（讲筵之所）	熙明，东宫新益堂改建	
12		明华			
13		清熙			
14		膺福			
15		庆瑞（顺庆）	瑞庆殿		
16		需云			
17		坤宁	坤宁	坤宁殿	
18		符宝			
19		秾华			
20		慈明			
21		慈元			
22		仁明			
23		清华			
24	睿思	睿思	睿思	睿思	睿思殿

第二节 临安德寿宫

《宋史》载："奉太上则有德寿宫、重华宫、寿康宫。奉圣母则有慈宁宫、慈福宫、寿慈宫。"①这些是奉养太上皇帝及皇太后、太妃的宫殿。

① 《宋史》卷一五四《舆服六》。

德寿宫为高宗、孝宗禅位退居后生活起居的宫殿，位置在大内北望仙桥、凤凰山宫殿以北，故有“北宫”、“北内”之称。2001 年 9—12 月进行考古发掘，在现在的望江北路北侧发现了德寿宫的东宫墙、南宫墙及部分建筑遗迹。2005 年 4 月又发现西宫墙、水渠、水闸、水池、路面、夯土台基、墙基、柱础基础、水井等。其范围“东临直吉祥巷，南至望江路，西至中河中路，北达梅花碑一线。平面略成方形，总面积约 15 万平方米”①。

德寿宫是在秦桧旧宅的基础上所筑的新宫，修筑时间为绍兴三十二年(1162)。旧宅被改建成一座大型皇家宫苑，内有载忻殿，又称德寿殿，皇帝在此举行盛典。还有寝殿、射殿、食殿、灵芝殿等十余座殿宇，并有规模较大的后苑，凿池引水，建造有若干厅、堂、亭、馆。据《宋史》载：“北内苑中则有大池，引西湖水注之，其上叠石为山，像飞来峰。有楼曰聚远、禁御，周回四分之，东则香远、清深、站台、梅坡、松菊、三径、清妍、清新、芙蓉冈。南则载忻、欣欣、射厅、临赋、灿锦、至乐、半丈红、清旷、泻碧。西则冷泉、文杏馆、静乐、浣溪。北则绛华、旱船、俯翠、春桃、盘松。”②咸淳四年(1268)，此宫废弃，一半改建为道宫，另一半降为民舍。

皇太后居住的有慈宁宫、慈福宫、寿慈宫。慈福宫也是一座具有相当规模的宫殿，其中包括“殿、堂、门、廊等屋宇大小计二百七十四间”③。

在《思陵录》中周必大对慈福宫建筑群的个体建筑作了较详细的记载：

> 门殿三间……朱红木柱……筒瓦结瓦，安立鸱吻，方砖地面……
>
> 正殿五间，朵殿二间，各深五丈。内心间宽二丈，次间各宽一丈八尺，柱高一丈五尺。平綦方，朱红顶板，里外显五铺……头顶筒瓦结瓦，安立鸱吻，方砖地面。朱红柱木。殿后通过三间……其刷绿柱，并寝殿五间，挟屋两间，瓦凉棚五间……黑漆退光柱木。头顶筒瓦结瓦，安立

---

① 唐俊杰：《武林旧事——南宋临安城考古的主要收获》，原载何忠礼主编《南宋史及南宋都城临安研究》(下)，人民出版社 2009 年出版。德寿宫的考古发掘工作由杭州市文物考古所完成。

② 《宋史》卷一五四，《舆服六》。

③ (宋)周必大：《文忠集》卷一七三《思陵录》下：“己卯，后殿坐提举修内司刘庆祖申：契勘本司参圣旨指挥，修盖慈福宫殿堂门廊等屋宇，大小计二百七十四间。”文渊阁《四库全书》本。

鸱吻，方砖地面。

后殿五间，挟屋两间……黑漆退光柱木。头顶板瓦结瓦，方砖地面。

后楼子五间，上下层并系青绿装造……绿油柱木……头顶筒瓦结瓦，方砖地面。正殿前后廊屋共九十四间，各深二丈七尺，宽一丈二尺，柱高一丈五寸……头顶板瓦结瓦，方砖地面……①

据上述可知，慈福宫为一座两进院的建筑群，中轴线上布置有门殿、正殿、寝殿、后殿、后楼子等，其中第一进院落由门殿与正殿、寝殿及两侧的瓦凉棚构成，正殿和寝殿为一座工字殿，两者之间有三间连廊，这座工字殿位于院落中央。第二进院落以后殿和后楼子为主，居于第一进院落之后。

需要说明的是，《武林旧事》称"重华宫，孝宗内禅所居，即德寿宫。慈福宫，宪圣寿成二太后所居，即重华宫"②。《梦粱录》称"德寿宫改匾曰重华御之，次宪明太皇欲御，又改为慈福宫"③，似乎慈福宫即德寿宫改匾而成。但据《玉海》称："淳熙十五年(1188)八月五日拟进皇太后宫，名曰慈福，十六年正月十五日丙午，皇太后迁慈福宫。己未(正月二十八日)，诏德寿宫改为重华宫，二月壬戌内禅移御。……绍熙末(1194)，改重华宫为慈福宫，以旧慈福宫为重寿殿，二太后皆徙居此。"④慈福宫系与德寿宫同时存在的宫殿，两者所建时间前后相差26年，皇太后入住慈福宫后的正月二十八日便诏德寿宫改名为重华宫，6年以后的绍熙末，才将重华宫改名为慈福宫。

第三节　南宋建康行宫

一、建康行宫建设的历史背景

宋室南渡之时，以何处为都多有议论，"朱文公曰：建康形势雄壮，然淮

① 《文忠集》卷一七三《思陵录》卷下。

② 《武林旧事》卷四《宋故都宫殿》。

③ 《梦粱录》卷八《德寿宫》。

④ (宋)王应麟：《玉海》卷一五八《宫室·绍兴德寿宫淳熙重华宫》，文渊阁《四库全书》本。

破则只隔一水，欲进取则可都建康，欲自守则莫若都临安”①。但南宋最终仍定都临安，对此起居舍人真德秀言：“秦桧乃以议和移夺上心，粉饰太平，沮铄士气，士大夫豢于钱塘湖山歌舞之娱，无复故都黍离麦秀之叹。”②虽定都临安，但高宗仍频繁驻跸建康，“做出一些复国抗金的姿态，以表示志在抗金”③。因此建康行宫不得不修缮。修缮工作由礼部侍郎张浚负责。高宗称“张浚临事不易得，独好营土木，朕数镌谕莫能改也，比因入对面谕以建康行宫，皆因张浚所修，寝殿之后虽庖溷皆无，朕不免葺数间为居，当与卿观之，初不施丹艧，浚曰略加雅饰不过三二千缗，朕语以财方艰窘，不忍费三二千缗以崇土木之饰，浚感叹而去”。行宫自高宗朝以后，屡有修缮。在景定二年(1261)的《景定建康志》中对行宫规制作了详细记载，并绘出“行宫之图”(图2－5)。此图为南宋行宫规制的研究提供了重要史料。

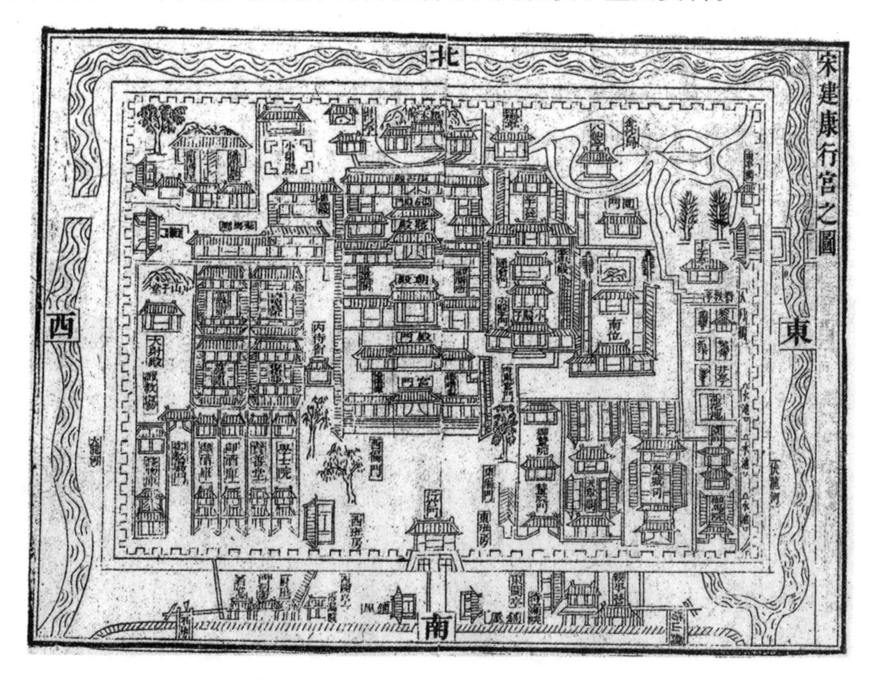

图2－5　南宋建康行宫

① (宋)王应麟：《通鉴地理通释》卷四《历代都邑考》“中兴行都”，文渊阁《四库全书》本。

② 《通鉴地理通释》卷四《历代都邑考》“中兴行都”，文渊阁《四库全书》本。

③ 林正秋：《南宋定都杭州的经过与原因》，载《杭州通讯》2008年第3期。

二、建康行宫规制解析

“行宫在天津桥之北，御前诸军都统制司之南。宫门在宫之南，皇城南门之北。”皇城围墙于“绍兴二年即旧子城基增筑”，“周四里，二百六十五步，高二丈五尺，下阔一丈五尺，皇城南门正对天津桥、御街一直”。行宫在府城中仍然占据重要位置，位于府城南北轴线之北部。

行宫内部分为几区，入行宫门后有一小广场，殿宇布置分成朝寝区、东宫、御苑区、文化建筑、办事衙门、服务设施、仓储等，此外还有御教场、射殿。

（一）朝寝区

朝寝殿宇区正对行宫门，由前后3进院落以中轴线贯穿，四周有廊环绕。首先进入宫门，经院落到达殿门，殿门之内为朝寝殿宇的核心院落，“寝殿在宫之中，朝殿在寝殿之南”①。此院两厢设有御膳房、直笔阁。这组建筑每栋造型各异，宫门3间两侧挟屋阁4间，直达东西廊。殿门不分间，两侧挟屋各3间，独立于院落之中，朝殿3间，两侧挟殿各3间，直通东西廊。寝殿3间，两侧廊各5间，接东西廊。这组建筑群按照“前朝后寝”的传统宫殿格局安排，仅将规模减小，朝殿按功能来看应为理政场所，不过这里一般不可能举行大朝会，可能仅履行一些“常朝”事务。寝殿当然也随之缩小，这组朝寝殿宇比府城之“设厅”规模还小，这与当时匆忙南渡而“财方艰窘”有关。

寝殿之后为另一组院落，即复古殿门、转角厢房、复古殿。其功能推测当与临安宫殿中的复古殿相同，即为高宗皇帝燕闲之所，供皇帝在其中临摹古帖、鉴赏古画，将复古殿做成9间殿宇，犹如一般建筑群中的“后罩房”。

（二）御苑区

御苑位于北侧、东侧，呈曲尺形。北起自复古殿之后的罗木堂，向东延伸经过西桥亭、八仙亭、金沙岛南转，过十字亭、看教亭、莲花池到达南部园

---

① （宋）周应合：《景定建康志》卷一《大宋中兴建康留都录一》，文渊阁《四库全书》本。

门。罗木堂北有小山丘、水流，一路上溪流蜿蜒，过南部的莲花池后绕过御马院，注入护龙河（伏龙河）。“护龙河分青溪之水，自东虹桥下流入河，绕皇城东北西之三隅，至西虹桥下与青溪水复合为一。”

与行宫御苑对称的西北一区有小射殿、大射殿、凉馆、御教场等，这一区建筑布局自由，院落中间有花木、小山。这一区规划手法与御苑相似，故将其与御苑共同划成一区，称之为“御苑区”。

（三）其他建筑

东宫，供皇子居住的场所，在朝寝殿宇东侧，规模不大，仅有小殿子、孝思殿、殿门等。

行宫内文化类建筑散置，学士院一反居北的特点，置于行宫门内广场西侧，皇子就学之所“资善堂在学士院之右”。收藏皇帝诗书翰墨的天章阁，“在皇城门内、宫门外东南隅，与学士院相对”①。按图中所绘，学士院紧邻宫门广场，天章阁与广场之间还隔着御辇院，其位置也未到达东南隅。

衙门办事机构皇城司设于天章阁以东。其他服务设施在宫内位置较为随意，如“进食殿在复古殿西南”，御辇院在宫门广场东侧，御马院在行宫东南角。还有诸多库院位于朝寝殿宇西侧。还有内侍、守卫等部门设于行宫门附近。

总体上看，行宫建置模仿宫殿，前朝后寝，设有东宫、御苑、御教场以及各种办事、服务机构。但规模缩小，仅有主要朝寝殿宇保证了至尊位置，表现出“以中为尊”的明确理念，其他建筑群颇有随意安插的状况。

---

① 《景定建康志》卷一《大宋中兴建康留都录一》。

第三章　南宋皇陵

第一节　综　　述

靖康之变后，宋室南渡，在政权立足未稳之时，便已开始营陵事宜。绍兴元年，隆祐太后病故，当时朝廷欲仿北宋故制修建山陵，但因太后留有遗命："择近地权殡，俟息兵归葬园陵。梓取周身，勿拘旧制，以为他日迁奉之便。"①鉴于当时国家财力窘困，无力承担兴修山陵之巨资，又有官员奏请："帝后陵寝，今存伊洛，不日复中原，即归祔矣。宜以攒宫为名，佥以为当。"②于是从简安葬隆祐太后，谥昭慈献烈皇后（哲宗皇后）。昭慈攒宫择地绍兴市东南18公里之上皇山。以后南宋皇帝归复中原已成泡影，上皇山便成为南宋帝后的最后归宿，南宋九帝除最后三帝外，皆以攒宫形制葬于上皇山，史称南宋六陵。上皇山曾因此而改称攒宫山。除此之外，还有徽宗攒宫③，因之上皇山共有7座帝陵，以及一些皇后祔葬陵。

南宋六陵：高宗赵构（1127—1187）之永思陵，孝宗赵昚（1163—1194）之永阜陵，光宗赵惇（1190—1200）之永崇陵，宁宗赵扩（1195—1225）之永茂陵，理宗赵昀（1225—1265）之永穆陵，度宗赵禥（1265—1275）之永绍陵。

---

① 《宋史》卷一二三《礼二十六》。

② （宋）张淏：《云谷杂纪》卷三，文渊阁《四库全书》本。

③ 绍兴十二年（1142）金人归还徽宗及郑后、邢后三人棺木，葬于绍兴筑攒宫。

此外还有徽宗赵佶之永祐陵，位于昭慈攒宫西北。

南宋帝陵虽属权宜之计，但对陵地选址仍很注重，上皇山山岗雄伟，风景秀丽，北面为雾连山，南面为新妇尖山，两山略呈合抱形势，中间一片平坦之地，即为南宋帝后陵区。只是面积不大，早在永思陵建成之时已感到“陵域相望，地势殊迫”①，后来又增筑五陵，殊迫程度可以想见。因此，南宋帝、后陵不像北宋，有的皇后祔葬帝陵，但也有许多皇后死后并未祔葬帝陵，而被分散殡葬在临安、绍兴等地的寺院内。皇子、未出嫁之公主死后也均不在皇陵陪葬。

南宋皇陵中的每座陵均包括有上宫、下宫，攒宫号上宫，影像号下宫。南宋各陵的选址及彼此间的关系，仍然遵循北宋官修的阴阳勘舆术书如王洙等编辑的《地理新书》原则，即“五音姓利”之说与“角姓昭穆葬”。所谓“五音姓利”之说是将人的姓氏按音分成五大类，即宫、商、角、徵、羽，将人按姓氏定位，配以“五行”以便定其阴、阳宅所应处的风水地理形势。所谓昭穆葬法即指先茔与后起之穴采用左昭右穆的排列方式，因其形式如柳条穿鱼之状（图3－1），故名贯鱼葬。依据五音姓利之说，每音与五行对位后将取自己应有的吉方，赵宋王朝之赵属“角”音，角姓，相对于地心，祖穴位丙（东南），昭穴位壬（即祖穴西北），穆穴位甲（即祖穴东北，昭穴东南）。所以南宋陵寝南部陵区大体呈东南、西北方向排列。北部陵区在南部无地可用之

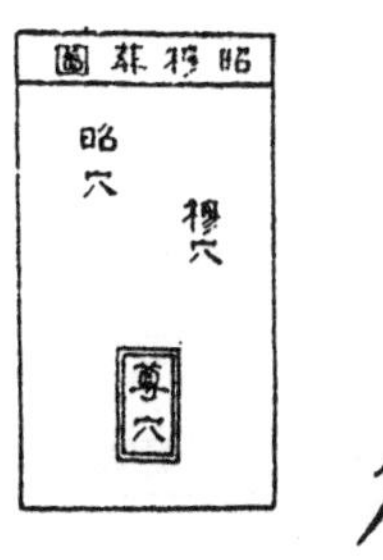

图3－1 《地理新书·角姓贯鱼葬图解》及昭穆贯鱼葬示意图

① 《文忠集》卷一七三《思陵录》卷下。

时，只好选在北部，但仍呈东南、西北方向排列。赵姓属角音，所利为壬、丙两向，所利的地势走向首为东高西低，次为南高北低。此说对宋陵选址、构筑的影响极大。

南宋皇陵在宋室覆亡之后遭较大破坏。据南宋周密《癸辛杂识》记载，元至元二十二年(1285)皇陵遭“盗行发掘”，财宝被劫掠，使山陵毁坏严重，明清两代虽曾予以保护，但仍每况愈下。至今已面目全非，仅存一座墓穴。因此，对六陵的位置、规模、建置等只能依文献考之。

第二节　各陵建设年代与位置

南宋皇陵区最早的为哲宗皇后的昭慈攒宫，占地方百步。徽宗的永祐陵，是陵区所建的第二座陵墓，其位置在“昭慈攒宫西北五十步，用地二百二十亩”①。永祐陵的陵域内还有显肃皇后和显仁皇后陵。显肃皇后“与徽宗合攒于会稽永祐陵”②，显仁皇后亡于绍兴二十九年，其陵“在永祐陵篱寨内，显肃皇后神围正西曰一十九步”③。

一、永思陵

高宗永思陵，建成于淳熙十五年(1188)三月，“神穴地段系在徽宗皇帝攒殿篱围之外正西北，显仁皇后攒殿近上、正西向南”④。据此可知永思陵并吴后祔葬陵的大概位置。高宗邢后于绍兴九年崩于五国城，永祐陵“其西北再建邢后攒宫”⑤。高宗吴后崩于庆元三年(1197)，其“神穴在永思陵正

① 《宋史》卷一二二《礼二十五》。

② 《宋史》卷二四三《后妃下》。

③ 《宋会要辑稿》礼三七之七〇(按：该条史料的“正西曰一十九步”中的“曰”字，为“约”字之误)。这里的“一步”依据北宋皇陵实测数据，按2米计。

④ 《宋会要辑稿》礼三七之二三。

⑤ 参见葛国庆《南宋六陵各攒宫位置再研究》，载《中国柯桥·宋六陵暨绍兴南宋历史文化学术研讨会论文集》，西泠印社出版社2012年出版。

北偏西，祔攒……”①。

二、永阜陵

建成于绍熙五年十一月（1194）。孝宗永阜陵的位置据《宋会要辑稿》载“神穴在永祐陵下宫之西南，永思陵下宫之东南，那趱向南石板路上”②。绍熙五年闰十月七日，“诏攒宫修奉司：今来修奉哲文神武成孝皇帝下宫，于永思陵下宫之西修盖”③。并有谢后祔葬墓一座，“攒祔于永思陵正北”④。

这座陵的上、下宫之间的距离较远，下宫位于永思陵以北。南宋晚期魏了翁奉诏祭谒绍兴诸攒宫，其纪事诗自注有：“先昭慈，次永祐上、下宫，次永阜上宫，次永思上、下宫，次永阜下宫，终永崇。谒之日以道便，祭之日仍以尊卑得次。”⑤按照北宋皇陵上、下宫的关系推测，下宫在上宫西北，由此推测永阜陵下宫距离永思陵较近，可能在永思陵下宫以西偏北较为合理。即所谓孝宗下宫“于永思陵下宫之西修盖”。

三、永崇陵

光宗永崇陵建成于庆元七年三月（1201），位置在“永阜陵西、永思陵下宫空闲地段”⑥。

四、永茂陵

宁宗永茂陵建于宝庆元年（1225）三月。该陵选址之初，本欲“在永崇

---

① 《宋会要辑稿》礼三四之三〇。

② 《宋会要辑稿》礼三七之二六。

③ 《宋会要辑稿》礼三〇之二三。

④ 参见《南宋六陵各攒宫位置再研究》。

⑤ （宋）魏了翁：《鹤山集》卷一〇《八月七日被命上会稽沿途所历拙于省记为韵语以记之舟中马上随得随书不复叙次二十首》，文渊阁《四库全书》本。其纪事诗有“先从攒殿拜昭慈”、“次从佑阜至思崇”之句。

⑥ 《宋会要辑稿》礼三七之二六。

陵下”,“先是太史局周奕等于永崇陵之下相视,迫溪,无地可择,即至泰宁寺山标建”①。“嘉定十七年冬,命吏部侍郎杨烨为按行使,烨归奏云:独泰宁寺之山,山冈伟特,五峰在前,直以上皇、青山之雄翼,以紫金、白鹿之秀,层峦朝拱,气象尊崇,有端门旌旗簇仗之势。加以左右环抱,顾视有情,吉气丰盈,林木荣盛,以此知先帝弓剑之藏,盖在于此。寻令太史局卜格,一起一伏,至壬而后融结宜于此矣,诏迁寺而以其基定卜。”②于是定下攒宫位置,并认为“今此神穴,坐壬向丙,亦与国音为利益”③,于是“改泰宁寺,建攒宫”。“泰宁寺青山园地,在昭慈圣献皇后攒宫之东”④,在新妇尖山东北坡,“距昭慈陵侧一里许”⑤,并有杨后祔葬墓一座。

五、永穆陵

理宗永穆陵建于景定六年(1265)三月,位于北部陵域靠北的雾连山下。

六、永绍陵

度宗的永绍陵建于德祐元年(1275)正月,在永穆陵旁。

七、六陵布局浅释

对于六陵的关系,康熙《会稽县志》曾绘有一图(图3-2)。然而据以上史料,六陵关系与此图所绘有所不同。如果以昭慈攒宫为起点,向西北50步为永祐陵,包括显肃、显仁后陵,永祐陵下宫与上宫距离很近,可理解为紧接在上宫西北。然后在永祐陵的“正西北”(这里的方位可理解为正西偏北),同时又在显仁攒殿“正西向南”为永思陵,而从永阜陵位于“永祐陵下

① 《宋会要辑稿》礼三七之二六、二七。
② (宋)张淏:《会稽续志》卷三《陵寝》,文渊阁《四库全书》本。
③ 《宋会要辑稿》礼三七之二六至二七。
④ 《宋会要辑稿》礼三七之一八。
⑤ 《宋会要辑稿》礼三七之二七。

图 3－2　南宋六陵布局图

宫西南、永思陵下宫东南”的记述看，永思陵与永祐陵间的距离较远，永阜陵上宫便位于永思陵下宫与永祐陵下宫之间。这样的布局完全符合昭穆葬的伦理秩序，即左昭右穆的关系。因此魏了翁才能“先昭慈，次永祐上、下宫，次永阜上宫，次永思上、下宫，次永阜下宫，终永崇”地走下来。这几座陵之后，到了永茂陵修建时，因“迫溪，无地可择，即至泰宁寺山标建”，因此永茂陵选在了昭慈攒宫之东的位置。这样南部陵区便有了南宋四帝和徽宗共 5 座皇陵，以及徽宗韦后（显仁）、郑后（显肃），高宗吴后（宪圣）、邢后（宪节），孝宗谢后（成肃）等皇后陵。至于永穆陵、永绍陵，由于史料缺乏，仅有康熙《会稽县志》图中绘之于北部，并得到了学者们的认同。葛国庆先生在《南宋陵园各攒宫位次再研究》一文中对各陵史料有过全面翔实的考据，并绘出了陵区总平面图①（图 3－3）。近年经考古学家②利用遥感技术进行实

① 《南宋陵园各攒宫位次再研究》。此图本文引用时做了局部调整。

② 浙江遥感考古工作站。

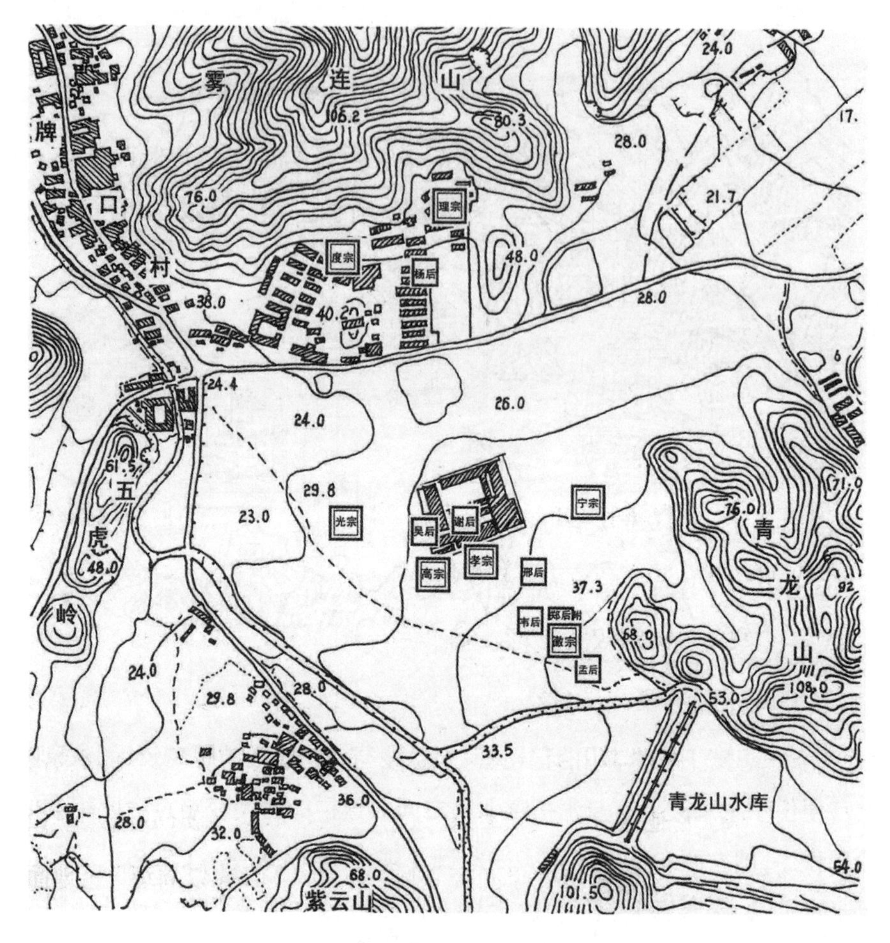

图 3－3 南宋陵园七帝七后攒宫位次图

地勘测，并对有遗迹的部位给予初步认定（图 3－4）。图中南陵区中的 A 点为徽宗、高宗、孝宗及其祔葬陵位置，B 点为南陵区边缘，C 点为光宗陵位置。北陵区中的 H 点为宁宗陵位置，D、G 点为理宗陵位置，F 点为度宗陵位置①。两者观点有所不同，笔者按各个陵域的比例参照上述两图及史料重绘了陵区各陵的关系图。这里需要说明的是各陵陵域尺寸仅有零星记载，现参照永思陵上、下宫的尺寸，并参考上两图的研究成果，绘成各个陵布局

① 参见刘毅《南宋皇陵区的形成和变迁》，载绍兴县文化发展中心越国文化博物馆编《中国柯桥 · 宋六陵及绍兴南宋历史文化学术研讨会论文集》，西泠出版社 2012 年出版。

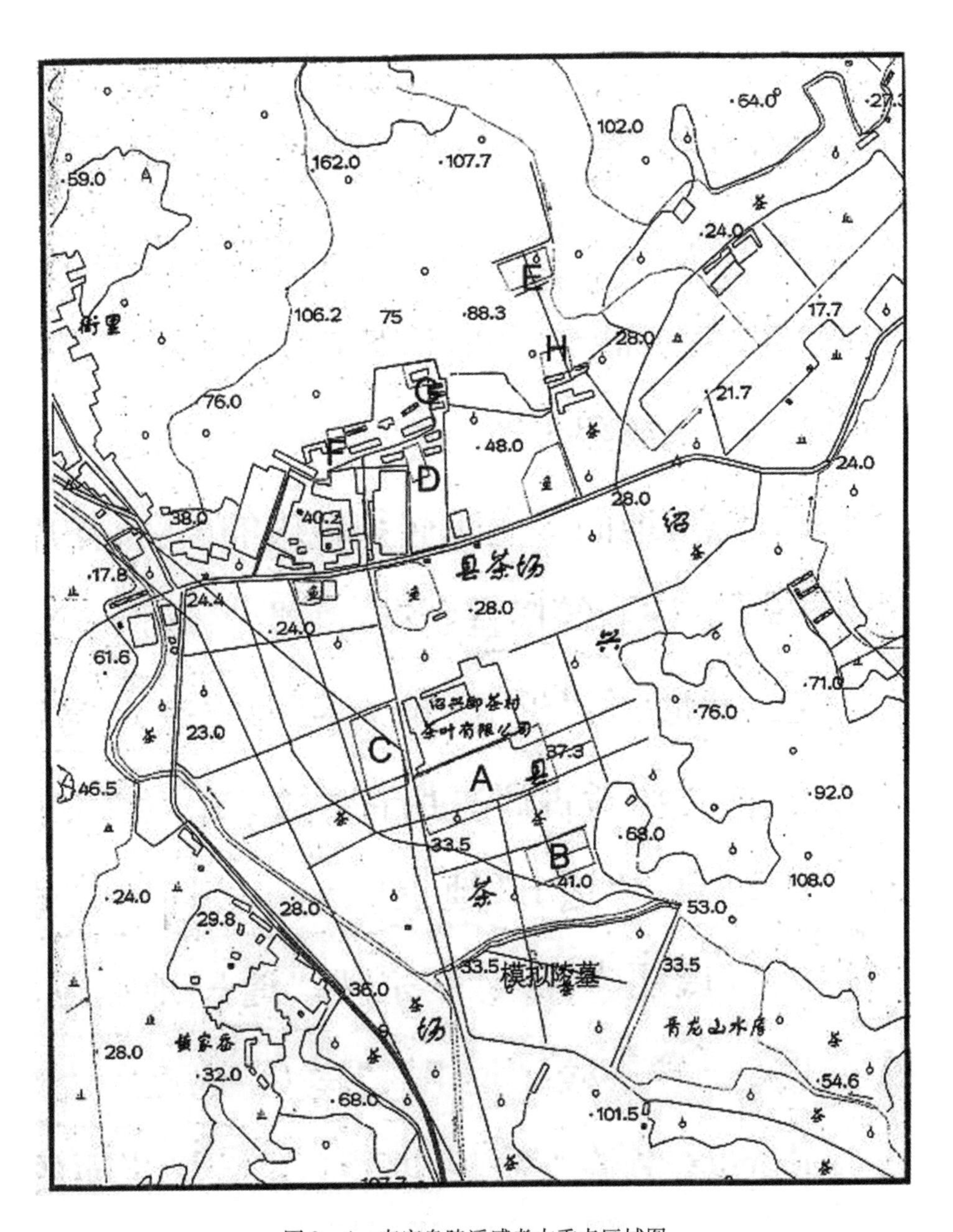

图3－4 南宋皇陵遥感考古重点区域图

尺寸想象图(图3-5)。图中上宫绘出外篱的范围,下宫以白灰墙向四面扩展10米的范围为界,两者均比原载外篱尺寸缩小。徽宗陵稍稍加大,昭慈攒宫只绘有上宫的范围,图中比例尺系从 Google Earth 上量得,整个陵区容纳上述皇陵相当拥挤。《宋会要》所记外篱尺寸,如"昭慈圣献皇后攒宫禁地四至各100步",似乎无法实现。在定永祐宫位置时,本打算在"昭慈圣献皇后攒宫西北百步禁地之外……地形低下,不可安穴分立神围,乞于禁地五十步内分穴"①。实际各陵所定外篱尺寸都很大,但实施过程中可能不得不修改,故本图仅供参考,真实的答案只能等待考古发掘之后或许可以定夺。

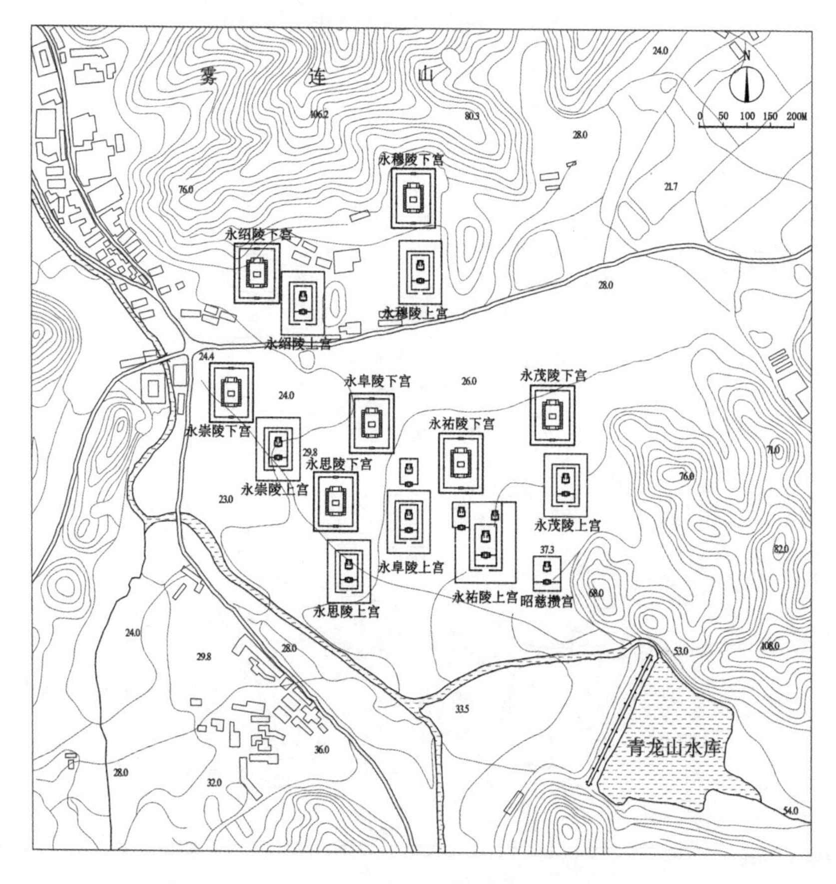

图3-5 据现状地形绘南宋皇陵关系推想总平面图

① 《宋会要辑稿》礼三七之一九。

第三节 南宋陵寝建筑特点

从文献可知,南宋六陵因具有临时性,不及北宋皇陵讲究排场,且所处地段殊迫,但仍有相当规模。史称徽宗攒宫用地250亩,依此类推,每座陵域可拥有16公顷之地,其中仍可安排不少建筑群组,现依周必大《思陵录》①所载南宋官方修奉使司关于永思陵的交割勘验文件,可知南宋高宗皇陵的建筑群布局及组合状况,为研究其他南宋皇陵提供了可资借鉴的宝贵史料。

永思陵总体布局分为上宫、下宫两个部分,上宫是各陵域中最重要的部分,建筑有外篱、里篱、红灰墙、鹊台、殿门、献殿、棂星门等,梓宫石藏子设于献殿后部。下宫亦称寝宫,为供奉陵主灵魂之所。建筑有外篱、白灰围墙、殿门、前殿、后殿、东西廊、棂星门、换衣厅等。此外在外篱门与殿门之间还有神游亭、庙子、奉使房、香火房等。在白灰墙棂星门附近并有铺屋。

一、上宫

(一) 外篱及外篱门

文献载:"外篱门一座、安卓门二扇,并矾红刷油造柱木并门,及两壁札缚打立实竹篱二十余丈,并立篱健石。"外篱是上宫边界的一道围篱,外篱门应设在上宫建筑群的南北中轴线上,因围篱为"札缚打立实竹篱",故门须采用两立柱、于柱上安门扇的形制,门及柱皆刷红色。按照北宋仁宗道明二年诏定的山陵制度,帝陵上宫神墙每边长度为390尺,即39丈,合127.9米。四边总和的周长为156丈。但在南宋陵的相关史料中,未提及"神墙"二字,

① 周必大为南宋高宗绍兴二十年(1150)进士,淳熙十四年(1187)十月高宗崩,周必大为太傅,负责高宗攒宫奉安一事,其对此经过作了详细记叙,名《思陵录》。其中关于永思陵建筑情况则转录当时官署之文牒,计修奉使司交割上、下宫及验查上宫皇堂石藏照会各一件,此文件成为了解南宋皇陵建筑概貌的珍贵历史档案。《思陵录》详见本章附录。

上文所记之二十余丈，可能是指竹篱在门两侧的总长度中使用竹篱的尺寸，据此推测外篱加门扇及转角的结构总长推测为27.5丈，合90米。东西两道外篱的长度未见记载，假设为39丈，合127.9米。

（二）里篱

文献载："里篱砖墙系中城砖，绕檐垒砌，周回长八十七丈，止用筒瓪板瓦结瓦行陇。"可见里篱是一道用中城砖砌筑的围墙，墙顶覆以瓪板瓦，周长87丈。

（三）内鹊台、红灰墙、棂星门

文献载："红灰墙周回长六十三丈五尺，止用忔（杚）笆椽，铺钉竹笆，筒（瓪）板瓦结瓦行陇。"此处之"忔（杚）笆椽"似应为墙顶部的骨架，其上再铺钉竹笆，顶部盖瓦。"矾红刷造忔（杚）笆椽，红灰泥饰。围墙下脚用银铤砖叠砌隔减，并中城砖垒砌鹊台二堵。"

红灰墙是上宫的第三道围墙。此墙下部为银铤砖垒砌的裙墙，上部为土墙，表面用红灰涂抹，上部有瓦顶。按行文顺序，这道红灰墙应与鹊台有关，但按北宋皇陵形制推测，鹊台位置不应在此，从鹊台使用的材料为"中城砖叠砌"，则应将鹊台置于里篱，位置处于中轴线两侧。而红灰墙本身也应有门，这里使用的门似应为文中所谓的"棂星门"。据文献载，"棂星门"有"南北共二座，柱头上各安阀阅，并各安门二扇，肘叶、门钹、桶子全，并石门砧及矾红油造柱木、门户"。依上文可知其形制为《营造法式》中的乌头门一类（图3-6），由两根立柱深埋地下，称之为挟门柱，用以作为门扇的依托。这两柱冲天，上有

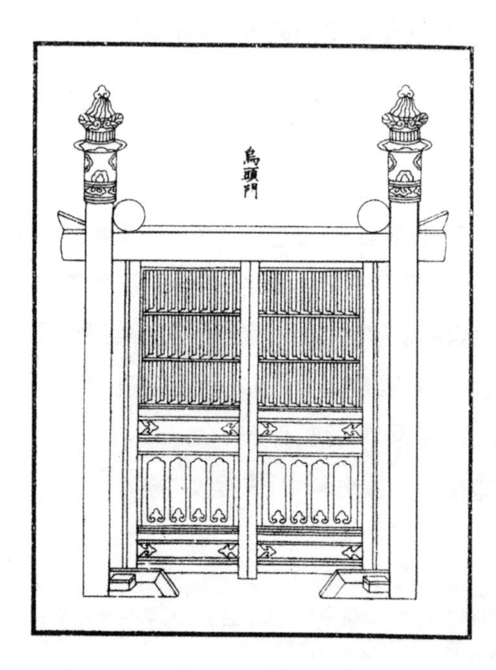

图3-6 乌头门

象征旌表功绩的装饰物，即阀阅①。一般此柱间门扇上作直棂下为实心拼板，中带腰花板，"肘叶"可能为按在门扇四角的金属角叶，"桶子"为门扇开关门立轴上下所施铁套筒，可以便于转动并耐久。门扇下部置石门砧，上部应有门额和鸡栖木，门轴下部插入门砧，上部插入鸡栖木。前后两座棂星门及柱皆为红色。

（四）殿门

据文献载，上宫中有"殿门一座，三间四椽，入深二丈，心间阔一丈六尺，两次间各阔一丈二尺，四铺下昂绞耍头柱骨朵子"。此处的"柱骨朵子"即柱头斗栱之意。宋代习将细木棍顶着的物品称为骨朵，如同花茎顶着花蕾一般，如帝后出行时，仪仗中即有高举"骨朵"者之说②。"四铺下昂绞耍头"应理解为四铺作下昂造斗栱，此处所谓的"绞耍头"，即表示不同于插昂造，而以昂尾与耍头相交后上彻下平槫。"分心柱，四寸五分材，月梁栿、彻脊、明圆椽、顺板，飞子白板，直废造。"此段文字说明山门的斗栱布局是用分心斗底槽，即带有中柱的结构构架。梁栿为经过修饰的月梁，"彻上明造"指的是无天花板的构造方式。其中的"顺板"可理解为一种望板的铺钉方式，"白板"可理解为无花纹装饰的望板，"直废造"可理解为两坡悬山顶建筑之屋顶。《营造法式》卷五"栋"条曾有"凡出际之制，槫至两稍间两际各出柱头，又谓之屋废"。依此，屋废即屋顶之边缘，"直废造"即屋顶边缘为直线，只有两坡顶房屋才如是。

"下檐平柱高一丈二尺，柱椟在内，头顶丹粉赤白装造，矾红油造柱木，硬门三合，额、颊、地栿、门关、铁鹅台桶子，黑油浮瓯钉叶段门钹，头顶铺钉竹笆，筒板瓦结瓦行垅，安鸱吻，周回山斜额道壁，洛红灰泥饰，土坯垒砌两山墙，红灰泥饰，中城砖铺砌地面，垒砌阶头，高二尺五寸，并砌散水，白石压阑石碇，并前后踏道，及安砌面南白石墁地。"这里指出"下檐平柱高一丈二

① 阀阅：本为世宦门前旌表功绩的柱子，《玉篇》中有"在（门）左曰阀，在右曰阅"，此处的阀阅装于柱头之上，即以木板斜钉其上，可参见绘画中常见的形象。

② 《宋史》卷一四四《仪卫二》载："凡皇仪司，随焉人数，崇政殿只应亲从四指挥，共二百五十二人，执擎骨朵，充禁止。"即是一例。

尺”,意味着其角柱有升高,一般一间升 2 寸。从这段文字可以看到殿门的装饰及装修情况如下:

彩画:于柱头处用“丹粉赤白装”,即绘有白色纹饰。柱身仍为“矾红油造”,即用红油油饰。

门的构造:这座门殿类型的建筑,其大门的门扇为四周带有边框的“硬门”,每扇边框之内用较薄的 3 块木板拼合填充,除了门扇之外还有门框部分,由门的上额、两颊、地栿等构成,门扇背后需有门关,这些皆以红油油饰。门轴下的构造为鹅台铁桶子,“鹅台”指承托门扇的石门砧上的突起物,似鹅的头上凸起,铁桶子是指门轴下部所安的圆形断面的一段粗铁管,以此套在门轴上,与鹅台吻合,开关门扇时利用铁桶子在鹅台上转动。门上的门钉、门钹、铁叶之类皆涂黑油。

屋顶构造:以竹笆为望板,用瓪板瓦结瓦,并安鸱吻。

山面做法:土坯垒砌山墙及山尖部分(即文中所谓的山斜额道壁),皆用红灰泥饰。

地面做法:台基高二尺五寸,上有压栏石,阶前做踏道,台基周围砌散水,南部用白石墁地,门殿地面用中城砖铺砌。

综上所述,此殿形制为门殿三间,四架,构架用分心斗底槽,斗栱用八等材四铺作下昂绞耍头,室内用彻上明造,门扇安于中柱间,殿阶高 2.5 尺,前后设踏道。彩画采用丹粉刷饰。殿门位置应在红灰墙之内,门两侧应有墙向东、西伸展,至红灰墙止。

(五) 龟头殿

此即上宫之主殿,为朝陵的祭奠之所。《思陵录》载:“殿一座,三间六椽,入深三丈,心间阔一丈六尺,两次间各宽一丈二尺,并龟头一座,三间,入深二丈四尺,心间宽一丈六尺,两次间各宽五尺,并四铺下昂柱头骨朵子,月梁栿绞单栱屏风柱,五寸二分五厘材,彻脊、明圆椽、顺板,内龟头连檐,四椽月梁栿,五寸二分五厘材,圆椽。厦板两转出角四入角,飞子、白板。下檐平柱高一丈二尺,柱櫍在内。”

以上记载说明了此殿的规模和形制,即殿身三间,进深六架椽,每架椽长五尺，龟头殿面阔减小，进深也减少，采用四椽栿。但其与殿身的结构关系未作交代，一般有两种可能：一是作穿插屋顶，龟头殿本身起正脊为东西向，插入主殿。另一是作勾连搭式的屋顶，各个自成体系，前后仅仅相互靠在一起，但此种会产生屋顶的水平天沟，在宋代建筑中未见实例，故以采用前者为宜。此外，从"月梁栿绞单栱屏风柱"一语看，在正殿与龟头殿之间应设有屏风，屏风柱应为正殿的当心间后内柱，屏风即置于后内柱间，这样主殿的梁架可采用四椽栿对乳栿用三柱形式。内柱以单栱支月梁，便构成"月梁栿绞单栱屏风柱"。

主殿和龟头殿屋顶形式从"厦板两转出角四入角"一语推测两者皆为九脊顶。

关于殿的装修、装饰：柱子"头顶并系丹粉赤白装造法，红油造柱木。周回避风萫共一百二十扇，并勾栏子一十七间，并系矾红油造，及腔内出线小绞子共三十八扇，系朱红漆造，黄纱糊饰"。此处的"避风萫"为何物及其具体做法尚待考。而"腔内出线小绞子"似指窗扇一类构件。勾栏子应指木栏杆，位置在殿阶基四周。

关于殿的屋顶做法：采用"铺钉竹笆"的望板，"瓪板瓦结瓦行垅，并安鸱吻"，"周回山斜额道，壁子，并红灰泥饰"。这里的"周回山斜额道"指何物，待考。壁子可理解为山面墙壁。

殿身阶基做法："方砖铺砌地面，中城砖垒砌阶头，高三尺。并砌周回散水。"殿前出踏道，殿周围并设有勾栏，"望柱覆莲，柱头狮子"。即勾栏之望柱顶部作覆莲结束，其上以狮子为柱头。

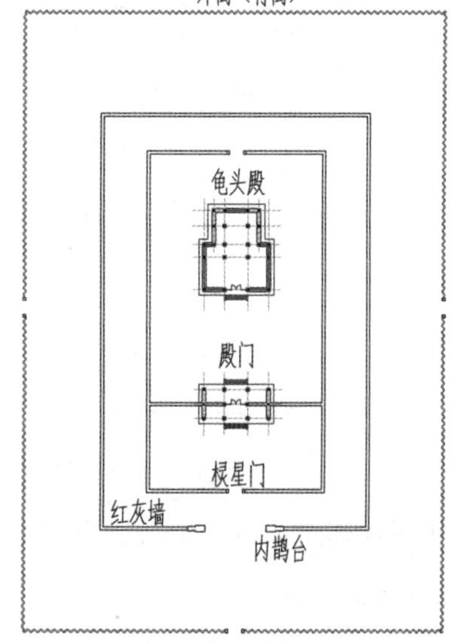

图3-7　永思陵上宫平面复原想象图

依上述，可对上宫建筑作出复原想象图如下(图3-7、8)。上宫主体建筑虽然用材不大，仅选用七等材，但整个建筑群

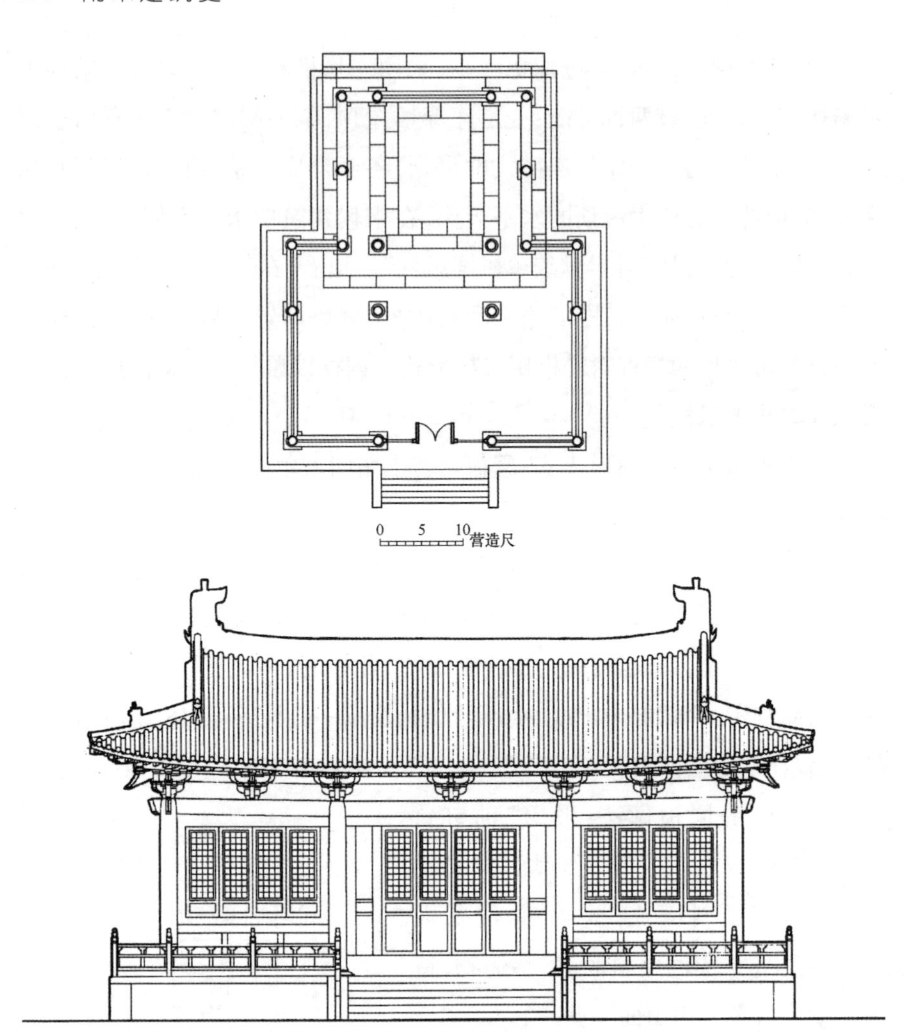

图3-8 永思陵上宫龟头殿平面与立面复原想象图

中主体建筑体量仍然跃居全宫之上,整组建筑群布局显现出庄重、肃穆、具有纪念性的氛围。

龟头屋内即为皇堂石藏子所在地。石藏子为在室内地平下所筑之石室,内藏梓宫。文献载石藏子"里明南北长一丈六尺二寸,东西阔一丈六寸,白石箱壁二重,共厚四尺,塼土石一重,厚一尺,深九尺,上用青石压栏一重,厚八寸，铺承重柏木方子二十二条，上铺白毡二重，安砌盖条青石十条，高一尺，打筑铺砌砖、土共厚一尺，通深一丈二尺，箱壁石用铁古子，并铅锡浇灌”。另据查验上宫皇堂石藏照会可知，石藏子之外有胶土环绕，宽度为四尺四寸，其外有“墹土石一重，各厚一尺”，“皇堂之内设椁，椁长一丈二尺二寸，高七尺一寸，阔五尺五寸”。另关于皇堂丈尺并石段、柏木方等数目项中又有关于皇堂施工的总尺寸，即“皇堂开通长三丈七尺六寸，通阔三丈二尺，深九尺，系里明。用墹土石五层，周回用一百六十段双石头，各长四尺，阔二尺，厚一尺垒砌”，“底板石三十段，内六段各长一丈二尺，阔三尺二寸，二十四段各四尺，阔二尺五寸，厚八寸”。又据《思陵录》淳熙十五年三月戊午记事载：“纳梓宫于中（即椁之中），覆以天盘囊网，乃用青石为压栏，次铺承柏木枋二十余条，次铺白毡二重，次铺竹篾。然后用青石条掩攒讫，上用香土二寸，客土六寸。然后以方砖砌地，其实土不及尺耳。”据上文可绘其图（图3-9、10）①。

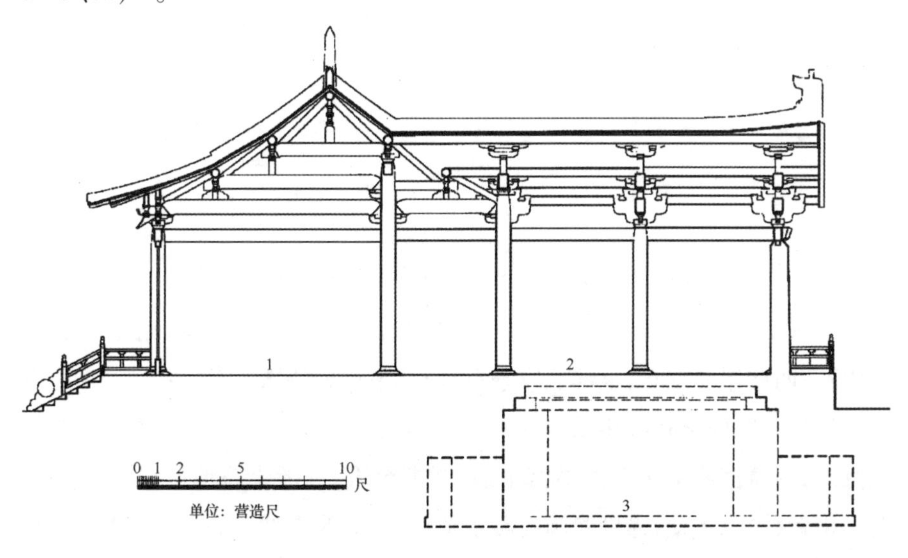

图3-9 永思陵上宫龟头殿剖面复原想象图

① 该图录自陈仲篪《宋永思陵平面及石藏子之初步研究》，原载《中国营造学社汇刊》第六卷，第三期，1936年，第138页。

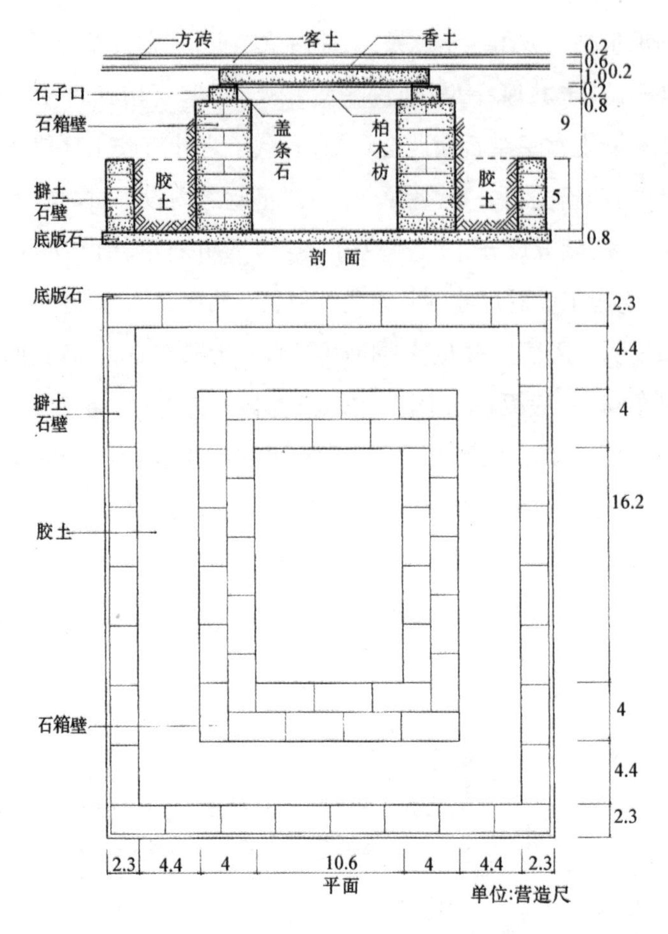

图3－10　永思陵下宫龟头殿石藏子平面及剖面复原想象图

石藏子的构造要点,主要在于将木制梓宫以石构箱体包砌,箱体最下作底版石,四壁作厢壁石,上部盖以条石,而其中较为特殊者有三:

一是厢壁外又置胶土及墋土石壁。这种做法据《宋会要辑稿》载:"十二月八日,攒宫修奉司言:'攒宫不藏,利害至重,二浙土薄地卑,易为见水,若不措置,深恐未便,谨别彩画石藏子图一本,兼照得厢壁石藏外五尺,别置石壁一重,中间用胶土打筑,与石藏一平,虽工力倍增,恐可御湿',从之。"这是宋人以胶土为防潮层的一种做法。

二是在石厢壁盖顶之下使用了柏木方作为承重构件,因其跨度10.6尺,约合3.5米,单纯用条石恐不够安全。

三是文中提及梓宫上覆以“天盘囊网”究为何物，待考。此物并非建筑构造所需，或许出于对死者魂灵的保佑而加的饰物。

二、下宫

（一）外篱及外篱门

下宫之外篱形制应与上宫相同。文献中仅记有外篱门一座，及“东西两壁各打实竹篱长二十九丈六尺，并竹篱门二座”，由此推测外篱上除南端有外篱门一座以外，并有东、西两便门。

（二）白灰墙及棂星门

按文献记载，下宫“周白灰围墙，长一百三丈六尺，上用忔（杚）笆椽，中板瓦结瓦行垅，矾红刷造忔（杚）笆椽，白灰泥饰”，其位置应在外篱以内，其构造与上宫之红灰墙相同。另文献中记有“棂星门一座，柱头上安阀阅，并安卓门二扇，并系矾红刷油造，及钉肘叶、门钹、鹅台、桶子并石门砧”，此门即应设在白灰墙南壁、下宫之中轴线上。

（三）殿门

文献载下宫有“殿门一座，三间四椽，入深二丈，各间宽一丈四尺，重斗口跳，身内单栱，方直栿，彻脊、明圆椽，顺板，飞子白板，分心柱，直废造，下檐平柱高一丈四尺，柱櫍在内”。这是一座三开间、进深四架椽的两坡顶建筑，室内梁栿未用月梁，而用直栿彻上明造，构架形制为“前后乳栿用三柱”，斗栱为斗口跳，泥道栱用单栱，分槽形式采用“分心斗底槽”。此构架中唯“下檐平柱高一丈四尺”与宋代习用的“柱高不越间广”且多低于间广之作法不同，采用了柱高等于间广的作法（图3－11）。

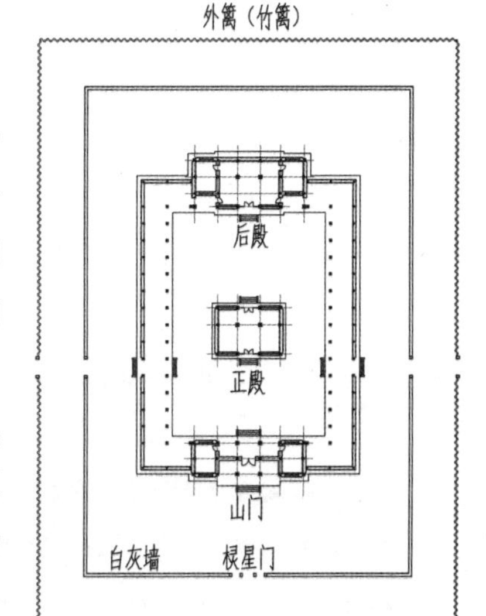

图3－11　永思陵下宫平面复原想象图

文献中对殿门之装修、装饰等还做了规定，即柱子“头顶丹粉赤白装造法，红油造柱木，并软硬门二合，及颊、额、地栿、门关等并黄油浮瓯钉及门钹、肘叶、鹅台、桶子”。这里除了讲柱子和门用彩画的做法为“丹粉赤白装”之外，对于门扇的构造指出是用“软硬门二合”的构造。在《营造法式》中有“软门”一类，即门无上下边框，只有左右边框的拼板门。此门与《营造法式》所载不同，可能也带有上下边框，故称之为软硬门。此外，这座殿门的屋顶以“铺钉竹笆”为望板，上部用“瓪板瓦结瓦行垅，并安鸱吻”。山墙用“土坯垒砌，红灰泥饰”，铺地用中城砖，建筑阶基高2尺，用白石压栏，前后均设有踏道。

殿门有“东西两挟各一间，四椽，入深一丈六尺，间阔一丈六尺，单斗支替、方额、混栿、方椽、硬檐，下檐柱高八尺五寸，柱櫍在内，头顶丹粉赤白装造，矾红油造柱木。黑油杈子二间”。这里的东、西挟为依附于殿门山墙两侧的建筑，它的进深、柱高均比殿门减小，斗栱降为单斗支撑替木的做法，其中额枋断面为方形或长方，故称“方额”。梁栿可能为天然木料，断面为不规则的方形，故称“混栿”。“方椽”表明椽子断面为方形，“硬檐”似指檐部没有飞椽，屋面的檐口无稍稍下凹的曲面。柱高比殿门矮了五尺五寸，整个建筑等级下降。其中的黑油杈子二间应指放在前檐柱与中柱之间的简易栏杆类遮挡物，“杈子”在这一时期的绘画或碑刻中，常可见此类形象，可根据使用功能拆卸、挪动、安装。文献中对东西挟屋的屋顶做法的记载也显出比殿门降低，除望板需铺钉竹笆之外，瓦件未用瓪瓦，而仅以“中板瓦结瓦”，阶基高为一尺五寸，也低于殿门，其余铺砌、山墙等则与殿门相同。

(四) 前、后殿

前、后殿是下宫中的主要建筑，两者大小及做法相同，但后殿带有挟屋。

前、后殿皆为“三间、六椽，入深三丈，各间阔一丈四尺，四铺卷头，胫内绞单栱攀间，心间前栿项柱，两山秋千柱，彻脊明，五寸二分五厘材，柱头骨朵子，直废造，下檐平柱高一丈一尺，柱櫍在内”。

从上述记载，对于前、后殿的形制可以肯定的有以下几点：

① 开间：三间，每间宽14尺(4.58米)，通面阔42尺(13.74米)。

② 进深:30 尺(9.83 米),六架椽,每个椽架平长 5 尺。

③ 柱高:下檐平柱为 11 尺(3.6 米),按《营造法式》推算柱径为 41.28 厘米,合 1.26 尺。

④ 建筑用材等第:相当于《营造法式》七等材,材高合 17.2 厘米。

但文中对构架形式、屋顶形式未作明确交代,例如文中"胵内绞单栿襻间"似指内柱在厅堂式构架中升高至中平槫时,与襻间方垂直正交。因此,构架可能作成四椽栿对乳栿用三柱形式。而一般外檐柱所用斗栱是哪一类,本应在"柱头骨朵子"一句之后予以交代,但文中前部有"四铺卷头"一语,应即指采用四铺作卷头造斗栱。

至于屋顶形制,按此建筑在下宫中的等第身份,应以"厦两头造"即九脊顶为宜,但依"直废造"一句仍应为两坡悬山顶。

文献中对前、后殿的装饰、装修,有柱子"头顶并系丹粉赤白装造法,红油造柱木,并板壁二十四扇朱红漆造,出线小绞隔子四十扇,黄纱糊饰,安钉谕(鍮)石叶段事件,并矾红油造避风蒈八十扇,并勾栏子八间"的记载。

这里指明了建筑彩画等第,即柱头用丹粉赤白装造,柱身刷红油。室内隔墙用板壁,涂朱红油漆。"出线小绞隔子"推测为宋代常用的方格眼式格子门、窗。这座三开间的建筑使用 40 扇门、窗,从其每开间 14 尺的宽度看,可能于前、后当心间作门扇各 6 扇,前后两次间各作窗扇 7 扇,每扇门宽 60 厘米左右,窗扇稍窄。门窗背后用黄纱糊饰,代替窗纸,显示了皇家建筑的规格。文中"避风蒈八十扇,并勾栏子八间"为何物,待考。

文献中接着又叙述了屋顶构造及建筑中使用砖石构件的情况,"头顶(即屋面)铺钉竹笆,瓪板瓦结瓦行垅,并安鸱吻"。建筑的地面用方砖铺砌,阶基用"中城砖垒砌阶头,高二尺五寸","白石压栏石碇,并踏道二座,引手勾栏子,望柱覆莲柱头狮子"。这座殿有 82 厘米高的阶基,殿的前、后当心间处设有踏道,引手勾栏指设于踏道两旁的斜栏杆。

此外,在后殿两侧还设有"东西两挟各一间,六椽,入深三丈,各间阔一丈六尺,方额、混栿,方椽、硬檐造,头顶并系丹粉赤白装造,矾红油造柱木,中城砖铺砌地面,土坯垒砌坯墙,白灰泥饰,头顶铺钉竹笆,白灰仰泥。白石压栏石碇及中城砖砌阶头，高一尺五寸，并安卓红隔子八扇，黄纱糊造，鍮石叶段事件”。从上述可知，此挟屋低殿身一等，这不仅表现在阶基变矮，仅有49厘米高，而且结构构件做法也简化，梁栿用“混栿”，似指未作加工的原木。屋顶仅于竹笆上作“白灰仰泥”，未提及瓦件使用事宜，似有遗漏，对照殿门挟屋做法，应有中板瓦结瓦。但门窗仍然用格子门窗，以黄纱糊饰，另外还遗漏柱高尺寸，也可参照殿门挟屋柱高八尺五寸之值。

（五）东、西廊

文献中记有“东、西两廊，一十八间，四椽，入深一丈六尺，各间宽一丈一尺，下檐单斗直（支）替，方额混栿，方椽硬檐造，头顶丹粉赤白装造，矾红油造柱木，中城砖铺砌地面，并砌阶头，高一尺五寸，头顶铺钉竹笆，白灰仰泥，中板瓦结瓦，白石压栏石碇，东西两下檐并系土墙三十六间，白灰泥饰”。

按当时一般建筑群布局状况可知，此东、西两廊应位于殿门与后殿之间，从其所给尺寸看，廊总长为198尺，合66米，充当殿门至后殿之间的院落进深较大，且需与主要殿宇交接，因此考虑此廊的两端需要转过1—2间，实际东西廊长度按14间考虑，可以获得建筑群布局的良好比例，此处古代匠师所记的18间推测为呈报所用工料定额的数据。东西廊的进深一丈六尺，合5米以上，这在明清建筑中是见不到的，然而在唐宋时期，这种宽廊使用较多。文中“东西两下檐并系土墙三十六间”即指廊的后檐墙为土坯墙，表面以“白灰泥饰”。廊的结构采用“混栿、方额”，斗栱采用“单斗支替”，与殿之挟屋等第相近。

此外，在下宫中还有神厨五间，神厨过廊三间，奉使房二间，香火房二间，潜火屋并库屋四间，换衣厅三间，铺屋围墙里外五间，庙子一座，神游亭一座，过道门四门等建筑。这些建筑均系下宫中的附属建筑，奉使房可能为管理下宫的官员用房，位置应在外篱门附近，换衣厅可能相当于明清之具服殿，位于外篱门内神道东侧。铺屋为巡查警卫人员使用，分设于白灰围墙内外各五间。而庙子和神游亭从名称上看，其性质与祭祀活动有关，可能在外篱与白灰墙之间北侧。另外还有厨库一类建筑，可能在白灰墙环绕的院落北侧。

在上、下宫中皆有火窑子一座，其性质疑即明清之燎炉（俗称焚帛炉），位于殿门之内，前殿之前。

至于上、下宫之间相对位置，文献未见记载，但南宋陵寝规则仍以北宋为蓝本，因此下宫也应位于上宫之西北，择取丙壬方位。

从永思陵看，建筑等级不高，主要殿宇规模不过三间，这正是南宋财力困乏的反映，另从《宋会要辑稿》中也可发现，每陵修建都以“尊遗诏山陵制度务从俭约”为原则，因之南宋帝陵攒宫确实体现出这种“俭约”精神。

附　录

甲

修奉使司交割永思陵上下宫照会①

圣神武文宪孝皇帝永思陵攒宫修奉使司据都壕寨官符思永申据修奉监修申契勘依奉圣旨指挥修奉永思陵攒宫今据诸作合干人都壕寨于庆等状申开具造到上下宫殿宇门廊间架安卓等下项并于三月十二日一切毕工伏乞移文所属交割施行候指挥右所据申到在前伏乞备申修奉使司取候指挥交割施行申候指挥本司寻牒都壕寨官吏更切子细契勘如今来所具到数目别无差漏即一面交割施行去后续据监修官入内内侍省内侍殿头杨荣显等申并已交割付永思陵攒宫司及守到本宫交割讫公文入案申乞照会

一上宫

殿一座三间六椽入深三丈心间阔一丈六尺两次间各阔一丈二尺并龟头一座三间入深二丈四尺心间阔一丈六尺两次间各阔五尺并四铺下昂柱头骨朵子月梁栿绞单栱屏风柱五寸二分五厘材彻脊明圆椽顺板内龟头连檐四椽月梁栿五寸二分五厘材圆椽厦板两转出角四入角飞子白板下檐平柱高一丈二尺柱置在内头顶并系丹粉赤白装造法红油造柱木周回避风沓共一百二十

① 转引自《宋永思陵平面及石藏子之初步研究》，第138页。

扇并勾栏子一十七间并系矾红刷油造及腔内出线小绞子共三十八扇系朱红漆造黄纱糊饰安钉谕(鍮)石叶段事件头顶铺钉竹笆筒(瓪)板瓦结瓦行垅并安鸱吻周回山斜额道壁子并红灰泥饰方砖铺砌地面中城砖垒砌阶头高三尺并砌周回散水面南墁地白石压栏石碇踏道角石角柱并引手勾栏子望柱覆莲柱头狮子。

龟头皇堂石藏子一座里明南北长一丈六尺二寸东西阔一丈六寸白石箱壁二重共厚四尺墹土石一重厚一尺深九尺上用青石压栏一重厚八寸铺承重柏木枋子二十二条上铺白毡二重安砌盖条青石十条高一尺打筑铺砌砖土共厚一尺通深一丈二尺箱壁石用铁古字并铅锡浇灌。

殿门一座三间四椽入深二丈心间阔一丈六尺两次间各阔一丈二尺四铺下昂绞耍头柱头骨朵子分心柱四寸五分材月梁栿彻脊明圆椽顺板飞子白板直废造下檐平柱高一丈二尺柱置在内头顶丹粉赤白装造矾红油造柱木硬门三合额颊地栿门关铁鹅台桶子黑油浮瓯钉叶段门钹头顶铺钉竹笆筒(瓪)板瓦结瓦行垅安鸱吻周回山斜额道壁落红灰泥饰土坯垒砌两山墙红灰泥饰中城砖铺砌地面垒砌阶头高二尺五寸并砌散水白石压栏石碇并前后踏道及安砌面南白石墁地

火窑子一座作二三垒涩腰花坐头顶显柱头斗(㪷)口跳骨朵子中城砖并条砖飞放檐槽小筒(瓪)板瓦结瓦行垅并三壁卷(捲)葦门子砖窗里里用铁索并丹粉赤白装造

殿前中城砖六瓣垒砌水缸四座并设坐水大桶二只提水桶一十只并洒子

棂星门南北共二座柱头上各安阀阅并安门二扇肘叶门钹桶子全并石门砧及矾红油造柱木门户

外篱门一座安卓门二扇并矾红刷油造柱木并门及两壁札缚打立实竹篱二十余丈并立篱健石红灰墙周回长六十三丈五尺止用忔(杚)笆椽铺钉竹笆筒(瓪)板瓦结瓦行垄矾红刷造忔(杚)笆椽红灰泥饰围墙下脚用银铤砖垒砌隔减并中城砖垒砌鹊台二堵

里篱砖墙系中城砖绕檐垒砌周回长八十七丈止用筒(瓪)板瓦结瓦行垄

东壁隔截砖墙系中城砖绕檐垒砌长四十丈

土地庙一座并龟头一间头顶并系丹粉赤白红油造柱木等白灰泥饰壁落并仰塈中城砖砌地面并阶头中板瓦结瓦行垄并面南西壁垒砌火窑子一座土地神像共七尊黑漆供床一张巡铺屋墙里外共四间并白灰泥饰壁落中板瓦结瓦行垅矾红刷油造柱木立精地栿并周回檐槽并砖砌水缸四座条砖砂阶东西路道阔四丈长四十尺

一下宫

殿门一座三间四椽入深二丈各间阔一丈四尺重斗(㪷)口跳身内单栱方直栿彻脊明圆椽顺板飞子白板分心柱直废造下檐平柱高一丈四尺柱置在内头顶丹粉赤白装造法红油造柱木并软硬门二合及颊额地栿门关等并黄油浮瓯钉及门钹肘叶鹅台桶子头顶铺钉竹笆筒板瓦结瓦行垄并鸱吻及周回额道山斜壁子并红灰造作并土坯垒砌两山墙红灰泥饰中城砖铺砌地面并阶头高二尺并砌散水及安砌白石压栏石碇并前后踏道

火窑子一座下作二三叠涩腰花坐头顶显柱头斗(㪷)口跳骨朵子中城砖并条砖飞放檐槽小筒(瓪)板瓦结瓦行垄三壁卷荤门子砖窗里用铁索及用丹粉赤白装造前后殿二座各三间六椽入深三丈各间阔一丈四尺四铺卷头胵内绞单栱攀间心间前栿项柱两山秋千柱彻脊明五寸二分五厘材圆椽顺板飞子白板柱头骨朵子直废造下檐平柱高一丈一尺柱置在内头顶并系丹粉赤白装造法红油造柱木并板壁二十四扇朱红漆造出线小绞隔子四十扇黄纱糊饰安钉谕(鍮)石叶段事件并矾红油造避风沓八十扇并勾栏子八间头顶铺钉竹笆筒板瓦结瓦行垄并安鸱吻方砖砌地面中城砖叠砌阶头高二尺五寸并打花侧砌天井子甬路并两壁路道及包砌水缸四座白石压栏石碇并踏道二座引手勾栏子望柱履莲柱头狮子

殿门东西两挟各一间四椽入深二丈各间阔一丈六尺单斗(㪷)直替方额混栿方椽硬檐下檐柱高八尺五寸柱置在内头顶丹粉赤白装造矾红油造柱木黑油杈子二间头顶铺钉竹笆白灰仰塈中板瓦结瓦周回壁落白灰泥饰并土坯垒砌坯墙用白灰泥饰中城砖铺砌地面并阶高一尺五寸白石压栏石碇

东西两廊一十八间四椽入深一丈六尺各间阔一丈一尺下檐单斗(㪷)直

替方额混栿方椽硬檐造头顶丹粉赤白装造矾红油造柱木中城砖铺砌地面并砌阶头高一尺五寸头顶铺钉竹笆白灰仰塈中板瓦结瓦白石压栏石碇东西两下檐并系土墙三十六间白灰泥饰

后殿东西两挟各一间六椽入深三丈各间阔一丈六尺方额混栿方椽硬檐造头顶并系丹粉赤白装造矾红油造柱木中城砖铺砌地面土坯垒砌坯墙白灰泥饰头顶铺钉竹笆白灰仰塈白石压栏石碇及中城砖砌阶头高一尺五寸并案卓朱红隔子八扇黄纱糊造谕(输)石叶段事件

棂星门一座柱头上安阀阅并安卓门二扇并系矾红刷油造及钉肘叶门钹鹅台桶子并石门砧

外篱门一坐安卓门二扇并矾红刷油造及安白石门砧

绰楔门一座安卓门二扇并矾红油造

棂星门里中城砖包砌水缸四座

神厨五间四椽入深二丈各间阔一丈一尺单斗(蚪)直替方额混栿方椽硬檐心间安钉平暗椽板一间头顶丹粉赤白装造矾红油造柱木直棂窗白灰泥饰壁落中板瓦结瓦并垒砌锅灶五事垆二只白石压栏石碇

神厨过廊三间并奉使房二间及香火房二间头顶并丹粉赤白装造矾红油造柱木黑油直棂窗头顶铺钉竹笆仰泥中板瓦结瓦行垄白灰泥饰周回壁落中城砖砌地面白石压栏石碇内香火房垒砌火窑子一座

潜火屋并库屋四间头顶檐槽丹粉赤白装造中板瓦结瓦行垄白灰泥饰壁落矾红油造柱木门户黑油直棂窗中城砖垒砌阶头

换衣厅三间头顶中板瓦结瓦铺钉竹笆白灰仰泥并周回壁落矾红油柱木黑油直棂窗隔子丹粉赤白装造头顶中城砖叠砌地面并垒砌阶头白石压栏石碇前后夹道

铺屋围墙里外五间头顶中板瓦结瓦白灰壁落矾红刷造周回檐槽及矾红油造柱木立精地栿中城砖垒砌阶头砖砌水缸五座

庙子一座并龟头顶中板瓦结瓦行垄头顶丹粉赤白装造矾红油造柱木白灰塈壁落中城砖砌地面并阶头及踏道土地神像共七尊黑漆供床一张

神游亭一座头顶筒(瓪)瓦结瓦行垄三面坐嵌勾栏子周回擗帘杆挂蕃并

矾红油造头顶丹粉赤白装饰方砖砌地面中城砖垒砌阶头并踏道一座及安白石基台一副并面南垒砌花台一座长一丈八尺阔一丈五尺上安白石压栏系白石望柱上撺黑油方木棂子十五丈

过道门四门头顶中板瓦结瓦白灰仰瑥并壁落丹粉赤白装造矾红油柱木

周回白灰围墙长一百三丈六尺上用忔(杚)笆椽中板瓦结瓦行垄矾红刷造忔(杚)笆椽白灰泥饰

一上下宫东壁札缚打立实竹篱七十余丈西壁展套茨篱一百余丈

一上下宫诸处白石板安砌路道长一百八十余丈

一上下宫东西两壁各打实竹篱长二十九丈六尺并竹篱门二座

右件如前谨具申尚书省伏乞照会谨状

淳熙十五年三月日履正大夫昭庆军承宣使入内内侍省副都知攒宫修奉钤辖霍汝弼降授右武大夫荣州刺史殿前副指挥使攒宫修奉都护郭棣

乙

修奉使司验查永思陵皇堂石藏照会

圣神武文宪孝皇帝永思陵攒宫修奉司承按行使司牒勘会本司于今月十九日将带太史局判局

克择官诣攒宫按视得圣神武文宪孝皇帝攒宫茔域神穴并神围四正并依得元按标札地段除已奏闻外请照会施行本司寻牒都壕寨官照应故例施行去后今据都壕寨官符思永申本司寻牒监修官施行去后据回申都壕寨于庆等状已将神穴心桩土末起折讫又用底板石铺砌了当今来所修永思陵皇堂四壁箱壁石各系二重共阔四尺胶土各阔四尺四寸擗土石一重系各厚一尺通共元开南北长三丈七尺六寸东西阔三丈二尺用石板安砌打筑圆留其皇堂里明深九尺长一丈六尺二寸阔一丈六寸椁长一丈二尺二寸高七尺一寸阔五尺五寸将来四壁若下神煞并椁底及进梓宫次进椁身并安设天盘囊网委得并无妨碍本司保明是实申乞照会续又据都壕寨官符思永申据监修官申寻勒合干人杨椿等开具皇堂丈尺并石段柏木枋等数目下项申乞照会

一皇堂开通长三丈七尺六寸通阔三丈二尺深九尺系里明用擗土石五层

周回用一百六十段双石头各长四尺阔二尺厚一尺垒砌

一底板石三十段内六段各长一丈二尺阔三尺二寸二十四段各长四尺阔二尺五寸厚八寸

一石藏里明长一丈六尺二寸阔一丈六寸深九尺系九层双石头各长四尺阔二尺厚一尺用三百二十四段垒砌并神穴心口已铺砌了当用过石一段

一青石子口一十四段石藏上压栏使用各阔一尺九寸五分厚八寸长短不等

一青石盖条用一十条各长一丈五尺阔二尺厚一尺

一承重柏木枋二十二条阔狭不等折合阔一丈六尺二寸长一丈二尺二寸各厚八寸青石盖条承重柏木枋并已安范闪试了当

一毡条铺两重长一丈六尺阔一丈二尺用八六白毡四领四六白毡八领两重共约厚二寸

一掩攒讫皇堂上用香土二寸于香土上用客土六寸铺衬讫用方砖铺砌地面

右谨具申尚书省伏乞照会谨状

淳熙十五年三月日具位如前

第四章　宗 教 建 筑

第一节　佛教建筑发展的历史背景

一、南宋佛教发展概况

北宋时期,官方对佛教发展态度积极,曾派僧人去印度求法,并于开宝四年完成官刻第一部大藏经,朝廷还设立了译经院、印经院等,使佛教得到发展。"天禧末(1021),全国……寺院近四万所……这些寺院都拥有相当数量的田园、山林,得到豁免赋税和徭役的权利,于是寺院经济富裕。"①但北宋末年,朝廷靠卖度牒以补军费,使佛教发展步入歧途,僧尼人数剧增,竟达到上百万,但有些人往往并非出于对宗教的信仰,而是把宗教寺观作为逃避赋税的避风港。宋徽宗由于笃信道教,一度命令佛道合流,也给佛教发展造成影响。

在江南地区,吴越时佛教已有很大发展,入宋后统治者实行开明的宗教政策,佛教继续发展。南宋初期,高宗调整了宗教政策,重新构建宗教秩序,停卖度牒,调整对寺观征收免丁税的标准,使得宗教较北宋末有所发展。楼钥曾说:"浮屠氏法胜于东南,而明为最,兰若相望,名德辈起。"②南

---

① 中国佛教协会编:《中国佛教》第1辑,知识出版社1980年出版。

② 楼钥:《攻媿集》卷一一〇《延庆觉云讲师塔铭》,文渊阁《四库全书》本。

宋后期的《咸淳临安志》中也曾写道:“今浮屠老氏之宫遍天下,而在钱塘为尤众,二氏之教莫盛于钱塘,而学浮屠者为尤众,合京城内外暨诸邑寺以百计者九,而羽士之庐不能什一。”①南宋的浙江、福建地区有“东南佛国”之称。

帝王们对于宗教与其统治的关系曾有过论述。高宗说:“朕观昔人有恶释氏者,欲非毁其教,绝灭其徒;有喜释氏者,即崇尚其教,信奉其徒,二者皆不得其中。朕于释氏,但不使其大盛耳。”②孝宗皇帝则提出:“以佛修心、以道养生、以儒治世则可也,又何惑焉!”③从本质上来说,南宋帝王对于佛教给予支持,常有赐寺额、赠经书之类的举动,禅宗五山的寺院在南宋时期都曾接受过皇帝赐额、赐经,不过这都是做些表面文章,绍兴末年以后又开始卖度牒以充军费。

总的来看宋代皇室对佛教利用之意大于对佛学信仰之心。有时,面对激化的社会矛盾,则需要对宗教表示支持;有时,经济拮据,又要靠宗教来取得经济利益。因此可以说对佛教采取的是两面政策。

宋代佛教本身分为七宗,即禅宗、律宗、天台宗、华严宗、慈恩宗、净土宗、密宗,当时的寺院根据僧人的修持方式分为三种,即禅寺、教寺、律寺。禅寺(临济、云门、曹洞等派)的僧人以修持禅定为主旨,教寺(天台、华严、慈恩三宗)的僧人以研习佛教经典和解说佛教义理为主旨,律寺以研习律学和传持戒律为主旨④。自宋初以来,禅宗、天台宗、律宗等派的学者,多兼修净土,浙江临安建有净行社,四明山建有净土会,明州建有念佛净社,净土信仰盛极一时⑤。

在佛教发展史中,宋代没有自成体系的佛学思想,大多继承前代学说继续研究,如华严宗的一些高僧将华严教义融入禅宗,又有道亭、观复、师会、

---

① 潜说友:《咸淳临安志》卷七五《寺观一》,文渊阁《四库全书》本。
② 《宋会要辑稿》道释一之三四。
③ (宋)史浩:《鄮峰真隐漫录》卷一〇《回奏宣示御制〈原道辨〉》,文渊阁《四库全书》本。
④ 杨倩苗:《南宋宗教史》,北京人民出版社 2008 年出版。
⑤ 华方田:《中国佛教宗派——净土宗》,载《佛教文化》2005 年第 5 期,第 41—47 页。

希迪等深入研究华严教义，加以著述，被称为"华严四大家"。华严宗的佛教哲学思想对中国哲学史特别是程朱理学有很大影响①。

二、南宋佛教寺院状况

（一）寺院数量

朱熹曾说："今老佛之宫……大郡至踰千计，小邑亦或不下数十，而公私增益，其势未已。"南宋时期佛教寺院在吴越、北宋的基础上发展，当时临安的状况，据《梦粱录》记载："城内寺院，如自七宝山开宝仁王寺以下，大小寺院五十有七，倚郭尼寺，自妙净、福全、慈光、地藏寺以下，三十有一。又赤县大小梵宫，自景德灵隐禅寺、三天竺、演福上下、圆觉、净慈、光孝、报恩禅寺以次，寺院凡三百八十有五。更七县寺院，自余杭县径山能仁禅寺以下，一百八十有五。都城内外庵舍，自保宁安之次，共一十有三。"吴越以来，寺院建筑虽因战乱受到破坏，但多进行修葺，仅有少量新建寺院。从《咸淳临安志》记载的临安城内及近郊佛寺材料统计，在307座寺院中，修缮、重建33座，占10.7%；新建47座，占15.3%；两者合计26%，有3/4的寺院是利用原有者。新建者规模大小不一。其中皇室占有一些寺院作香火院、功德院、攒所等，这些寺院大都占有大量土地、山林和房产，例如"旌德显庆寺……嘉定初恭圣仁烈皇太后建，充后宅功德院……理宗皇帝益买田以赐凡三千亩有奇"②。一般新建寺院规模较小，如"治平寺，建炎初僧法聪始建锦坞庵，绍兴二十一年移今额，寺有阁三间面揖孤山，扁曰烟云"③。其他地区如庆元府，南宋也仅有零星新建寺院。

（二）寺院经济

这一时期的大寺院均掌有相当数量的庄田，据《宝庆寺明志》载四明地区寺院田产在500亩以上者有20多家，此外还有山林几百乃至几千亩。其中最大者如阿育王寺有常住田3895亩，山林12050亩。如下表所示：

---

① 《中国佛教宗派——华严宗》。
② 《咸淳临安志》卷七八《寺观四》。
③ 《咸淳临安志》卷七九《寺观五》。

府、县	寺　院	田　产	山　林
庆元府	万寿院，子城东南一里	常住田一千四百五亩	一百一十亩
	报恩光孝寺，子城西百步	常住田二千一百五十九亩	二百六十亩
	延庆寺，子城南三里	常住田二千二百一十亩	山无
	宝云院，子城西南二里	常住田五百三十一亩	山无
鄞县	阿育王山广利寺县东三十里	常住田三千八百九十五亩	一万二千五十亩
	天童山景德寺县东六十里	常住田三千二百八十四亩	一万八千九百五十亩
	大梅山保福院县东南七十里	田七百二十五亩	二万五千四十二亩
	仗锡山延胜院县西南一百二十里	田五百五十六亩	三万二千亩
	翠岩山移忠资福寺县西南七十里	常住田一千一百二十九亩	二千二百九十六亩
奉化	雪窦山资圣寺县西北五十里	常住田一千七百八十七亩	七千三百亩
	大中岳林寺县东北五里	常住田一千三百八十二亩	九十一亩
	证道院县西七十里	常住田七十亩	四千二百八十亩
慈溪	香山智度寺县东三十五里	常住田一千二百三十二亩	二千一百亩
	芦山普光院县西南二十五	常住田五百一十亩	六百三十九亩
	定水寺县西北五十里	常住田九百七十亩	六百三十九亩
定海	开善院县东南九十里	常住田一千九百六十亩	八千二百七十八亩
	灵岩山教旌院县南四十里	常住田九百二十一亩	二千八百九十六亩
昌国	九峰山吉祥院县北六十里	常住田一千五百六十六亩	三千七百七十九亩
	万寿院，县东北三十里	常住田九百六十亩	八千六百六十亩
	延福院，县东四十里	常住田六百三十五亩	三千三百八十亩
	梅岑山观音宝陁寺	常住田五百六十七亩	一千六百七亩
	回峰院，县西	常住田九百四亩	一千一百二十一亩
象山	瑞云峰延寿院，县北七里	常住田九百一十四亩	二百七十亩
	常乐院县东北三十里	常住田五百三十一亩	九百四十亩
	瑞龙广福院县东南十五里	常住田六百四亩	山二千亩
	新安院县南八十里	常住田五百三十三亩	山一千八百亩

依靠这些田产和山林,寺院经济获得发展,这对于解决宋室南渡后一些北方僧人也随之南下,导致僧众人数大增,人地关系紧张,由此带来的生存危机起了缓解作用。寺院除了利用土地从事农业生产之外,还兼营手工业、商贸,乃至出现了"举办长生库、碾硙、商店等牟利事业"①。对此,李心传曾写道:"今明州育王、临安径山等寺,常住膏腴,多至数万亩,其间又有特旨,免支移科配者,颇为民间之患焉。"②

寺院经济的发展,对于一些大型寺院而言,另一方面又可抵挡天灾人祸的破坏,对重振寺院、重修殿宇起了重要作用。

(三) 寺院等第

南宋佛教寺院的另一特点是宁宗朝宰相史弥远奏请制定寺院等级。据《西湖游览志》载:

> 嘉定间品第江南诸寺,以余杭径山寺、钱塘灵隐寺、净慈寺、宁波天童寺、育王寺为禅院五山。钱塘中天竺寺、湖州道场寺、温州江心寺、金华双林寺、宁波雪窦寺、台州国清寺、福州雪峰寺、建康灵谷寺、苏州万寿寺、虎丘寺为禅院十刹。
>
> 以钱塘上天竺寺、下天竺寺、温州能仁寺、宁波白莲寺为教院五山,钱塘集庆寺、演福寺、普福寺、湖州慈感寺、宁波宝陀寺、绍兴湖心寺、苏州大善寺、北寺、松江延庆寺、建康瓦棺寺为教院十刹。
>
> 杭州律院则昭庆寺,六通寺,法相寺,菩提寺,内外灵芝寺不在五山十刹之列。③

南宋官方钦定五山十刹,其目的是"推次甲乙,尊表五山为诸刹纲领"④。禅宗五山寺院虽非南宋时期所建⑤,但其影响较大,曾接待外国留学僧人,并由留学僧人将中国佛教及佛教建筑传入本国,例如天童寺因日僧将

---

① 中国佛教协会编:《中国佛教》第10辑,《宋代佛教》,知识出版社1980年出版,第79页。

② 《建炎以来朝野杂记》甲集卷一六《僧寺常住田》。

③ 《西湖游览志》卷一四《方外玄踪》。

④ 《西湖游览志》卷三《南山胜迹》。

⑤ 据各寺院《寺志》所载它们的创建状况如下:第一,临安径山兴圣万寿寺。(径山寺)创建于唐天宝初年(742)。第二,临安北山景德灵隐寺,创于东晋咸和元年(326),宋景德四年(1007)改为禅寺。第三,临安南山净慈报恩光孝寺,创于后周景德元年(954),绍兴九年(1193) (转下页注)

其东传日本,创立日本的曹洞宗。其他几座寺院也有日本留学僧人将寺院建筑、布局、个体建筑、殿堂室内装饰、装修、法器等绘成图样带回日本,并效仿之。现在日本的一些寺院收藏着这些图纸的抄本。如京都东福寺藏《大宋诸山图》,石川县大乘寺藏《五山十刹图》,福井常高寺藏《大唐五山诸堂图》,福井永平寺藏《支那禅刹图》,仙台泰心院藏《大唐五山十刹之图绘》,京都妙心寺龙华院藏《大宋名蓝图》。其中永平寺本为一卷,其他寺院均为二卷①。此不同版本的内容大同小异,图纸绘于南宋淳祐八年至宝祐四年(1248—1256)。图中涉及五山寺院布局的史料有天童寺、灵隐寺、万年寺的平面草图,涉及寺院个体建筑的史料有径山寺、灵隐寺僧堂平面草图,径山寺法堂剖面草图,金山寺众寮平面草图,金山寺佛殿立面草图,何山寺钟楼立面草图。此外还有室外门窗装修的草图,如天童寺版门、欢门。室内装修有金山寺转轮藏构造草图。其所反映的寺院建置状况,可作为了解南宋时期曾经存在的某种建置形式的案例。

第二节　佛教寺院建置特点

一、寺院建筑布局

佛教在汉代传入之时,以官署建筑"鸿胪寺"为寺院,随之出现的最有宗教个性的建筑为"佛塔",由中国传统的木楼阁顶部加上一个印度的"窣堵波"(埋葬释迦牟尼的建筑)构成,并将佛塔作为佛寺的核心。随着历史的发展,寺院有的来自"舍宅为寺",有的来自"舍宫为寺",这些传统的"宫"、"宅"的建筑形式便被佛寺所吸纳,演化出多种类型。南宋时期众多的寺院大体可分为以下几种类型:

（一）以塔为主体的寺院

以塔为中心的寺院,是指在寺院中轴线上建有高大的佛塔。自汉代佛

(接上页注)改为禅寺。第四,庆元府太白天童景德寺,创于晋永康年间(300)。第五,庆元府阿育山广利寺,创于南朝宋元嘉二年(245),宋大中祥符元年(1008)改为禅寺。

① 引自张十庆编著《五山十刹与南宋江南禅寺》,东南大学出版社2000年出版。

教传入中国开始出现的这种寺院布局，一直流传到公元10世纪以后。南宋地域采用这种布局的实例如苏州报恩寺塔。此外还有诸多带塔寺院，但塔的位置已不在中轴线上，而是偏居一隅，如虎丘云岩寺塔、莆田广化寺塔。另外，有的寺院双塔并立于佛殿之前，如苏州罗汉院。也有将双塔置于中轴群组以外的，如泉州开元寺在寺院中轴建筑群两侧各置一塔。塔在寺院中位置的调整，反映了把塔作为宗教象征的观念已经淡化。以上所举实例并非全部为南宋所建，有的为前代的遗存，其中南宋在原有寺院中重建的佛塔仅有苏州报恩寺塔、泉州开元寺双塔。

（二）以佛殿为主体的寺院

现存以佛殿为主体的寺院是当时佛寺主要的布局形式。这类寺院采取中轴布置山门、佛殿、法堂，例如浙江庆元府保国寺①。这种寺院不再保留早期带塔的特征，佛殿与法堂成为寺院的主体建筑。

（三）七堂伽蓝式寺院

在佛教传播过程中，有的宗派原来不设寺院，例如“禅宗肇自少室，至曹溪以来多居律寺，说法住持未有规度，乃创意别立禅居”②。至唐德宗、宪宗时期（780—820）百丈大智禅师创意别立禅居，并规定禅刹制度：“作广堂以居其众，设两序以分其职，而制度粲然矣。”③于是出现了一种所谓“七堂伽蓝”的格局，据《安斋随笔》“后编十四”记载，禅宗佛寺有七堂，即山门、佛殿、法堂、僧房、浴室、西净（便所）等。日僧道忠无著（1653—1744）所著《禅林象器笺》中绘有“七堂伽蓝”图解（图4－1）。

	法堂（头）	
僧堂（右手）	佛殿（心）	厨房（左手）
西净（右脚）	山门（阴）	浴室（左脚）

图4－1 七堂伽蓝图解

① 保国寺所在位置按今天归属宁波，故在此称庆元保国寺。历史上曾属于慈溪县。

② （元）释念常：《佛祖历代通载》卷一五，文渊阁《四库全书》本。

③ （元）释大欣：《蒲室集》卷八《奉敕重修百丈山大智觉照弘宗妙行禅师禅林清规九章序》、《住持章》，文渊阁《四库全书》本。

南宋时期,五山十刹为代表的禅宗寺院即属后世所称的七堂伽蓝类型,如《五山十刹图》中灵隐寺、天童寺、万年寺的平面草图(图4-2、3、4)。这几张图的中轴线一区,所绘殿堂平面布置格局与“七堂伽蓝”基本一致。

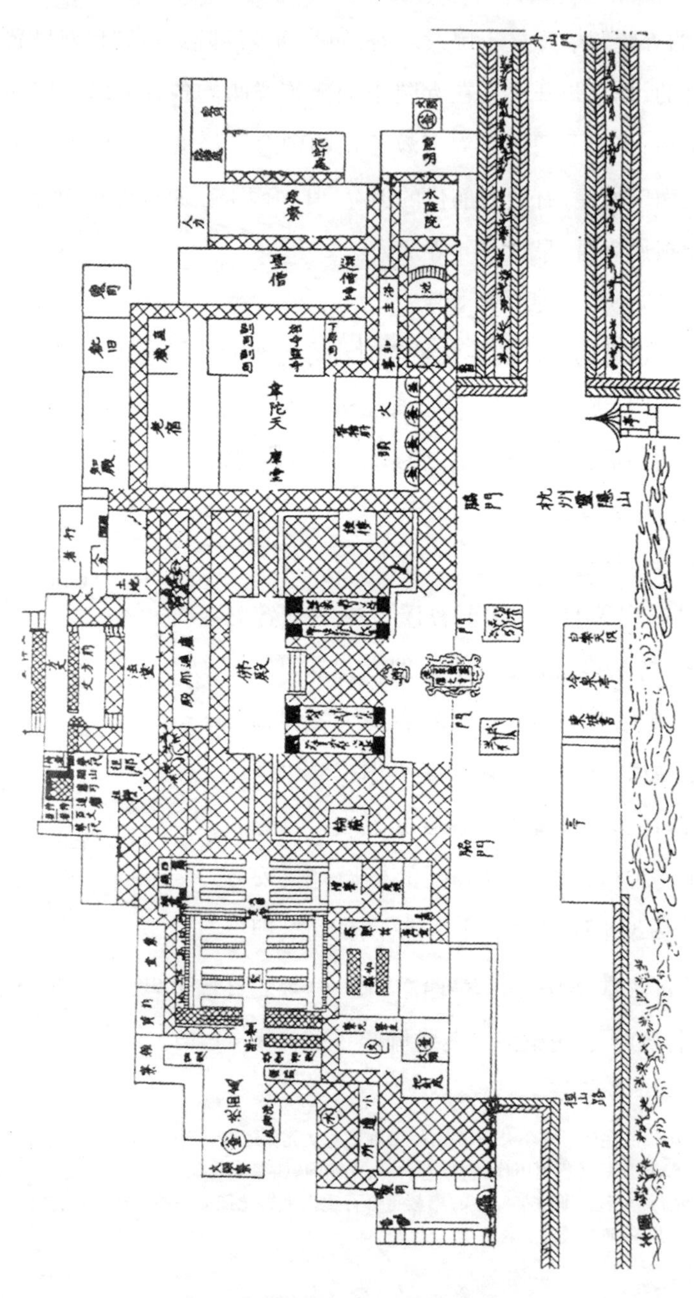

图4-2 大宋诸山图中的灵隐寺平面

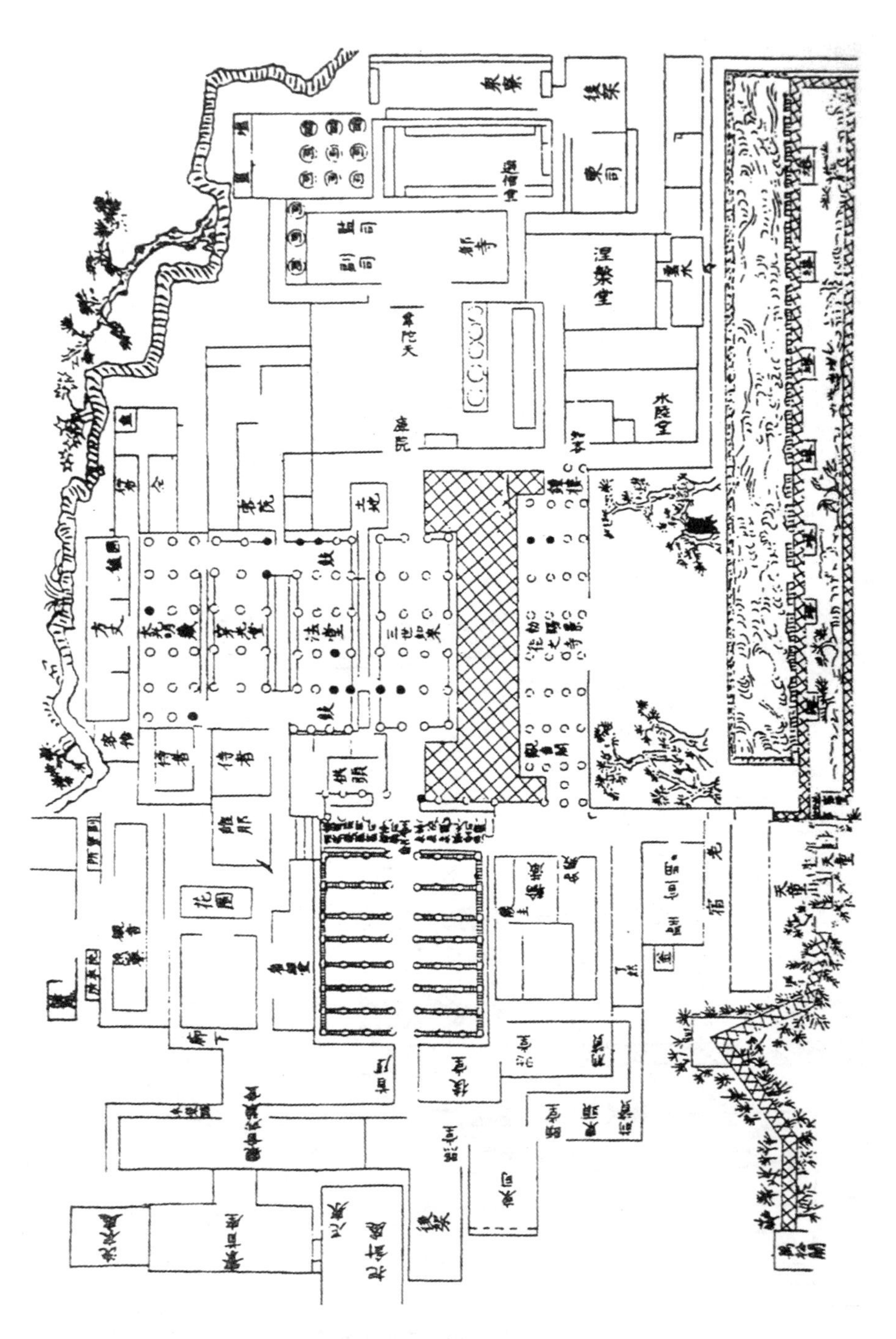

图4－3　大宋诸山图中的天童寺平面

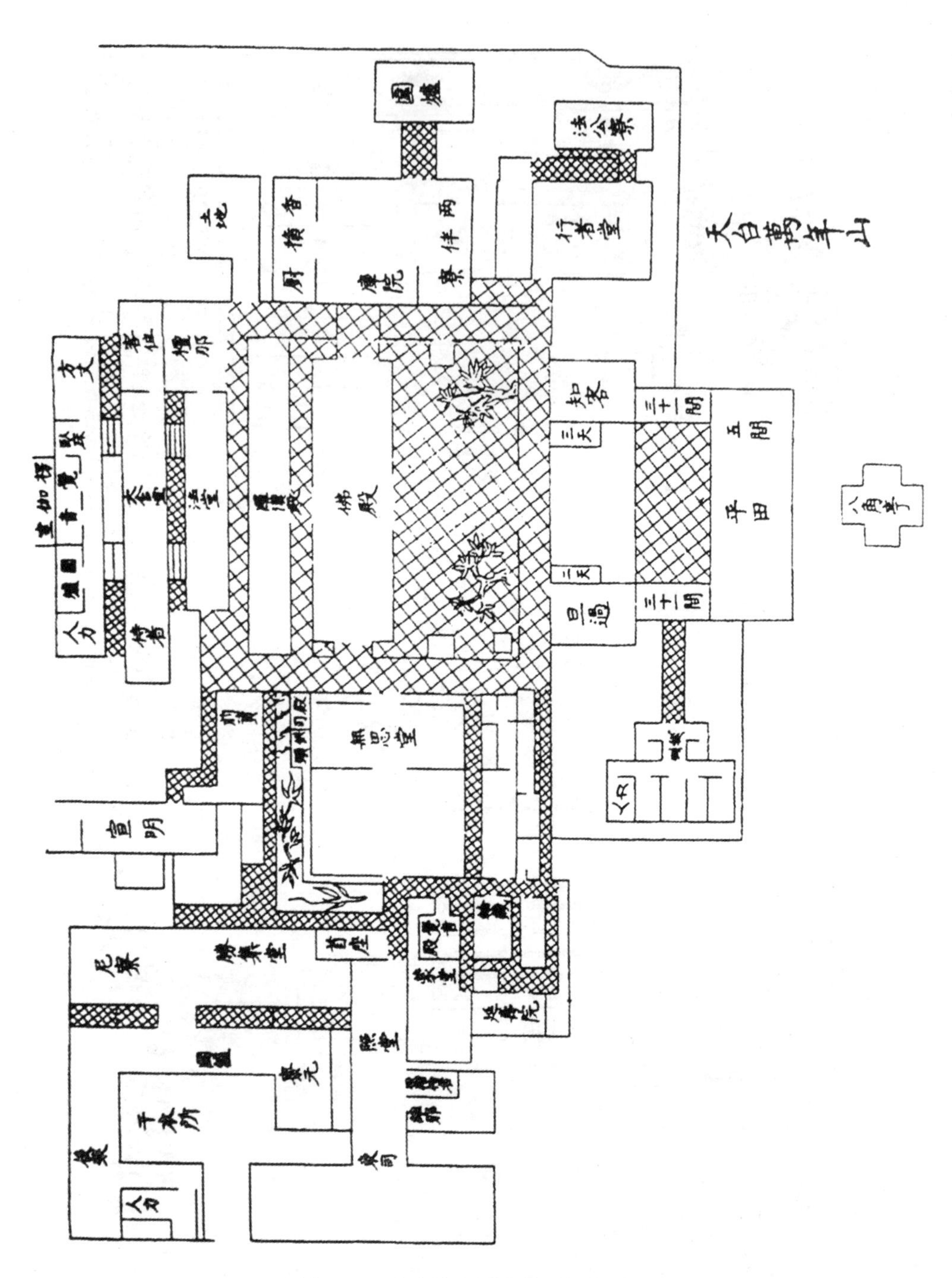

图 4－4　大宋诸山图中的万年寺平面

这几座寺院都以一组沿中轴线布置的建筑群为主体,两侧布置若干附属建筑。例如灵隐寺中轴线上的建筑有山门、佛殿、卢舍那殿、法堂、前方丈、方丈、坐禅室等,而在佛殿的东西两侧出现了库院与僧堂。当时留学日僧据此编成语录称“山门朝佛殿,厨库对僧堂”。天童寺、万年寺也都在中轴线上设有山门、佛殿、法堂、方丈,而佛殿两侧是僧堂对库院,这可算当时禅宗寺院的典型格局。中轴线上的建筑主要是宗教礼仪性建筑,中轴两侧更多的则是僧人日常活动的建筑。本来僧舍散处在主体建筑之外,而这时所建僧堂置于佛殿近旁,并与库院相对,出现一条东西轴线,形成十字形轴线格局。佛殿居中心,道忠无著把这中心比作人体的心,僧堂是僧人日常坐禅的场所,僧众在僧堂通过修行而将佛法了然于心,进而成佛。禅宗寺院出现这种布局,与其主张“心印成佛”恰好吻合,南宋禅宗寺院的平面布局与四百多年后的道忠无著《七堂伽蓝图》所绘竟然如此相似,不能不让人惊叹。

二、寺院个体建筑

(一) 山门

这一时期佛寺的大门有“三门”、“山门”的不同称谓,从南宋“五山”图即可明了,其中的每座寺院被称为第一山、第二山……依次类推。这样的称呼可理解为寺院的规模较大,成为诸多寺院之首,故尊称为“山”,随之称其门为“山门”。“三门”解释为通往解脱之道的三种法门。后来“山门”、“三门”泛指寺院的大门。山门的形式多样,小型的如三开间的门屋,大型的常做成楼阁形式,可以与宫殿大门媲美。南宋时期的临安径山寺山门,据记载即一座颇为壮观的楼阁,“门临双径驾五凤楼九间,奉安五百应真,翼以行道,阁列诸天五十三善知士”。类似的例子还有宁波天童寺山门,是一座七开间的三层楼阁,文献称其“门为高阁,延袤两庑,铸千佛列其上……”,“横十有四丈,深八十四尺,众楹(柱子)具三十有五尺,外开三门,上为藻井……举千佛居之……”。这座山门的平面尺寸合 47 米 ×26 米,高度约 12 米,可见其规模之大。

一些寺院把山门做成高阁，通过宏伟的建筑来显示寺院的等级之高显，借以显示寺院实力和佛法的威力，成为当时寺院追求的时尚。如天童寺的山门，原本只是两层楼阁，但受阴阳家的蛊惑，曰“此寺所以未大显著，山川宏大而栋宇不称”，于是改建成三层七间的大阁，使其“高出云霄之上，真足以弹压山川”。

（二）佛殿

佛殿在寺院中的规模随其位置的不同、寺院规模的差异而有所变化。在大型寺院中佛殿可达九间，中型佛殿以七间、五间居多，小型佛殿则为三开间建筑。但这些佛殿建筑不论大小，普遍不设回廊，皆以门窗装修封于檐柱间，显示出一种庄严肃穆的气氛。在总体造型方面，佛殿喜用九脊顶，较为活泼。

在内部空间处理上，佛殿企图扩展礼佛空间，但一些佛殿柱网排列齐整，不作减柱移柱，表面上似乎偏于保守，实际上追求结构体系的完美，但佛殿内部无柱空间部分不够大。

（三）佛阁与楼阁

佛阁是寺院中位于中轴线上的楼阁，体量高大、宏伟，例如文献记载天童寺绍兴初年的住持宏智禅师，在楼阁式山门内曾建有“卢舍那阁”，三十年后另一位住持慈航了扑入寺后又“起超诸有阁于卢舍那阁之前”。另外，有些寺院有钟楼，如《五山十刹图》中绘有何山寺钟楼一图，当时的钟楼在平面布局上与经藏对峙，如灵隐寺平面图中所绘，但唯独不见钟楼与鼓楼对峙之实例。因此可以推断，在这个时期，虽有用鼓之旁证，但是否单独设鼓楼尚无可信依据，即使有鼓楼，鼓楼仍未进入寺院建筑的中轴群组中。

（四）法堂

据《五山十刹图》载，灵隐寺、天童寺、万年寺在佛殿之后均设有法堂。天童寺法堂面宽 5 间，进深 3 间，规模不大。法堂的规模在几个佛寺的平面图中所绘皆小于佛殿。另外，从《五山十刹图》所绘的一张径山寺法堂剖面看，法堂为 2 层楼，其规模不应低于 5 开间，如果加山周围廊可以达到 7 间。潮州开元寺在绍兴间被毁，“后虽更造仅有佛殿、罗汉堂、三门、两庑而已，余皆豪民大姓据为列肆矣,堂则无有也”。因规模小,宗教活动多感不便,到了咸淳己巳(1269)该寺终于募得款项百万,重建了“为屋九间,其深丈有六,广三之”的法堂。

（五）转轮藏

这时期大型寺院中专门设有储藏佛经的建筑,以转轮藏来储存佛经成为此时常见的形式。例如禅宗五山寺院建筑平面图中的浙江临安灵隐寺、庆元天童寺、天台万年寺皆设有转轮藏殿。可喜的是现在还有南宋时期转轮藏的遗存,如四川江油飞天藏。自南北朝傅翕发明以转轮藏储经以来①,此时可称得上是建造转轮藏的辉煌时期,质量之高,作功之精,是空前绝后的。然而,转轮藏的发达,并非象征对佛教更虔诚,联系前节所述宋代佛教的特点,说明转轮藏的流行适合佛教世俗化的大潮。

（六）僧堂

南宋时期,僧堂在寺院建筑群中异常显赫,一些大寺院中纷纷以超大型建筑为僧堂。这不仅是为了容纳更多的僧人,而且成为禅宗寺院的一个特色。例如径山寺在绍兴十年(1140)曾建千僧阁;天童寺在绍兴二年至四年(1132—1134)建大僧堂,据载这座新僧堂的“前后十四间,二十架,三过廊,两天井,日屋承雨,下无墙陼,纵二百尺,广六十丈,惚(牕)牖床榻,深明严结”。这座建筑占地纵深70米、宽200米,从“三过廊”、“两天井”的描述可知为横向的“□□”日字形建筑。又据《五山十刹图》所绘天童寺平面看,这座大僧堂的规模在寺中是超群的。另有李邴《千僧阁记》描绘了径山寺千僧阁的内部“以卢舍那南向峣然居中,列千僧案位于左右,设连床,斋粥于其下”。对照《径山寺海会堂图》,对大僧堂的平面布局可有一粗略概念:堂中供奉佛像,僧人睡的长连床排列成行。这种大僧堂的出现,是因南宋高僧辈出,经常入寺讲学,为满足僧人聚集听讲,表示对听众的平等待遇而设。对此,按禅院清规,所聚“学众无多少,无高下,尽入僧堂,依

① 据(宋)黄震《黄氏日抄》卷六五《读文集》七载:“转轮藏始于双林大士。”又据(元)释念常《佛祖历代通载》卷九《梁》载:“双林大士者,姓傅氏名翕。”文渊阁《四库全书》本。

夏次安排，设长连床，施椸架，挂搭道具。卧必斜枕床唇，右肋吉祥睡者，以其坐禅既久，略偃息而已，具四威仪也。除入室请益，任学者勤怠，或上或下，不拘常准。其阖院大众，朝参夕聚，长老上堂升坐主事，徒众雁立侧聆，宾主问酬激扬宗要者，示依法而住也……”①（图 4－5）。元代以后这种大僧堂多因遭受火灾而毁坏。大僧堂应属南宋时期大型寺院中特殊类型的建筑。

图 4－5 大宋诸山图中的径山寺海会堂平面

（七）罗汉院

宋代寺院中常有供奉五百罗汉者，或置于重层山门的上层，或设置单独的建筑。在《五山十刹图》的天台万年寺一图中，在寺院中轴线建筑大佛殿之后便有罗汉殿。然而，南宋的净慈寺却不同，据《钱塘遗事》载：“净慈寺乃祖宗功德院，侧有五百罗汉，别创一田字殿安顿，装塑雄伟，殿中有千手千眼观音一位，尤精致，其第四百四十二位阿湿毗尊者，独设一龛，用黄罗幙之，旁致签筒，其罗汉像则偃蹇便腹，斜目觑人而笑。”②《西湖游览

① 《佛祖历代通载》卷一五。

② 《钱塘遗事》卷一《净慈寺罗汉》。

志》载，该寺“南渡时毁而复兴，僧道容实鸠工焉，五岁始成，塑五百阿罗汉以田字殿贮之”①，“鸠工于癸酉之夏（绍兴二十三年，1153），落成于戊寅之春（绍兴二十八年，1158）”②。

南宋寺院中不仅有万年寺那种“一”字形的罗汉殿，还有净慈寺的“田”字形的罗汉院。设有五百罗汉的寺院早在五代时已存在，如下天竺寺“五代时号五百罗汉院”。但其是否为“田”字殿不得而知。故多以南宋时期净慈寺所创田字殿为最早。

三、寺院环境

寺院选址寻求优美的山水环境本是一个古老的传统，而且这一时期的寺院建筑已非常重视环境的塑造，通过人为的加工，使寺院环境更具有超尘脱俗的宗教意味，特别是在远离城市的山地寺庙表现尤为出色。其主要表现在对前导空间的处理上，五山十刹的几座寺院皆注重环境处理，人们来到这些寺院总会感受到那“二十里松林天童寺”、“十里松门国清寺”、“九里松径灵隐寺”所具有的令人心灵纯净的魅力。这些松林在创寺之初并不存在，如“灵隐寺路九里松，唐刺史袁仁敬所植，左右各三行，相隔八、九尺……”③。天童“寺之前古松夹道二十里，大中祥符间僧子凝所植也”④。径山寺曾经历了“以会昌沙汰而废”，“咸通间无上兴之，又后八十余年（约为北宋初），庆赏……为屋三百楹，翦去樗栎，手植杉桧，不知其几，今之参天合抱之木皆是也”⑤。经过对寺院前导空间的人为加工，使得欲登佛门的人净化了灵魂，培养了对宗教的虔诚。王安石去天童寺的感受是“二十里松行俗尽，青山捧出梵王宫”。正是那二十里松林的魅力，使这位大思想家、改革家也将一座寺院奉为宫殿而敬之。这时期在前导空间的处理上，除了以丛林引导之外，

---

① 《西湖游览志余》卷三《南山胜迹》。

② （宋）曹勋：《松隐集》卷三〇《净慈创塑五百罗汉记》。

③ 《咸淳临安志》卷八六《园亭》。

④ 《宝庆四明志》卷一三《鄞县志》卷二。

⑤ （宋）楼钥：《攻媿集》卷五七《径山兴圣万寿禅寺记》，文渊阁《四库全书》本。

还有以溪流为引导的，如灵隐、天台。溪上架桥，建亭，成为信众参拜之路的若干小憩之处。灵隐寺前曾有冷泉、虚白、候仙、观风、见山诸亭，“五亭相望，如指之列，可谓佳境，殚矣”①。这些建筑的设置，使那些经长途跋涉前来朝山的香客们的期待感不断地得到满足。

寺院总体布局可见严肃的崇拜空间与自由的生活空间相结合，中部山门、佛殿、法堂等殿、阁严整对称；两侧禅堂、僧房结合自然环境错落安排。这是南宋寺院环境处理的又一特色。不仅禅宗寺院如此，其他宗派的寺院也结合当地环境来布局，这与江南的地理特点也有一定的关系。如天台宗的保国寺，表现出与唐《道宣图经》中所绘的理想寺院模式完全不同的风格，它反映着前后两个时期不同地域的环境观。禅宗五山寺院的布局可认为是儒、道、佛三教合流哲学思想在寺院建筑中的体现。中轴线上的群组表现出了强烈的礼制秩序，是依照儒家主次有序的思想所建造的山门、佛殿、法堂建筑群，体现着佛国净土的佛与法。而中轴两侧，除僧堂与库院需堂堂正正居于佛殿两侧之外，其余建筑布局没有限制，任其自由，且与地形结合，高低错落，又表现出吸收了道家“师法自然”的思想。

第三节　寺院建筑实例

一、浙江庆元府保国寺

（一）寺院历史及环境

保国寺位于宁波市西北20里的灵山，寺院周围丛林密布，虎溪回环，朝拜者依“松风寻旧径，涧水浣征尘”②，走过一段蜿蜒之路，方可见寺院那“墙低容树入，楼小得云留”③的淳朴风貌。尽管寺院规模不大，但却使人感受

① （唐）白居易：《白氏长庆集》卷四三《冷泉亭记》，文渊阁《四库全书》本。

② 《癸巳暮春被放后访显斋兄》，载嘉庆《保国寺志》。

③ （清）姜宸英：《夏抄坐石公精舍》，原载（清）方丈敏安辑《保国寺志》（嘉庆），转引自清华大学建筑学院郭黛姮、宁波保国寺文物保管所编著《东来第一山——保国寺》，文物出版社2003年出版。

到“从此禅房一回过，令人不复忆壶蓬”①的环境氛围（图4－6）。保国寺所在基址，据寺志②载最迟在汉代已成为骠骑将军之子中书郎隐居之处，后其舍宅为寺，初名灵山寺。唐武宗会昌五年（845）废，僖宗广明元年（880）再兴，赐额保国寺。北宋真宗大中祥符四年（1011）德贤尊者来主寺，便将“山门大殿，悉鼎新之”。至祥符六年（1013）佛殿建成，“昂栱星斗结构甚奇，为四明诸刹之冠”。同期建造的还有天王殿，并于天禧四年（1021）建方丈室。宋仁宗庆历年间（1042—1048）建祖堂，明道元年（1032）建朝元阁。至南宋绍兴年间（1131—1162）建法堂、净土池、十六观堂等。由此可知北宋时期的保国寺内主要建筑有山门、天王殿、佛殿、方丈、祖堂、朝元阁等，南宋时期所建的建筑有法堂、十六观堂、净土池。

图4－6 庆元府保国寺鸟瞰

① 嘉庆《保国寺志》。
② 同上。

现在的保国寺内所存宋代建筑仅有北宋所建佛殿(图 4－7)、南宋所建净土池,其余建筑皆已无存,或于原址后期重建,或易为其他殿堂。现存天王殿,钟、鼓楼,法堂,藏经楼等,多为清代重修后的遗物。最近在法堂的地面之下,发现了宋式石柱础,推测为当年“法堂”遗物,造型尤为精美。

图4－7　保国寺大殿

佛殿也于清康熙二十三年(1684)将原有宋代殿宇“前拔游巡两翼,增广重檐”,又于乾隆十年(1745)“移梁换柱,立磉植楹”,至乾隆三十一年(1766)“内外殿基悉以石铺”。宋构只存现大殿上檐之下的木构架,大殿下檐构架及门窗装修皆为清代添加。

寺院所处地段高低错落,寺内殿堂也随之坐落在不同高度的四层台地上(图 4－8a、8b)。第一层台地较空旷,晚近时期建有山门、放生池。山门设于这进院落的东北,放生池设于西南角。山门坐西南朝东北,入门后需转 90°方能进入天王殿。天王殿坐西北朝东南,是位于寺院的主轴线上的第一座殿宇。殿后紧临净土池，池西北院落地平升高至第二层台地，寺内主要建筑“佛殿”即位于此，坐西北朝东南，建于一高台基上，两厢位置现有后世所修之钟鼓二楼(图4－9)。随楼阁的前檐，筑有两道粉墙，粉墙前端直到天王殿，后端直到佛殿，因此院落空间狭窄而封闭，只有净土池中朵朵四色莲花带来几分生机。池边利用院落地平叠起形成的石壁，雕有康熙年间题字“一碧涵空”。东侧钟楼左右另有客堂、文武祠等一列建筑，西侧鼓楼左右有禅堂等一列。而这两列建筑皆隐于粉墙之外。佛殿之后为第三台地，设法堂。从殿内登石阶，出殿后门便来到法堂(图4－10)前小院，法堂仅有正厅五间，东西楼各三间。穿过法堂便是最后一进院落，现为藏经楼所在。从法堂后门拾级而上，即可到达。楼旁有香客宿舍，楼东北有旁院，置厨房、库房等。寺院依山开出四层台地，主轴线上院落受地形限制，宽、深均不大。

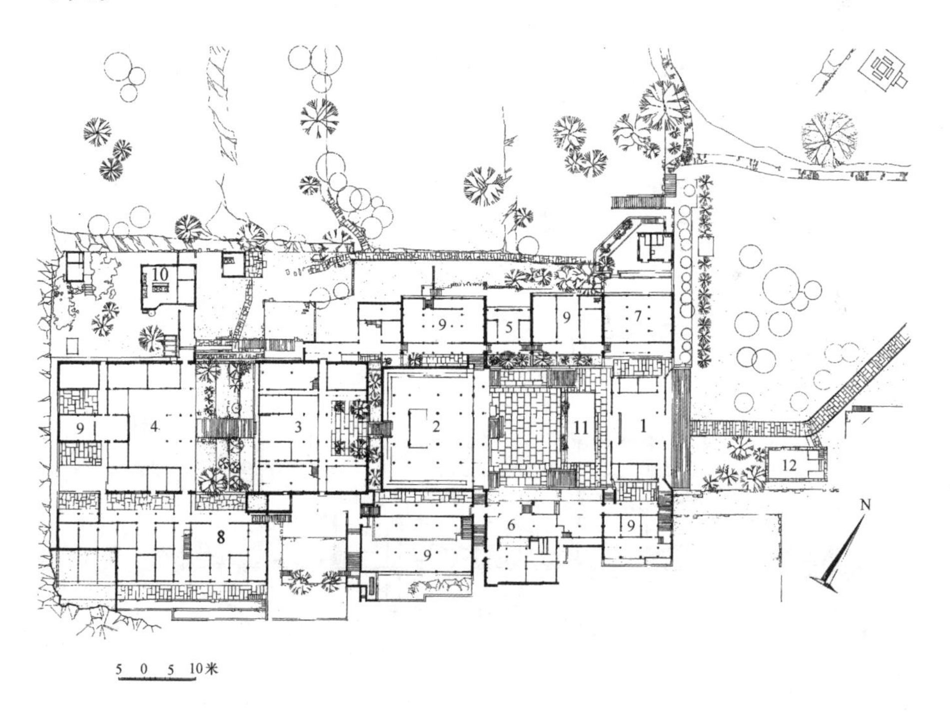

图4－8a　保国寺现状总平面图

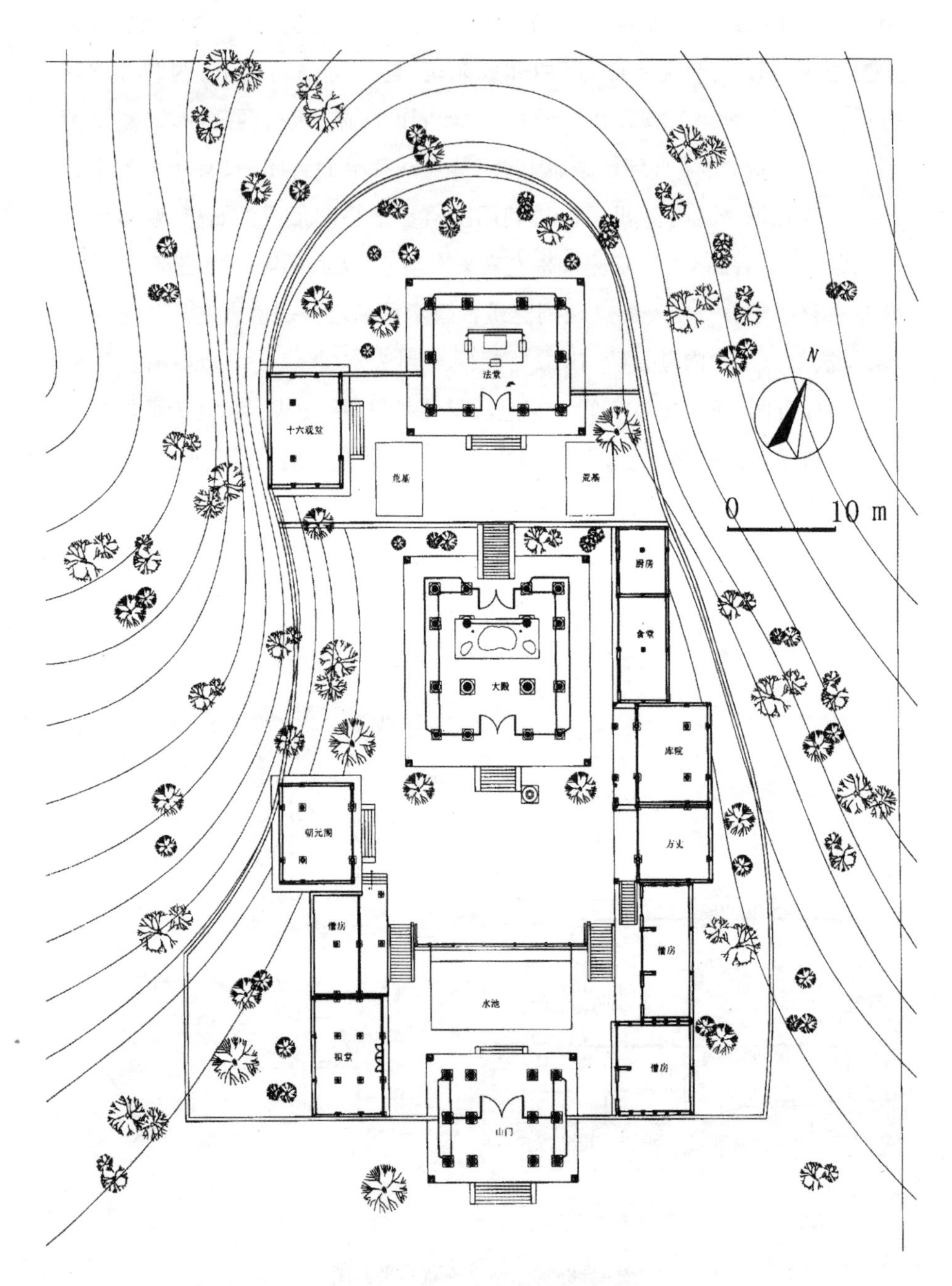

图4-8b 保国寺南宋时期总平面

图4－9 保国寺钟楼

图4－10 保国寺原法堂

从寺志所记两宋时期建筑遗迹推测，天王殿位置可能为宋代山门，保国寺本属天台宗寺院，当时的主要建筑——山门、佛殿、方丈等依次排列。南宋增建净土池、法堂、十六观堂等，反映了对净土信仰的推崇。净土宗的《观无量寿经》论述对西方净土的十六种观想，说明了“十六观堂”建筑名称的含义。院中的净土池象征西方净土的七宝池，净土宗宣称信众通过念佛，可以在七宝池中长出莲花，等待念佛人的托生。据嘉庆十年（1805）寺志载，仲卿“立净土观堂，凿池种莲，欲招社客，继东林远公之风”。这里的远公为净土宗始祖慧远，东林指慧远在庐山创建的东林寺，是净土宗的发源地，仲卿的举动反映了保国寺在南宋时期兼修净土的历史。

现寺的主轴线还大体保持了两宋时期的规模，但最后一进院落并非宋时开辟，建筑也多为清代修建。主轴线上建筑的两厢房屋为后世添加，如法堂东西楼“昔本荒基”，乾隆元年迁建于此。又如钟楼“相传旧有钟楼在大殿东南青龙山嘴后”。或许那里就是宋代钟楼所在地。可以推测，两宋时期保国寺核心部分规模不大，但寺院建筑分布不局限于中轴线范围，周围山嘴处尚有少数建筑点染其间。

（二）佛殿

1. 平面及立面

现存建筑面宽为不规则的 7 间，进深为不规则的 6 间，通面宽 21.66 米，通进深 19.85 米，从平面看，核心部位，面宽、进深各 3 间的部分为宋代所建，其四周是清康熙二十三年（1684）所添加的部分。清代于前檐增建两间，后檐增建一间，左右各增建两间，构成大殿下檐（图 4－11）。

佛殿采用重檐歇山式屋顶，上檐用宋式构架承托，下檐为清代添建，另立柱梁支撑。山面也作重檐，背立面只存上檐。山面下檐屋顶至背立面转角处与法堂院内之马头墙相撞结束。只有正立面带前廊并设有门窗，两山皆作实墙，背立面也作实墙，殿后门凸出后墙与法堂院墙门合而为一。门窗构件也皆为清代补装。

2. 宋构构架

大殿上檐构架四椽皆为宋代原物，故本文用词按宋《营造法式》中的称

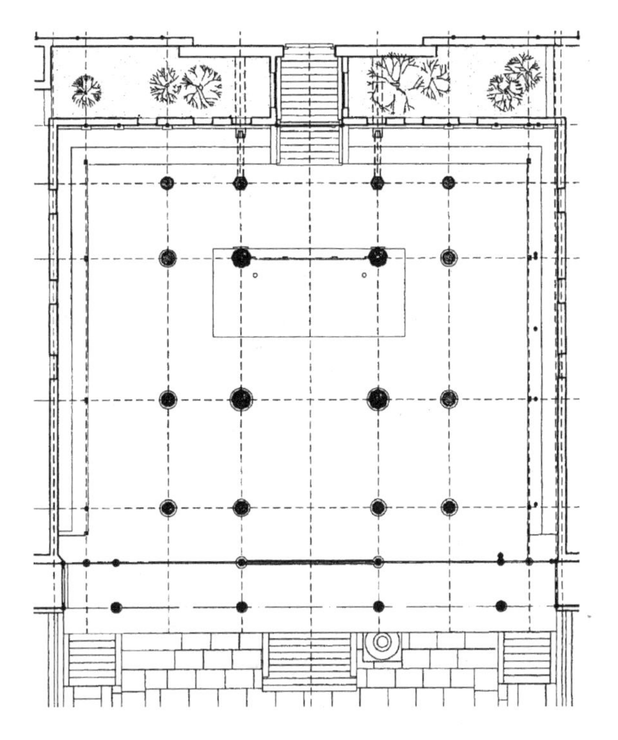

图4－11 保国寺大殿现状平面

谓对其进行描述：大殿中部宋构3间，当心间宽5.8米，次间宽3.05米，通面宽11.9米。心间与次间两者之比为3.7∶2，接近3∶2，是宋代建筑中常见的开间划分类型。中间的两缝作厅堂式构架，采用八架椽屋前三椽栿、中三椽栿、后乳栿用三柱形式（图4－12），通进深13.36米。前后内柱不同高，前内柱直达平梁端，后内柱仅达三椽栿端部中平槫下。前檐柱与前内柱间作平綦、平闇、藻井等天花装修，三椽栿露明于天花以下，构架进深中部的三椽栿与后部乳栿皆为月梁，据此推测宋代均为彻上明造。前檐的三椽栿比后檐乳栿低一足材，两山乳栿与后檐乳栿同高。乳栿上设劄牵，劄牵梁端入乳栿背上栌斗，与横栱相交，横栱四层相叠，以承下平槫及素方。前部三椽栿上坐斗栱，承平綦方，由平綦方承大藻井与平綦。天花以上有草架随宜支撑固济，以承上部的中平槫，而下平槫则靠"自槫安蜀柱以插昂尾"作为支点。构架进深中部两内柱间所承之三椽栿，一端入前内柱，一端搭在后内柱柱头铺作之上，上承平梁、蜀柱。

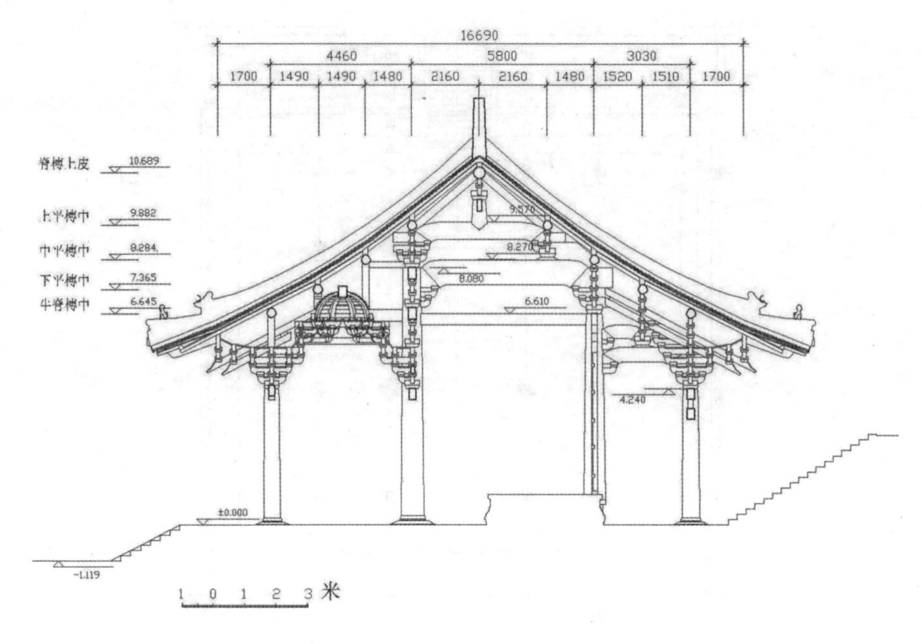

图4－12　保国寺大殿宋代当心间横剖面

另外，在次间中部为承山面出际之槫、方，另设梁架一缝，以平梁为主，平梁两端靠蜀柱支撑，蜀柱立于山面下平槫上，这条下平槫靠两组斗栱支托，最后将荷载传至山面乳栿。此平梁以上部分与中间两缝基本相同。

构架的纵向联系构件较多，在前内柱间，除置于柱头的阑额之外，还有两内额、两素方，位于阑额以下。前檐阑额本身做成月梁式，此外柱头以上还有襻间两道。后内柱间内额用四道木方叠落而成，柱头以上，设有襻间方一道。另外，在各槫下皆设襻间方一道。平梁上蜀柱间设顺脊串一条（图4－13）。

梁额断面特点：前部檐柱与前内柱之间的三椽栿，梁总高50厘米，起䫜后高44厘米，相当于两材高，梁宽24厘米，高宽比为1.8∶1。当中两内柱间所承之三椽栿断面较大，梁总高80厘米，起䫜后高76厘米，相当于四材高，梁宽36厘米，高宽比为2.1∶1。平梁高65厘米，起䫜后高55厘米、宽25厘米，高宽比为2.2∶1。承受荷载的梁采用了斗栱足材①的高宽比。蜀柱柱头

① “足材”、“单材”的含义详见《营造法式》卷三《大木作制度一》。

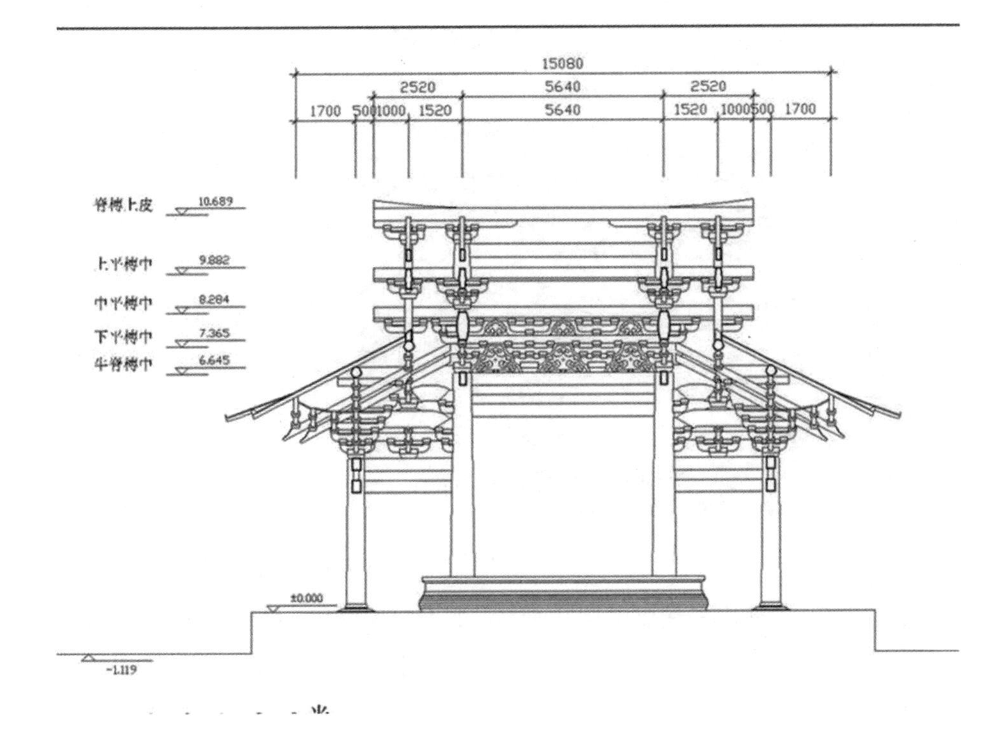

图 4-13 保国寺大殿宋代纵剖面

处之顺脊串断面高 34 厘米、宽 14 厘米，与足材断面接近。

阑额在前檐带卷杀，总高 40 厘米，起䫜后高 30 厘米、宽 20 厘米。其他三面阑额高 35 厘米、宽 20 厘米，目前在两侧及后檐皆有由额一道，断面大小同阑额，这几条额方类构件采用单材的比例。为何目前前檐没有由额？推测当年前檐装有门窗装修，应有门额、窗额之类的构件，估计后来随着清代的改建，将原有门窗取消了，用来装门、窗的由额也随之被去掉了。有的学者认为“前檐本为敞开的，门窗装在前内柱之间”，前内柱距离佛坛很近，如果用来安装门窗，则无法满足礼佛空间的活动（图 4-14）。

3. 宋构柱及柱础

佛殿柱有三种高度，前后檐柱、前内柱、后内柱。柱子断面形式有六种，即瓜棱拼合柱两种、包镶式瓜棱柱、整木柱 3/4 带瓜棱、整木柱 1/2 带瓜棱、整木瓜棱柱等。近期经学者研究，“12 根檐柱中唯前檐东平柱、东南角柱、

图 4－14　保国寺大殿室内宋构

东山前柱、西山后柱等5柱，有可能仍是宋柱原构”①。其中的内柱瓜棱拼合柱的方法是用四条断面小的圆木料，采用木楔两两贯通，拼成一体，再用辅助木片拼贴凹陷处，形成八棱。虽然可能为后世所为，但做法尤为别致。所有柱子皆有收分，但未作卷杀。外檐柱有生起，角柱比平柱仅生起3厘米，小于《营造法式》一间生二寸之规定。外檐柱下径为50厘米左右，合两材一栔，上径约44厘米。前内柱下径77厘米，合三材一栔，上径55厘米。后内柱下径70厘米，合三材半栔，上径65厘米。柱础皆非宋代原物，形式也不统一，是经多次更换的结果。

4. 宋构构架举折

现状为八架椽，椽架长度不等，前后的六个椽架的长度皆在1.5米左右，仅脊步扩大为2.16米。目前大殿举高为5.5米，前后橑檐方距离为16.69米，两者之比为1∶3，与宋式殿阁举折制度中三分举一的做法相同，但比厅堂式构架的举折大，可能与后世修缮有关。不过在复原中发现举高若按四分举一，将会影响到内柱柱头铺作和平梁端部的铺作构成形制，如果降低举高，最低降到三分半举一。大殿所采取的高于《营造法式》规定的厅堂构架举折做法，这样更能适应江南多雨的气候。

5. 宋构斗栱

构架中所用斗栱共有15种，外檐斗栱有前檐柱头、补间、转角铺作（图

---

① 东南大学建筑研究所著，保国寺古建筑博物馆合作：《宁波保国寺大殿勘测分析与基础研究》，东南大学出版社2012年出版。

4-15),后檐柱头、补间、转角铺作,东山面柱头、补间铺作,西山面柱头、补间铺作等。内檐斗栱有前内柱柱头铺作,前内柱柱中铺作,后内柱柱头铺作,前内柱内额间斗栱,后内柱内额斗栱,前三椽栿上补间铺作,乳栿上补间铺作,平梁头斗栱,藻井斗栱,平棊斗栱等。

图4-15 保国寺大殿前檐铺作

斗栱布局采用身内单槽形式,当心间用双补间,次稍间用单补间。用材分为两类,第一类为21厘米×14厘米,用于外檐、内檐。第二类为16厘米×10厘米,用于藻井、平棊。采用第一类用材尺寸的斗栱,用于外檐者皆作下昂造,用于内檐者则为卷头造。采用第二类用材尺寸的斗栱全部为卷头造。有代表性的如下:

1) 前檐柱头铺作

七铺作双杪双下昂,下一杪偷心,其余各跳皆单栱计心,里转出一杪,栱长两跳,承三椽栿,其上并有绞栿令栱及素方,里转第三跳位置有骑栿栱及素方。外跳两下昂尾伸入平阇后,上层昂尾上彻下平槫,采用《营造法式》中"自

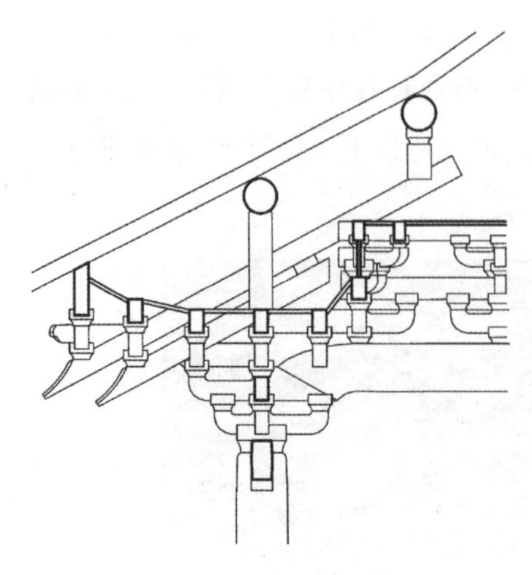

图4－16a 保国寺大殿前檐柱头铺作

榑安蜀柱以插昂尾”做法。下层昂尾至里转第二跳分位结束(图4－16a)。

2) 前檐补间铺作

七铺作双杪双下昂,下一杪偷心,其余各杪皆计心,最外跳承令栱、橑檐方,耍头与令栱相交。里转出三杪,下一杪偷心,第二、三杪单栱计心,上承素方及平棊方。昂尾上彻下平榑,做法同柱头铺作。

3) 前檐转角铺作

七铺作双杪双下昂,下一杪偷心,45°方向出角华栱及角昂一缝,第二、三跳跳头与正身横栱相交出列栱,皆作瓜子栱与小栱头出跳相列,第四跳跳头列栱为令栱与小栱头出跳相列。里转出角华栱三跳,皆偷心(图4－16b)。

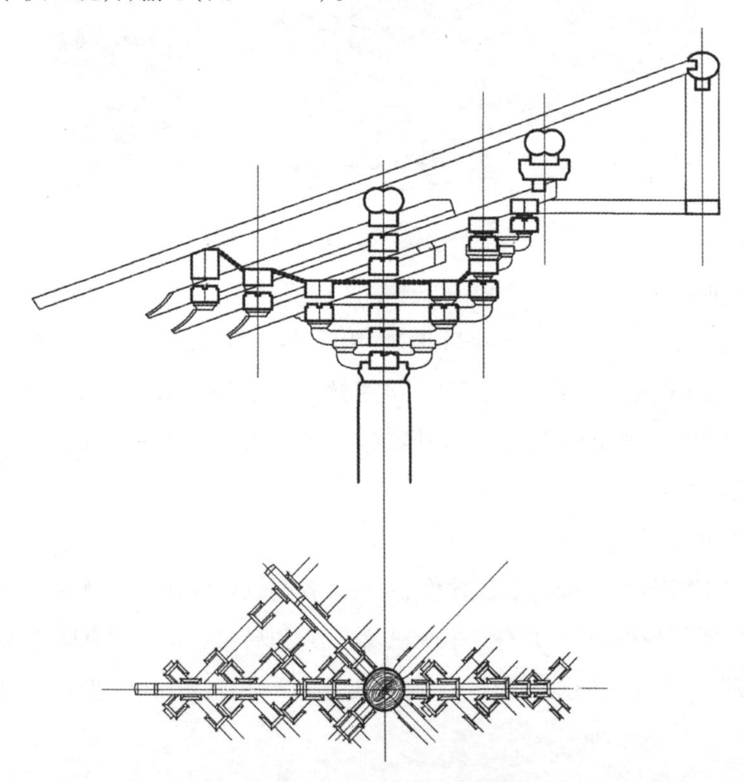

图4－16b 保国寺大殿前檐转角铺作

4）山面柱头铺作

七铺作双杪双下昂，里转出双杪，承乳栿。外跳昂尾直达内柱位置，插入柱头或柱身，里跳上承乳栿。乳栿入斗栱后充华头子（图4－17a）。

5）山面东南侧补间铺作

外跳七铺作双杪双下昂，下一杪偷心，里转出四杪，全部偷心造，最上作鞾楔。下昂尾至山面下平槫，挑一材两栔（图4－17b）。

6）前内柱柱头铺作

里跳出双杪托平梁，外跳第一跳作卷头，第二跳为栱后尾，斫成方头。柱心横栱为单栱造，有两横栱

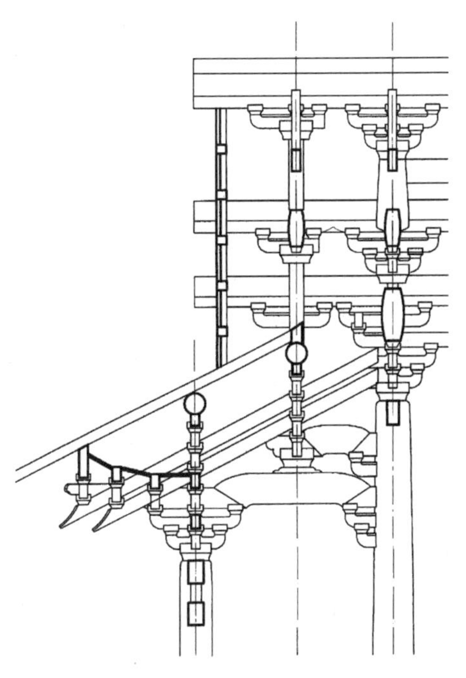

图4－17a　保国寺大殿山面柱头铺作

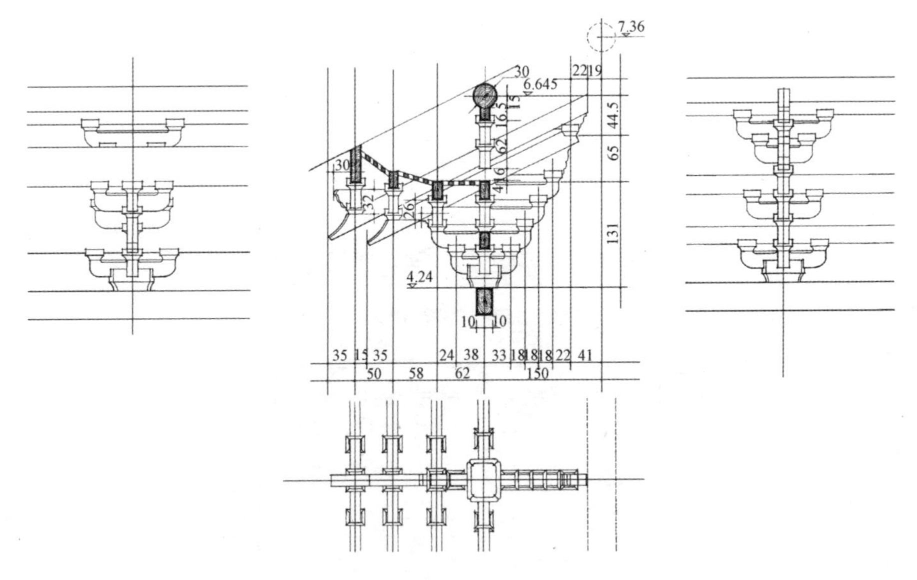

图4－17b　保国寺大殿山面东南侧补间铺作

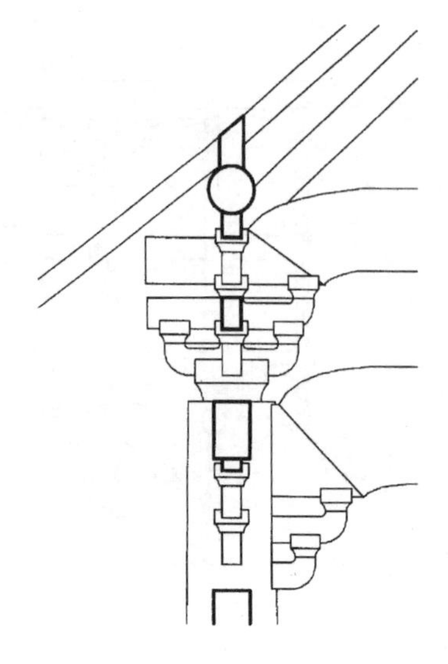

图 4－18a 保国寺大殿后内柱柱头铺作

两襻间方相间设置，上一层襻间方取代了上平槫下之替木（图 4－18a）。

7）前内柱间内额上补间铺作

只有向前挑出的半边栱，自栌斗口内出华栱三杪，下一杪偷心，第二、三跳跳头承瓜子栱，上承素方及平棊方。正心横栱皆单栱造，作两令栱两素方。方上承中栌斗，再承横重栱，上承屋内额，额上又承中栌斗、横向重栱，再上承柱头处内额（图 4－18b）。

6. 装修装饰

佛殿现存外檐装修已易为清代，内檐尚留有宋代原物，即殿堂前部当心间所作的大藻井一个，两次间所作的小藻井各一个，在大藻井左右两侧作平棊，在檐部及内柱斗栱遮椽板处作平闇（图 4－19）。

大藻井的构成：大藻井下部为八角井，由平棊方围合而成，于八角井各角置

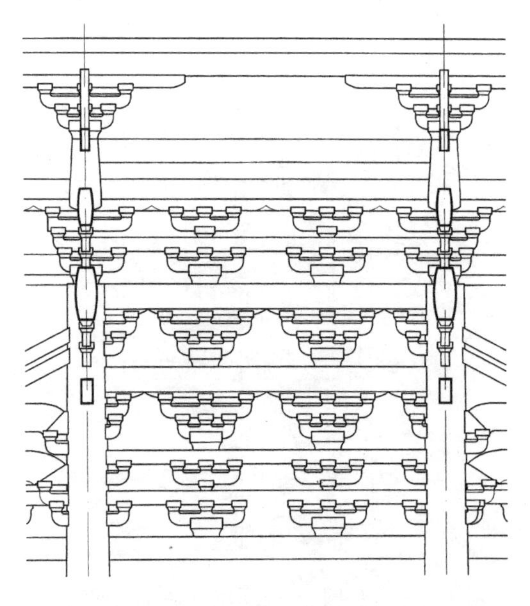

图 4－18b 保国寺大殿前内柱间补间铺作背立面

小栌斗；自栌斗口出华栱，在此华栱之下尚有一条更短的假华栱承托，但这条短栱未能入栌斗，仅插于平棊方上。华栱跳头承令栱，令栱身长作圆弧形，以承圆井，令栱的齐心斗承阳马，八条阳马皆作弧形，汇于顶端，中心作六角形短棱柱。阳马之间有弧形木条围合成圆环，上下共八道，每道宽度有所变化，从下上望可见遮挡在天花以上部分的草架。大藻井圆井直径185厘米，高90厘米。

小藻井做法与大藻井相似，仅直径缩小为128厘米，高度仍为90厘米。

图4－19 保国寺大殿室内藻井

平棊在大藻井与三椽栿之间作整块长方形平棊。其做法是于平棊方上出两跳华栱，栱上铺木板，板上绘彩画。

彩画：大殿阑额上留有七朱八白彩画遗迹。大殿阑额彩画基本符合《营造法式》彩画制度中所记“丹粉刷饰屋舍”中的“七朱八白”做法。在阑额原有绘制白色的部位，木材表面铲掉浅浅的一层，可能是为了保护白色吧。浙江宋代的砖石建筑中也可见这种做法，如杭州灵隐寺大殿前石塔、杭州闸口白塔。此外在平棊和藻井上也留有卷草纹彩画遗迹，但这部分似乎并非宋代原物。

此外，殿内尚留有宋代佛坛一座，位于后内柱前，后内柱即自坛上立起。佛坛形式为石砌须弥座式，高1.0米，束腰以上仅两层线脚，束腰以下为叠涩座，有宽窄不同的线脚共10层，束腰本身宽23厘米，上雕减地平钑如意纹，后面中部刻有捐赠人题记，年代为“崇宁元年五月”。

7. 佛殿的结构、装修特点及价值

保国寺佛殿的建造年代比《营造法式》成书年代早了近100年，但它的许多结构做法、斗栱做法乃至装修做法，却与《营造法式》所提及的问题如出一辙，有的甚至成为《营造法式》做法的孤例，因此它可能是掌握宋代木构做法的权威性都料将的作品，具有很高的文物价值。例如佛殿室内空间考虑礼佛需要，结构布局很有特色，在殿前作三椽栿，使内柱后退，留出较大的使用空间，在这人们活动最多的空间中进行重点装修，刻意雕琢，做出藻井、平綦、平闇，气氛显得格外隆重。后部由四内柱围合的空间设佛坛，此处梁架彻上明造，空间抬高，至主梁下已达7.4米。为在佛坛上装置佛像创造了合适的空间尺度。四内柱周围空间，随着外檐斗栱层层出跳，由低到高，对中部设置佛像的空间起着烘托作用。

保国寺大殿的技术做法成为见证《营造法式》的典范，其结构布局正如《营造法式》所说"若厅堂等内柱，皆随举势定其长短"。

佛殿斗栱组合类型较多，依据斗栱所处不同位置变换斗栱组合方式，充分发挥斗栱各部件的力学性能。就斗栱构件来看，在山面及背面柱头铺作与内柱之间，不仅使外檐与内柱连成一体，而且产生了一种向心的受力趋势，增强了构架的整体性。大胆使用长昂，多处使用半截华栱，并使用了虾须栱之类很少见的构造做法，体现着工匠灵活运用斗栱解决实际问题的创造才能。

佛殿斗栱用材，殿身为0.65寸×0.44寸，合《营造法式》五等材，符合《营造法式》"殿小三间、厅堂大三间则用之"的规则。藻井斗栱用材为0.5寸×0.31寸，介于《营造法式》七、八等材之间，与《营造法式》殿内藻井用八等材的规定也基本符合。这是现存公元10—13世纪木构建筑室内装修中唯一按《营造法式》规定选择装修用材等第的例子。

关于单材与足材的使用，《营造法式》造栱之制中有"华栱……足材栱也，若补间铺作则用单材"的记载，此殿柱头铺作华栱用足材、补间铺作用单材，即按此规定制成。另外，《营造法式》关于丁头栱的使用曾指出："若只里跳转角者，谓之虾须栱，用鼓卯到心，以斜长加之……"此殿内山面前内柱外檐斗栱，因安置小藻井，形成铺作排列的转角，在"里跳转角"处使用了虾须栱，且用鼓卯到心。在平綦位置的四角也使用了虾须栱。

另外，有些斗栱组合形式，如里跳用出四杪或五杪偷心造、大斗承四重横栱等做法为《营造法式》作不载。这些都是海内仅存的孤例，是极其珍贵的遗物。

佛殿天花装修集平棊、平闇、藻井于一身，在宋代建筑中是仅存的一例，而其藻井形式却是江浙地区宋代有代表性的做法。目前在一些宋塔中也存在着同样形式的遗物，如苏州报恩寺塔、湖州飞英塔、清浦县金泽镇颐浩寺大殿等。但与《营造法式》卷八小木作制度中的藻井做法有所不同，保国寺佛殿按大木作用材制作的藻井，风格简洁、粗犷，将其与《营造法式》藻井相对照，可以看出前后89年之差的建筑风格变化，其结构、装修均正处于从凝重、庄严向绚丽多彩的方向转变的阶段。

《营造法式》造阑额之制中谈及阑额两肩带有卷杀，在现存宋、辽、金建筑中找不到这样的例子，而保国寺大殿前檐阑额两端入柱处带卷杀又是一处宋代建筑中符合《营造法式》制度的唯一孤例。

保国寺大殿使用瓜棱柱，与《营造法式》卷三十所载拼合柱有异曲同工之妙，是使用小料充大材以承重载的最早遗物，将拼接缝隙作成瓜棱外形更是匠心独运。这种做法反映出自宋开始木构用材已朝省料方向发展。

这座大殿虽为北宋初期的作品，但其制作工艺等代表了当时最先进的木结构技术，成为产生中国优秀建筑典籍《营造法式》的基础。从现存的江南元代木构建筑来看，这些技术特征一直在江南地区延续，可以推想南宋时期的木构建筑势必继承了保国寺大殿的科学成果并继续向前发展。

（三）净土池

净土池位于天王殿后，据《保国寺志》载“池长四丈八尺，宽二丈二尺，深丈许”。现存实物长13米，宽6米，由石材砌筑，周围三面有石栏板，高约50厘米，厚10厘米，栏板简素，无雕饰，板间有栏杆柱，柱头雕作蘑菇伞状，伞下微向内收后与柱身连为一体。

净土池更多的是引起人们对净土佛国的种种联想，信众们从池边走过便会想到净土的种种美妙以涤荡红尘。有诗写道：“涵空一碧映诸天，四色曾闻产妙莲。净水可知由净土，笑看尘世隔天渊。”①

在僧人们的眼中它更有着不寻常的意义，它能使佛教徒得到往生净土的智慧。“好向池中植妙莲，当知东土即西天……倘能念佛求真脱，七宝庄

① 江五民：《净土池》，民国十年钱三照重纂《保国寺志》。

严在眼前。"①"清净池中清净莲,花开异样叶鲜鲜。僧心若了无生灭,那得弥陀不现前。"②

二、肇庆梅庵大雄宝殿

(一) 梅庵概况

梅庵位于广东省肇庆市西郊的一座小山岗上,寺院规模很小,但历史悠久,据寺内所存最早的明万历九年(1581)碑载其"盖创于宋至道之二年"(996)。此庵为纪念禅宗六祖慧能而建,"相传六祖大鉴禅师经乃地,尝插梅为标识,庵以梅名,示不忘也"。该寺自创始至今,屡有兴废,并曾于嘉靖年间一度改为夏公祠,至万历元年(1573)又复寺院原貌,"凡禅堂佛像焕然一新"。此后清代又曾有过若干次重修。寺内现存建筑主要有山门、大雄宝殿、祖师殿。寺旁附属建筑有众缘堂、茶香室等。由于多次重修,仅大雄宝殿仍保存了宋代建筑特征,其余几幢为明清之物(图4-20、21)。

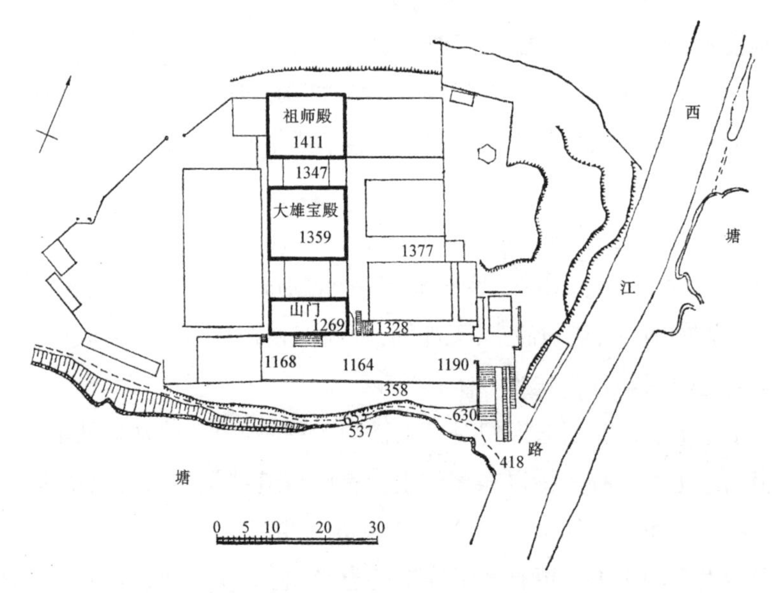

图4-20 肇庆梅庵总平面

① 释显荫:《净土池》,民国十年《保国寺志》。
② 释常惺:《净土池》,民国十年《保国寺志》。

（二）大雄宝殿

1. 大殿构架

大雄宝殿现为面阔五间、进深三间的硬山顶建筑。山墙及屋顶瓦饰皆为后世修缮所为，与当地清晚期建筑相似。门窗也不例外，为后世添加式样，只有当中三间的木构架还保存有较多的宋代建筑特征（4－22、23、24）。

此殿当年应为一座面阔五开间、进深十架椽的厦两头造（即后世的歇山顶）建筑。当心间宽 4.84 米，次间宽 3.16 米，总进深 10.05 米。其构架形制为《营造法式》所载“十架椽屋前后乳栿对六椽栿用三柱”的厅堂式构架，彻上明造，内柱升高至第三缝槫下。横向所有梁栿皆用月梁。

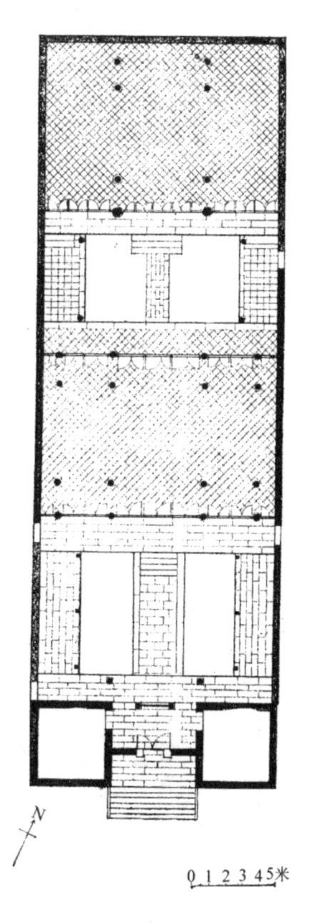

图 4－21 梅庵山门、大雄宝殿、祖师殿平面

现在两梢间已经变成硬山顶，不过内柱与山墙间各存有两条乳栿，与构架前后檐柱与内柱间的乳栿长度及形式完全相同，且内柱柱头仍留有一栌斗，并在 45°方向留有榫卯的卯口。同时两梢间外檐靠近山墙处留有斗栓的卯口（详见斗栱一

图 4－22 梅庵大雄宝殿立面

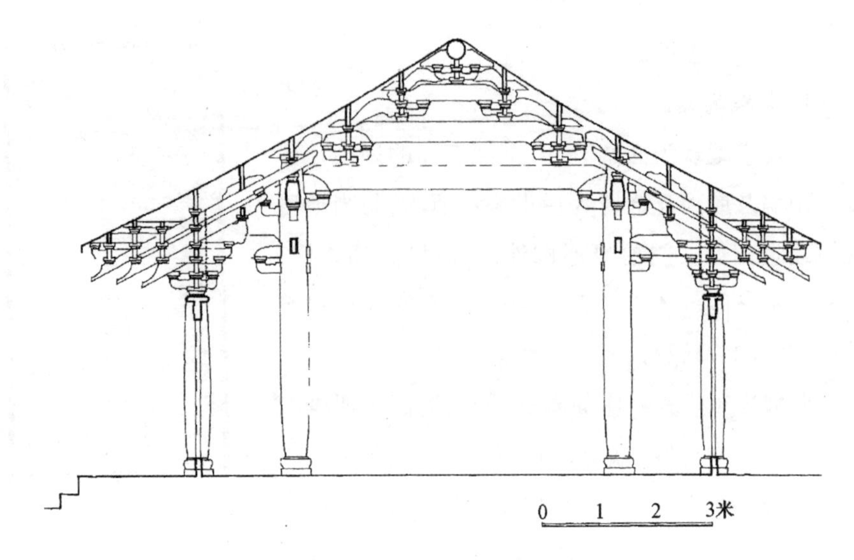

图 4－23 梅庵大雄宝殿横剖面

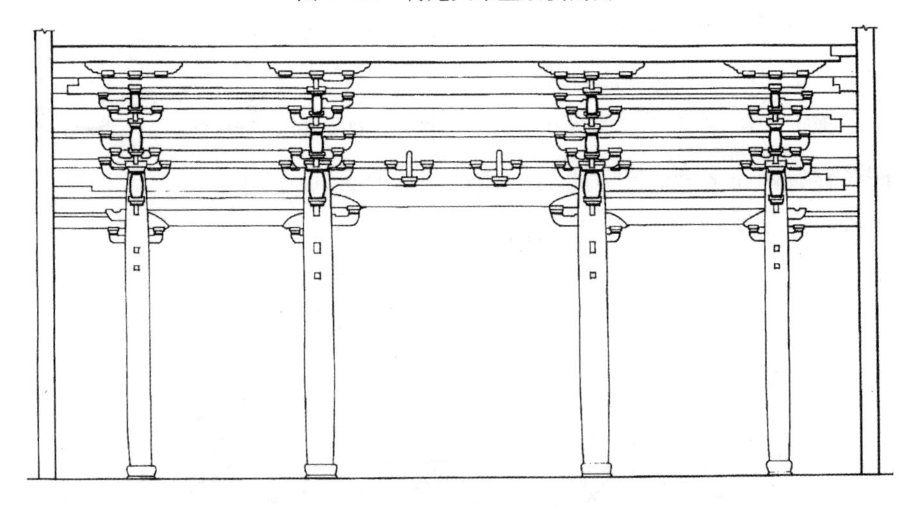

图 4－24 梅庵大雄宝殿纵剖面

段)，说明此处原应有转角铺作。据此推断，该殿原为带有转角铺作的歇山顶建筑。

大殿梁栿断面形式较为特殊，呈腰鼓形，中间最宽，上下变窄，且上下内收的尺寸不同，以梁中宽与梁高之比看，接近 3∶2，具体尺寸如下表所示。

柱间梁栿有六椽栿、四椽栿、平梁，其中六椽栿置于内柱之间，在柱头铺作的大斗之下插入柱身，梁端设丁头栱支托。四椽栿则于六椽栿背上以一组十字相搭斗栱作为梁端支座叠落起来。四椽栿背上再置一组斗栱承托平梁，平梁中部置十字相搭的一组斗栱承托脊槫。内柱与外檐柱间设乳栿和劄牵，所有横梁端均设有托脚。在纵向，外檐柱间施普拍方、阑额，内柱间有屋内额，为月梁形，且隔间相闪，在次间两榀梁架间于横梁端部还有襻间作为纵向连系构件。

			六椽栿	四椽栿	平梁
梁栿尺寸	梁广（高）	尺寸（厘米）	46	39	33
		材分°（分°）	37.7	32	27
	梁宽	上宽（厘米）	25	21	18
		材分°（分°）	20.2	17.2	14.8
		中宽（厘米）	30	27	24
		材分°（分°）	24	22.1	19.7
		下宽（厘米）	25	19	19
		材分°（分°）	20.2	15.6	15

构架中檐柱与内柱均为梭柱，为上下皆有卷杀的形式。外檐柱高未越间广，柱虽无生起，但有侧脚，前檐柱侧脚2—3厘米。构架的上述特点皆为宋代建筑所具备，且与《营造法式》记载相同。但除此之外，构架中有些构件形制发生变异，有若干细部手法与《营造法式》或其他地区的宋代建筑不同，例如托脚为弧形（或称虾背弓形），这种形式的构件常见于闽、粤明清时期的建筑中，构架中除脊槫外所有槫皆用木方，且断面瘦高，脊槫下施“梁枕”，内柱间内额上表面位置不在柱顶而下降。

至于上下两头皆带卷杀的梭柱，在宋《营造法式》“卷杀”一条中也有记述，且曾于宋元实例中见过不止一处。它同时又是广东地域木构建筑手法的反映，这一做法一直延续到明清时期。

2. 大殿斗栱

斗栱与宋代南方建筑中所见者非常相似，但又不尽相同，其特点表现为总体构成相似而细部处理不同。例如斗栱用材，广18—18.6厘米，厚9厘米，每分°=0.9厘米，广与高之比为2∶1强，栔广7.7—8.5厘米，平均值

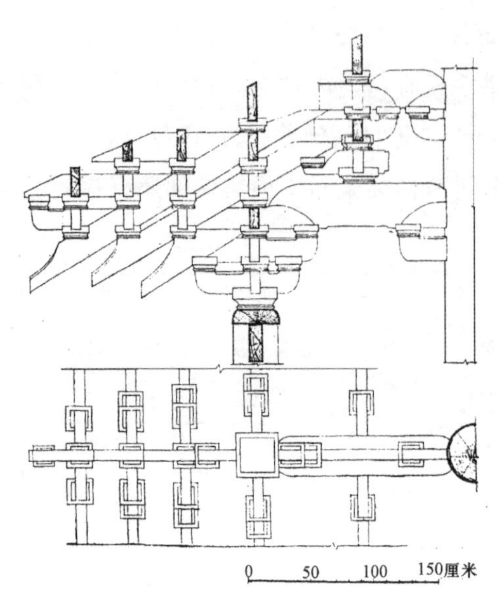

图4－25 梅庵大雄宝殿柱头铺作

为8.1厘米，合9分°。折成宋尺，材广为五寸七分，介于《营造法式》六七等材之间；材厚为二寸八分，《营造法式》八等材厚三寸，此不足八等材，姑且将斗栱用材算作七等材。比较完备的斗栱布局仅限于外檐，当心间用双补间，次间用单补间。因心间宽度与次间宽度之比近于3∶2，可对应为《营造法式》所谓的“铺作分布远近皆匀”。

斗栱的形制为七铺作单杪三下昂，这种用三条下昂的七铺作斗栱为《营造法式》所未载，是现存实物中唯一的孤例，其具体做法如下。

柱头铺作：七铺作单杪三下昂里转五铺作出双杪（图4－25）。里外跳下一杪皆偷心，外跳第二跳用插昂，第三跳用真昂，两者跳头皆作重栱计心，承瓜子栱、慢栱，第四跳用真昂，跳头承令栱与华栱头相交，上承橑檐方及衬方头，衬方头伸出橑檐方作成劈竹昂头形。另外在第二、三跳的两组横栱之上也有一类似衬方头的构件，撑于第四跳下昂背与望板之间。里跳仅出两卷头，上承乳栿、乳栿入斗栱后前伸到第二跳下昂底，乳栿背上叠置四重斗，第一重大斗承向外伸出之异形栱头与横栱十字相交，第二重斗承向内伸出之短栱头与素方相交，第三重斗承劄牵牵首与另一横栱相交，第四重斗承下平槫木方。三下昂昂尾交待各有不同，第一昂昂尾压在乳栿梁首之下，成插昂式。第二昂昂尾被乳栿背上的异形栱跳头上的小料承托，并压于上一层短栱头后尾之下，第三昂昂尾压于劄牵牵首之下。三昂昂嘴皆作琴面昂式，但长短不一，而仅依昂嘴所承同一水平高度之交互枓来调整其长度。此甚为鲜见。扶壁栱为重栱素方、令栱素方上承压槽方。

补间铺作：七铺作单杪三下昂里转出三杪（图4－26），上承鞾楔及下昂尾。补间铺作外跳与柱头铺作同，里跳出三杪偷心造华栱，上承鞾楔，鞾楔端部又置一斗，自斗口内伸出素方一条，第二跳下昂尾即置于此素方上并用斗与第三跳下昂尾相衔。第三跳下昂尾向上伸，压于下平槫木方及内柱轴线缝上所施之平槫木方下，第三条下昂尾同时搭在内柱顶上。补间铺作第二、三跳昂尾皆比柱头铺作下昂尾长，使下平槫及平槫位置的屋面荷载能与前部悬挑的出檐荷载取得平衡。

图4－26 梅庵大雄宝殿补间铺作

另外，在内檐仅于梁背上有使用十字相搭的斗栱作为梁端的支撑。

在梅庵斗栱中除利用榫卯使构件连成整体之外，又使用了栱栓和昂栓，以加强铺作整体性。栱栓用于正心横栱之中，位于栌斗两侧，栓尾插入普拍方，栓首插入正心枋。

梅庵斗栱的做法与宁波保国寺大殿、福州华林寺大殿斗栱有诸多相似之处，特别是采用长两架的下昂尾，仅有这几座南方宋初或五代的建筑上使用这种做法，而不见于北方同时期者。另外梅庵斗栱中使用皿板，与福州华林寺大殿相同，这种早在战国时期即已出现的做法，在北方建筑遗物中已见不到了，而江南宋、元至明、清建筑中仍多有使用，梅庵斗栱是使用皿板历史延续中的一个节点。

梅庵斗栱中栱的长度处理自由，如华栱第一跳里外长度不一，补间铺作里跳第二、三跳华栱很短，是为避免鞾楔过大而采用的权宜之计。另外，慢栱、瓜子栱的长度也随所在位置而有所不同。具体详见下表：

肇庆梅庵大殿栱长尺寸表

栱名	华栱	泥道栱	正心慢栱	第一跳瓜子栱	第二跳瓜子栱	第一跳慢栱	第二跳慢栱	令栱
长(厘米)	79	94	123	75	71	103.5	93	66
材(分°)	69.7	77	108.2	61.5	58.2	84.8	76.2	54.1

各类栱皆未作砍杀的栱瓣,仍存汉唐古风,这些特点应属地域性特征。梅庵是岭南地区《营造法式》问世前的宋代建筑代表,尽管它与《营造法式》或北方宋代建筑有诸多不同之处,但却又与《营造法式》所载的做法有许多相同点,可看作是《营造法式》的源头之一,因之更具特殊价值,同时也是研究宋代在岭南地区建筑发展的重要遗构。

三、南宋禅宗五山寺院

禅宗于晚唐至五代期间分出沩仰、临济、曹洞、云门、法眼五宗,但经过会昌灭法及周世宗的灭佛之后,北方流行的临济宗受到极大打击,而流行于江南的另外四宗,则由于五代时期的吴越王及闽王对佛教采取保护政策,佛教文化盛极一时,在江南发展出临济宗黄龙、杨岐两派,形成所谓的禅宗"五家七宗",建立了众多佛教寺院,这些寺院建筑以被官方钦定的五山十刹最具代表性。

(一) 临安径山寺

排在五山第一位。该寺位于临安县之北 40 里的今余杭县径山山巅。"径山乃天目之东北峰,有径路通天目,故谓之径山。"寺院所处地段"奇胜特异,五峰周抱,中有平地,人迹不到"①。唐中叶有国一禅师法钦(714—792)在此结草庵,后因代宗皇帝(宝应元年至大历十四年,762—779)皈依此庵,于大历四年(769)前后升为径山寺,到五代末已具有"为屋三百楹"②的规模。入宋后此寺备受官方重视和支持,宋太宗至道年间曾赐御书及佛舍利,北宋末苏轼知杭州时改之为十方刹。

---

① 《咸淳临安志》卷二五《径山》。

② 楼钥:《攻媿集》卷五七《径山兴盛万寿禅寺记》(以下简称《径山寺记》),文渊阁《四库全书》本。

南宋时期,宋高宗曾赐御书“龙游阁”匾;宋孝宗赐御书“兴圣万寿禅寺”额,并赐御注《圆觉经解》。著名高僧大慧宗杲于绍兴七年(1137)入寺,僧众从300人发展到2000人,该寺从此步入兴盛时期。随之出现建设高潮,首先于绍兴十年(1140)建造千僧阁,据李邴《千僧阁记》称:“于寺之东,凿山开址,建层阁千楹,以卢舍那南向峣然居中,列千僧案位于左右,设长连床,斋粥于其下。”千僧阁成为僧人坐禅、起居的主要场所。绍兴十七年(1147)下一代住持、高僧真歇清了建大殿,为纪念高宗临幸,于乾道四年(1168)建龙游阁。至淳熙十年(1183)建西阁,因阁藏孝宗赐《圆觉经解》,又名圆觉阁。庆元五年(1199)寺院失火,“烈风佐之,延燔栋宇,一昔而尽”。后经募集化缘,于第二年重建,嘉泰元年(1201)落成。这次的重建使寺院面貌巨变,涤除过去由于多次添建,“规模不出一手,虽为屋甚夥,高下奢俭,各随其时”的不统一局面。

寺院新建工程分三区布列,中部一区“宝殿中峙,号普光明,长廊楼观,外接三门,门临双径,驾五凤楼九间,奉安五百应真,翼以行道阁,列诸天五十三善知识”①。这是寺院的核心群组,采用廊院式建筑群,山门在前,佛殿在后,两侧为长廊及楼观。据今人现场考察,在寺院两侧仍留有两条土岗,自北向南延伸,并成合抱之势,与“门临双径”之描绘吻合。《径山寺记》称“造千僧阁以补山之阙处”,从现场地形看,西侧土岗很短,与西北之山形成一缺口,千僧阁应位于这里,故与“造千僧阁以补山之阙处”之说也能吻合。文中还称千僧阁“前耸百尺之楼,以安洪钟。下为观音殿,而以其东、西序庋毗卢大藏经函”。这段文字可理解为千僧阁坐西朝东,而其前耸百尺之楼仍应为坐东朝西,这里的“前”字是指“对面”之意。百尺楼实为一钟楼,位在寺院东侧也是符合一般惯例的。而观音殿的位置从其供奉观音佛像的功能和带有东西序的特点分析,应在中轴线上,以放在普光明殿后为宜。《径山寺记》中还有“开毗那方丈于法堂之上,复层其屋以尊阁”之句。所谓“方丈于法堂之上”,并非二者在同一建筑中,此处之“上”字可

① 《径山寺记》。

理解为在法堂后地形较高的位置,从下一句的"复层其屋以尊阁"看,法堂和方丈也是楼阁式建筑。这样中轴线上的建筑依次为山门、普光明殿、观音殿、法堂、方丈。

中轴东侧的建筑有百尺楼,并"凿山之东北,以广库堂",还于"东偏为龙王殿,以严香火之奉,继为香积厨,以给伊蒲之馔"。

中轴西侧的建筑,"延湖海大众则有云堂,供水陆大斋则列西庑",以及千僧阁。

此外还有选僧堂名为天慧堂,沐浴处名为香水海等。并修复了僧妙喜之塔,在明月池上建蒙庵。整组寺院建筑"禅房客馆、内外周备"。经过三年时间便完成了,"其兴之神速,高掩前古,而又雄壮杰特,绝过于旧"。

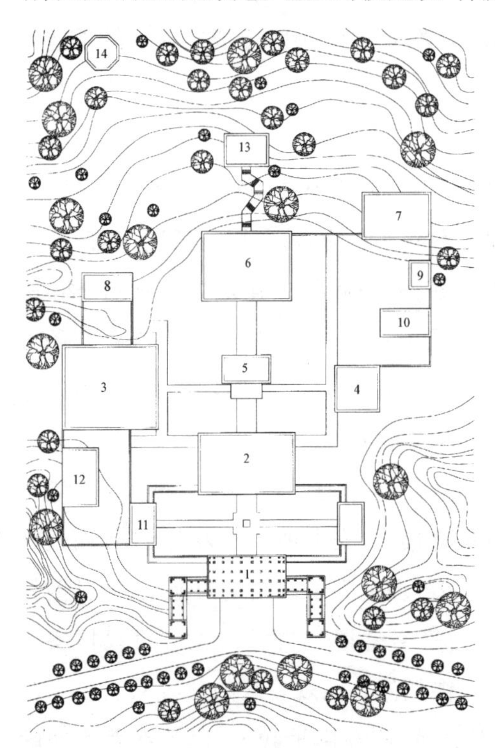

图4-27 临安径山寺总平面想象图(嘉泰元年)

1. 山门; 2. 普光明殿; 3. 千僧堂; 4. 百尺楼; 5. 观音殿; 6. 法堂; 7. 库堂; 8. 天慧堂; 9. 龙王殿; 10. 香积厨; 11. 西庑; 12. 云堂; 13. 方丈; 14. 妙喜之塔

据《径山寺记》的描述,结合当地现存的环境条件,我们可对径山寺的总体布局有一概括的印象(图4-27)。

《径山寺记》中对于寺中几幢建筑的规模的记载可为今人了解全寺建筑规模的重要依据。例如山门,是一座五凤楼形式的建筑,且有九间之大,几可与宫殿之大门媲美。北宋东京的宣德楼,也有一座五凤楼式大门,其中部主楼开始仅有五间,北宋末改为七间。而径山寺这座五凤楼式山门达到九间,就开间数而论,比宣德楼还多。一般一座建筑群的大门的大小,标志着建筑群组的大小,从山门的规模可判断径山寺必应是一组大型建筑群。

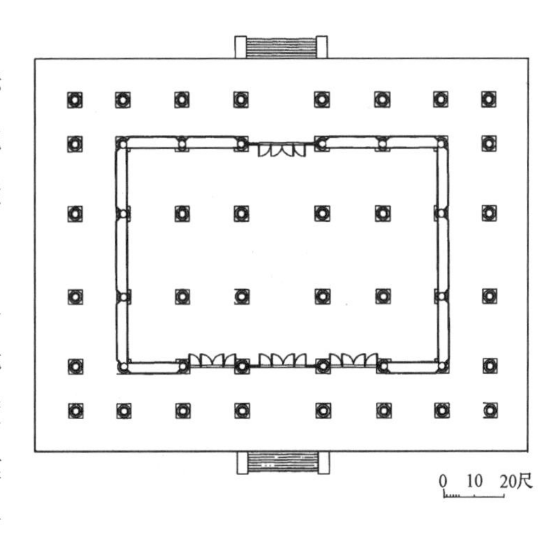

图4-28 径山寺法堂平面

在寺院中山门并非最显赫者，还应有比它更大的建筑，故此推测径山寺的主殿普光明殿可能是一座九间以上的大型殿宇。

另外，从径山寺在中轴线上安排的一系列楼阁建筑看，普光明殿虽未称之为楼阁，但其尺度绝不能太小，否则无法与整个建筑群相匹配。关于法堂，《五山十刹图》中有此建筑的剖面图，进深为五间，有前后廊，高两层，一层带副阶，二层进深三间，外檐之外挑出一附廊。现据《五山十刹图》对法堂作出复原想象图(图4-28、29、30)。

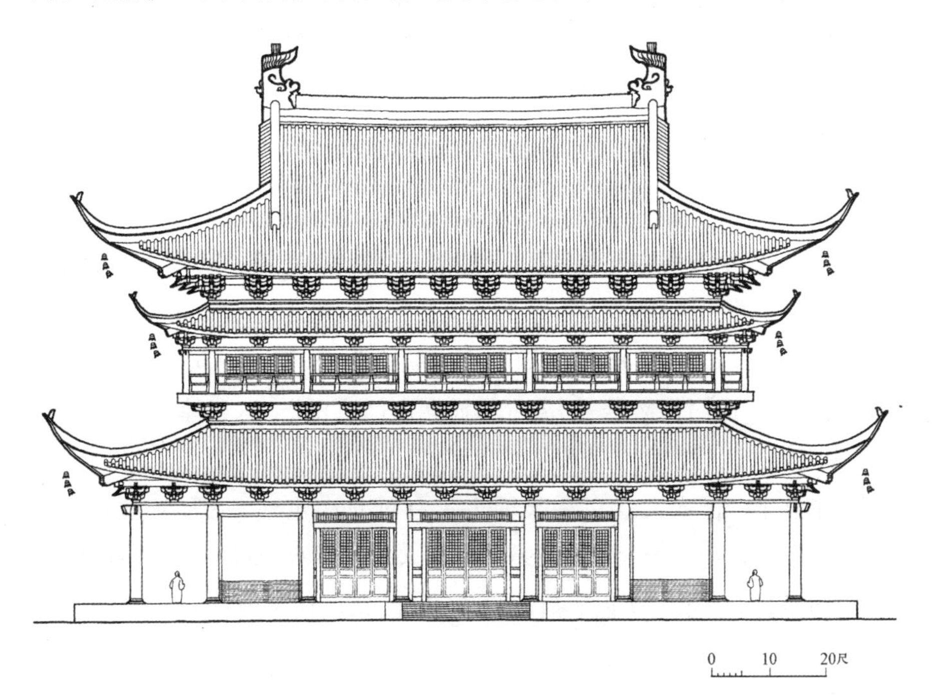

图4-29 径山寺法堂立面

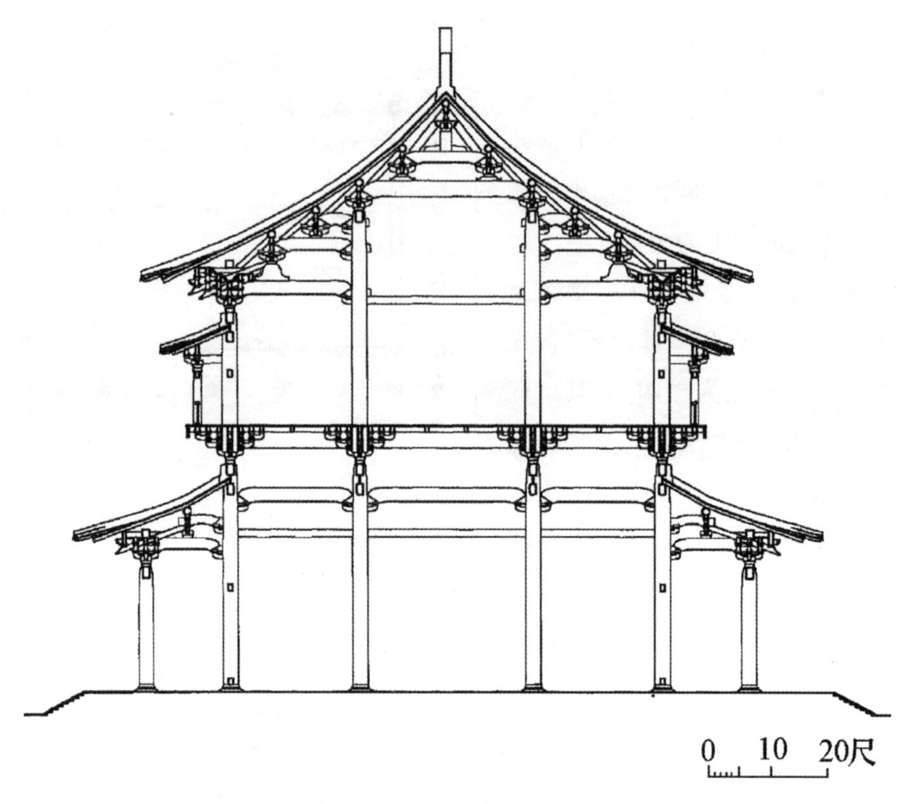

图 4－30 径山寺法堂剖面

绍定六年(1233),寺院再次失火,重建于三年后完成,据《径山禅寺重建记》载,这次重建的主要建筑有"龙游阁、宝殿、宝所、灵泽殿、妙庄严阁、万佛殿等"。龙游阁居翠峰之顶,其下依次是宝殿、宝所等。"旧两僧堂,幼学者居外,久习者居内,殆非不二法门,今则统而为一,楹七而间九,席七十有四而衲千焉。"山门仍然是"翃翼五凤而闳离门之虚"。大僧堂与五凤楼之间以廊庑相接。这次重建规模不减庆元,但仅经九年,淳祐二年(1242)再次失火,并再建。进入元代以后又因火灾有过几次重建,一为至元十二年(1275),一为至元二十六年(1289)。至元末遭罹兵火,寺院受到严重打击,当时"两浙五山、径山、灵隐火后凄凉,径山尤甚,居僧不满百人"①。明清虽

① 《日工集》,转引自关口欣也《中国江南之大禅院与南宋五山》,原载日本《佛教美术》144号,昭和五十七年九月(1982年9月)。

有重建，但规模已大为减小。20 世纪初尚存有天王殿、韦陀殿、大雄宝殿、东庑、钟楼、妙喜庵等，但后来只有钟楼及永乐元年（1403）所铸大钟一直保存至今。

（二）临安灵隐寺

灵隐寺居五山第二位。该寺位于杭州市西部武林山，其后为北高峰。"东晋咸和元年梵僧慧理建"，至"唐天宝中邑人于北高峰建砖塔七级"，后于会昌中废毁，大中年间复建。"至吴越钱忠懿王……命永明禅师重为开拓殿宇一，新建石幢二，殿仍觉皇之旧殿，后为千佛阁，最后为法堂。"北宋淳化以后屡修，并于元丰年间重建寺院，"于宋真宗景德四年（1007）赐称景德灵隐禅寺"①。大殿于北宋宣和五年被烧毁，同年九月重建。

南宋时期该寺受到皇室重视，孝宗、理宗皆曾有赐额之举②，现据日僧所绘《五山十刹图》可窥见这座寺院布局的概况。寺的中部有山门、佛殿、卢舍那殿、法堂、前方丈、方丈、坐禅室等建筑，于中轴线上依次排开，第一进院落较大，东西两厢置钟楼、轮藏，后部在法堂与方丈两侧，东为土地，西为檀那、祖师等殿，以上诸殿构成中轴群组。除此之外，东、西各有数组建筑，其中主要殿堂位于佛殿两侧，西部有大僧堂（大圆觉海）、僧寮及僧人生活用房，东部有库堂（内放韦陀像）、香积厨、选僧堂等。寺院总体布局因地形所限，呈横向展开之势。寺院前临冷泉溪流，有飞来峰、冷泉亭，入寺香道从东侧切入（图 4－31、32）。现存灵隐寺与南宋时代相比变化较大，据康熙《灵隐寺志》和乾隆、道光年间寺志记载，该寺经历多次灾异，现存山门为清同治年间所建，大殿为宣统年间重建，天王殿为 1930 年之物，大慈阁为 1917 年所建（现已拆除）。山门及大殿两侧建筑也有较大改变。规模难与南宋时相比。宋代建筑无一存留下来，仅有那九里松林的香道和冷泉溪流所构成的幽雅环境，尽管历尽沧桑仍然显示着无穷的魅力。

---

① （清）康熙《灵隐寺志》卷二。
② 同上。

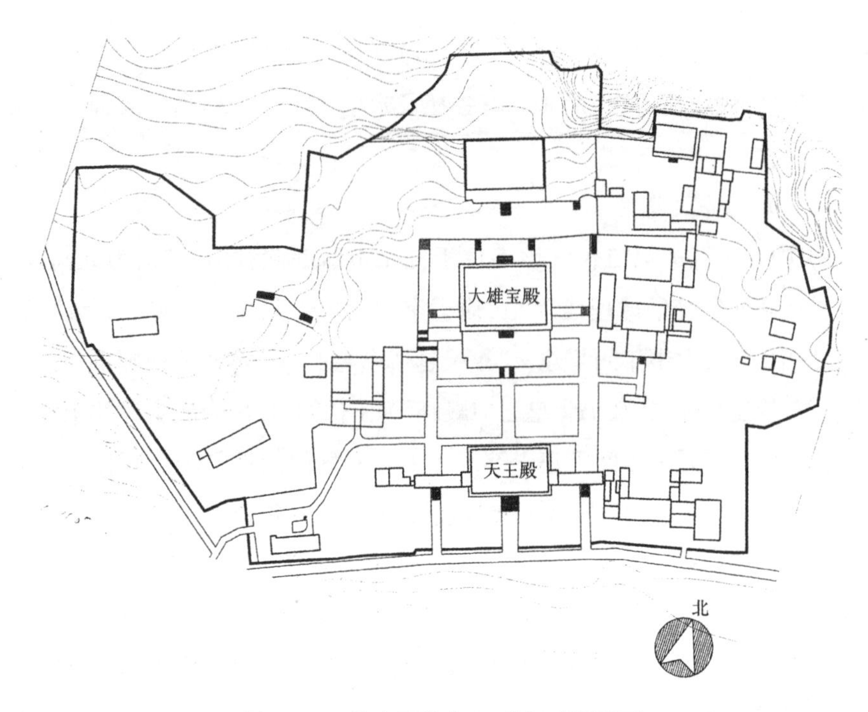

图 4－31　临安灵隐寺 20 世纪后期平面

图 4－32　灵隐寺冷泉亭

（三）庆元府天童寺

天童寺居五山第三位。该寺位于浙江庆元府鄞县太白山麓，距今宁波市30公里。西晋永康年间（300—301）僧义兴始营草庵，后遭兵火。唐开元二十年（732）僧法璿依故迹建精舍、多宝塔。至德年间（756—758）移至太白山下。北宋景德四年（1007）赐《天童景德禅寺》之额。元祐八年（1093）建转轮藏①。南宋建炎三年（1129）曹洞宗著名高僧宏智正觉入寺，寺院僧众从200人增至2000人。绍兴二年（1132）正觉主持大规模的建设活动，在山门“前为二大池，中立七塔，交映澄澈”②，同时重建了山门，“门为高阁，延袤两庑，铸千佛列其上”，还建造了卢舍那阁及大僧堂。关于这座绍兴二年（1132）所建的大僧堂，“前后十四间，二十架，三过廊，两天井，日屋承雨，下无墙陼，纵二百尺、广十六丈，窗牖床榻，深明严洁”③。至绍兴四年（1134）完成，“总费缗钱五千有奇”。淳熙五年（1178）孝宗亲书“太白名山”赠寺院，为储藏皇帝手书真迹，又“起超诸有阁于卢舍那阁前，复道联属”④。绍

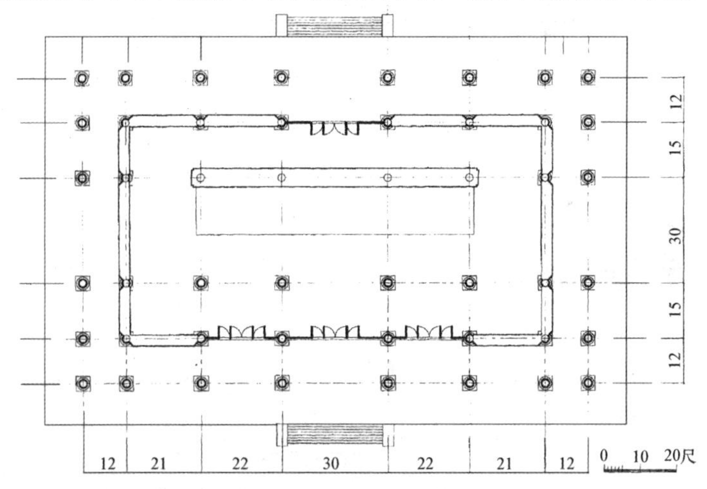

图4－33 庆元府天童寺宋代千佛阁平面复原想象图

① 《明州天童山景德寺转轮藏记》宋拓本，藏于日本宫内厅书陵部。转引自关口欣也《中国江南之大禅院与南宋五山》，原载日本《佛教美术》144号，昭和五十七年九月（1982年9月）。

② （清）嘉庆《天童寺志》卷二《建置考》，引（宋）楼钥《天童山千佛阁记》。

③ （清）嘉庆《天童寺志》卷二《建置考》。

④ 楼钥：《攻媿集》卷五七《天童山千佛阁记》，文渊阁《四库全书》本。

熙四年(1193)寺院住持虚庵怀敞改建千佛阁,并曾得日僧荣西支持①。千佛阁为一座七开间、三层的宏伟楼阁,据《天童山千佛阁记》称此阁“凡为阁七间,高为三层,横十有四丈,其高十有二丈,深八十四尺,众楹俱三十有五尺,外开三门,上为藻井,井而上十有四尺为虎座,大木交贯,坚致壮密,牢不可拔。上层又高七丈,举千佛居之,位置面势,无不曲当,外檐三,内檐四,檐牙高啄,直如引绳。……周延四阿,缭以栏楯”。千佛阁之壮观雄丽在当时可算是数一数二的。现绘制想象图以得具体概念(图4-33、34)。这座楼

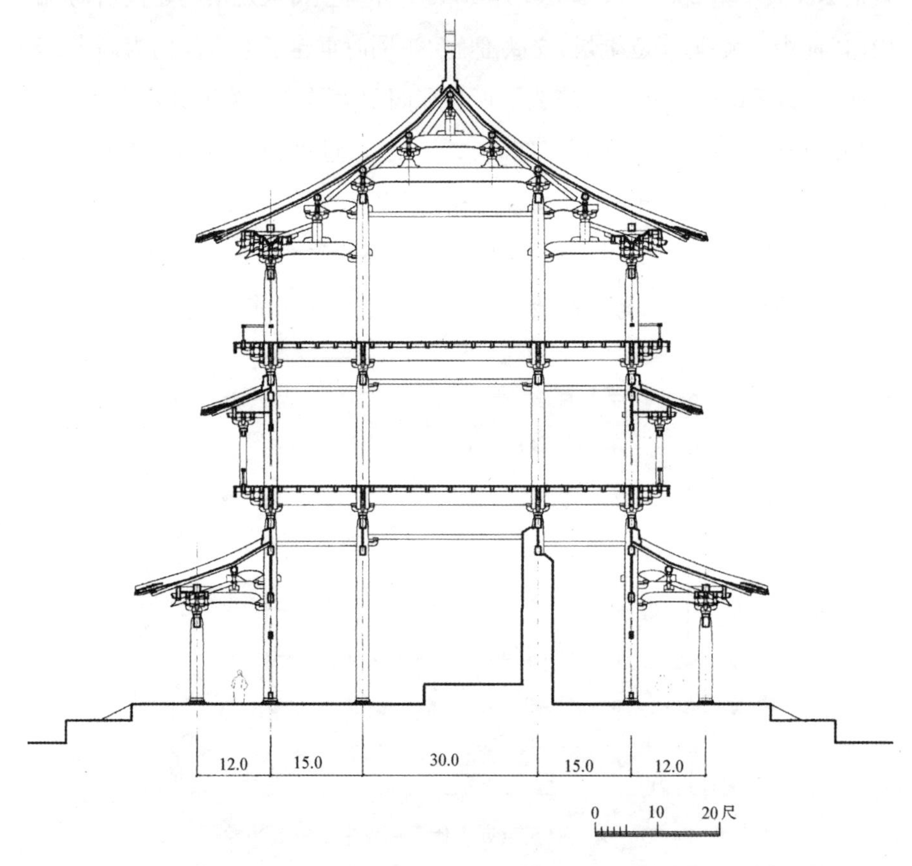

图4-34 天童寺宋代千佛阁剖面复原想象图

① 《天童山千佛阁记》,载日僧荣西于绍熙元年(1190)随天童寺新任主持虚庵入寺,获知欲建千佛阁,便称“他日归国,当致良才以为助”。绍熙二年搭乘宋商商船返国,两年后“果致百围之木若干,挟大舶,泛鲸波而致焉”。

阁尺度超过现存宋、辽楼阁遗物。遗憾的是宝祐四年(1256)被烧毁了,以后又经多次毁、建,大约在明代以后规模缩小。南宋时代是天童寺空前繁盛时期,"梵宇宏丽遂甲东南"①。

《五山十刹图》对南宋盛期的天童寺寺院总体布局作了简要记录。当时该寺分成三大部分,中部沿中轴布局的建筑有山门及两侧的钟楼、鼓楼,三世如来(即佛殿),法堂,穿光堂,大光明藏,方丈等。佛殿西侧以大僧堂(图中为云堂)为中心,并有轮藏、照堂、看经堂、妙严堂及若干附属建筑。佛殿东侧以库院为中心,库院内供奉韦陀像,并有水陆堂、云水堂、涅槃堂、众寮及附属建筑。从寺院总体布局中,可以看出寺院在横向扩展中,形成了僧堂与库院相对的格局,并与佛殿共同连成一条横向轴线。这种纵横正交的十字形轴线布局成为南宋禅宗寺院的理想布局方式。

天童寺依太白山势自下而上层层叠起,寺前古松夹道,其超脱世俗、回归自然的环境特色在宋代已经形成。王安石游天童寺诗"山山叠拓绿浮空,春日莺啼谷口风。二十里松行欲尽,青山捧出梵王宫"便是很好的例证。楼

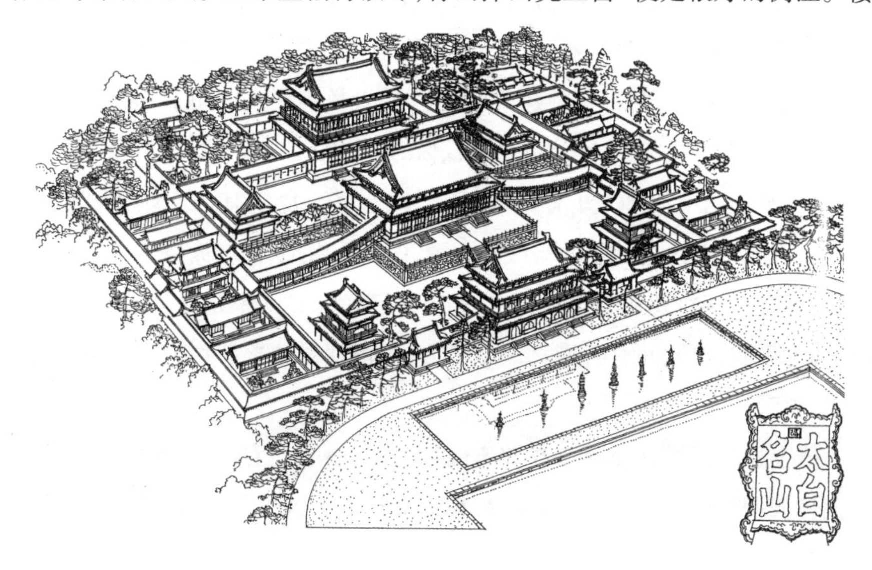

图4－35　傅熹年据元太白山图绘天童寺复原图

① 《宝庆四明志》卷一三《鄞县志》卷二《寺院》。

钥《天童山佛阁记》的记载更为准确:"游是山者,初入万松关,则青松夹道凡三十里,云栋雪脊层见林表,而倒影池中,未入窥楼阁,已非人间世矣。"①(图4-35、36)

图4-36 天童寺总体布局图

(四) 临安净慈寺

净慈寺居五山第四位。位于杭州南屏山北麓,寺院所处地段南高北低,寺门向北。后周显德元年(954),吴越王钱弘俶为迎接法眼宗高僧道潜而建,始称慧日永明院。至北宋初,宋太宗赐额"寿宁院"。熙宁五年(1072)日僧成寻访该寺,记载了当时寺院的建置状况:"从兴教寺北隔二里有净慈寺,参拜大佛殿内石丈六释迦像,次礼五百罗汉院,最为甚妙。次礼石塔九重,高一丈许,每重雕造五百罗汉,并有二塔,重阁内造塔。食堂有八十余人,钵皆裹绢……寺内三町许,重重堂廊,敢以无隙,以造石敷地,面如涂漆。"②

另据万历《杭州府志》载,万工池"在净慈寺门外,宋建炎以前寺屡遭回禄,鞠为荆墟,淳熙间有善青乌之术者云,须凿池以禳之,寺僧宗本乃募化开池,与力者万人,故名"③。

依上述记载可知净慈寺在北宋时期的面貌:寺前有大池,寺内主要建筑有大佛殿、罗汉院、九层塔、楼阁等,彼此有廊庑相连。苏轼曾有诗云:"卧闻

① 《天童山千佛阁记》。
② 成寻:《参天台五台山记》。
③ 《浙江通志》卷九《山川一》,文渊阁《四库全书》本。

禅老入南山,净扫清风五百间。”在诗文序中苏轼还谈到所见到的景况:“仆去杭五年……闻湖上僧舍不复往日繁丽,独净慈本长老学者益盛。”由此可见当时这座寺院曾达到“五百间”的规模。

南宋建炎元年(1127)该寺曾发生火灾,另据《西湖游览志》载其“南渡时毁而复兴,僧道容实鸠工焉……塑五百阿罗汉以田字殿贮之”①。“鸠工于癸酉之夏(绍兴二十三年,1153),落成于戊寅之春(绍兴二十八年,1158),讫岁五周始即厥绪,四方观者莫不赞叹规制雄伟……为行都道场之冠。”②

嘉泰四年(1204)该寺再次失火,六年后于嘉定三年(1210)开始重建,嘉定十四年(1221)完成。净慈寺再次兴盛,达到“云堂千众”。绍定四年(1231)于佛殿前凿双井,后又于淳祐十年(1250)在山门外西侧建千佛阁。这时净慈寺已是“为寺甲于杭”。元、明、清各代,该寺又曾有过多次毁坏、重建,现寺内殿宇已全部为后世所建,仅有万工池和双井仍为宋代遗物,成为净慈悠久历史的见证(图4-37、38)。

图4-37 临安净慈寺万工池

① 《西湖游览志余》卷三《南山胜迹》。
② 《松隐集》卷三〇《净慈创塑五百罗汉记》。

图 4 - 38 净慈寺宋代开凿的双井之一

（五）庆元府阿育王寺

阿育王寺居五山第五位。该寺位于浙江庆元府鄞县城以东 20 公里的宝幢镇。相传西晋太康三年(282)僧慧达于寺址发掘出一塔,此塔即阿育王所造的四万八千塔之一。为奉安阿育王塔,东晋义熙元年建亭,南朝宋元嘉二年(425)始建寺院,梁普通三年(522)赐额"阿育王寺"。贞明三年(917)重建九层木塔,显德五年(958)毁于火,建隆三年(962)重建。大中祥符元年(1008)宋室赐额"阿育王山广利禅寺"。又经六十载,于治平三年(1066)高僧大觉怀琏住持阿育王寺。为奉安赐给怀琏之御书,于熙宁三年(1070)建宸奎阁,至南宋淳熙年间(1174—1189)建舍利殿,孝宗于淳熙三年(1176)赐额"妙胜之殿",奉安阿育王塔。嘉定年间(1208—1224)建东、西两阁,随之建法堂。至南宋末,寺内主要建筑有外山门、大权菩萨阁、宸奎阁、淳熙阁、舍利殿、法堂、等慈堂、库堂、东西廊等。

"宋德既衰,寺亦随毁。"到了元中叶,曾有一次复兴,寺西现存的六角七层砖塔,便是至正二十五年(1365)改建而成。明清间多次因灾异而重修、重建,格局随之变化。现存建筑多为清末民初之物。

四、南宋禅宗五山寺院建筑特色

（一）寺院建筑群布局

禅宗五山寺院所处地段多为山地，在总体布局上寺院纵深铺陈余地较少，多取横向展开之势，但仍具中轴严整一区，布列山门、佛殿、法堂、方丈等主要建筑，各寺院在中轴前半部仍为统一的格局，置山门、佛殿。而佛殿之后，各寺有所不同，如灵隐寺，将毗卢遮那殿置于法堂之前，方丈殿则向前扩展出一座前方丈，向后增加坐禅室。天童寺在法堂之后、方丈殿之前，增设了穿光堂、大光明藏，然后才是方丈殿。与五山同期的天台山万年寺，在佛殿后增加罗汉殿，在法堂后又增加了大舍堂、觅音、楞伽室，而其方丈殿偏于一隅。可见寺院后半部的殿堂设置没有严格规矩，但天童寺于中轴后部设“大光明藏”，为明清所见中轴后部设藏经楼之先河。每座主要建筑多随地势变化各居一层台地，寺院沿中轴叠起层层院落，各院建筑布列有所不同，有的以廊庑环绕，自成一组，如径山寺普光明殿；有的因山地院落空间压缩成扁方形状，如灵隐寺法堂、穿光堂、前方丈诸院落。中轴群组两侧建筑以僧堂、库院为主，两者各居一方，周围配以附属建筑，天童、灵隐、径山皆如是，形成“僧堂对库院、佛殿朝法堂”的格局。寺院纵横轴线于佛殿处相交，成为寺院之核心，而大殿和山门之间的院落处理比较随意。这几座寺院在佛殿与山门之间只有径山寺列西庑与百尺楼，天童寺有轮藏与钟楼，其他寺院皆无主要配殿。与四合院式建筑群的建筑布局观念不同，这种寺院布局的特点是以佛殿为中心，形成十字形轴线，建筑沿十字形轴线展开。就其功能分析，南北轴线上的建筑为寺院礼佛建筑，不仅祭拜佛像在此，而且宣传佛法也在此，还将寺内住持的建筑“方丈殿”也放在中轴上，其意义在于“既为教化主，即处于方丈……非私寝之室也”。宣扬佛法的“教化主”在佛寺中占有重要位置，这几座寺院的兴盛发展，正是因名僧进驻，宣扬佛法，住持佛寺，从而吸引了八方香客，所以“方丈殿”成为主轴线上的重要建筑。东西轴线上的建筑则以方便僧众活动为主要功能，不仅有坐禅的千僧堂，还有从选僧至涅槃，以及供僧众使用的生活服务用房。这种十字形轴线展开的布局,以佛殿为中心,将僧堂与佛殿连成一条横向轴线。在僧人通过静坐思维、彻悟自心、达到心印成佛的过程中,依靠这条横向轴线的引导,感到彼岸就在眼前。这种十字形轴线布局正是禅宗“心印成佛”思想的具体体现。

在寺院中设水池,见于天童、净慈、径山诸寺,阿育王寺是否有池未见记载。从各寺池名可以看出至南宋时期寺院水池之名尚不统一,有的称“大池”,有的称“明月池”,还有称“万工池”的。五山之外的寺院如庆元府天台宗的保国寺于南宋开凿的水池称“净土池”,可见这些寺院凿池之举是自南宋逐渐发展起来的。水池的位置也各不相同,有的在山门之前,如天童、净慈二寺;有的在佛殿之前,如保国寺;还有的在寺院其他部位,如径山寺之明月池,从《径山兴圣万寿禅寺记》推测似在寺院后部。从这些名称不一的水池可知,除净土池之外,似乎尚未赋予水池以明确的宗教意义,但对寺院环境的美化有着重要作用。

(二)寺院前导空间

禅宗五山诸寺与自然环境的结合极为出色,不仅利用自然,而且修饰自然。为了使寺院与自然之间有机结合,寺院前导空间种植了行道树,既做了空间的限定、划界,使之为进入寺院充满宗教意味的特殊环境作准备,同时通过绿化又使寺院与大自然融为一体,这比那些单纯修建一条香道作为前导更高一筹。五山十刹中代表性的有灵隐寺前的“九里松径”,天童寺“寺之前古松夹道二十里”,十刹中的天台国清寺在唐已有“十里松门”之称,建康蒋山太平兴国禅寺“夹路松阴八九里”。

五山十刹着力经营前导空间美化禅院环境已非一时之举,早在唐中叶便已开始,至宋仍继之。寺内环境的处理也极受重视,各寺皆有特色。如灵隐寺满植杉松,广种花草,令当时游灵隐者赞叹不已。有诗为证:“绕寺千千万万峰,满天风雪打山松”①,“山壑气相合,旦暮生秋阴。松门韵虚籁,铮若鸣瑶琴”②,“最爱灵隐飞来峰,乔松百丈苍髯须”③。灵隐不仅有好松,还有

① 《咸淳临安志》卷八○《寺观六》。

② (宋)林逋:《林和靖集》卷一《五言古诗·和运使陈学士游灵隐寺寓怀》,文渊阁《四库全书》本。

③ (宋)苏轼:《东坡全集》卷三《游灵隐寺得来诗复用前韵》,文渊阁《四库全书》本。

好花,白乐天的《灵隐寺红辛夷花诗》道出了花的感染力:“紫粉笔含尖火焰,红燕脂染小莲花;芳情相思知多少,恼得山僧悔出家。”咏净慈寺的诗中也有关于寺院环境的,如“倚空楼殿白云巅,孤轩半出青松杪”,说明寺中也植松树。

寺院中对环境的美化,反映了禅宗僧人超世又酷爱自然的矛盾心态。

(三)寺院个体建筑技术与艺术

南宋时期所建的禅宗五山寺院的个体建筑,追求宏伟壮观尤为突出,有的建筑可谓史无前例。例如径山寺山门为“五凤楼九间”,不仅开间多,而且采取“五凤楼”式,这完全是按照宫殿的规制来建造的。

这几座寺院中佛阁类建筑的尺度也是超常的,如径山寺所建千佛阁面宽七间,高为三层。横十有四丈(45.92 米),高十有二丈(39.36 米),深八十四尺(27.55 米)。这个楼阁每开间达 2 丈,进深 14 架,超过《营造法式》所列大型殿阁的尺寸。

关于大僧堂的建设也是前所未有的。天童寺所建大僧堂,“前后十四间,二十架,三过廊,两天井”。从《五山十刹图》中可以见到径山寺的“海会堂”,灵隐寺、万年寺都有这样的大僧堂。天童寺的大僧堂采用“天井”来解决超大型建筑空间的大跨结构难度和通风、采光问题。

综上所述,南宋兴建的禅宗五山寺院的木构建筑,在艺术追求方面向宫殿建筑看齐,运用技术手段满足使用功能方面的问题并有所创新。遗憾的是它们大多毁于雷火,无一幸存者,但幸运的是其所创造的美好环境却能与日月同辉。

第四节 砖 石 塔

一、佛塔发展概况

在公元 10 世纪至 12 世纪的建筑遗存中,砖石塔幢的数量占居首位,较著名者有 30 余座(详见表)。它们大多以宗教性建筑的面貌出现,但有的塔已超越了宗教的意义，成为登高、瞭望的建筑。南宋绍兴年间僧介殊在福建泉州海边宝盖山建姑嫂塔，在塔上可感受到“手摩霄汉千山尽，眼入沧溟百岛通”的情景，因之此塔成为人们登临远视、瞭望海情、等待出海渔船归来的场所，又是使海船不再迷航的标志。砖石塔成为这一历史时期社会政治、文化、经济发展的历史见证，包含着各种历史信息，如人们对宗教的虔诚、对艺术的追求、对技术的探索，乃至不同民族的爱好、与外域的文化交流等，有着丰富的历史文化价值。宋代是砖石塔蓬勃发展的历史时期，其类型之繁多是空前绝后的，即使在同一类型中，每座塔又因凝聚着造塔匠师独特的创作欲望而很少有完全相同者。

宋代佛塔一览表

编号	名称	年代	平面	形式	高度	备注
1	苏州虎丘塔	建隆二年(961)	八边形	楼阁式	7层 47.68米	
2	景德镇浮梁古城红塔	建隆二年(961)	六边形	楼阁式	7层 40.47米	
3	上海龙华塔	太平兴国二年(977)	八边形	楼阁式	7层40.4米	
4	*苏州罗汉院双塔	太平兴国七年(982)	八边形	楼阁式	7层30米	
5	安徽宣城广教寺双塔	绍圣三年(1096)	方形	楼阁式	7层17.2米	塔上存苏轼书经刻石
6	*苏州瑞光塔	祥符二年至天圣八年(1009—1030)	八边形	楼阁式	7层43.2米 (残高)	
7	四川彭县正觉寺塔	乾兴年间(1023—1026)	方形	密檐塔	13层檐 28米	
	江西庐山西林寺塔	庆历年间(1041—1048)	六边形	楼阁式	7层46米	
8	当阳玉泉寺棱金铁塔	嘉祐六年(1061)	八边形	楼阁式	13层 17.9米	带须弥座

（续 表）

编号	名称	年代	平面	形式	高度	备注
9	江西信丰大圣寺塔	治平元年(1064)	六边形	楼阁式	外9层66.45米,内17层	
10	岳阳慈氏塔	治平、建炎(1064)后(重修)	八边形	楼阁式实心塔	7层39米	
11	*上海松江方塔(兴圣教寺塔)	熙宁年间(1068—1077)	方形	楼阁式	9层48.5米	
12	*湖州飞英塔	乾道五年至嘉泰元年(1069—1201)	八边形	楼阁式	7层36.32米(残高)	
13	*景县开福寺舍利塔	元丰二年(1079)	八边形	楼阁式	13层63.85米	
14	福州千佛陶塔	元丰五年(1082)	八边形	楼阁式	9层6.38米	带须弥座
15	镇江甘露寺铁塔	元丰年间(1078—1085)重建	八边形	楼阁式		仅存4层带须弥座
16	广州六榕寺塔	绍兴四年(1097)	八边形	楼阁式	9层57米	
17	宜宾旧州白塔	元符年间(1098—1109)	方形	密檐式	13层檐29.5米	
18	安徽广德天寿寺大圣宝塔	崇宁四年(1105)重建	六边形	楼阁式	7层31.34米	
19	安徽蒙城万佛塔	崇宁七年(1108)	八边形	楼阁式	13层42.5米	
20	晋江安平桥头塔	绍兴八年(1138)	六边形	楼阁式	5层22米	
21	福建晋江姑嫂塔	绍兴年间(1131—1162)	八边形	楼阁式	5层21.65米	
22	苏州报恩寺塔	绍兴年间(1131—1162)	八边形	楼阁式	9层76米	(后世重修)

（续　表）

编号	名称	年代	平面	形式	高度	备注
23	大足北山多宝塔	绍兴年间(1131—1162)重建	八边形	楼阁式	7层30余米(内部9层)	
24	*杭州六和塔	隆兴二年重建(1164)	八边形	楼阁式	7层59.89米	(后世重修)
25	*莆田释迦文佛塔	乾道元年(1165)	八边形	楼阁式	5层36米	
26	*泉州开元寺仁寿塔	绍定元年(1128)	八边形	楼阁式	5层44.06米	
27	邛崃石塔	乾道五年(1169)	方形	密檐	13层檐17米	
28	*泉州开元寺镇国塔	嘉熙二年(1238)	八边形	楼阁式	5层48.24米	
29	常熟崇教兴福寺塔	咸淳间重建(1265—1274)	方形	楼阁式	60余米	
30	武汉兴福寺石塔	咸淳六年(1270)	八边形	楼阁式(实心)	11.25米	塔上有宋代题记
31	乐山灵宝塔	宋	方形	密檐塔	13层檐40米内部5层	
32	*大理千寻塔西两小塔	宋	八边形	楼阁式	外表10层	

注:1. 带*号者为国家文物保护单位。

2. 为了说明佛塔发展的趋势,本表保留北宋时期江南地区的重要实例。

二、塔的类型

(一) 楼阁式塔

这是宋塔的主要类型,其分布地域最广,就外形特征看,有以下几种式样:

1. 砖心、木檐、木平座式塔

这类塔始建于五代末期，至宋代有较大发展，成为造型最丰富、最具艺术魅力的一种砖塔。尤其是有了木平座，人们登塔后可于平座上观光，使塔从埋藏舍利、礼佛的纯宗教功能发展出观光游览功能，在塔的发展史上写下了新的篇章。这种塔以杭州六和塔、雷峰塔，苏州报恩寺塔、瑞光塔，松江兴教寺塔为代表。它们的平面有六角形、八角形、方形，北宋中期以后以八角形为主。其总体造型特征是各层出檐深远，平座悬挑大，立面柱、额处理与一般木楼阁几无差别。塔的砖石外墙每一面有的分成三开间，当心间开门洞，两次间砌实墙或开窗；有的整面作为一间来处理。塔的木构檐

图4－39 平江府报恩寺塔

下设斗栱,简单者只用柱头铺作。其中最高者为苏州的报恩寺塔,高76米。

木檐木平座楼阁式塔的木构部分年久易毁,未能保存至今,因此现存实物多经后世重修,修后有的产生了风格变易,有的甚至面目全非。如苏州报恩寺塔外檐廊及平座皆为清式,内部尚存原构(图4-39)。杭州六和塔在清末重修时把原有的七层塔改成了十三层,所有的平座都改成了塔身的一层,因此塔的外形已不是宋代楼阁式塔的形象了。只有近年苏州瑞光塔、松江兴教寺塔均为按宋式重修之遗物,尚可使人们窥见宋代楼阁塔的造型与风格之一斑。

2. 砖檐砖平座式塔(含石构)

这类塔较忠实地模仿了木构外檐及平座,但出檐和平座挑出较短,造型不像前一种那样生动活泼,平座也不能登临。代表作有苏州罗汉院双塔、安徽蒙城兴化寺塔、泉州开元寺双石塔等。塔的平面为八角形或六角形,无四方形者。这类塔的挑檐部分靠砖斗栱来承托,多用五铺作斗栱,偷心或计心造。计心造者只作单栱造,一般于第一跳华栱头承瓜子栱,而第二跳华栱头所承托的构件有较多变化,如蒙城兴化寺塔承替木加撩风槫。挑檐部分也有用四铺作斗栱者,如苏州罗汉院双塔,华栱头承令栱,上承叠涩砖四层,然后是瓦屋面。承平座的做法有三种:一种是用斗栱承托;另一种是以仰莲瓣多层承托,如蒙城兴化寺塔的下部几层;第三种是用砖叠涩做出平座,如苏州罗汉院双塔。这一类塔下部多无副阶。在带平座的楼阁式塔中也有实心不能登临的,如岳阳慈氏塔。

这类塔也有完全用石材建造者,如泉州开元寺的两座石塔和莆田广化寺石塔。

3. 无平座的楼阁式塔

这类塔在模仿木结构的过程中进行了简化,只保留挑檐,仅将檐下做出柱额、斗栱而去掉平座。这种做法在宋以前的唐塔中是常见的,可以认为是唐代砖塔的遗风,只不过平面做成了八边形或六边形。例如福建晋江姑嫂塔即将平座与檐部合而为一,瓦面所在的位置即各层楼板所在之处，瓦檐之下为用砖砌成的一层层方子，方子之间在角部和每面中央点缀着斗栱。

4. 无柱额楼阁式塔

这类塔仅用层层砖叠涩檐子划分塔身，每层当中除门窗之外便是白粉墙。这类塔较彻底地摆脱了“仿木构”的束缚，而是按“砖”材料的特点去建造。四川大足北山的多宝塔即属此类，在立面上除了白粉墙上开门窗之外，便是一层层的檐子，塔高不过30多米，竟出现了12层檐子，实际内部的楼层为7层，有的部位一层高却占有了两重檐子，工匠采取这样的处理办法可以使塔的高耸感加强(图4-40)。

图4-40 大足北山多宝塔

凡可登临的楼阁式塔，均采用筒体结构，有的为单壁筒体，有的在单壁筒体中央设中柱，有的为双套筒，有的将塔心柱下部做砖、上部改木。各层楼面有的以砖发券来完成，有的用木楼板，结构形式多样。楼梯布局也有多样，双套筒结构采用绕塔心室旋转式，如虎丘塔。单筒结构有的将楼梯布置在塔壁内；有的穿过塔壁，利用平座为休息板；也有的采用木楼梯置于塔心室内。另外还有结构为实心的楼阁式塔，如湖北武汉兴福寺塔。

（二） 密檐式塔

宋塔中还存在着一种方形密檐塔，主要分布在四川境内，如宜宾旧州白塔、乐山灵宝塔、彭县正觉塔等。这类最有特点的是建造最晚的邛崃石塔寺释迦如来真身宝塔，它的上部为13层密檐，下部为重层须弥座和带副阶的塔身。在唐代灭亡250年之后建造的邛崃石塔，仍然以唐代密檐塔为蓝本。由此可见四川地区唐文化的后滞性。相比之下，云南大理崇圣寺在唐塔千寻塔之后，在大理国时期(相当宋代)建造的两座小塔，则没有追随方形密檐的千寻塔，而是建成八角形的十层塔，反映了这一地区工匠所具有的创新意识。这类塔的结构也有筒体与实心砌体两种。

三、南宋时期江南所存北宋佛塔

宋室南迁以前，江南地区虽经会昌灭佛，但不久由于吴越地方政权的倡导，佛教又一次勃兴。进入北宋，民间对佛教的热度不减，江南现存这个时期所建的佛塔占有相当大的比例，且其造型、技术一直影响到南宋的佛塔建设，故有必要择其重要者作一介绍。

(一) 苏州虎丘云岩寺塔

云岩寺塔始建于后周显德六年(959)，建成于北宋建隆三年(961)。位于苏州虎丘山顶，故俗称虎丘塔。原有的云岩寺已于清咸丰十年(1860)被焚毁，现仅存此塔。虎丘塔原为一座带有木腰檐及平座的八边形七层仿木楼阁式砖塔，现腰檐和平座已毁，塔的底层原有很大的副阶，现已无存，仅砖构之塔身依然壁立。塔身结构采用厚壁双套筒式，内部各层均设有塔心室及回廊，各层于回廊设木扶梯以便攀登。塔的外壁八面开门洞，内壁四面开门洞，塔心室与回廊之间靠内壁上的门洞连通。各层回廊顶部及塔心室均用砖叠涩结构砌筑(图4－41、42)。

图4－41 平江府虎丘云岩寺塔

图4-42　平江府虎丘云岩寺塔平面与剖面图

图4－43a　虎丘塔室内彩画

此塔底层南北对边距离为13.81米，东西对边距离为13.64米。塔的残高为48米。外观上各层塔身每面分为三间，中辟壶门形拱门，左右隐刻出直棂窗，转角设有半圆形倚柱，上承阑额及斗栱。已毁的木檐之上施平座斗栱，檐下及平座斗栱一至六层均用双补间，第七层为明代重修，已非原貌。檐部斗栱上下构成有所不同，一至四层采用五铺作双杪偷心造，五层、六层改用四铺作偷心出单杪，平座斗栱仅第二层用五铺作出单杪，其余各层皆为四铺作出单杪。

虎丘塔内部回廊及塔心室也做出砖雕柱额斗栱，回廊转角皆施半圆倚柱，柱身带有卷杀，上承阑额及斗栱，斗栱出跳之上作令栱承平棊方，方上承平棊。室内墙壁与结构构件上皆有隐刻的彩画痕迹，如阑额和门额上有七朱八白及如意头，柱身中部有如意形花饰，另外在内壁上每层有八幅砖刻画，内容不但有芍药、牡丹等花卉，在第五层还有勾栏、湖石一类的园林小品，这成为当时园林中独立置湖石的实物例证，形象地记录了宋代将单块湖石假山作为观赏对象的情况（图4－43a、43b）。

图4－43b　虎丘塔室内壁面雕刻太湖石

塔心室为方形，四角设圆形角柱，上承斗栱，上部为砖叠涩的八角形藻井。在塔心室通往回廊的内壁门洞上方做砖雕球纹格子式平棊。

该塔由于置于山顶的斜坡上，且未做基础，仅将塔壁埋深20厘米左右，地基处理采用块石黏土夯筑的人工回填做法，塔体砌筑仅用黄泥作浆，塔身自重约6100吨，对地基的直接压力达90吨每平方米。因此在塔修建过程中已出现不均匀沉降，在修至第二层时便已发生倾斜，于是进行了纠偏，使塔的外轮廓在竖向形成带有折线的孤形。明末重修时更加大纠偏斜度。但该塔仍未停止向东北方向倾斜，1981年至1986年以科学方法对塔的地基进行了加固，才使不均匀沉降得到控制。这座古塔成为中国的一座具有千年寿命的斜塔，目前塔顶向北略偏东倾斜2.34米，底层北边比南边下沉了45厘米。

（二）苏州罗汉院双塔

苏州罗汉院双塔位于苏州城东南定慧巷罗汉院旧址内，由吴县王文罕兄弟二人出资于宋太平兴国七年（982）兴建，是早期双塔中保存较为完整的一处。后代屡经修缮，仍大致保持了宋代初建时的风格和形制。

双塔东西并列于罗汉院大殿前院内，一名功德塔，一名舍利塔，形制相同，皆为八角七级空筒楼阁式砖塔；两者通高不尽相同，但均在30米左右（图4－44、45、46、47）。塔内有活动楼梯可以上下。一层塔身四正面各辟一门可达塔心室，塔心室平面除第二层为八角形外，其余各层均为方形平

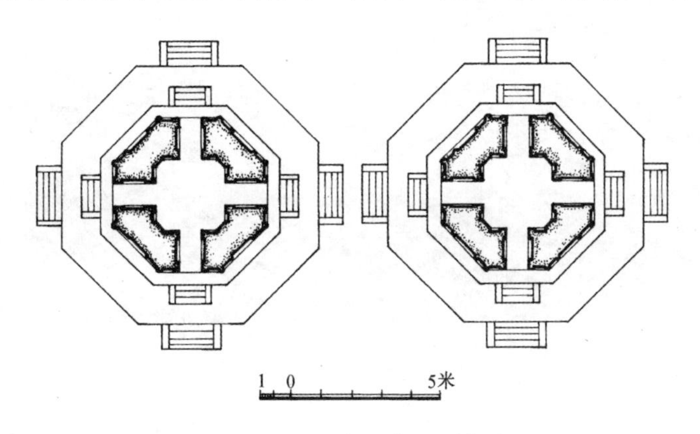

图4－44　平江府罗院元双塔平面

图4-45 罗汉院双塔

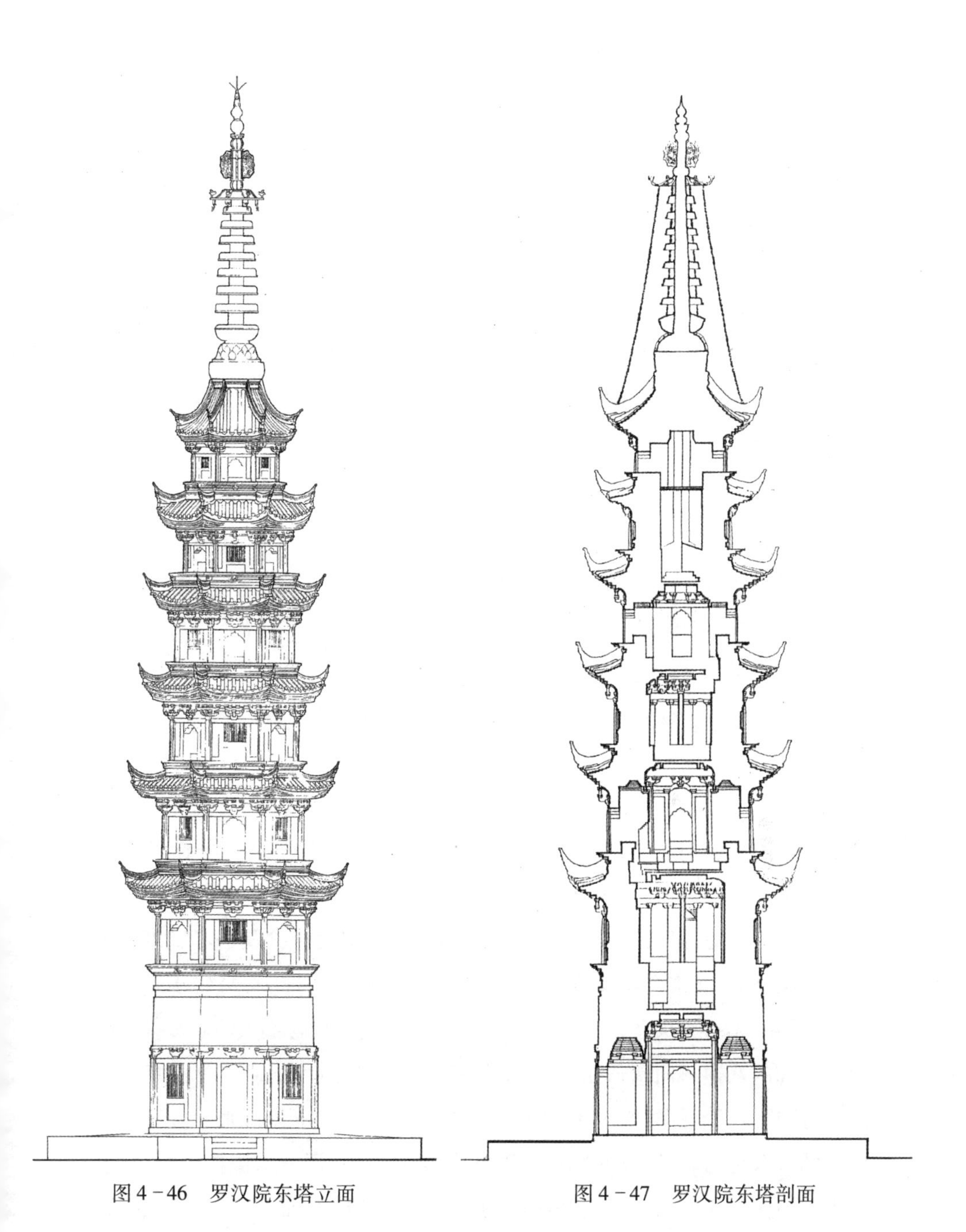

图 4－46 罗汉院东塔立面

图 4－47 罗汉院东塔剖面

面，每层以45°交错重叠，各层门窗也随之相互错位，不仅丰富了立面形象，而且加强了塔身的整体性，以防止地震时可能因墙面开洞位置集中而出现上下通缝造成破坏。双塔虽系砖结构，但仍追随时尚，模仿木结构形制。塔身四面辟门，门顶皆作壶门形状，其余四面隐出直棂窗，塔身转角处砌出八角形倚柱，柱间砌出阑额、地栿，每面砌槏柱两根，中为直棂假窗，柱作红色，柱间墙刷作黄色。塔心室亦于角部隐出角柱，砌出地栿、额枋等。塔内外柱上均有砖砌斗栱，每面施补间铺作一朵。檐下斗栱除第七层出华栱二跳以外，其余各层均出一跳。各层斗栱之上为塔檐，以菱角牙子与板形檐砖三层逐渐挑出，至角起翘。塔檐上覆瓦，其上为石砌平座。第一层塔身原有塔檐两重，今已毁失。

双塔的显著特点为塔顶有巨大铁刹。该刹由刹座、刹身、刹顶三部分构成。刹座为一圆形须弥座，其上为铁质相轮七重，上覆以宝盖，宝盖之上由宝珠、宝瓶组成刹顶。这种构成形制保留了汉、晋、南北朝以来大型塔刹的传统做法。铁刹的高度几占塔总高的四分之一，如此巨大的塔刹是较为罕见的。因其高大，故木质刹杆亦极长极大，从塔顶穿过第七层，直入第六层塔身，并于第五层顶部设大梁承托，以保证塔刹的稳固。

（三）苏州瑞光塔

瑞光塔位于苏州城南盘门内。瑞光塔本为瑞光寺内之塔，现寺内建筑已全部毁掉，仅存此塔。据《吴县志》载，该寺始建于三国东吴赤乌四年(241)，名为普济禅院，至宋代更名瑞光寺。建寺不久后的赤乌十年(247)，寺中曾建有一塔，但已早毁，现存之塔据塔身所存宋代砖铭及塔心室发现的北宋佛像题记、北宋金丝编缕、珍珠镶嵌舍利幢等文物推测，当建于宋大中祥符二年(1009)至天圣八年(1030)。为一座八角七层楼阁式塔(图4-48、49)，平面的八边形向南偏东8°。残高42.4米，复原后总高53米。塔的一层设有副阶，以上各层皆施木质平座、腰檐，二者皆靠木斗栱来承托。立面每层的八个转角有半圆砖砌倚柱，两角柱间施阑额，额下用槏柱分成三间，当中一间作门或窗。一层只开四门洞，第二、第三层八面开门洞，第四层以上改成四面交错开门洞，另外四面隐刻直棂窗。塔身逐层上收，塔檐也随之

图 4－48 平江府瑞光塔

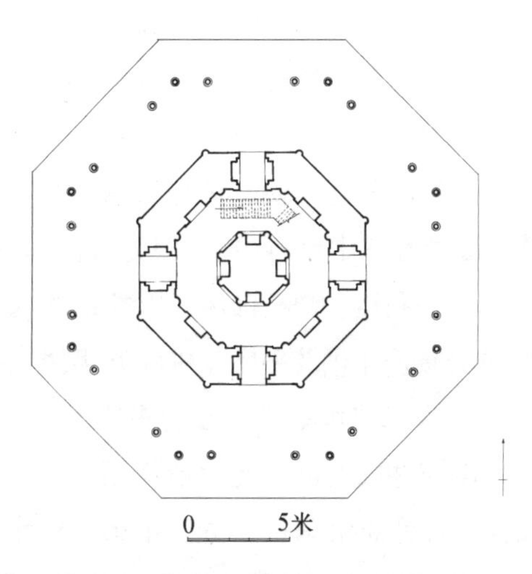

图 4－49 瑞光塔一层平面

上收，几层檐的外轮廓成一圆滑曲线。塔体结构可称为砖木混合式，下部五层采用砖砌外壁筒体，中央设砖砌塔心粗柱，木构腰檐、平座皆靠插入外壁的斗栱悬挑。各层阑额也皆作木质。外壁与粗粗的塔心柱间以砖叠涩相连，构成回廊的天花和楼板。一层副阶以木构完成。第六、第七两层将砖塔心柱改为木构，这部分高为 13. 85 米，中央立一粗木柱，冲出七层屋顶后变为塔刹，刹柱周围又有八根小木柱，每柱由上、中、下三段构成，连接处有放射形布置的八条木方与外壁相连，刹柱根部也施对角木梁，形成一八棱台形木构框架，上小下大，上部对边距离仅 1. 66 米，下部 5. 22 米。这部分现存遗迹为明清重修之物，但江南宋塔中心柱上部改砖为木者非此一例，因此当年宋代仍有可能采用同样做法（图 4－50、51、52）。这样的结构方式，使该塔内部空间上下不同，下部五层为回廊式，上部两层塔室空间连成一体。利用此框架与上壁共同承六、七层楼板及塔顶角梁。六、七层塔檐做法同下部各层。砖砌塔身外壁逐层向内收缩，但各层内收值不等，壁厚也随之减薄。底层壁厚 1. 76 米，至七层减为 1. 0 米。为避免塔壁砖构应力集中，各层所辟门窗与实墙位置错落变化，第一层于东、西、南、北四面辟门，其余四面皆作实墙，第四至七层也如此，并于实墙面上隐出假直棂窗。只有二、三层为八面辟门。

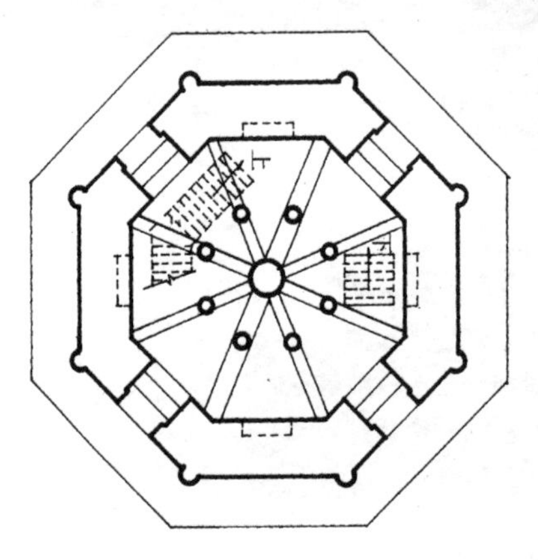

图 4－50　瑞光塔六层平面

该塔内部于第三层塔心柱中设有暗室，即为天宫，宽 0. 97 米，长 2. 67 米，高 1. 91 米，内藏珍珠舍利幢、佛经、佛像等珍贵文物。

塔身外壁斗栱：分为腰檐斗栱及平座斗栱两类，腰檐斗栱有补间铺作及转角铺作两种，补间铺作为五铺作单栱计心卷头造，其中扶壁栱为砖刻，一层扶壁栱刻作重栱，即泥道栱、慢栱。转角铺作用圆栌斗，上出三缝华栱，正、侧两缝与补间铺作同，另加角华栱一缝。于第二跳角华栱之上并施由昂、宝瓶，以承角梁。副阶斗栱为四铺作卷头造。平座斗栱皆为五铺作单栱

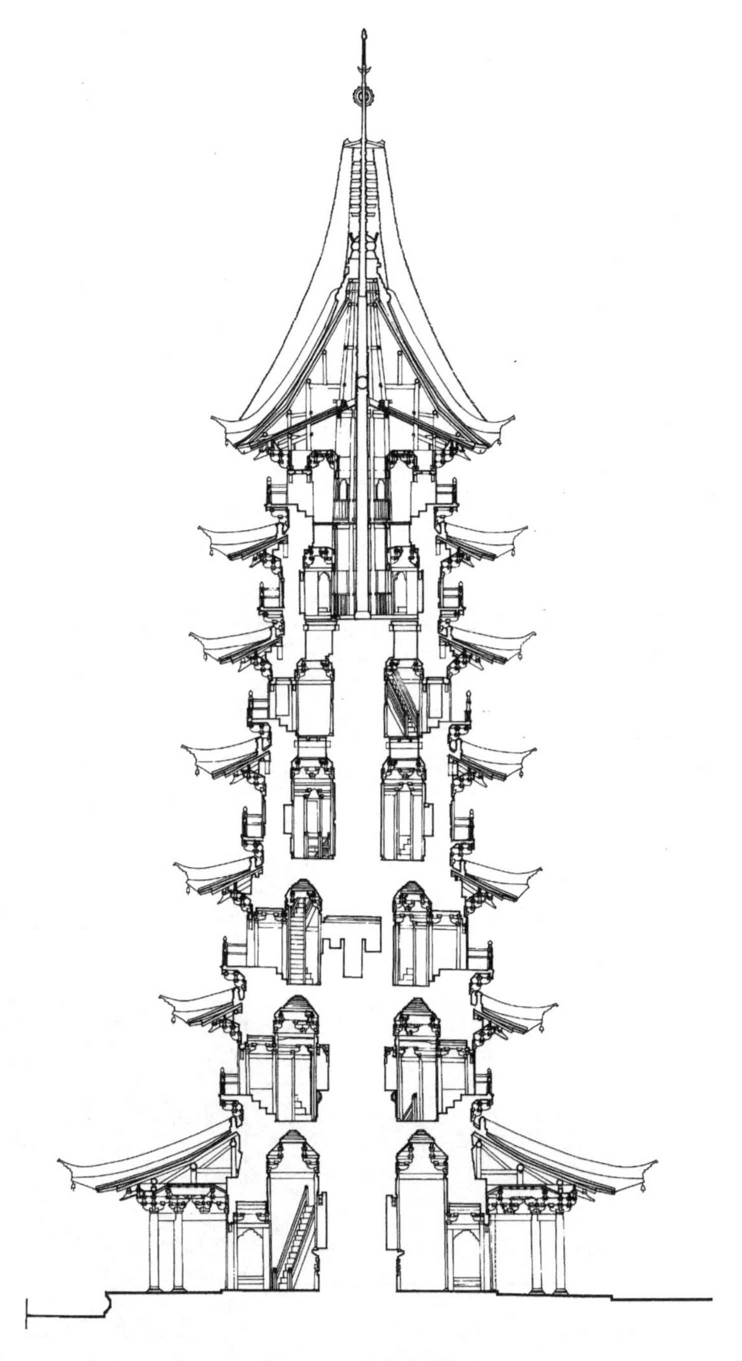

图4-51 瑞光塔剖面

图4－52 瑞光塔六层室内塔心作法

计心卷头造，但省去令栱，第二跳华栱直接承素方，上铺平座楼板。外壁斗栱中华栱等出跳构件皆嵌入壁内，嵌入长度占全长的2/5—1/2，尾部作为楔状，例如五层平座华栱全长1.35米，嵌入墙内51厘米，尾部26厘米呈楔状。塔身斗栱布列一层柱间施补间铺作一朵，二、三层施双补间，四层以上复改为单补间。斗用材广18厘米，厚12厘米，相当于《营造法式》的六等材。

塔身内部装修：瑞光塔不仅外部做成仿木构式，内部回廊、串道也以砖刻及少量木构件来仿造木构建筑之室内，作得惟妙惟肖。例如在外壁内侧转角处施倚柱，柱上施阑额，额上置斗栱。倚柱间有门洞，洞口靠斗栱和槏柱来修饰。塔心柱很粗，分成八面后，每面于角部作倚柱，上承斗栱。柱间隐出阑额，柱间壁面在一、二、三层均设有佛龛。一层佛龛底部设有平座及永定柱（图4－53）。将永定柱造平座用于塔心柱基座处，是对《营造法式》的补充和发展，这也是唯一的孤例。二、四层回廊角部内外角柱上斗栱之间有月梁，起连系内外壁之功能。串道中也有斗栱，并隐刻出额方等木构件。内部回廊外壁一面的斗栱有转角铺作及补间铺作两种，转角铺作各层皆施之。补间铺作仅于一至四层施之。一层用五铺作偷心卷头造，扶壁栱作重栱（图4－54）。其余皆为四铺作卷头造。以上各组斗栱皆无要头类构件，

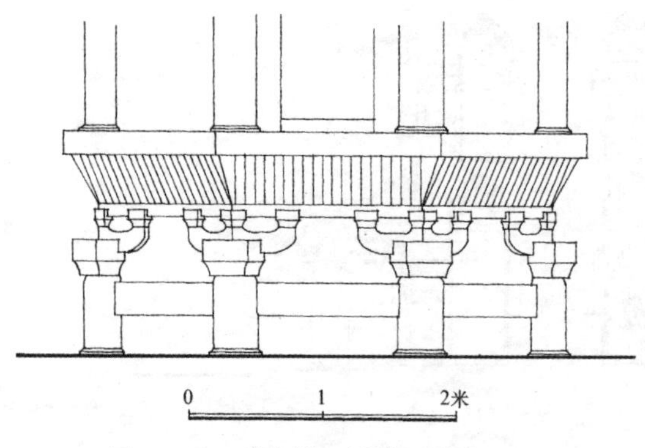

图4－53 瑞光塔一层塔心基座立面

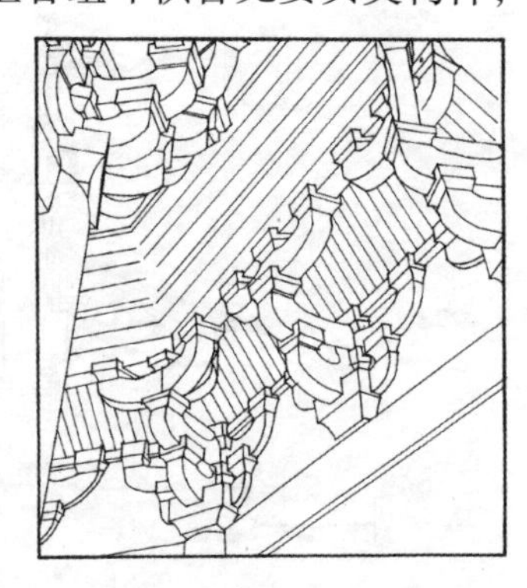
图4－54 瑞光塔一层回廊上斗栱

这是江南宋代砖塔中普遍施用的做法。

塔内彩画多为后世重修之物，仅于木阑额上留有七朱八白彩画遗迹，白色方块部位稍稍下凹，方块数量多少不等，长额画有六块，短额画四块或两块，每个色块宽约4.5厘米，长在18厘米至32厘米间不等。此外遮椽板上还留有斜方格、曲棱、桃形等多种花纹。在第三层发现有天宫一处，长2.67米，宽0.97米，高1.91米，内藏珍珠舍利幢。瑞光塔虽于南宋建炎和元至正年间曾遭焚毁，并于南宋淳熙及明清时期进行多次重修，但这些重修多限于木构外檐或饰面部分，塔身砖结构改动不大，其塔心柱下施平座、塔心柱上部改为木柱的做法和塔心柱与塔壁的关系等对研究宋代塔的结构形制仍是非常有价值的。20世纪80年代初又一次对该塔进行了加固，并对副阶、平座、腰檐进行了复原，使这座近千年的古塔的生命得以延续，为苏州古城风貌增添了光辉。

(四) 湖北当阳玉泉寺铁塔

湖北当阳玉泉寺铁塔，正名为佛牙舍利宝塔，位于湖北当阳长坂坡以西玉泉寺山门前。据第二层塔身上“皇宋嘉祐六年辛丑岁八月十五日”的铭记，可知该塔铸造于宋仁宗嘉祐六年(1061)，塔上的铭记还标明了塔的重量“七万六千六百斤”，合53.3吨，是我国现存最高、最重的铁塔(图4－55)。

图4－55 当阳玉泉寺铁塔

该塔为八角十三级仿楼阁式塔，高17.9米，以生铁铸成，由塔座、十三级塔身和塔刹三部分构成。塔座为双层须弥座，每角铸有金刚力士像一尊。塔身四面辟有塔门，门顶作壶门形状，各层塔门以45°交错布置，其余四面以佛像、协侍及其他花纹作为装饰。铁塔忠实地模仿木楼阁式塔，除第一层塔身外，其余各层均有塔檐、平座；塔檐下斗栱每面皆施补间铺作一朵，为单杪双下昂六铺作偷心造，令栱之上为橑檐枋，枋上出椽飞，塔檐瓦陇、瓦当等均按木构建筑形制。第十三层平座还铸有勾栏。塔刹为三重葫芦式。每层塔身均向上略有收分，自第五层塔身起铁塔向北略有倾斜。

铁塔按木构形制雕模制范后翻铸而成，塔身分层铸造，逐层扣接安装，未加焊接。塔的铸造工艺精湛，各层的佛像造型及“八仙过海”、“双龙戏珠”等人物故事雕刻都显示出很高的艺术水平。铁塔建造时特意让塔身向北略倾，以适应当地强烈的北风影响，表现了古代工匠的聪明智慧。

（五）福州千佛陶塔

福州鼓山涌泉寺天王殿前有两座陶塔，东塔称“庄严劫千佛宝塔”，西塔称“普贤劫千佛宝塔”。两塔形制相同，原在福州南台岛上龙瑞寺内，1972年迁现址（图4－56、57）。双塔烧制于宋元丰五年（1082），为八角九级楼阁式塔。此塔用上好陶土烧制，塔表施以紫铜色釉，表面光亮如瓷。塔高6.83米，底座直径1.2米，塔身逐层收分，外观玲珑挺拔，立于八角形石质台基上。陶塔八角形基座分为三层，一层每角塑有力士造像一尊，二层壶门内塑有舞狮等，三层为仰莲瓣托平座。基座之上为塔身，双塔第二层塔身有题识，东塔题识10行，全文79字，内容为募造僧人的名录。西塔题识14行，全文126字，为捐造男女信徒的姓名。塔身构件忠实模仿木构建筑的形制，转角设柱，柱间施阑额、地栿，柱上施斗栱以承挑檐。塔檐精细地做出瓦陇、瓦当、椽飞等，其椽子系采用直椽做法，角梁采用子角梁上翘做法，

图4－56　福州鼓山涌泉寺陶塔

图 4－57　涌泉寺陶塔细部

记录了现已无存的历史信息。起翘曲线优美，且有江南木构建筑的典型风格。檐角悬有风铎。塔檐之上、平座之下又出短檐一重。塔身四面辟有佛龛，内塑佛像一尊，其余四面塑有成行排列的小佛像，每座塔各层塔身共塑佛像 1038 尊，八角塔檐角部别塑僧人、武将等像共 72 尊。塔顶原覆之釜蚀坏，后于 1972 年迁塔时另制三重葫芦式塔刹，系有八根铁链，上冠以宝珠。

陶塔各层塔身均按木构形制雕模后翻制泥坯，上釉烧制后再用按榫口逐层安装而成。这两座陶塔制成已历九百余年，至今仍然完好如初，充分反映了古代制陶工艺的高超水平。

（六）四川宜宾旧州白塔

旧州白塔，位于四川宜宾市岷江北岸，距市中心约 3 公里，四周古建筑已荡然无存。从塔身上的铭文和题记推断，该塔约建于北宋崇宁至大观三年间（1102—1109），是北宋末期的遗物（图 4－58）。白塔为方形十三层密

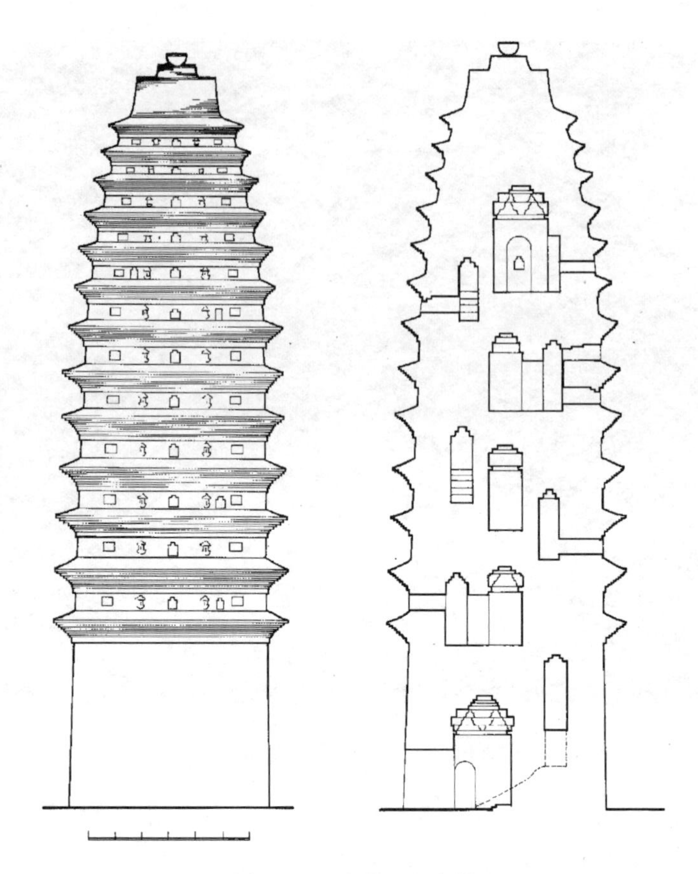

图 4－58　宜宾旧州白塔

檐砖塔，塔下部南北长 7.35 米，东西宽 7.4 米，残高 29.5 米，塔外形与西安小雁塔颇似，保持了唐代密檐塔的外形风格。塔身有显著收分，越往上收分越大。该塔建在一方形台基上，台基每边长约 7 米。高大的一层塔身之上为十三级密檐，每层檐以砖叠涩出挑，其做法是从壁面先挑出两层砖，然后施菱角芽子一重，再用单砖挑出形成檐口。塔檐断面微向内凹，有一定𪩘度。各层塔檐之间有一小段塔身，高度与塔檐大致相同，总体上看，越往上高度越小。各层塔身于每面中心辟有小窗，窗成“凸”字形，全塔四面共有 48 个窗，只有 10 个真窗，其余实为小龛。各层每面正中小窗两侧各雕小塔一座，小塔两侧再雕“破子棂窗”各一。十三级密檐之上为塔顶，有阶梯形砖砌方台两重，下重高度约为上重四倍，二者均带有一定𪩘度。顶部覆以石板,上承塔刹。原塔刹已残毁,现仅余一半球形铁钵,直径约 77 厘米,球体底部铸有 13 厘米见方之铁柱,穿透石板直插入砖台内。铁钵四周铸有四个衔环兽面,为清代形制,铁钵底有匠人题名数字,塔顶现存者为清代重修之物。

塔内部实有五层塔心室可供登临。一层塔身南面雕有一圆拱形塔门,上施重券,进门即入塔心室。第二层地面在第一重檐下,第五层地面在第八重檐下,其间等距布置三、四层地面。一、五层塔心室并不居平面中心,一层略偏东南而五层略向西北。各层塔心室均供有佛像,上下层之间以蹬道相通,蹬道为壁内折上式,夹筑于塔壁之中,呈螺旋式,自下绕各层塔心室而上直至第五层地面。蹬道到达各层塔心室地面标高处有甬道通向塔心室,甬道皆为券顶。蹬道内以砖叠涩作顶,依蹬道坡度逐渐递升,仅在两端入口处发券。各层塔心室皆具砖砌藻井,第一层塔心室于四角施转角斗栱,每面中心施补间铺作一朵,斗栱系砖制,外包石灰面层,尺度、比例皆迁就砖块,艺术效果大异于木制斗栱。第二、三层仅在四角设转角斗栱而无补间铺作。斗栱之上砌筑方形藻井,四层塔心室则作八边形藻井,以立砖按辐射方向环砌于藻井内壁,各立砖向心面削成曲线,藻井正中为八边形明镜,第五层藻井做法类似于第一层。由于四川地处边远,故旧州塔虽建于北宋末年,仍保持了唐代密檐式塔的遗风,四方形平面,塔檐带頔度等。这种形式的滞后性并不鲜见,如乐山灵宝塔也如是。乐山灵宝塔位于今乐山市凌云山,因建于灵宝峰而得名,塔建于北宋初期,类似于旧州白塔。这种塔外形保持了唐塔的特点,但内部结构较之唐塔有了很大改进。

(七)安徽蒙城兴化寺塔

安徽蒙城兴化寺塔,位于安徽蒙城县城关东南角,原兴化寺旧址的湖心岛上。塔的建造年代,据保存在塔第四层、第九层的两通建造碑刻所载内容推断,大约建成于北宋崇宁七年(1108)。宋时塔东建有“兴化寺”,故塔名“兴化寺塔”,元代至正年间塔西建“慈氏寺”,塔遂更名“慈氏塔”。今两寺皆废,唯塔留存。因塔内外嵌有雕于琉璃砖面的佛像近万尊,故又名“万佛塔”(图 4-59、60a、60b)。

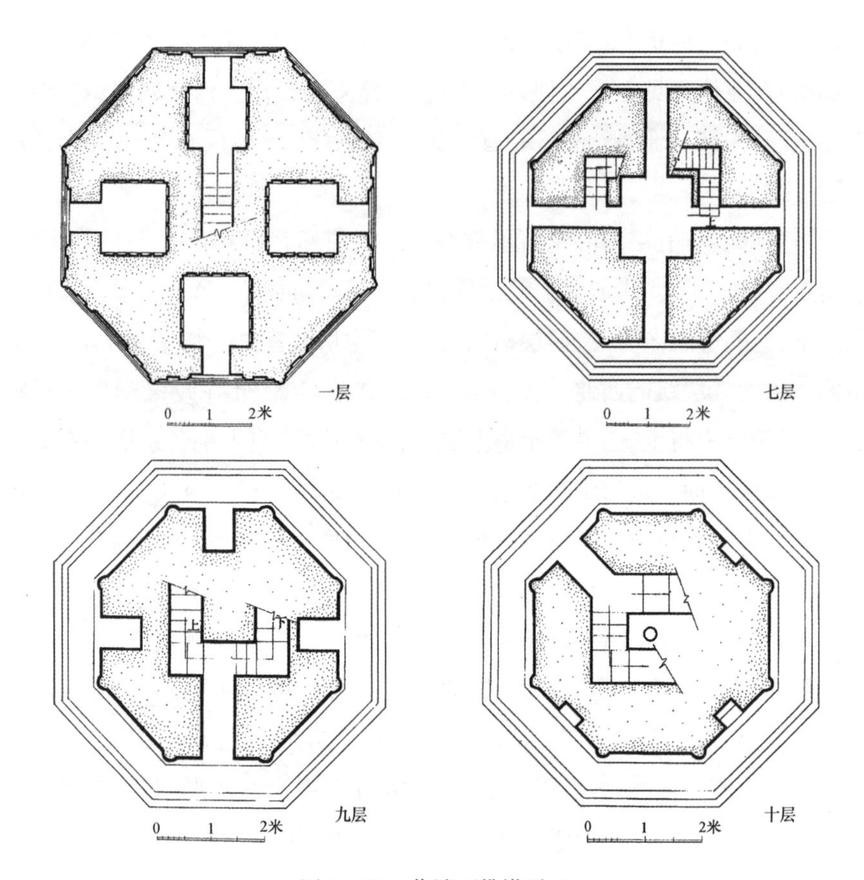

图 4－59　蒙城万佛塔平面

该塔为楼阁式砖塔，平面八角形，底部每边长 3.2 米，共 13 层，总高 42.5 米。各层平面形式不同，有的做实心砌体，有的做回廊，有的做八角形塔心室，有的做方形塔心室，塔体构成丰富多样。

塔的立面处理，采用自下而上逐层收缩形式，轮廓线挺拔优美。塔身直接立于地面，下无基座，此为宋塔常用的做法。第一层塔身较其余诸层为高，仅在北面辟有一门，因一层塔身下半部为实心，上半部为塔梯的通路，故塔门开在距地面较高处，须于室外架梯才能进入塔内。以上各层塔身四面辟有券门，其余四面砌出假窗，第二层至第七层开东、南、西、北四个窗，上下对齐为一直线，第八、九、十各层窗则以 45°相互错开，假窗的窗格式样有万字格窗、菱形格窗、直棂窗以及锁纹窗四种。塔身各层转角砌出倚柱，一层倚柱作瓜棱形，二

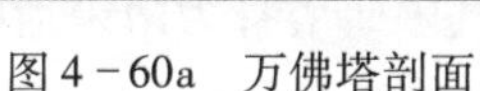

图4－60a 万佛塔剖面　　图4－60b 万佛塔

层倚柱改作方形，第三层至第六层各层转角倚柱又改为圆形。二、三层倚柱有柱头卷杀，形似梭柱。柱头之上砌出阑额与普柏方，普柏方作十字交头，方上置斗栱。每朵斗栱出双杪或单杪华栱，以齐心斗承托替木，且斗的䫜度较大，与宋式斗栱的形制相似。各朵斗栱间以鸳鸯交手栱连系。随层数的增高补间铺作朵数逐渐减少，六层以下每面施补间铺作六朵，七至九层每面减为五朵，十至十二层减为四朵，十三层仅施铺间铺作三朵。各层以斗栱承托梁枋，枋上以圆形檐椽、方形飞椽承托挑檐。第二、三层用砖砌作塔檐平座，以仰莲瓣承托。自四层以上只出小平台而不设平座。该塔使用大青砖砌筑，主要用长砖，间或使用方砖。砖的尺寸多样，随所在部位的不同而变化。

塔的内外壁以雕有佛像的砖镶砌，并砌有佛龛，随面积的大小和不同部位排列成方形或品字形等不同形式。佛像砖大部分为黄、绿、褐三彩琉璃砖，多采用一佛居中、旁立两弟子或菩萨的形制。塔内外现存佛像总计八千余尊。

由于塔体采用混合的构造方式,登塔的方法也随之逐层变化,一层、二层采用穿心式,楼梯斜穿塔身中部而上;三层为回廊式,楼梯放置在塔的回廊内;第四层塔心室为方形,楼梯沿内壁折上;五层塔心室则改为八角形,楼梯沿八角形内壁折上;第六层又改为方形塔心室……除一、二层外,塔梯均砌筑在塔外壁壁体内。这种混合的结构方式在宋代砖塔中是少见的。各层塔心室的天花除第十层用圆形叠涩外,余皆作方形或八角形叠涩。该塔采用北方砖塔结构方法建造,门、假窗等又具有南方建筑的轻巧风格,为我国南北造塔技术融合的作品。

四、南宋时期所建佛塔

(一) 苏州报恩寺塔

报恩寺塔位于苏州老城北部,寺院创于东吴赤乌初年(238)。塔创于萧梁时期(502—557),当时所建之塔"凡十一级,屡堕劫灰,至宋绍兴间(1131—1162)沙门大圆仅成九级,即今塔是也"①。现存之塔为一座八边形的楼阁式砖心木檐塔,一层带有副阶。其中砖塔身为南宋遗物,木构外檐经过明弘治、清代重修,已非南宋时期的样子。塔高76米,底层砖塔身对边距离18.8米,下部基座高1.34米,副阶台基对边距离34.3米,台基高1.42米。基座和台基均采用须弥座式,束腰处每面雕有护法力士坐像三尊,转角处雕有卷草、如意纹等。

报恩寺塔的砖塔身采用双套筒结构(图4-61),内壁之内作塔心室,为礼佛空间,内外壁之间为环廊,登塔木楼梯设于环廊中。各层塔心室及环廊内外壁间顶部于转角处施木构横枋和月梁拉接,其他部位用砖叠涩联系,上铺木楼板,再上用砖铺地面。至顶层室内壁面用砖叠涩收分,环抱长达两层的刹柱。刹柱下端立于东西方向横卧的大梁之上。外部塔身各层砌有砖壁柱,每面分为三间,当心间设门,当年从塔身挑出木构外廊的平座及塔檐。

---

① (明)钱穀:《吴都文粹续集》卷二九《寺院》,文渊阁《四库全书》本。

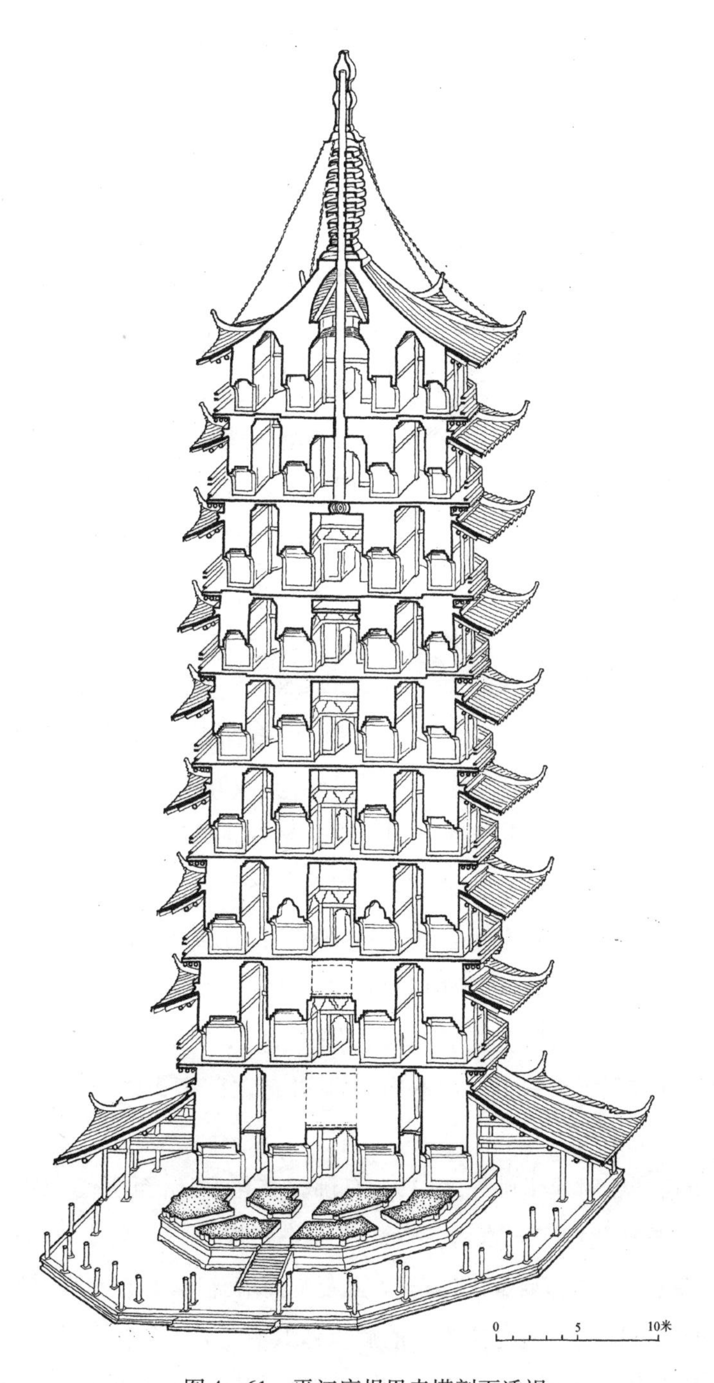

图4－61　平江府报恩寺塔剖面透视

塔内各层于塔心室和环廊利用砖砌出壁柱、梁额、斗栱中的大斗、扶壁栱等构件,塔心室斗栱采用五铺作卷头造和单杪上昂造,柱头铺作用圆栌斗,补间铺作用讹角斗,出挑的构件用木料制作。塔心室斗栱上承天花,第三层藻井形式为典型的斗八藻井,与保国寺的小斗八藻井几无二致。

（二）湖州飞英塔

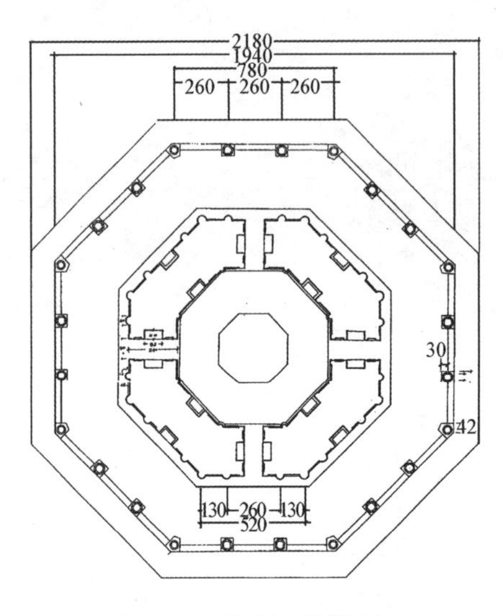

图4－62 湖州飞英塔平面

飞英塔位于浙江湖州城北,为一座八边形七层楼阁式塔(图4－62、63a、63b),由内外两塔组成,内塔为石雕小塔,外塔为砖壁木檐、木平座的楼阁式大塔,包于小石塔之外。

《嘉泰吴兴志》载,飞英寺创于唐咸通五年(864),“中和五年改上乘寺……寺内有舍利石塔……始于中和四年(884),成于乾宁元年(894)……开宝中有神光于绝顶,遂后增建木塔于外,绍兴庚午岁(即绍兴十二年,1150)雷震成烬,知州事常同因州人之请复立是塔”。依此可知现在飞英塔为绍兴十二年以后所建,《嘉泰吴兴志》称修于嘉泰元年(1201),因此飞英塔的建造时间应在嘉泰元年以前。从内塔上的二十八款题记中五款带纪年者,最早的为绍兴二十四年(1154),也可为佐证。内塔共高五层,其第四层的建造年代据四层所留题记可认定为绍兴三十一年(1161),石塔最后建成的时间也应距绍兴三十一年不远,而其外包之砖塔大体应在此以后至嘉泰元年的三十年间。

飞英塔开始时建于佛寺之中,具有佛教文化意义,至明代,因堪舆学兴盛,飞英塔被转化成了风水塔,声称“飞英塔实捍卫东北隅士林昌盛”、“实主文运”等,并以此募款重修,以至寺虽荒废而塔犹存,并且在塔上保存了明清重修的种种遗迹。据统计此塔前后重修共有七次,除宋、元各一次之外,明代计有四次,清代道光年间为历史上最后一次。至20世纪80年代又进

图 4－63a　飞英塔立面

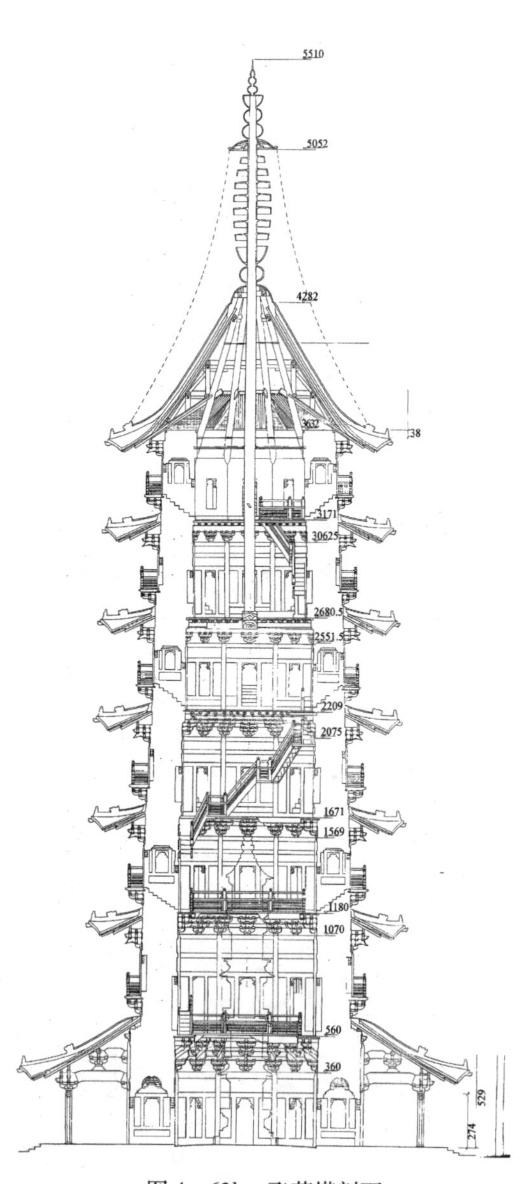

图 4－63b　飞英塔剖面

行了一次科学的重修,使这座具有七百多年历史的古塔得到科学的保护①。

飞英塔底层带有木构副阶,上部各层于砖壁面向外出木构平座、腰檐。内部为了容纳小石塔,一至四层空间直通,仅于层间壁面挑出木平座。五、六、七层设木楼板,空间被分割成三层。各层皆开四门洞,使内外空间连通,但为保证塔壁结构性能不受损害,门洞位置相互交错,未开门处于壁面隐出假门龛。塔外平座与塔内平座或楼板未处同一水平,外高内低,利用厚厚的塔壁作一跑楼梯,将两者沟通。层间垂直交通由附于塔壁内侧的木楼梯完成,木楼梯随塔壁八边形轮廓盘旋。东北面于首层副阶垂直于塔壁方向设木梯,自室外副阶地平攀至3.38米高处,达塔壁所设门洞(高1.6米,宽0.8米),此即登塔之入口(图4-64)。此种登塔方式颇具特色,类似的例子还曾见于浙江松阳延庆寺塔。

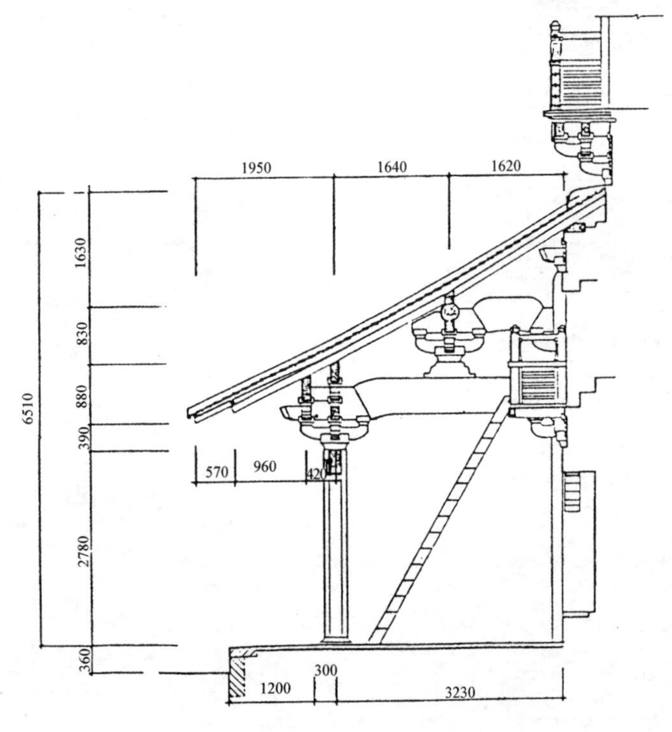

图4-64 飞英塔首层副阶所设登塔爬梯

① 飞英塔于1982年由浙江省考古研究所文保室勘测、复原,1984—1986年完成保护维修工程。本文所引有关这座塔的资料均为浙江省考古所文保室提供,有关历史考据方面引自王士伦、宋煊《湖州飞英塔的构造及维修》。

塔顶部刹柱穿过七层至六层楼面，柱根处用平面呈十字相交的两根上下叠落的大梁来稳固。外塔底层边长 5.10 米，外壁对边距离 12.30 米，副阶进深 3.54 米（柱中-中）。上部各层塔身逐层内收，塔体随之缩小。塔残高 36.32 米。砖壁底层最厚为 2.4 米，以上各层逐层减薄，最薄的第五层为 1.68 米。外部各层层高呈逐层递减趋势。但塔内壁层高划分并无一定之规，具有随机性。

外塔底层外壁各角皆作砖砌圆形壁柱，每面又隐出平柱两根，将壁面划分为三间，心间宽 2.5 米，两次间各宽 1.3 米，在东、西、南、北四面皆辟门洞，宽 0.91 米、高 2.83 米，门洞上部作壶门形轮廓。门洞穿过处，塔壁的串道两侧壁面上也隐出壁龛，串道顶部中央以双重八边形木框重叠构成八角井，上覆八条阳马，做成覆钵形砖雕小藻井，周围以平砖及菱角牙子砖相间砌出长方形平棊，处理异常精细。塔壁其余四面内外皆砌作壶门形壁龛，宽 0.91 米，高 1.99 米，凹 0.3 米，龛两侧的方形槏柱及上下的阑额、地栿，皆于壁面上以砖砌成仿木构形式。

副阶木构早已被毁，于 20 世纪 80 年代进行了复原、重修。从塔壁柱身残存洞口和副阶柱础、地面铺砖及石柱残物等推测，其原为石柱、木梁，采用乳栿、劄牵，一端插入塔壁柱的洞口中，一端搭于石柱之上，乳栿及劄牵尾部之下并施从壁柱洞口挑出之丁头栱。另于壁柱柱顶施栌斗、令栱、耍头及素方，利用通长的素方承椽尾。

上部各层壁面及门洞处理与底层相同，仅层高逐层递减。塔身外壁尺寸随层数有所变化，但各层斗栱用材基本相同，只是由于后世重修的原因而使斗栱尺寸大小不一。据分析，原有斗栱用材为 16 厘米 ×10.5 厘米，介于《营造法式》七、八等材之间，且斗栱细部尺寸及栱瓣、卷杀等也均合《营造法式》规矩。

塔身外壁平座每面除转角铺作外，又施补间铺作两朵，采用五铺作出双杪计心卷头造，华栱后尾插入塔壁，横栱中最外跳省去令栱，利用第二跳华栱跳头直接承素方，第一跳华栱跳头仅施瓜子栱一重，其上即为素方，扶壁

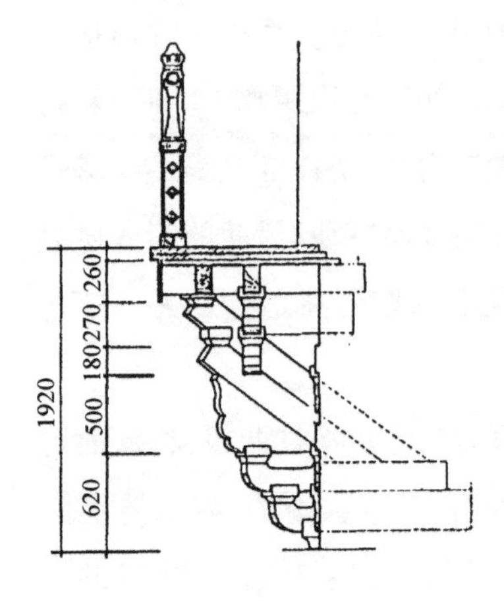

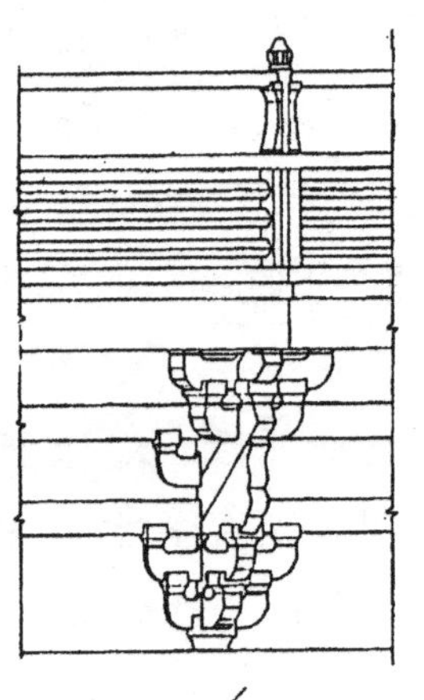

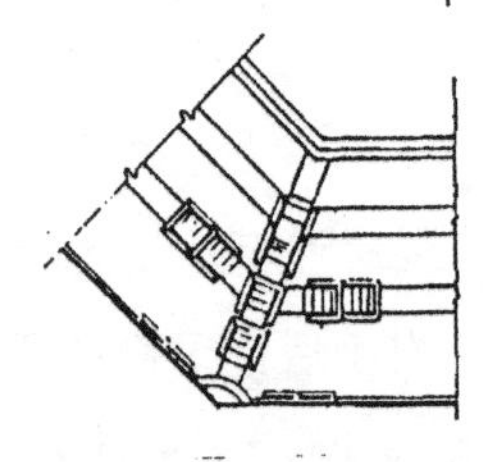

图4－65　飞英塔室内平座七铺作上昂造斗栱

栱作瓜子栱、慢栱两重。腰檐外端靠壁柱上所施斗栱承托，檐下斗栱除转角铺作外，每面仅施补间铺作一朵，采用五铺作单杪单下昂重栱计心造，扶壁栱用单栱素方。椽子搭于橑檐方上，后尾插入塔壁，檐部虽经后世重修，但仍保存了宋式圆椽、方飞的特点。

塔内壁下部二、三、四层做法相同，各层之间设内挑之平座。各层平座皆靠下层内壁所施内檐斗栱承托，内檐斗栱除转角铺作外，每面施单补间。承二层平座者，依据残留洞口分析为七铺作上昂造（图4－65）。承托三层平座的斗栱为卷头造五铺作重栱并计心。承四层平座者为五铺作双杪隐刻单上昂，重栱计心造。承五层楼板之木肋者亦用壁面挑出之六铺作斗栱，承六、七层楼板之木梁及肋的斗栱改用五铺作卷头造。

内壁一至六层壁面皆于角部用砖砌出圆形角柱，柱间置阑额、由额、门额、地栿，遇门处于门洞两侧作槏柱，无门处皆隐出壁龛，门洞与龛上部处理同外壁，龛的下部砌成隔减窗座造式。七层内壁光平无饰，为后世重修之物。

塔顶以从内壁上伸的八条斜撑簇于中央刹柱，并有八条角梁与斜撑相搭，以此为基础布置檩、椽，此做法并非宋构。自六层以上的木梁、刹柱及塔顶木构，经C14测定为距今不超过250年和350年的期限。塔顶铁刹也是后期所换。

飞英塔是江南地区有代表性的宋塔遗构，它的外部造型具有典型性。内部空间因包藏小塔又颇具特殊性，集保护和观赏石塔之功能于一身，因之出现内平座之做法，此可称得上是本时期砖塔中的孤例。

内塔：为石构八边形五层小塔，残高14.55米，底层最大边长为0.75米，最下为基座，上部各层皆设腰檐、平座。各层内部为实心，仅第五层设天宫，当中并施刹柱，以承塔刹（图4－66）。

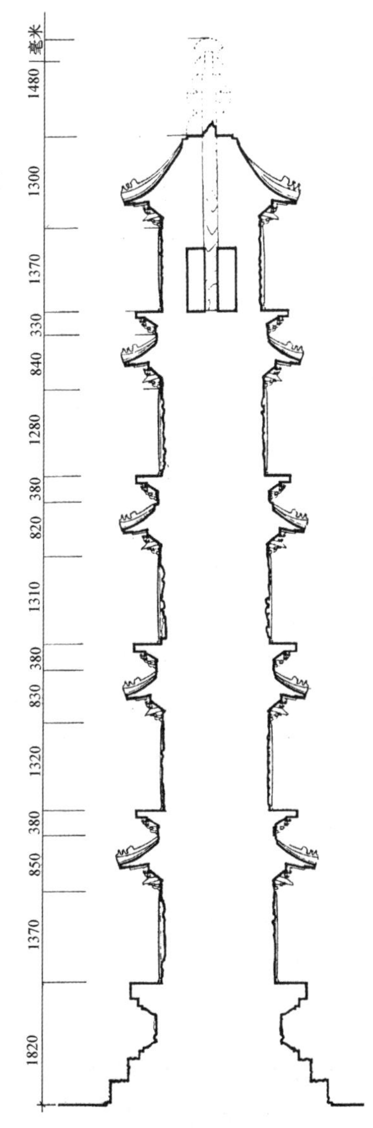

图4－66 飞英塔内部小石塔剖面

内塔基座：下部为单层石座，高34厘米，边长1.44米。上部为须弥座，两者通高1.83米。须弥座束腰上下皆作凫混线脚，刻宝装仰覆莲，其余几层线脚雕有海石榴、卷草纹、回纹等，束腰部位刻有石兽。须弥座下之基台的立面和上表面刻有佛教中象征“九山八海”之山峦、波涛。

内塔塔身：各层塔身做法相同，仅尺寸稍有改变，如柱高1.37米至1.28米不等，各层皆于角部施两瓜棱形上下均带卷杀的梭柱，柱间施阑额，额上有七朱八白彩画纹的浅雕。柱脚施地栿。另于梭柱两侧设槏柱，在槏柱间的长方形塔壁上做了各种宗教性雕饰，其仅于正南、北两面做主题性佛像或建筑装修，其余六面均做整齐排列的数十尊小佛龛。据塔壁第二层南面一龛佛像及题记可知塔的主题佛像为“泗州大圣菩萨圣像”，此处的泗州大圣菩萨曾于“唐景龙二年……尊为国师”。此人能救民于水火，故被世人尊重，这便是石塔上出现泗州大师雕像之缘由。塔壁南北其余几面多为佛

传故事,并有装修匾额,详见下表:

飞英塔内塔塔壁雕刻一览表

	南　　面	北　　面
一层	释迦(卧佛)涅槃像	泗州大圣菩萨像
二层	泗州大圣菩萨像	版门,雕成门扇虚掩并带门钉、铺首
三层	释迦牟尼及弟子阿难、迦叶	多宝佛、释迦如来像
四层	西方三圣	一叶观音像
五层	上有五小佛龛 匾额:恭为祝延今上圣寿无[疆?] 下有施主愿文	

其中匾额内容最具时代特征,其所谓“恭为祝延今上圣寿无疆”是指对当朝皇帝的祝福。本来佛典《梵网经》规定出家人法不向国王礼拜,不向父母礼拜,“六亲不敬,鬼神不礼”,但在宋代和尚礼拜皇帝不乏其例,如《古尊宿语录》卷十九《后住谭州云盖山海会寺语录》曾记载释方会(992—1049)之法语云:“师于兴化寺开堂……遂升座,拈香云”,“此一瓣香,祝延今上皇帝圣寿无穷”,与此塔上匾额如出一辙。这样有趣的巧合正说明宋代佛教世俗化的范围之广、影响之深。这座小石塔的修建,也可作为佛教在南宋仍自觉地为封建王朝政治服务的历史见证。

第五层塔身内部藏一小室,方 0.72 米 ×0.72 米,高 0.92 米,即天宫。开口隐于东南壁表面石佛龛中。

内塔腰檐:用石块雕出斗栱及椽、飞、瓦顶,其斗栱除转角铺作外,每面皆用单补间,采用五铺作偷心造形式。铺作第一杪为典型的华栱,栱身带有三瓣卷杀,华栱头上的交互斗因偷心造而作成两耳斗,斗口内含华头子的两卷瓣,并有隐刻斜线构成华头子的上皮。但其上本应是下昂,却变成了类似栱头的形式,这可能由于受材料的制约,本打算雕成下昂而未成功,于是工匠自行改变做法。第二跳之上仍承令栱。其上为圆椽,方飞,端部并微带卷杀。角梁比椽、飞截面加大,老角梁刻作两卷瓣,子角梁头刻作清式六分头式。椽、飞略有出翘、起翘,大小连檐也刻得极清晰。上即为瓦屋面,勾头、滴水微出连檐之外，形象逼真。

内塔平座：平座下部由五铺作出双杪斗栱承托，斗栱下并刻出普柏方，斗栱布局同上檐，斗栱之上为厚厚的石台面，石块侧面充当雁翅板，并雕以枝条卷成华纹为饰。

内塔塔顶：雕成八角钻尖顶，每角各饰脊兽三枚。塔顶坡度陡峻，总举高约为前后橑檐方距离的1/2强，若按外轮廓算起，顶部坡度几近60°。顶上原有塔刹已毁。

该塔虽小，但模仿木构一丝不苟，雕刻佛传故事及装饰纹样处处精工细作，体现着宗教信徒们虔诚的追求，不愧为一件佛教艺术精品。因有外部大塔的保护，尽管由于大塔塔刹垂落砸下，使小塔部分塔檐、平座遭到破坏，但仍能使人较完整地认识它的全貌。它给人们留下了多处宋代建筑的历史信息，功不可没，价值极高。

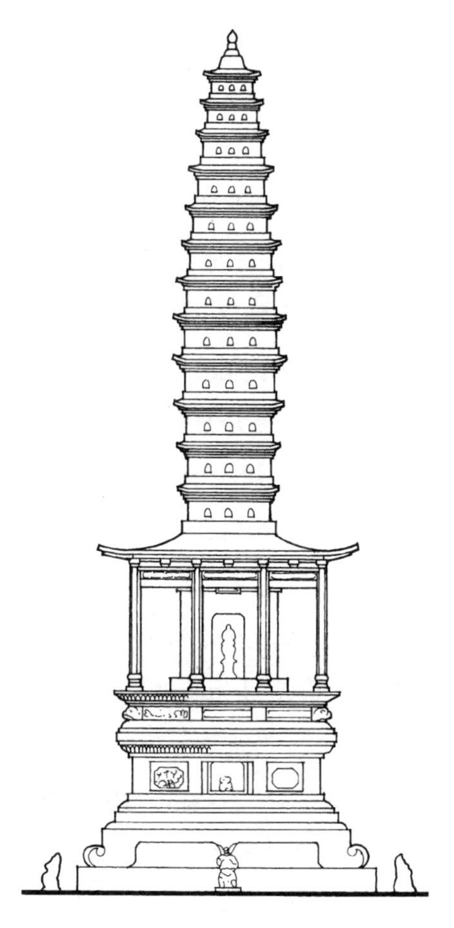

图4－67 四川邛崃石塔寺宋塔立面

（三）邛崃石塔

四川邛莱石塔，正名为释迦如来真身宝塔，位于成都市邛崃高兴乡石塔寺内。寺原名为大悲寺，因石塔而俗称石塔寺。寺、塔均于南宋乾道五年（1169）兴建，但寺内建筑经历代重修已非原状，唯石塔仍为宋代原物。石塔位于寺庙山门之前的全寺中轴延长线上，朝向与寺相同（图4－67、68）。

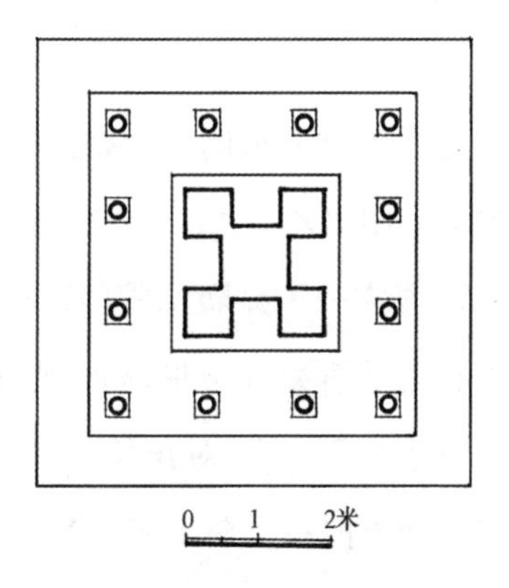

图4－68 四川邛崃石塔寺宋塔平面

石塔为方形十三级密檐式实心塔，高约17米，全部用棕红色砂岩砌筑。塔身从第二层到第六层每层略有增大，自第七层以上则逐层缩小，整座塔外轮廓呈抛物线形，挺拔秀气。塔最下为素平的石砌台基，每边长约6米，台基之上有双重方形隔身版柱造的须弥座，最下一层须弥座高度大大高于上层，二者束腰部分均雕有佛龛、纹饰等。须弥座之上建有副阶，这是现存方形密檐塔中十分珍贵的遗物。副阶围廊每边有石柱四根，下有柱础，柱间有普柏方与阑额。副阶屋顶出檐较深，四角反翘，柱、阑额、屋顶均为石制。副阶以内的第一层塔身每面正中辟有假门，门上各有一石匾，上刻“释迦如来真身宝塔”之类的字样，并刻有建塔年月、书写人姓名等宋人题识。假门之上作叠涩逐层出挑，与副阶檐柱共同支撑副阶屋顶。屋顶以上即为十二重密檐，各层出檐短而薄，均以石刻叠涩挑出，檐下塔身高度较矮，约0.5米左右。在各层低矮的塔身上每面刻有三个小佛龛，内雕佛像，最上为塔刹，由覆钵两重构成，上冠宝珠。

（四）泉州开元寺双石塔

泉州开元寺双石塔，为仿木楼阁式石塔。两塔分立于寺院大殿前的东、西廊外，相距200米。

仁寿塔位于西侧，俗称西塔图(4－69a、69b)。始建于五代梁贞明二年(916)，初为木塔，因其在南宋绍兴乙亥(1155)和淳熙年间(1174—1189)两次失火，故改为砖塔，后又改用石材砌筑。

镇国塔位于东侧，俗称东塔。据文献载“唐咸通年间(860—873)建九级木塔。绍兴乙亥(1155)灾毁。淳熙丙午(1186)僧了性重建，宝庆丁亥(1227)复灾……嘉熙戊戌(1238)僧本供改用石建”。

石塔平面为八边形楼阁式塔，仁寿塔高45.066米，须弥座高1.2米，八边形边长7.6米，对角长22米，一层外围周长44.8米，塔身上下有收分，在对角线方向每层收1米，第五层收1.6米。镇国高48.27米，须弥座对角长18.0米，边长7.5米。一层外围周长46.4米，塔身收分做法与仁寿塔相

图 4-69a 泉州开元寺仁寿塔

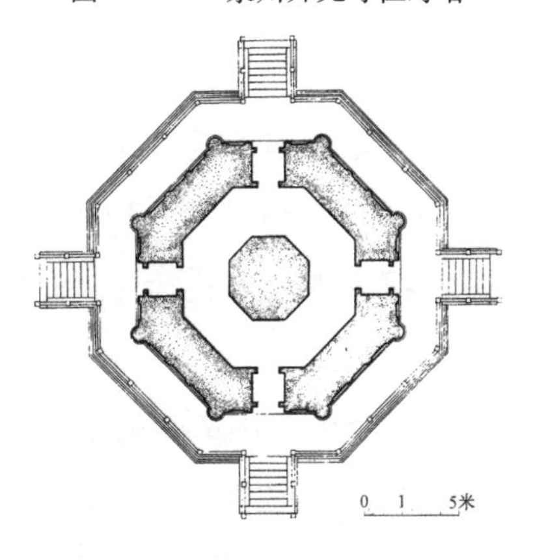

图 4-69b 泉州开元寺仁寿塔平面

同，仅第五层收分稍小。镇国塔比仁寿塔高3.2米。

双塔均采用外壁筒体内带塔心柱结构，该塔忠实模仿木构，上下共五层，每层在靠塔心柱一侧的楼面留出方孔，安设木塔梯以供登塔。塔心柱为石砌实心柱体，无塔心室，仅在正对塔门的一面设长方形佛龛，内置佛像。塔心柱与外壁之间形成内回廊。楼层的结构是从内外壁挑出大石块叠涩两重，上覆排列石条作为楼板，石条厚10厘米，楼板底部设有起联系作用的条形肋梁，此梁首尾相接，形成八边形环梁。同时在楼板下部塔心柱与外壁之间还设有递角梁。

塔身立面每层设有腰檐平座，檐部以石材雕出瓦陇形式，至角部角梁上翘，使檐口形成起翘曲线。平座利用腰檐围脊部位作成石勾阑，以保证登塔者的安全。

各面转角设圆形壁柱，柱间设有仿木构的门窗，但八面中仅于四个面开门，另外四面隐出假窗，上下各层交错布置。门和假窗两侧雕有天王、力士及诸菩萨像。各层每面均雕出阑额，阑额以上置柱头铺作与补间铺作。仁寿塔斗栱下部两层均施补间铺作两朵，上部三层仅施补间铺作一朵。柱头铺作从栌斗口内出两跳角华栱与正身华栱三缝，补间铺作则仅出正身华栱两跳。在上一条华栱头置罗汉枋（长长的石条）以承挑檐，补间铺作下的栌斗尺寸小于柱头铺作，且在上部三层者以鸳鸯交首栱连栱交隐。镇国塔的转角铺作简化，栌斗口内仅有角华栱，其他均为补间铺作，各层每面补间铺作皆为四朵，而且柱头与补间铺作均为五铺作出双杪斗栱，在两条挑出的华栱跳头不设横栱，改用罗汉枋将各组斗栱连成一体，补间铺作下无栌斗，改用耍头形石雕代替。两塔在正心处石壁皆有隐刻的泥道栱、慢栱。

仁寿塔的基座采用近似隔身板柱造做法，板柱作雕花小圆柱，柱间施花板，基座下部雕一层圭角线脚。塔基四周另有栏杆围绕。

镇国塔基座与仁寿塔不同，为须弥座式。座身上下刻莲瓣、卷草各一层，八个转角处，刻有承托基座的力士像各一尊。束腰部分壶门内刻佛传故事及狮、龙等动物三十九幅。

这两座塔皆施金属塔刹，由覆钵、七层相轮和火焰、宝珠等构成，由于铁刹高大，在塔顶八角的垂脊上系铁链八条拉护，以使之稳固。

泉州开元寺双塔造型优美，结构精巧，规模宏大，一时堪称全国石塔中最高者，在技术和艺术处理上均充分显示了闽南地区古代石工高超的技术水平。

第五节 道教建筑

一、道教建筑发展的历史背景

道教与佛教同样是受官方控制的，但道教标榜以“神仙”来解决世间难题，可更直接地被统治者利用，于是导演出“神仙下降有天书颁赐”、“圣祖降灵”等活动。如真宗皇帝曾赴泰山还天书，借以“镇服四海，夸示戎狄”。徽宗皇帝比真宗更有过之，自称梦遇老子，并以“教主道君皇帝”自诩。宋代对道教格外青睐，甚至强行命令推崇道教，崇道抑佛，因此宋代不仅建造道教宫观建筑，而且还将有些佛寺也改为道观。

南宋初，由于目睹徽宗亡国的教训，道教曾一度降温，发展减缓，到理宗时期当权者再次利用道教来为其摇摇欲坠的宝座助一臂之力。

道教本身的教旨随着唐代炼丹术的失败而发生了变化，不再以虚幻的“神仙可成”来吸引百姓，而是从现实社会中找神仙，于是编造了若干仙人故事，如对吕洞宾的信仰即形成于北宋，并发展成“八仙”。道教还吸收民间方术，提倡内丹炼养。与此同时，一批在社会动乱之际不愿仕宦的儒生和失意的官僚也加入了信仰道教的行列，他们谈儒书、习禅法、求方术，对于道教在思想上的发展起了推动作用，把坐禅与炼丹融合在了一起。道教宫观与佛教寺院的形式也愈加相似，且更与礼制建筑混合，使得有的宫观变成了“家庙”。

有时,由于帝后为了对神灵的护佑感恩,也会拨地甚至出资给宫观。如四圣延祥观,“拨望湖堂、广化等寺归观……朝廷积赐缗钱以千计,田亩以万计,观址周围七百余丈”。

二、道观的建置状况

唐末五代,社会动乱,道观毁坏严重。入宋以后,因受帝王支持,屡有道观兴建,这股风潮自宋太宗始,至真宗达到高潮。据史载,宋太宗曾先后在京城建太一宫、洞真宫、上清宫等,在亳州建太清宫,在苏州建太乙宫,在终南山建上清太平宫,但禁止民间增建道观。到宋真宗大中祥符元年(1008),在搞“天书”接还的活动中,即诏“天下并建天庆观”,并“诏天下宫观陵庙,名在地志,功及生民者,并加崇饰”。

南宋时期,道教处于低潮,但道观建设活动仍在继续。临安在南宋统治的一百多年中兴建宫观近三十处,打破了在北宋时独具“东南佛国”“冠于诸郡”的状况,佛寺“一统天下”的局面发生了变化。从高宗南渡之时起,便开始了道观修建活动,首批有万寿观、东太乙宫、显应观、四圣延祥观和三茆宁寿观五处,其后的皇帝孝宗、理宗、宁宗、度宗等人都曾建筑或改建过一些宫观,当时有十大宫观直属皇城司管理。这十处宫观中以东太乙宫和宗阳宫规模最大。东太乙宫有十三殿、一钟楼、一馆,馆内有八斋和一小圃;宗阳宫有十三殿、一轩、一馆、二楼、三堂,此外还有一座园圃。除十大宫观外,另有二十余处道观,但规模都不大,其中尚可称道的有建于绍兴二十九年(1159)的通玄观,观内有寿域楼、万玉轩、望鹤亭、谒斗坛、白鹤泉、鹿泉等。

宋代之道教宫观中的建筑有以下几类①:

---

① 据《咸淳临安志》、《西湖游览志》、《浙江通志》、《万历钱塘志》以及《洞霄图志》等文献整理。

临安、余杭道观内建筑一览表

观名	年代地点	奉神殿	斋戒之殿	道众馆斋	钟楼	法堂	经藏	迎客	园圃
四圣延祥观	绍兴间建，在孤山	北极四圣殿（奉天蓬、天猷、翊圣、真武四圣） 三清殿		清宁阁 瑞真道馆		通真	藏殿（琼章宝藏）		瀛屿石亭 香月亭
三茆宁寿观	在七宝山，绍兴二十年赐名	太元殿（奉三茆真君） 观内有徽宗、钦宗、高宗三座神御殿							
开元宫	嘉泰年间宁宗旧居改建，在太和坊内(今后市街南端西侧)	明离殿(祀立夏) 宣明王殿（宁宗神御） 璇玑殿（北辰殿）(奉北斗) 衍庆殿(奉真武) 顺福殿(奉元命) 神佑殿(奉元命)		阳德馆在宫北					
龙祥宫	淳祐四年建，在后市街	正阳之殿 后殿为设醮殿 三清殿 后殿(奉元命) 顺福殿（奉皇太后元命） 寿元殿(奉南斗) 景德殿（奉十一曜）		南真馆（在宫西） 高士三斋 内侍之舍 羽士之室	钟楼（和应之楼）		经楼（凝真之章） 藏殿（琅涵宝藏）	福庆殿在宫左	

（续 表）

观名	年代地点	奉神殿	斋戒之殿	道众馆斋	钟楼	法堂	经藏	迎客	园圃
宗阳宫	咸淳四年建，在三圣庙桥东，占用德寿宫部分用地	正殿(奉三清) 顺福殿(奉皇太后元命) 虚皇殿 毓瑞之殿(奉感生帝) 神佑殿(奉元命) 通真殿(奉佑圣) 景纬 寿元 北辰		介真馆(在宫西) 大范堂 观复堂 观妙堂 会真斋 澄妙堂 常净斋	御籁之楼 栾简之楼			福临殿(降辇殿) 进膳殿 劲霜轩	志敬堂 清风堂 丹邱亭 元圃亭 垂福堂 清静堂
万寿观	绍兴年建，在新庄桥西	太霄殿(奉昊天) 宝庆(奉圣祖) 长生殿(奉长生帝) 纯福殿(在西侧,奉元命) 后殿 会圣宫 章武殿(应天玄运)		神华馆					
东太乙宫	绍兴十八年建,在新庄桥南	大殿(灵休殿) 挟殿(琼章宝室) 介福殿(皇帝本命殿) 三清殿 火德殿 两庑 长生殿(奉长生帝) 通真殿(奉佑圣) 中佑殿(奉元命) 福顺殿(奉太皇) 北辰殿(奉北斗) 介福殿(奉元命) 重禧殿(奉元命)	斋殿	崇真馆(在宫南)有斋八： 观妙 潜心 泰定 集虚 颐真 集真 洞徽 虚白	钟楼(琼音之楼)			藏殿(琼章宝藏)	小圃武林亭

（续 表）

观名	年代 地点	奉神殿	斋戒 之殿	道众 馆斋	钟楼	法堂	经藏	迎客	园圃
西太乙宫	淳祐间建，在西湖孤山	景福门（奉太乙十神像） 黄庭之殿（正殿） 德辉堂（元命殿） 明应堂（太皇元命殿） 迎真殿		通真斋 养素斋				延祥殿	陈朝之桧小亭
佑圣观	淳熙诏孝宗邸改建而成	观门（绍定重建） 佑圣殿 后殿（奉元命）		延真馆（在观之右，有道记堂、虚白斋）			藏殿（琼章宝藏）		
显应观	在东城外，聚景园之北	显应殿 （奉护国显应兴圣普佑真君）		崇佑观（在馆之东）					
洞霄宫	余杭大涤山	三清殿 璇玑殿 佑圣殿 张帝殿 龙王先公祠 虚皇坛 昊天阁		斋宫	方丈室 十八斋 选道堂	钟阁 演教堂	经阁	云堂 旦过寮	十一亭 假山 库院

据上表可知，史料记载各道观的主要建筑有奉神殿、斋馆、藏经殿阁、法堂、钟楼、斋宫、客堂、园圃、山林等。现对其建筑特点作一简述。

三、道观布局

一座道观之内的殿宇如何布置，现无从得知，因完整的建筑群组已无一例。在宋平江府图碑中所绘的天庆观,姑且可算作一件珍贵文物,但与现存的苏州玄妙观三清殿之规模相对照,也只能说明它不过是一种符号性的道观图而已,难以说明当时道观建筑群的形制。现只能依据文献记载初步探讨道观建筑群组的特点。

(一) 城市道观

宗阳宫是临安规模最大的一座宫观,建于咸淳四年(1268),以南宋宫殿德寿宫用地的一半建宫。入德寿宫大门后便是中门,名曰开明门,门内有三座殿宇,即正殿、顺福殿、虚皇殿,正殿奉三清,顺福殿供奉太皇元命,虚皇殿奉太虚之神。在开明门"之左有玉籁之楼、景纬之殿、寿元之殿";在开明门"之右有栾简之楼、琼璋宝书、北辰之殿"。这两楼四殿左右对称,分列在三殿两侧。虚皇殿"直北有门,曰真应",门内又建三殿,"中建毓瑞之殿,以奉感生帝,后为申佑殿奉元命,通真殿奉佑圣"。以上便是祭神殿一区。

另外,文献明确记载"宫西有介真馆,堂曰大范、观复、观妙,斋曰会真、澄妙、常净"①。这一区为信众活动场所。此外还有专门为接纳皇室成员的降辇殿、进膳殿及园圃区。这一区推测可能在东部并延至北部较为合乎常理。

从以上文献记载可以看出这座城市型宫观明显地分成四区,即祭祀崇拜区、修真区、行宫区、园林区。各区建筑性质、规格各有不同。若以等级而论,祭祀区和行宫区最高,园圃区次之,修真区再次之。从建筑群的组合来看,祭祀崇拜区的建筑包含着一种三座殿式的格局。在临安诸观中还可看到一种前后殿式的格局,如龙翔宫,在祭祀崇拜区内前部为正阳殿及后殿,后部为三清殿及后殿,在这种布局的情况下可能采取工字殿的形式。利用孝宗阳邸改建的佑圣观,即为前后殿格局。另外还有一种在正殿两端带有挟殿,如东太乙宫的主殿为正殿两侧带挟殿形式,主殿之后依次排列着介福殿、三清殿、斋殿,两庑还有一系列殿宇。这种格局较为特殊。

① 《梦粱录》卷八《宗阳宫》。

（二）山岳道观

洞霄宫可谓山岳道观的代表，是宋代著名的三十六洞天之一。所谓"洞天福地"，为道教所寻求的理想仙境。洞霄宫位于浙江余杭县南18里的大涤山与天柱山之间，其历史可上溯至汉代元封三年，汉武帝"始建宫坛于大涤洞前，投龙简为祈福之所"。唐高宗弘道元年奉敕建天柱观，"四维壁封千步，禁樵采为长生之林"。唐中宗时曾赐观庄一所。乾宁二年(895)吴越王重建，北宋真宋大中祥符五年(1012)改名为洞霄宫，并赐田十五顷。仁宗时召道院详定天下名山洞府，凡二十处，此处居第五位，每年都有较大规模的宗教活动。政和二年(1112)、绍兴二十五年(1155)对许多建筑重建重修，建设活动延续至元初。宋末元初人士邓牧所作《洞霄图志》对此作了较为详细的记载(图4－70)①。

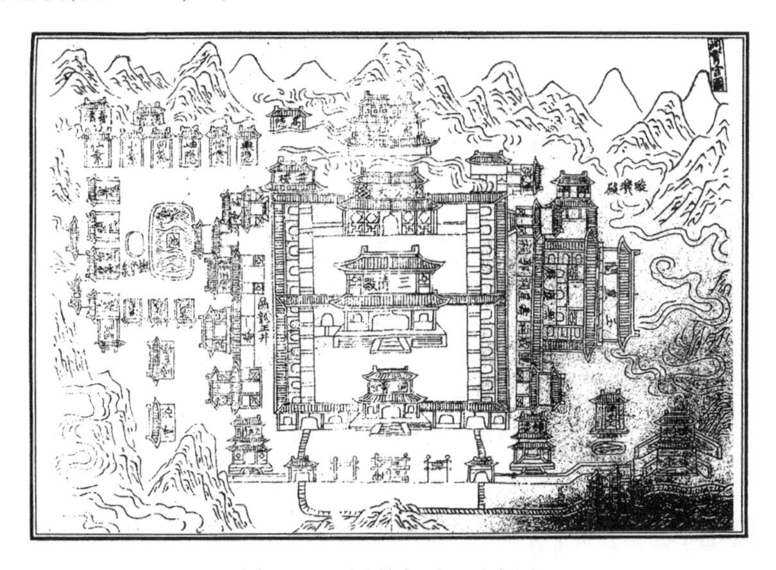

图4－70 洞霄宫平面示意图

洞霄宫建筑群的外门之外还设有两道山门，第一山门为"通真门"，绍兴年间建。入门后经18里山林方达第二道门，即"九锁山门"，入二道山门再经3里才达到宫之外门。这3里路途风景优美，路经龙凤二洞、栖真洞，过

① (宋)邓牧：《洞霄图志》卷一，文渊阁《四库全书》本。

会仙桥、翠蛟亭后，左右崖石夹道，势若双阙紧逼门前。进入外门之后，马上过“元同桥”便直达“三门”，而三门前又有左、右两门。左门篆书“天柱泉”，门后有池；右门篆书“大涤洞”，从此可入洞。三门以内，便是这所宫的核心部分，正中为虚皇坛，坛后即三清殿，坛左右有东、西庑，东庑充当库院，西庑作为斋宫。三清殿之后有演教堂、聚仙亭和方丈室。在演教堂两侧有“左右两石，天造地设，后有苍崖横峙，因加人力，垒成峰峦，中作小洞，洞中小路委曲，出登其绝”。聚仙亭则处假山之中，过亭“翼步梱而上”便达方丈室。

在中部组群之外，还有许多建筑分列两侧，东庑之后有绍兴二十五年建的昊天殿和钟阁、经阁。东庑之东有璇玑殿，三门偏东有佑圣殿。两庑之后有龙王仙宫祠、云堂、旦过寮、十八斋、选道堂等建筑。其中云堂、旦过寮均为接待外来道士游居之所，十八斋则为道院，供宫内不同派系的道士研习道教教理使用。在这组建筑的北侧、左侧各有七斋，右侧四斋，环池而建。此外还有 10 座亭子分散在宫的四周。

按这段记载可知这组道教宫观的组成模式：中部为道教崇拜空间，东侧有管理用房及藏储部分，西侧为起居生活用房，宫前有很长的前导空间。

从洞霄宫可以看到这一时期山岳道观所特有的布局方式和特点：

1. 选择山岳中最有特色的环境布置主要建筑群组。

洞霄宫正是在溪流、山洞、水池、山崖之间巧妙地穿插建筑。例如在“左右崖石夹道，势若双阙”之处建起“外门”。进入外门之后，由于正值大涤洞的洞口，又有天柱泉流过，于是因势利导地修了左、右二门和正面的三门，出现了一组以门为主体的空间。在这里没有主要殿堂，但却揭示出一幅道教仙境的主体画面，展现了非常完美的“仙人洞府”景象。进入三门之后，层殿、重阁交相辉映，意图创造出充满理想的神仙世界。从文中描绘看，这里在进深方向并不很大，所以建筑群向左右展开，而前后方向上不得不利用不同标高的地段来布置建筑，因此，自演教堂至方丈室地形发生了突变，道士利用这突变的地形堆叠假山和山洞，使之必须穿过山洞才能到达方丈室。而洞中“小路委曲”，人们在黑暗的洞内走过委曲的路之后，便登上山崖，利用洞内光线的变化给人们心理上带来的不寻常的感受，从而创造了“出登其绝”的效果。这里人工洞的堆叠不同于一般园林之处在于利用山洞反映道教的洞府思想和仙境,走出山洞来到“方丈室”正是寓意了一种“成仙之路”的思想。因方丈室为道观中道长所居之室,道长是现实世界修炼水平最高的象征。

2. 利用几道山门,控制纵深空间。

洞霄宫建在山上,如何向世人说明它的存在,又如何使信奉者离开喧闹的尘世,一步步走入神仙世界,这便是洞霄宫在山下布置两道大门的原因。第一道门为通真门,近余杭县,而远离洞霄宫。在南宋绍兴年间建了这道门,到淳祐年间又种了 18 里林木,直到第二道门——“九锁山门”。九锁山门位于山下,距离宫门仍有 3 里。洞霄宫靠这两道门向外延伸了 21 里,而这一段纵深空间的引导性,正在于这两道门的设置使得散乱无序的大自然变得从属于这一宗教建筑群,特别是 18 里林木的栽植更明确了这样的思想,它成为宗教与世俗之间的过渡地段,通过这种过渡地段培养了人们对宗教的感情。

四、道观中的个体建筑

(一) 祭奉神殿

这是每座宫观必须有的部分,由于宫观规模不同,神殿数量多少不一。小型的仅一两座,大型的可达十多座,例如四圣延祥观就只有四圣殿和三清殿,洞霄宫则有三清殿、璇玑殿、佑圣殿、张帝殿、龙王先公祠、虚皇坛、昊天阁七座,最多的东太乙宫有十一座,即云休、延寿、三清、火德、长生、通真、中佑、顺福、北宸、介福、崇禧诸殿。所祭奉的神除一般道教之神以外,还有本朝被神化的帝王或先帝,以及可祈求长命的“元命”之神。此外,还有当时被帝王或百姓所认同的某位世间人士。如显圣观供奉着一位县令,帝王自以为得到过他的恩典,便尊其为神了。临安的十大宫观中有奉神殿 5 座以上的占了一半。奉神殿的数量是宫观规模的标志。

(二) 斋馆

《梦粱录》载开元宫“宫北建阳德馆,以存修真之道侣”,可知开元宫为道教信徒修真之所。在每座道观中都有名之为“斋”或“馆”的建筑,这类建筑坐落在宫观的东、西、南、北各方皆可,无一定位置。有的宫观中把道侣活动的区域统称为"馆",馆之中再分为斋、堂之类;也有的直接称斋。余杭县南的洞霄宫内共有十八斋,供本宫内三个不同的道教派系使用。临安龙翔宫的南真馆在宫西,其中分为高士三斋、羽士之室和内侍之舍等不同等第的修真建筑。

（三）藏经殿阁

这类建筑并非每座道观中必有,多出现在较大型的宫观中,建筑形制有的只是一层的殿,称藏殿;有的为楼或阁,例如洞霄宫内有经阁,龙翔宫内有经楼,名"凝真之章",同时还有藏殿称"琅涵宝藏"。宗阳宫的"栾简之楼"和"琼章宝书"也属经楼、藏殿之类。经楼可能兼有讲经、藏经之功能。从临安十观看,有经楼者均不再设法堂,因之推测经楼兼有法堂的功能。而洞霄宫内演教堂与经阁并存,则经阁应以藏经为主。藏殿在宋代佛寺中已发展得很有特色,在道观中也不逊色,有的作为储藏道经之用,有的仅仅作为放置道教轮藏之用,不藏书。例如《青城山会庆建福宫飞轮道藏记》中曾指出,飞轮道藏所储藏的是非纸笔所为的书,而是来自天然之书,是无形的经。而"轮藏"便是这种供道徒及信众转动的无形的经。在临安十观中,据《咸淳临安志》载,四圣延祥观于绍兴十五年建的藏殿内有"轮藏"和"琼章宝藏",这可能是既有储经之柜又有轮藏的例子。

在文献中提到有轮藏的道观有以下几处:淳熙七年(1180)的《蓬莱轮藏记》碑称其建于四明观西。宜兴通真观有嘉定初年(1208)所建轮藏。南昌建德观有淳祐二年(1242)所建轮藏。湖北均州五当山有端平年间(1234—1236)所建轮藏。四川江油有淳熙八年(1180)所建飞天藏。可见,建轮藏之风遍及各地道观,但存留至今的只有四川江油飞天藏一处。

（四）法堂、钟楼、斋宫

法堂:虽为宗教宣讲之处,但专门设立法堂在宋代道观中并不普遍,仅占十之三四。究其原因可能因道教为中土自生之教,百姓多有所闻,不像佛教传自异域,教理令人难解。少数高士需要进一步研读,修炼道教哲理则多在斋、馆中进行。

钟楼:道观以钟声作为举行宗教仪礼“开清止净”的信号,因此道观中出现了“钟楼”的建筑,但不普遍。有的道观有钟而未建楼,如三茆宁寿观中有座唐钟被誉为稀世之珍,“禁中每听钟声,以奉寝兴食息之节”。但此观却无钟楼。

斋宫:道教崇敬神仙,注重祭祀祈祷,并要斋戒,道经中说“学道不修斋戒,徒劳山林矣”①。凡是要仰仗神力的事,如祈福、禳灾、求仙、延寿、超度亡灵等,都要修斋,一切道场法事,均需先行斋戒之事。所谓斋戒,即以神仙禀质清净高雅、整洁肃穆,故要求祭祀者必须在祭祀之前沐浴更衣,不饮酒,不吃荤,整洁心、口、身,以示虔诚。斋宫、斋殿便是道众进行斋戒活动的场所。

(五)客堂

在一些大型道教宫观中,需要接待皇帝及皇室成员,于是专门建有供这些人食宿的殿宇,如临安宗阳宫的降辇殿、进膳殿,龙翔宫的福庆殿,西太乙宫的延祥殿。除此之外,在道观中有子孙道观与十方道观之别,对于十方道观需有专门接纳各地前来的道侣之所,如洞霄宫就有云堂和旦过寮,它们的性质虽也为客堂,但不同于前者,而与各观的斋、馆性质更为相近。

(六)园圃、山林

建于城市中的较大型道观均有附属之园圃,以满足人们与自然的亲和、交往之需求。例如东太乙宫在崇真馆内有小圃,并建有武林亭。宗阳宫有一处园圃,内有志敬堂、清风堂,山池及池旁的垂福堂,还有丹邱元圃亭。“圃内四时奇花异木,修竹松桧甚盛。”这座寺观园林具有相当的规模。另外,四圣延祥观西依孤山,有林和靖故居,“花寒水洁,气象幽古”②,内有小蓬莱阁、瀛屿堂,也是一处著名的道观园圃,被列为皇家御园。

建于山林中的道观,更重林泉之经营。宋景定癸亥(1263)所建洞晨观,在余杭县东部之安乐山,观址“松竹掩映,流水回环,植梅一坞”③,春景迷

① (宋)张君房:《云笈七签》卷三七《斋戒》,文渊阁《四库全书》本。
② 《武林旧事》卷四、卷五。
③ (宋)邓牧:《洞霄图志》卷一《洞晨观》,文渊阁《四库全书》本。

人。又如宋咸淳年间(1266—1274)所建元阳观,在大涤山后,那里“山深林密,门径潇然,颇有尘外意”①。余杭县南湖的岳祠道院也是“巨石林立,流水周旋”,余杭的清真道院“为屋五六十楹,而门庑殿堂,斋阁庖湢咸有法度。松杉重荫,花卉迭芳,白昼无声,不类人境”②。观门内有流泉、方池,“畜金鲫百数,扣栏槛,悉至取食。山下,飞玉泉悬瀑数仞,自是出也”。这座道观完全融入所在的自然山水环境中。

第六节　现存道观中的宋代建筑遗构

现存道观建筑建于宋代的极少,有些道观虽为宋代所创,现仍延续存在,但建筑物皆已为后世重建。这种类型的道观在南宋地域内有 3 处,其简况如下表所示。

南宋所在地域宋代创建道教宫观一览表

编号	名称	创建年代	建造地点	当时规模与历史	现　状
1	天师府	大中祥符九年(1016)	江西贵溪上清镇	大中祥符九年立上清观,房舍达 500 余间,占地 50000m^2,经元、明、清历代重修并建“嗣汉天师府”	现存后期建筑有头门、二门、三门、前厅、正厅及天师府的大门、仪门、三省堂、养生殿等
2	通元观	绍兴二十九年(1159)	杭州七宝山东麓	多次毁、建	观后崖壁间存宋刻道教造像三龛,观内存数间清代建筑
3	云台观	始建于宋	四川三台县云台山	重建于明,清代增修	现存明清建筑三皇观、回龙阁、城隍庙、灵官殿、拱辰楼、钟鼓楼等

① (宋)邓牧:《洞霄图志》卷一《洞晨观》,文渊阁《四库全书》本。
② (宋)邓牧:《伯牙琴》《补遗 · 清真道院碑记》,文渊阁《四库全书》本。

在上述这些宋代创建的道观中，皆已无宋代建筑遗存，目前留有实物者仅有屈指可数的几处，即苏州玄妙观三清殿、莆田玄妙观三清殿、四川江油窦圌山云岩寺飞天藏殿及飞天藏。这几处道观本身并非宋代创建，它们各自有较长的历史。

一、苏州玄妙观三清殿

苏州玄妙观始建于西晋咸宁二年(1276)，初名真庆道观，唐更名开元宫，北宋大中祥符年间更名为天庆观。宋室南渡，金兵屠戮平江时观被毁，后经南宋时王�、陈岘、赵伯骕等人主持修复，为当时著名大型道观之一。在南宋绍定年间所刻之平江府城图碑中尚可窥见此观面貌之一斑(图4-71)。

图4-71 平江府图碑中的苏州玄妙观

图中所绘天庆观有棂星门、中门、三清殿及两廊，其中三清殿为重檐顶，两侧带有挟殿形式。此观于元代至元年间改称玄妙观，后历经多次重修、扩建，但三清殿未改其宋构主体，只是重修后的外立面已非宋式原貌。现在观中除三清殿之外，尚存山门、雷尊殿、斗姆阁等晚期建筑。后期最盛时总占地曾达到500亩，现已有所减少。

(一) 平面及立面

三清殿面宽9间，通面宽43米，进深6间，通进深25米余，坐落在一低矮的石砌阶基上，前出月台，并围以石勾阑，东、西、南三面设踏跺。殿内于外檐柱网网格交点施内柱，形成满堂红式的内柱柱网，这在北方同时代的建筑中是未曾有过的现象，《营造法式》对此也无记载。它体现了一种结构标准化的理念，为后世明、清殿阁建筑所继承。该建筑采用重檐九脊顶，下檐为副阶，但现在室内副阶与殿身的空间相通，仅空间高度不同而已。大殿正面当中三间及背面当心间皆装4扇格子门,其余各间除尽间为实墙之外,皆施以窗。正面窗式为欢门形,周围施木版,两山及背面皆用直棂窗。该殿外立面的形象已非南宋原物,屋顶瓦饰及门窗装修皆不具宋风。疑为嘉庆二十二年(1817)遭雷火后重修之物(图4－72、73)。

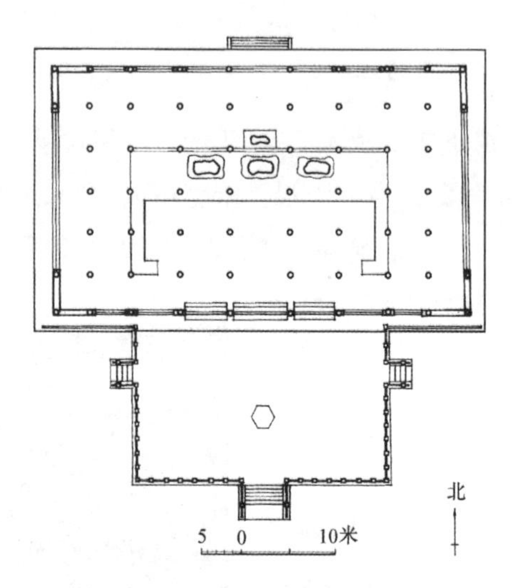

图4－72　苏州玄妙观三清殿

图4－73　苏州玄妙观三清殿平面

（二）结构

殿身部分即上檐梁架（图4－74），每榀由前后檐柱及三条内柱支托，檐柱以内有两金柱、一中柱，此三柱皆分为上、下两段。前后金柱自下部升高至榑下结束，上置内檐柱头铺作，在这组铺作正心枋之上再立一蜀柱，直达中平榑，中柱下段与金柱下段同高，柱头铺作上重新立起一中柱，直达脊榑之下。殿顶前后共12架，梁栿由多条短梁构成，自外檐柱头铺作之上，与金柱之间先施一条三椽栿，其上立蜀柱，再施乳栿、劄牵，两者皆插于上金柱上段柱身，各缝之榑即搭于蜀柱与梁端之交结点上。短梁背上有木方插于蜀柱脚，同时在蜀柱顶置木方，从纵向支顶榑，上段金柱与上段中柱间于金柱头处开始置短梁，其上构架做法仍为蜀柱、短梁的搭接方式，这部分梁架推测为明清期间重修之物。

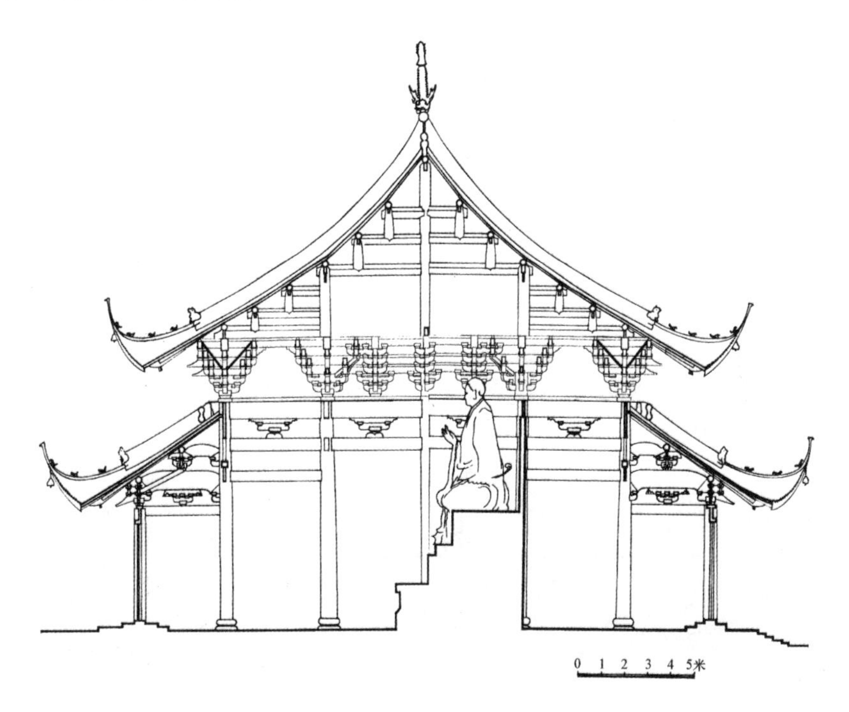

图4－74 苏州玄妙观三清殿剖面

下檐构架：深两椽架，于外檐柱头铺作上施乳栿，栿尾插入上檐檐柱。并于入柱处以丁头栱承之。乳栿背上施一组十字栱，以承劄牵，牵尾入柱方式同上。乳栿之下更施顺栿串一条。串首入下檐柱柱头,串尾入上檐柱。其与乳栿之间有一组单栱支替式斗栱。乳栿、劄牵皆作月梁,形制与《营造法式》规定相近,但梁广超过柱径,是为鲜见,构架在纵向有阑额、普拍方为连系构件,下檐柱断面采用正八边形,柱础仍用覆盆式,以八边形柱櫍来过渡。

整组构架中之阑额尺寸额外瘦高,上檐有阑额、由额两道,其间施明清隔架科式斗栱。其下并加施一道木方。内额在当中四缝用数层木方拼合成,高2米余。凡此种种做法,均具强烈地域特色。

(三)铺作

下檐斗栱用材广19厘米,厚9厘米,栔高8厘米。约合《营造法式》的六等材,但材之高宽比近2:1,与《营造法式》不同,断面偏瘦,上檐斗栱用材广22—24.5厘米,厚16—17厘米,平均高23.8厘米,宽16.5厘米,约合《营造法式》三等材,且高宽比近3:2,栔高9.5厘米,与《营造法式》用材比例相近。斗栱配列比《营造法式》金箱斗底槽更为复杂,内檐各缝梁上,皆施补间铺作(图4-75)。

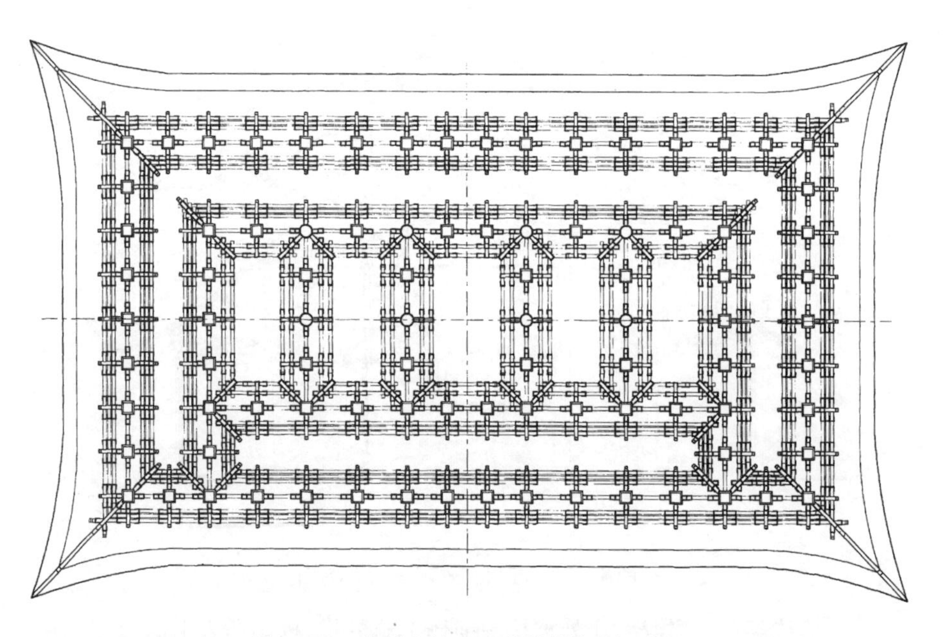

图4-75 苏州玄妙观三清殿铺作仰视平面

1. 下檐柱头铺作

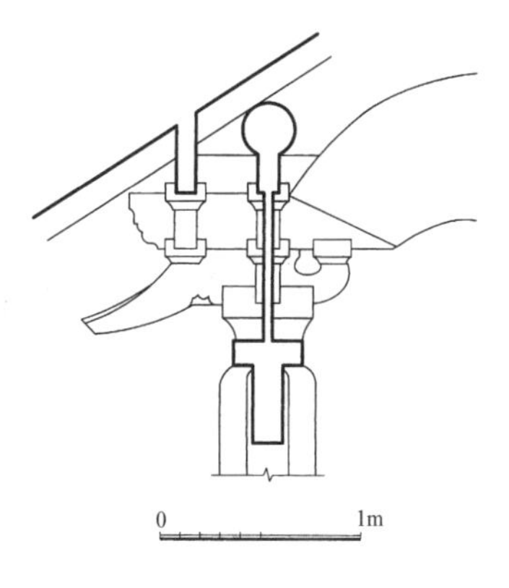

图4-76 三清殿下檐柱头铺作

四铺单昂斗栱,里转出一杪,承乳栿,乳栿以斜项入斗口,前伸后充外跳耍头,耍头端部作清式菊花头式。耍头与令栱正交,上承橑檐方,耍头背上伏衬方头。正心一缝有泥道栱、慢栱、柱头方及榑。柱头铺作中的下昂较特殊,此昂后尾平伸成里跳华栱,昂嘴下缘微微上曲,在近栌斗处刻成两瓣。昂嘴上缘也成一凹曲面(图4-76)。

2. 下檐补间铺作

四铺作下昂造,昂尾上彻下平榑挑一材两梁,里转出一杪华栱,并于栱端斗口出鞾楔以承托昂尾,外跳于栌斗口出华头子承下昂,昂嘴、耍头型制皆同柱头铺作(图4-77)。

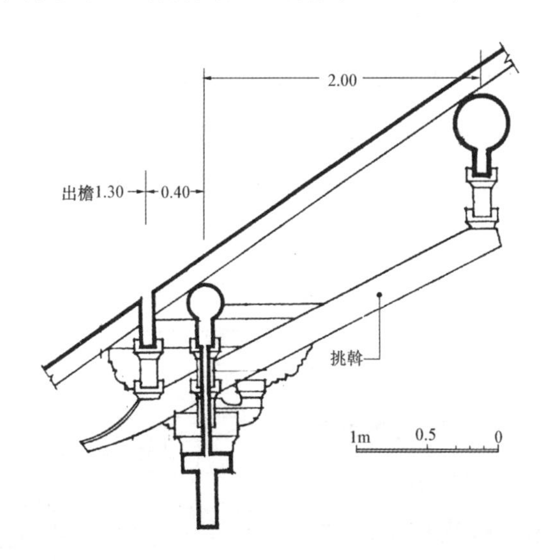

图4-77 三清殿下檐补间铺作

3. 下檐转角铺作

在柱头铺作外跳基础上斜出角昂一缝,第一跳角昂端承托正侧两面令栱之列栱及由昂,由昂之上原有角神或宝瓶,现已无存。列栱做法为泥道栱与平下昂出跳相列，慢栱与切几头出跳相列，令栱与小栱头出跳相列。

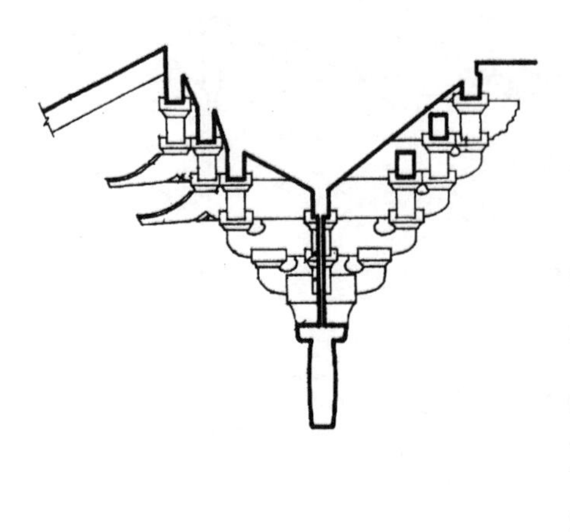

图4－78　三清殿上檐补间铺作

4. 上檐柱头铺作与补间铺作

七铺作双杪双假昂；里转七铺作出四杪，里外第一杪偷心，其余各跳皆作单栱计心造。扶壁栱为重栱造，泥道栱上施慢栱承柱头方，跳头横栱皆施令栱。这组斗栱中的假昂出跳及昂嘴完全是平行华栱的，下缘靠交互斗处隐刻两瓣，昂嘴上缘做琴面。这种平出昂的做法在宋代斗栱中是罕见的。柱头铺作以上承三椽栿及牛脊槫，而于斗栱遮椽板之上设木方及蜀柱。这部分的做法似后世修复时所为（图4－78）。

5. 上檐转角铺作

正、侧两面皆为七铺作双杪双下昂，另于45°方向施角华栱、角昂一缝，但其与正、侧面不同，第一跳为华栱，其余三跳皆为下昂，最上未施由昂。正、侧两面第二、三、四跳计心，但第二、三跳跳头所施令栱未延伸至角昂处作列栱，仅第四跳跳头令栱与小栱头分首相列。这种做法也很少见。

6. 上檐内檐中间四缝补间铺作

六铺作上昂造，双杪单上昂，下一杪偷心，左右对称。第二跳跳头施鞾楔以承上昂并与令栱正交。第三跳上昂内抵第二跳华栱中部，外跳承令栱及算程方。自上昂端至算程方之间以要头（未出头）及素方填充，自华栱至算程方上皮共高六材五栔，与《营造法式》上昂制度相同（图4－79）。

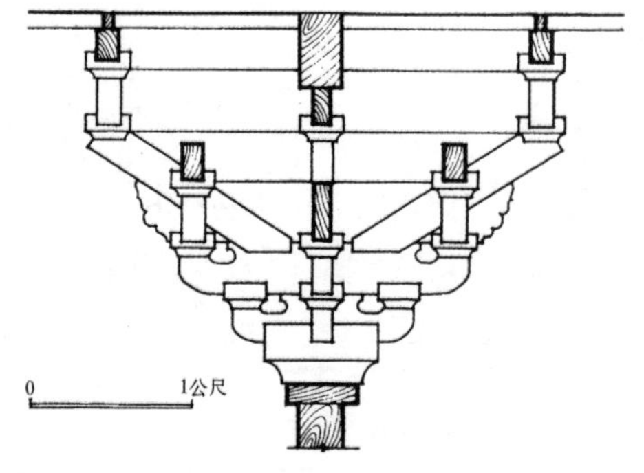

图4－79　三清殿上檐内檐补间铺作

7. 上檐内檐转角铺作

不施栌斗，而将角华栱及泥道栱、慢栱直接插入柱身，角华栱两跳之上为靴楔和上昂尾，在第二跳跳头及角上昂跳头皆施十字相交之令栱，以承素方及算桯方(图4－80)。

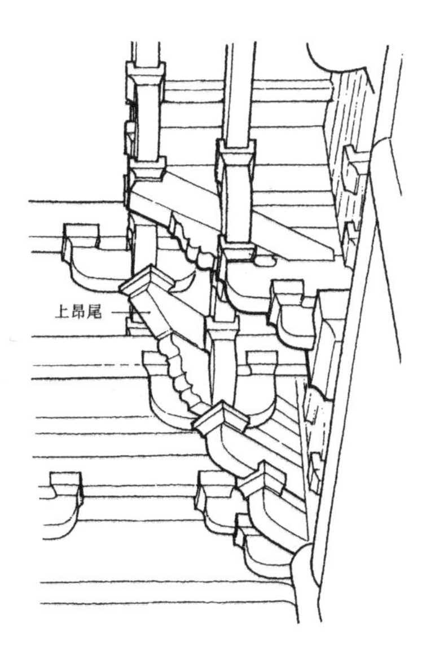

图4－80　三清殿上檐内转角铺作

8. 上檐内檐东、西第二缝上之斗栱

其外侧与外檐斗栱里跳相同，即出四杪华栱，第一杪偷心，二、三、四杪皆单栱计心。里跳与中间四缝斗栱相同，即六铺作上昂造。里外做法均受相对斗栱之左右，也是不多见的。

(四) 其他

殿内尚留有宋代砖须弥座佛坛一座，上承太上老君像。座高1.75米，采用束腰式须弥座，但束腰位于座高一半以上的位置，其下施多层线脚，颇觉繁琐。束腰本身砌作十字形花纹，束腰以上又施刻有香印纹、万字纹、三角纹之砖线脚，再上为枭混线，最上以平方砖压顶(图4－81)。

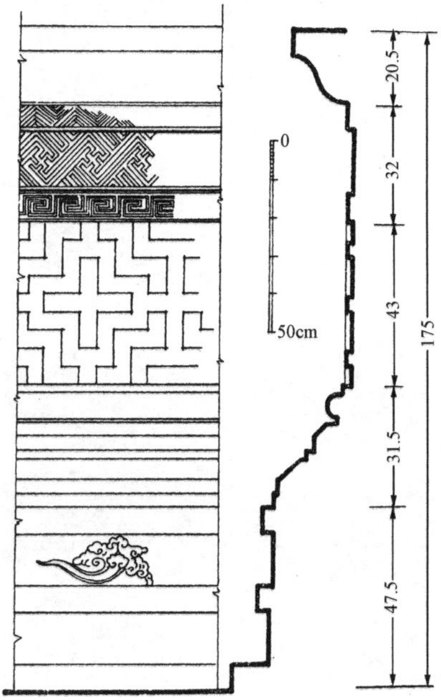

图4－81　三清殿砖佛坛

二、四川江油窦圌山云岩寺飞天藏

江油窦圌山云岩寺是一处有较长历史的宗教建筑群，据文献载："云岩寺在窦圌山，唐乾符间(874—879)敕建。"(《江油县志》光绪二十九年刊本)又据清雍正五年十二月初六日铁钟铸记载："窦圌山古号云岩观，其双峰耸翠，直接云霄，飞天藏玲珑，轮回运转，斯成天工人巧……淳熙七年(1180)由僧人真明燃指修建。”另外,在清乾隆戊寅年二十三年(1758)十月初一日《重建云岩寺合山功德碑》称:“若山建即自唐始也,宋元以来六启庙宇,然残碑阙如,独飞天藏针记淳熙庚子七年,今仍旧制。”据以上记载可知云岩寺曾为道观,其中的飞天藏仍保留了淳熙七年以前的旧制。

飞天藏是道教建筑中的一种特殊小建筑,它与佛教的储藏佛经之转轮藏外表相似,但却不作储存道藏之用,而在飞天藏上下安置有若干星官神灵像,又称星辰车,众信徒可通过推转星辰车来满足其祈神愿望。这座道教建筑能在佛寺中保存下来,与历史上佛、道、儒三教合流的背景关系密切,表明这座寺院中应曾出现过“分东西二院,东禅林,西道观”的现象。因此这座建筑屡由僧人重修。

飞天藏造于寺内西配殿飞天藏殿中,此殿为“飞天藏”而建,大殿本身的建造年代无确切记载,但其结构仍保留了宋代建筑的若干特征(图4-82)。

图4-82　江油窦圌山云岩寺飞天藏

（一）形制

飞天藏总高近10米，直径7.2米，置于殿内中部当心间两缝梁架之间。由藏座、藏身、天宫楼阁及藏檐四个部分组成（图4-83）。

1. 藏座

藏座下部为挡板，上部为须弥座。挡板素平，在一侧有一小木门可进入飞天藏内。须弥座悬出挡板，形制同一般的须弥座，有圭脚、束腰、上枋、下枋和一些线脚。束腰上原有沥粉堆金彩画，后被破坏，现仅存部分拓片，束腰之上又有叠合仰莲花瓣一排。

图4-83　近年修复后的云岩寺飞天藏

2. 藏身

藏身类似带有外廊的木构亭子。外槽柱立于须弥座上，柱间有上下额，额间有花板，下额之下有雕花楷头。上额之上为普拍方，上置十铺作斗栱，承托腰檐。

腰檐有檐椽与飞子，在转角处随角梁放射式排列。飞子端头有明显的卷杀，转角处有老角梁与仔角梁。仔角梁前端弯曲伸出檐口外，后端向上伸后变成角脊，檐口有木刻瓦当、滴水，钉在望板端部，望板上部由于在人的视线以上，不铺瓦条，檐口有大小连檐。

内槽柱也立于须弥座上，柱间八面均装壁板，每面壁板左右及上部皆用木雕花板装饰，壁板中部挂有木雕造像，每面6—8尊，为道教诸神。

腰檐上部为平座；平座之上为天宫楼阁。天宫楼阁之上又有一层统一的藏檐，呈盝顶形状结束。

3. 天宫楼阁

飞天藏的天宫楼阁极其复杂，分为上、下两部分，分别安置在各自的平座上(图4－84)。上、下两层平座均为正八边形,平座斗栱的坐斗安置在木方上,均为七铺作,除转角铺作外,每面施补间铺作六朵。共有两种类型,平坐上铺板置勾阑,下层平座周边设雁翅版,雁翅版下边沿刻成惹草如意头形状。上层平座的雁翅版下边沿刻曲线花纹,形式不同于下层平座,类似于垂花头式样。平座上所置勾阑上下两层相同。

图4－84 飞天藏立面

下部的天宫楼阁为重层式，上部的为单层式。重层天宫楼阁由三种基本单元组成，一种为凸字形平面的小亭，一种为一字形平面的小殿，两者有行廊相连。小亭中轴线正对八面之每面中线，小殿中线正对八个角的转角部位，恰好使原有的八边形藏身通过小殿抹角形成了正十六边形。小亭凸出的两根柱子断面为圆形，另外四根断面为八边形。柱子断面下大上小，收杀明显，且柱子有明显的侧脚。柱上端用一层额枋。额枋在凸字形的外转角处出头，将出头部分截成垂直面，抹去上角。小亭装修中部采用欢门形式，两旁的挟屋各安一扇格子门，天宫楼阁的第一层上有腰檐平座，随小亭、小殿、行廊凹凸布置，只是平座在行廊部位做成了小桥形式。

重层天宫楼阁凸字形小亭的第一层腰檐斗栱坐在普拍枋上，没有补间铺作，只在柱头上置坐斗，上置六铺作斗栱。额枋上正中置华带牌一块。腰檐檐椽不用飞子，做成向上弯曲的形状，端头有卷杀，在角梁处呈放射形排列。角梁只用一根，亦做成弯曲形状，向上翘起，呈象鼻形。望板上不作瓦条，只在檐口处做瓦当与连檐，也无滴水。腰檐上安置平座，也为凸字形平面，平座斗栱安置在一块凸字形板上，斗栱共五朵，其中补间铺作一朵，均为五铺作。雁翅版也在下边沿刻成如意头形状，平座勾阑随平面凹凸，栏杆与下层平座同。

重层天宫楼阁一字形小殿底层面阔只用一开间两根柱子，柱子断面均为圆形，柱子从下至上由粗变细，有明显收杀。两根柱子均有侧脚与收分，上施额枋，额枋在转角处出头，做法同凸字形小亭，额枋下施欢门。腰檐用五铺作斗栱，共四朵，当中为双补间铺作，斗栱安置在普柏枋上，额枋上正中间置华带牌。腰檐檐椽不用飞子，做成向上弯曲的形状，端头有卷杀，在角梁处呈放射状排列，角梁只用一根，不用仔角梁，亦做成弯曲形状，向上翘起呈象鼻形。望板上不用瓦条，只在檐口处作瓦当与连檐。也无滴水。腰檐上安置平坐，平座亦为一字形平面，平座斗栱坐在一块木板上共三朵，补间铺作一朵，转角铺作两朵，均为五铺作，共计两种类型。雁翅版、勾阑做法同下层平座。

上部的单层天宫楼阁中的小建筑也分两种类型。一种为凸字形平面小亭,除挟屋亦用欢门外,其他形制同凸字形重层天宫楼阁小亭的底层。另一种是一字形平面小殿,形制同一字形重层天宫楼阁小殿的底层,一字形小殿位于飞天藏每面的正中央,凸字形小亭位于飞天藏的转角处,同下边一样,飞天藏的八边形也变成了十六边形。上层天宫楼阁的凸字形小亭与小殿也用行廊连接。上下层天宫楼阁行廊形制完全相同,其檐下斗栱安置在一木方上,木方架在凸字形天宫楼阁与一字形天宫楼阁之最外边的木柱上。每个行廊用斗栱两朵,均为四铺作,斗栱上用单坡顶,檐椽无飞子,端头有卷杀,望板上也无瓦条,望板端部有木制瓦当,连檐。

4. 藏檐

上层单层天宫楼阁之上有环藏一周的藏檐,托檐斗栱坐在木方上。每面有补间铺作六朵,采用两种类型,转角铺作为一种类型。檐椽上没有飞子,檐椽做成向上曲翘式,端部有卷杀,角梁用一层,不用仔角梁。并做成向上曲翘式。望板上无瓦条,檐口用木料制成瓦当,滴水。

(二) 结构特点

飞天藏外部的八个面所见之物皆靠内部骨架承托,骨架之中心为一根通长的大木柱,在这根木柱上悬挑出数根木梁,木梁端部由悬空柱和横枋构成一个八棱体框架,框架外面再悬挂上外部的梁枋和天宫楼阁。由于框架由一根中柱支承,所以横枋需交错插入木柱(图4-85)。上下共五层,每层有四条,每条皆穿柱而设,下部的两层,处于藏座部位,木枋高26厘米,四条木枋,采取两两处在同一标高的构造方式。第三层的木枋处于藏身部位,枋高40厘米,四条木枋处于四个标高。第四、第五两层木枋断

图4-85 飞天藏藏身内部骨架

面减小至10厘米高。构造方式同第三层。木枋与悬空柱的联系方式是将第三层以下用一根柱把面下几层木枋连成一体,在第一、第二层部位木枋自柱穿出50厘米,外部再加一道悬空柱。第四、第五层木枋用单独一根悬空柱连系。另外,在中部大立柱的最下端,为一铸铁轴承式底座,称为“藏针”。飞天藏在人力推动下转动即靠中心大立柱在藏针的凹槽中转动。而立轴上部,端头做成束腰形,与架在当心间左右两缝梁架上的两条木枋相依托,以保证立柱在转动时的稳定性。

飞天藏的表层所见之斗栱,均采用半边斗栱,出跳长每层相同,均为两跳长的构件,只在最上部有一长条衬方,将最外一跳与斗槽板拉住,这样便形成一个三角形支架,用以承托挑檐重量(图4-86)。

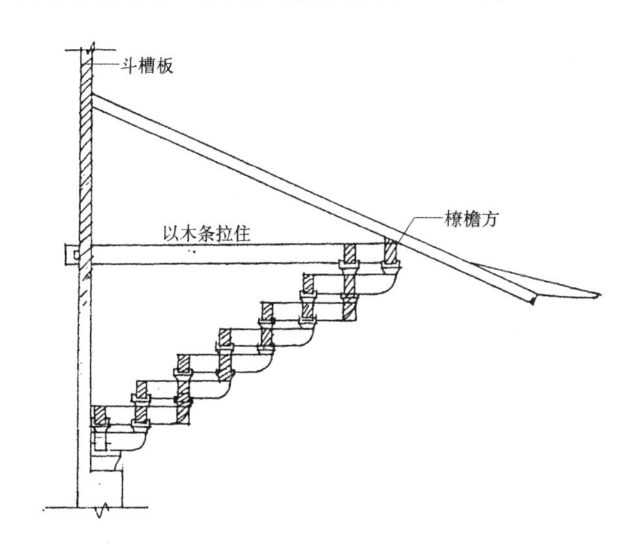

图4-86 飞天藏表层斗栱出跳示意图

(三)飞天藏表层结构与建筑艺术特征

1. 总体比例

飞天藏由藏座、藏身、天宫楼阁三大部分组成,这三部分的比例自下而上为2.53∶3.47∶3.76。其中藏座有55厘米的高度处于地平以下,人们所看到的部分实为1.98米。这部分未采用《营造法式》中的那种须弥座形式,仅在表面做了些线脚和图案雕饰(图4-87)。

图 4-87　飞天藏总体形制图

藏身:采用带回廊的八边形小亭的模式,总高为 3.47 米,柱高 2.7 米,开间宽 2.2 米,但并非把一座亭子按比例缩小,例如开间与柱、额、枋的比例,与一般建筑相比,柱、额、枋做得格外纤巧,柱子直径不过 13.5 厘米,并做了收分和侧脚。额枋做成两层,每层之高仅 12 厘米,柱高与开间宽度之比为 1∶0.81,打破了一般建筑柱高不越间宽的惯例。藏身上部的屋檐由十铺作斗栱承托,这在《营造法式》中是没有的。斗栱总高 38.5 厘米,自栌斗中线向外总挑出 50 厘米。挑檐平出总尺寸为 42 厘米,屋檐作盝顶式,檐部总高 77 厘米,檐部与藏身之比为 1∶3.5。

上、下两层天宫楼阁在高度上所占比例较大,但具体到每一层中,天宫楼阁中的一座凸字形小亭子只不过 80 厘米高,在总高近 10 米的比例中不足 1/10,显得很轻巧。这正是利用了这些小建筑与藏身在比例上的差距,来增强天宫楼阁高高在上的神秘感。

2. 铺作

飞天藏自下而上共有 6 层铺作层,而其铺作类型竟有 20 种之多。各种类型的铺作,从构件类型到组合方式皆有变化,与一般常见的建筑斗栱有很大的不同,由于铺作的承受荷载功能比一般建筑上使用的简单,为其变化提供了较大的自由度,这样便促进了铺作在装饰性方面的发展。飞天藏中铺作变化的特点和类型如下:

1) 藏身腰檐铺作

采用出七跳的十铺作斗栱,每面有补间铺作 5—7 朵,八个角各有一朵转角铺作。共有四种出跳类型:

（甲）转角铺作：出跳部分有三缝，第一缝自八边形之对角线方向出跳，第二、三缝皆从八边中交角的两个边的延长线方向出跳，所有出跳构件皆用平伸下昂。所有横栱均沿边长方向作重栱，两层重栱的构造方式随补间，所出现的列栱有两种，一种是平伸昂与泥道栱相列，一种为平伸昂与瓜子栱相列（图 4－88）。

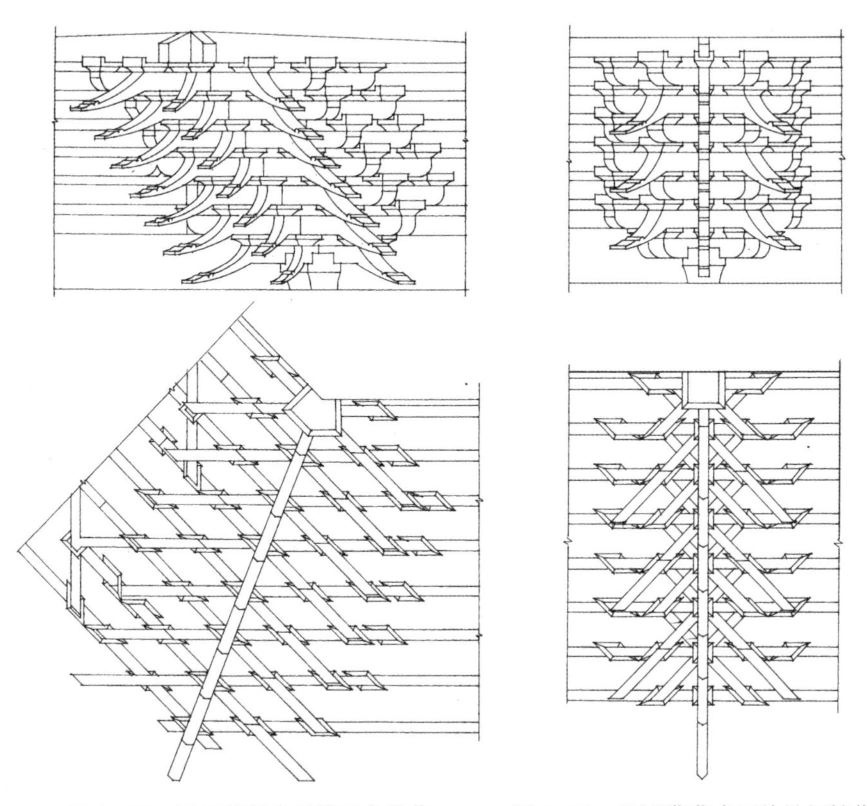

图 4－88 飞天藏藏身腰檐转角铺作

图 4－89 飞天藏藏身腰檐补间铺作 A

（乙）补间铺作 A：出跳构件除去从正身出跳者外，还带有虾须栱、昂，出跳规律为昂栱交替（图 4－89），第一跳出昂则第二跳出栱，虾须栱、昂，与正身出跳的栱、昂相交之后，其后尾延伸，成米字形格局。横栱为重栱，但两层重栱栱头均以 45°抹斜，不过抹的方向不同，若爪子栱栱头面朝外，则慢栱栱头面朝里。补间铺作 B：与补间铺作 A 组合规律相同，只是出跳的栱、昂位置对调。

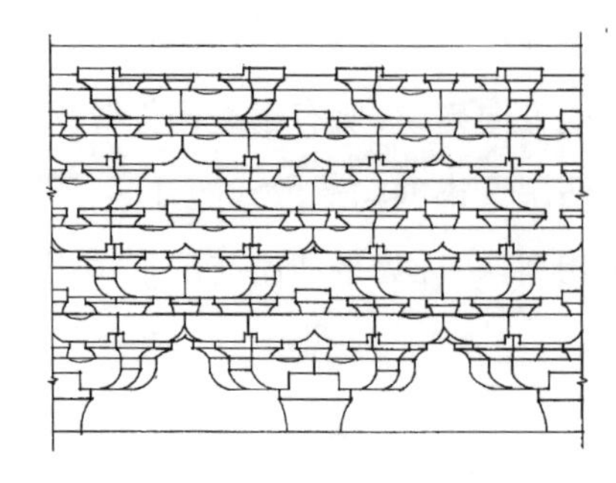

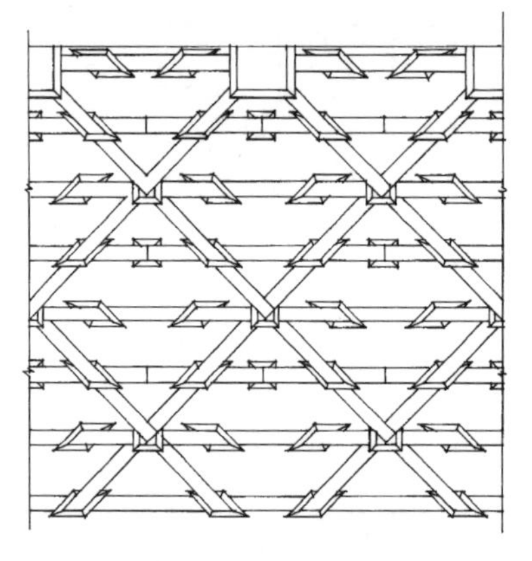

图4－90　飞天藏藏身腰檐补间铺作C

（丙）补间铺作C：这是一种无正身出跳的网状如意斗栱，所有出跳栱皆作虾须栱，在连出两跳后，自跳头转90°再出虾须栱两跳。横向则以瓜子栱与素方组合成整体（图4－90）。

2）藏身平座铺作

在藏身以上有两层沿着八边形边缘，为承托天宫楼阁而设的平座，平座铺作高度相同，均采用七铺作斗栱，但具体组合情况稍有不同。

（甲）上层平座铺作：比较简单。只有一种转角铺作和一种补间铺作，每种铺作组合规律与藏身腰檐相同，只是铺作出跳减少。

（乙）下层平座铺作：增加了新的类型。下角转角铺作同上层，仅横栱头向里抹斜。

（丙）下层补间铺作A：与上层铺作同。

（丁）下层铺间铺作B：与腰檐补间铺作C基本相同，亦是如意斗栱，但45°方向的斜网格变小。

（戊）下层补间铺作C：形式较为特殊。在第一跳虾须栱头所承托的第二跳华栱为正身出跳栱，自此栱头挑出两条向内的斜华栱。这两条栱即第三跳华栱，相交后再从这个栱头挑出一个正身出跳栱和虾须栱，此即为第四跳。这种出跳方式在当时和以后的建筑斗栱中都非常少见。所有平座斗栱皆只出卷头，而不用昂。

3）藏檐铺作

藏檐铺作共有三种，也皆用卷头造。

（甲）转角铺作：与下层平座转角铺作基本相同，为七铺作斗栱，仅交互斗造型稍有不同,平面成正方形的平盘斗,但以角朝前,斗的方位与出挑华栱差45°。

(乙)补间铺作A:七铺作斗栱,由正身华栱与虾须栱组合而成。在第二跳、第三跳部位皆出现了米字形格局,出跳斜栱后尾延长。泥道栱较长,栱头向外抹斜。

(丙)补间铺作B:七铺作斗栱,在第一跳正身华栱与第三跳正身的跳头出现米字形格局的虾须栱。泥道栱较长,栱头向里抹斜。

以上三类斗栱用材相同,材高3厘米,宽2厘米,可归属于同一类。

4) 天宫楼阁铺作

这部分斗栱用材减小,材高2.3厘米,宽1.3厘米,整个铺作比前一类简化,更接近建筑物常见的铺作构成形式。但也作了许多变化,共有八种类型:

(甲)凸字形小亭檐部转角铺作:这是一组六铺作斗栱,由于凸字形小亭的转角部分形成了两个阳角一个阴角,这里采用三组斗栱组合在一起的布局方式。但两个阳角处的转角铺作组合方式又有所不同,靠外的阳角铺作,采用正身出三跳,同时带有两缝虾须栱,第一缝从栌斗口出,第二缝从第二跳跳头出。而靠里的阳角铺作则只出一缝斜华栱,共三跳,在第二跳跳头又多加了一缝与其垂直的斜栱。阴角铺作则只出一缝斜华栱,共三跳。在第一跳跳头前部与来自上阳角铺作栌头的一缝虾须栱相遇。三组铺作在正身方向皆有出跳华栱,而且均为计心造(图4-91)。

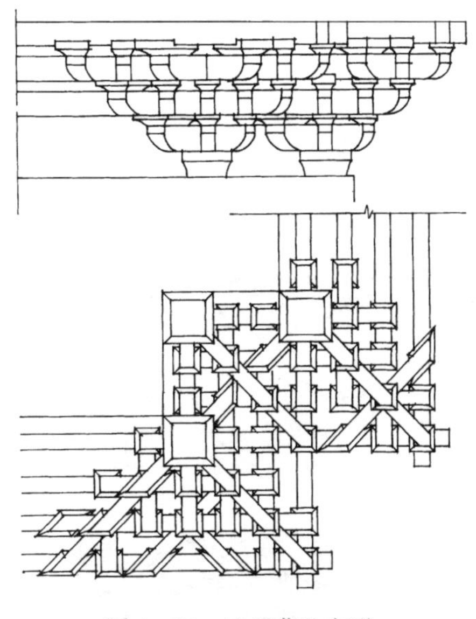

图4-91 飞天藏凸字形小亭檐部转角铺作

(乙)凸字形小亭平座转角铺作:这是一组五铺作斗栱,只在两个阳角处布置两组转角铺作。

(丙)凸字形小亭平座补间铺作:五铺作,带两缝虾须栱。

（丁）一字形小殿转角铺作：五铺作，除角华栱外，还有一缝斜华栱，与角华栱正交于栌斗心。

（戊）一字形小殿檐部补间铺作：五铺作，自栌斗口出正身华栱和虾须栱，上承瓜子栱。在第一跳正身华栱跳头再出第二跳华栱和虾须栱，上承素方。

（己）一字形小殿平座转角铺作：五铺作，铺作构成同檐部，但出跳缩短。

（庚）一字形小殿平座补间铺作：铺作构成同檐部，但第一跳虾须栱头再出一跳虾须栱。

（辛）天宫楼阁行廊铺作：皆为四铺作，带有出跳虾须栱。

飞天藏斗栱类型之丰富、组合之巧妙，在宋代建筑遗物中是首屈一指的，成为后世斗栱从受力构件走向装饰性构件的先驱。

3. 装修及装饰雕刻

飞天藏的天宫楼阁部分有格子门四种，主要是花格形式不同，有四直球纹、四斜方格眼、直棂带横桯（类似后世之码三箭）、龟背纹等，反映了当时常用的"格子"类型。格子部分与障水板之比例与《营造法式》所载格子门相近。

天宫楼阁中的平座勾阑，做得极简单，采用单勾阑形式，于两个方形望柱间置一条寻杖和两条卧棂栏杆中间安蜀柱。

图 4－92　飞天藏藏身檐柱蟠龙雕饰

飞天藏上的装饰雕刻有龙柱和檐枋花板、内槽板花板等，花板每面三块，每幅由三四朵花构成，雕刻花纹题材多样，如有《营造法式》中所列举的牡丹花、荷花、海石榴花。此外还可辨认出一些未见于《营造法式》者，如蜀葵、秋葵、山茶、菊花等品类。所雕对象写实、生动、技巧娴熟。花板花叶翻卷，微露枝条，属于《营造法式》中的"支条卷成"做法。花、叶表面起伏婉转，富于变化。每一片花瓣、叶片都颇具匠心（图 4－92、93a、93b、93c）。这正反映了当时“以真为师，以似为工”的风气，不但在绘画中如此，在建筑装饰中也如此。

图 4－93a　飞天藏藏身阑额下花版雕饰

图 4－93b　飞天藏下层内槽花版雕饰之一

此外，木雕人像反映了宋代高超的雕刻艺术水平。这些人像布置在飞天藏的不同部位，有的在藏身的内壁板上（现留有痕迹），有的悬在腰檐上，有的在天宫楼阁内。雕像有坐、有立、有跪，形态各异，男女老少皆有，上至“三清”、“四辅”，下至真人、仙女。人物表情虔诚恬静，衣服纹理流畅、自然得体。这些木雕雕工精细，头发、胡须丝丝可见，像高一般在 40—50 厘米，

图 4-93c 飞天藏下层内槽花版雕饰之二

有的像下有基座、宝山或云朵。现存木雕人像共有 70 多尊,已全部保存在寺内。其中宋代木雕只有 40 多尊,由于年代久远而木质松脆。后代补刻的人像刻工粗糙,艺术水平下降。据记载,原有木雕共 204 尊。

三、福建莆田元妙观三清殿①

(一) 莆田元妙观历史沿革

莆田元妙观位于莆田市北,正值兼济河自北向东转弯处,观北靠东岩山。据宋李俊甫《莆阳比事》载:"道观始于祥符……佛寺或废为神霄玉清宫,未几复旧,今天庆观三殿宏丽,甲于八郡……"此外,在弘治《八闽通志》及《兴化府莆田县志》等均记载"宋大中祥符二年(1009)奉敕建,名天庆观"。另现三清殿当心间正脊下有墨书:"唐贞观二年敕建,宋大中祥符八年重修,明崇祯十三年岁次庚辰募缘修建。"此后,元成宗元贞元年(1295)改名为玄妙观,清康熙后改称元妙观。

元妙观占地 24 亩,原中轴线上自南而北有山门、三清殿、玉皇殿、九御殿、四官殿、文昌殿等,两侧有东岳殿、西岳殿、五帝庙、五显庙、太师殿、元君殿等。为屋甚众,规模宏大。现仅存三清及其左右诸殿(图 4-94)。

① 本节内容所据材料见陈文忠《莆田元妙观三清殿建筑初探》,载《文物》1996 年第 7 期。

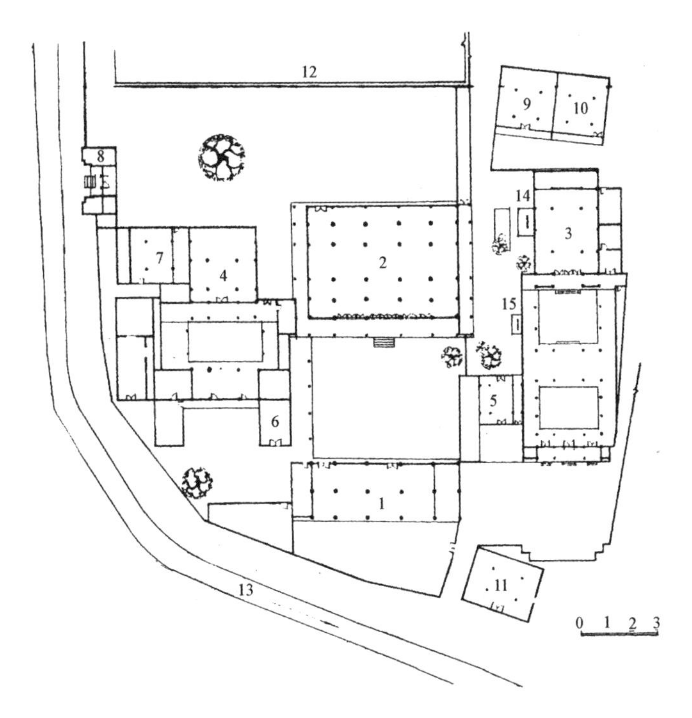

图4－94 莆田元妙观总平面

（二）三清殿宋代遗构形制

三清殿现存为宋、清两代之遗构，面阔七间，进深六间，重檐歇山顶，剥去清构，实际宋代建筑仅为一面宽五间、进深四间之殿。通面宽23.3米，通进深11.7米。从大殿石柱的风化情况看，当年为一座带前廊的殿宇，从结构做法上来看，只有当中三开间保存了宋代遗构。两杪间已被明、清时期改动（图4－95、96、97、98）。

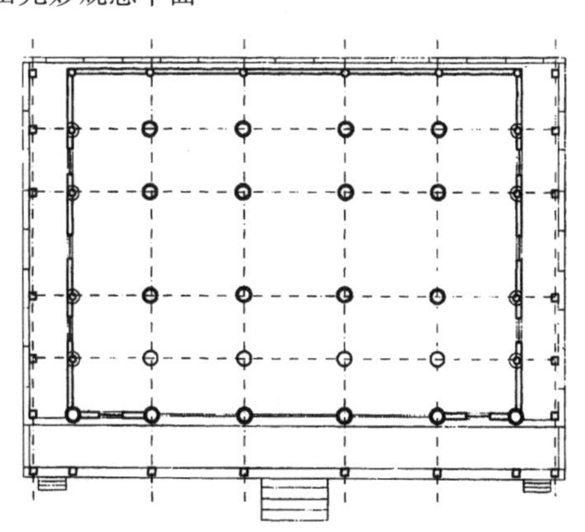

图4－95 莆田元妙观三清殿平面

1. 宋代构架

大殿当中三开间的四缝梁架形制接近《营造法式》中的“八架椽屋前后乳栿用四柱”的类型（其所在位置相当于现横剖面中的第三、四、五间），构

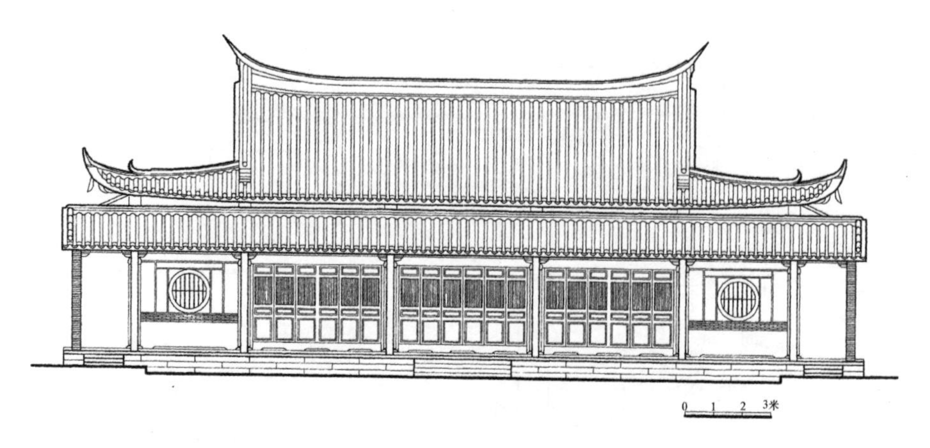

图 4－96　莆田元妙观三清殿立面

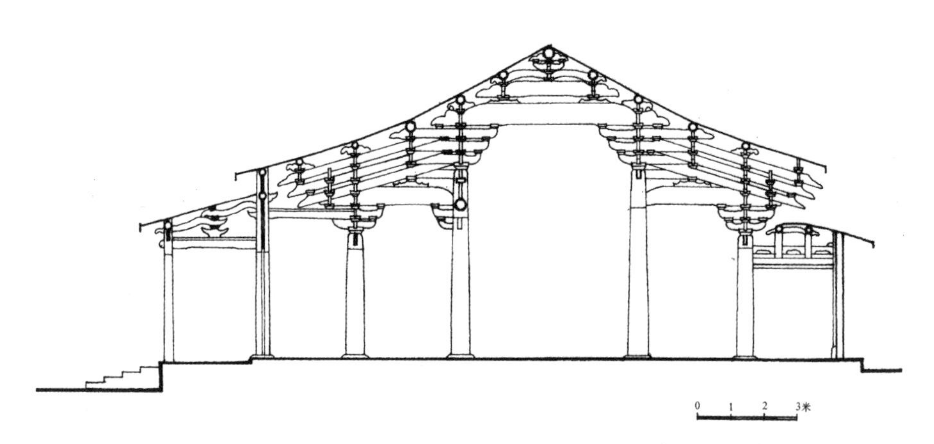

图 4－97　莆田元妙观三清殿横剖面

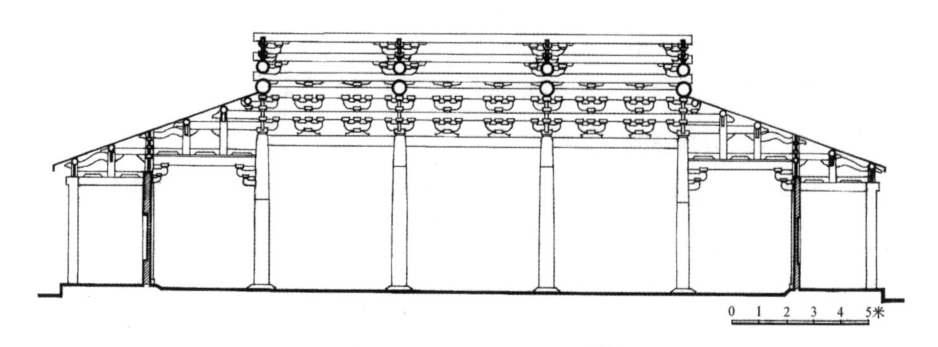

图 4－98　莆田元妙观三清殿纵剖面

架内外柱不同高，乳栿一端搭在外檐柱头铺作上，另一端插入内柱，并有两跳丁头栱承托。四椽栿搭在内柱柱头铺作上，上承平梁等构件。构架柱子下为花岗石材，外檐柱近柱头处改为木材。内柱下部三分之二为花岗石材，上部三分之一为木材。

构架中的纵向连系构件较少，除现存的柱头方、阑额之外，前内柱间有月梁形门额及地栿之榫口遗迹。构架中主要构件及节点处理均带有浓厚的地方特色，为《营造法式》所不载，其主要特点如下：

1）梁栿断面呈圆形，下部铲平，上部两肩卷杀曲线平缓，两端无斜项，下部无起䫜。

2）四椽栿，平梁梁首均刻作八瓣轮廓。

3）乳栿上的劄牵之首被柱头铺作第一下昂尾压住，牵尾插入内柱柱头。

4）脊檩加粗，檩下不用蜀柱而改用一组斗栱支承，斗栱的下部有两条弧形短木，伏于平梁之上，斗栱的上部有一条与梁首刻瓣相似的异形栱，上开抱槫口，以防槫的滚动。其他各槫之下也有这种异形栱。

2. 铺作

构架中的斗栱也极具地方特色。斗栱用材广 27—29 厘米，厚 11.8 厘米，栔广 7.2 厘米，材的广与厚之比为 15∶6，与《营造法式》用材比例不同，就材广看，用材等第相当于二等材，而材厚仅达《营造法式》六等材强。斗栱配列也很特殊，外檐斗栱采用单补间，而内槽改成了双补间。

1）外檐柱头铺作：采用七铺作双杪双下昂，第二、四跳计心。里转出双杪偷心造。外跳第二跳跳头上承瓜子栱、慢栱、素方，第四跳承令栱与下昂形耍头相交，上承橑檐方。昂尾及耍头后尾平行向上向内伸过下平槫后，与内柱柱头铺作三跳华栱后尾分层相抵。在下平槫缝于乳栿背上施驼峰、散斗，承第一跳昂尾，其上再施横栱两重，承第二跳昂尾和耍头尾。里跳出双杪承乳栿，乳栿过正心方后前伸充当柱头铺作中的华头子。

2）外檐补间铺作：外跳同柱头铺作，里跳出华栱三杪及栱头形鞾楔，承下昂尾及耍头尾，昂尾、耍头尾皆伸至下平槫缝止，上挑两材三楔及替木。

3）内柱柱头铺作：仅施三杪华栱，偷心造，柱中心缝施单栱、素方两重。华栱里跳承四椽栿，后尾外伸与外檐柱头铺作昂尾相碰。最上一跳华栱外伸至下平槫缝，出八瓣异形栱头，其上并开抱槫口。

4）内补间铺作：皆无出跳栱，仅施扶壁栱，和单栱素枋两重。

此外，斗、栱、昂等构件的细部也反映了许多地方手法，如昂嘴作成曲线，当地匠人称其为“古鸡”。斗底有皿板，斗的欹比耳高，栱端皆作四瓣卷杀，每瓣皆向内凹，成一弧面，内頔0.5—0.8厘米。

此外，现殿内还存有宋代覆盆式16瓣莲花柱础24个，成为判别大殿宋代规模的有力物证。

以上所述南宋地域内存留的木构道教建筑，其中苏州玄妙观三清殿、江油窦圌山云岩寺飞天藏确实为南宋时期所建，可以看出其比北宋时期的木构建筑技术有所发展，特别是“小木作”的制作技术。飞天藏本身在《营造法式》中被归为“小木作”一类，与保国寺大殿的藻井属于同类，现将三者斗栱用“材”尺寸作一比较：

南宋木构建筑与《营造法式》斗栱用“材”尺寸对比

对比项目	部位	斗栱用材尺寸
1103年成书的《营造法式》	藻井	1.8寸×1.2寸(5.76cm×3.84cm)
	转轮藏	同上
1013年建的保国寺	藻井	16cm×10cm
1180年建的飞天藏	藏身	3.0cm×2.0cm
	天宫楼阁	2.3cm×1.3cm

从这组数据可以看出，从北宋初、北宋后期到南宋，“小木作”所用的“材”断面逐渐缩小，反映出制作技术难度增加，要求精益求精，也反映出南宋木构建筑在“小木作”技术方面长足的进步。

第五章　园 林 建 筑

中国园林建筑在宋代持续发展，作为一个体系，它的内容和形式此时均趋于定型，造园的技术和艺术达到了历史以来的最高水平。据各种文献记载，宋代园林众多，包括以皇家园林、私家园林、寺观园林为主流的全部园林类型。在中国古典园林的发展史上，两宋实为一个承前启后的成熟阶段。

第一节　南宋园林发展的历史背景

南宋是一个国势羸弱的朝代：偏安江左，北方河山沦陷，国破家亡的忧患意识一直鞭策着有志之士奋发图强，以匡复河山为己任。同时也有一些人沉湎享乐，苟且偷安，而城乡经济的高度繁荣则助长了这种心理状态的滋长。《武林旧事》曾记载南宋都城临安的社会生活如下：

> 西湖天下景，朝昏晴雨，四序总宜。杭人亦无时而不游，而春游特盛焉。承平时，头船如大绿、间缘、十样锦、百花、宝胜、明玉之类，何啻百余。其次则不计其数，皆华丽雅靓，夸奇竞好。而都人凡缔姻、赛社、会亲、送葬、经会、献神、仕宦、恩赏之经营，禁省台府之嘱托，贵珰要地，大贾豪民，买笑千金，呼卢百万，以至痴儿呆子，密约幽期，无不在焉。日靡金钱，靡有纪极。故杭谚有“销金锅儿”之号，此语不为过也。

在这种浮华奢靡，讲究饮食、服舆和游赏玩乐的社会风气的影响下，上自帝王下至庶民无不广营园林。皇家园林、私家园林、寺观园林大量修建，其数量之多、分布之广，较之隋唐时期有过之而无不及。

园林建筑的个体、群体形象以及小品的丰富多样，从传世的宋画中就可见一斑。王希孟的《千里江山图》，仅一幅山水画中就表现了个体建筑的各种平面：一字形、曲尺形、折带形、丁字形、十字形、工字形；各种造型：单层、二层、架空、游廊、复道、两坡顶、九脊顶、五脊顶、攒尖顶、平顶、平桥、廊桥、亭桥、十字桥、拱桥、九曲桥等；还表现了以院落为基本模式的各种建筑群体组合形象及其倚山、临水、架岩、跨涧结合于局部地形、地物的情况。建筑之得以充分发挥点缀风景的作用，已是显而易见的了。

园林中观赏树木和花卉的栽培技术，在唐代的基础上也有所提高，已出现嫁接和引种驯化的方法。北宋时周叙《洛阳花木记》记载了近六百个品种的观赏花木，还分别介绍了许多具体的栽培方法：四时变接法、接花法、栽花法、种祖子法、打剥花法、分芍药法等。当时刊行出版的除了《洛阳花木记》这样的综合性著作之外，还有专门记述某类花木的，如“梅谱”、“兰谱”、“菊谱”等，不一而足。北宋太平兴国年间由政府编纂的类书《太平御览》，从卷九五三到卷九七六共登录了果、树、草、花近三百种，卷九九四到卷一〇〇〇共登录了花卉一百一十种。这些在南宋当然会得以继承。

品石已成为普遍使用的造园素材，江南地区尤甚。相应地出现了专以叠石为业的技工，吴兴叫做“山匠”，苏州叫做“花园子”。园林叠石技艺水平大为提高，人们更重视石的鉴赏品玩，刊行出版了多种《石谱》。所有这些，都为园林的广泛兴造提供了技术上的保证，也是当时造园艺术成熟的标志。

南宋都城临安紧邻风景优美的西湖及其周围的群山，不仅皇家占地兴造御苑，寺庙建造园林，私家园林更是精华荟萃。西泠桥、孤山一带“俱是贵官园圃；凉堂画阁，高台危榭，花木奇秀，灿然可观”①。“里湖内诸内侍园囿楼台森然，亭馆花木，艳色夺锦；白公竹阁，潇洒清爽。沿堤先贤堂、三贤堂、

① 《梦粱录》卷一二《西湖》。

湖山堂，园林茂盛，妆点湖山”[1]，形成了“一色楼台三十里，不知何处觅孤山”[2]的盛况。

这个时期，私家、皇家、寺观三大园林类型都已完全具备中国风景式园林的四个主要特点——源于自然又高于自然，建筑与自然融合，诗画的情趣，意境的涵蕴。这些特点已经全面、明确地在这一时期的造园艺术上体现出来。

南宋园林的创作方法逐渐向写意转化。私家园林已经全面文人化，促成了“文人园林”的兴盛。皇家园林也受到文人园林的影响，比起隋唐时期，它们的规模变小了，皇家气派也有所削弱，但规划设计则趋于精密细致，出现了接近私家园林的倾向。皇室经常以御园赏赐臣下，也经常把臣下的园林收为御园。这些情况在历史上并不多见，也从一个侧面反映出封建政治在一定程度上的开明性和文化政策的宽容性。

寺观园林由于宗教的世俗化而进一步文人化。禅宗与儒家合流，意味着佛教与文人、士大夫在思想上的沟通，文人、士大夫大多崇尚禅悦之风，而禅宗僧侣则日益文人化。道教在这时候逐渐出现分化，其中的一种趋向便是向老庄靠拢，强调清净、空寂、恬淡、无为的哲理，表现为高雅闲逸的文人、士大夫情趣。同时，一部分道士也像禅僧一样逐渐文人化，“羽士”、“女冠”经常出现在文人、士大夫的社交活动圈里。在这种情况下，佛寺园林和道观园林由世俗化进而达到文人化的境地。它们与私家园林之间的差异，除了尚保留着一点烘托佛国、仙界的功能之外，基本上已完全消失，所以说，文人园林的风格也涵盖了大多数寺观园林的特点。

南宋不仅是中国园林发展史上的一个重要阶段，而且随着佛教禅宗传入日本，宋代的造园艺术继唐代之后再度影响日本，促成了盛极一时的禅宗园林，如书院造庭园、枯山水以及茶庭等的相继兴起。南宋文人园林对日本的禅僧造园具有一定的启迪作用。

---

① 《梦粱录》卷一九《园囿》。
② （宋）周煇：《清波杂志》卷三，文渊阁《四库全书》本。

第二节 南宋皇家园林

一、临安皇家园林

临安的皇家园林分为大内御苑和行宫御苑(图5-1)。大内御苑只有

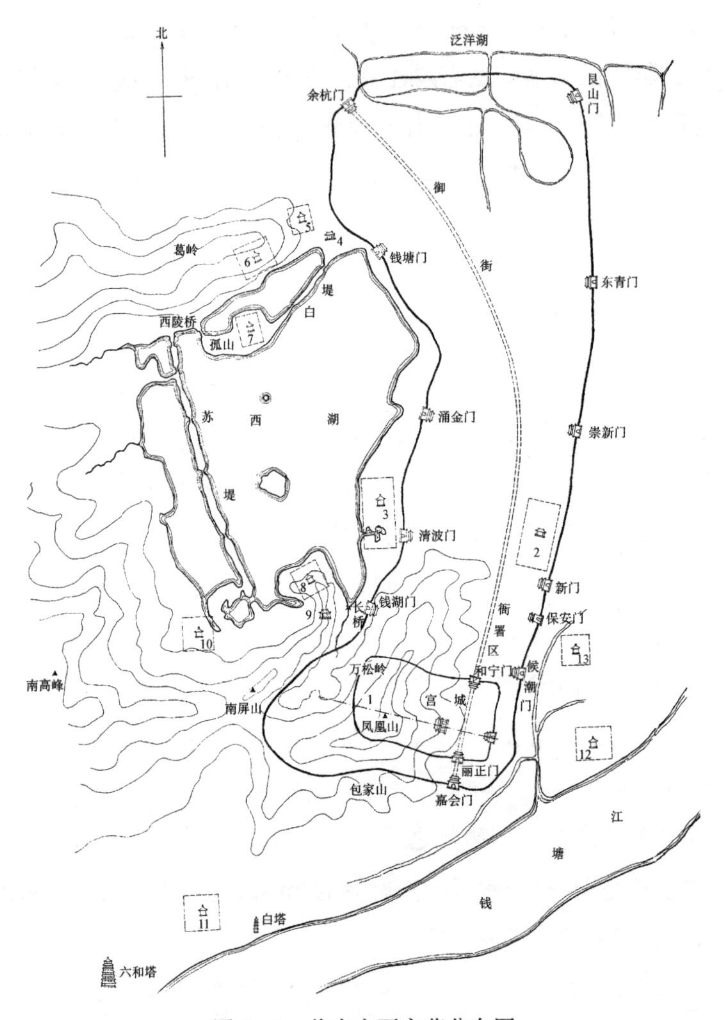

图5-1 临安主要宫苑分布图

1. 大内御苑；2. 德寿宫；3. 聚景园；4. 昭庆寺；5. 玉壶园；6. 集芳园；7. 延祥园；8. 屏山园；9. 净慈寺；10. 庆乐园；11. 玉津园；12. 富景园；13. 五柳园

一处,即宫城的园林区——后苑。据《武林旧事》卷四载,宫城内包括宫廷区和苑林区,还有行宫御苑,如德寿宫和樱桃园,其他御苑大部分则分布在西湖风景优美的地段,湖北岸的集芳园、玉壶园,湖东岸的聚景园,湖南岸的屏山园、南园,湖中小孤山上的延祥园、琼华园,三天竺的下天竺御园,北山的梅冈园、桐木园等处。这些御苑"俯瞰西湖,高挹两峰;亭馆台榭,藏歌贮舞;四时之景不同,而乐亦无穷矣"①。另外还有分布在城南郊钱塘江畔和东郊的风景地带的,如玉津园、富景园等。

(一) 宫后苑

宫后苑即宫城北半部的苑林区,位置大约在凤凰山的西北部,是一座风景优美的山地园。这里地势高爽,能迎受钱塘江的江风,小气候比杭州的其他地方凉爽得多。地形旷奥兼备,视野广阔,"山据江湖之胜,立而环眺,则凌虚骛远、瓌异绝胜之观举在眉睫"②,故为宫中避暑之地。

> 禁中避暑多御复古、选德等殿,及翠寒堂纳凉。长松修竹,浓翠蔽日,层峦奇岫,静窈萦深。寒瀑飞空,下注大池可十亩。池中红白菡萏万柄,盖园丁以瓦盎别种,分列水底,时易新者,庶几美观。置茉莉、素馨、建兰、麋香藤、朱槿、玉桂、红蕉、阇婆、詹葡等南花数百盆于广庭,鼓以风轮,清芬满殿……初不知人间有尘暑也。③

花开时节,宫后苑成为重要的赏花场所,其中不但有桃园、梅堂,而且在主要厅堂中布置有各种盆栽花卉,例如"钟美堂赏大花为极盛。堂前三面,皆以花石为台三层,各植名品,标以象牌,覆以碧幕。台后分随玉绣球数百株,严如镂玉屏。堂内左右各列三层,雕花彩槛,护以彩色牡丹画衣,间列碾玉水晶金壶及大食玻璃官窑等瓶,各簪奇品,如姚魏御衣、黄照殿红之类几千朵,别以银箔间贴大斛,分种数千百窠,分列四面"④。

在赏花时还举办游艺活动:"禁中赏花非一,先期后苑及修内司分任排

---

① 《梦粱录》卷一九《园囿》。
② 《西湖游览志余》卷七《南山胜迹》。
③ 《武林旧事》卷三《禁中纳凉》。
④ 《武林旧事》卷二《赏花》。

办，凡诸苑亭榭花木，妆点一新，锦帘绡幕，飞梭绣球，以至裀褥设放，器玩盆窠，珍禽异物，各务奇丽。又命小珰内司列肆关扑，珠翠冠朵，篦环绣段，画领花扇，官窑定器，孩儿戏具，闹竿龙船等物，及有买卖果木酒食饼饵蔬茹之类，莫不备具，悉仿西湖景物。”

《南渡行宫记》也有关于后苑的记述：苑中有小西湖，湖边有亭，苑中的小山山背有阁，山下有溪流与小西湖连通，其中种植若干名贵花木。

> 廊（锦臙廊）外即后苑，梅花千树曰岗，亭曰冰花，亭枕小西湖，曰水月境界，曰澄碧。牡丹曰伊洛传芳，芍药曰冠芳，山茶曰鹤丹，桂曰天阙清香，棠曰本支百世。佑圣祠曰庆和泗州，曰慈济钟吕，曰得真。橘曰洞庭佳味，茅亭曰昭俭，木香曰架雪，竹曰赏静，松亭曰天陵偃盖。以日本国松木为翠寒堂，不施丹艧，白如象齿，环以古松。碧琳堂近之。一山崔嵬作观堂，为上焚香祝天之所……山背芙蓉阁，风帆沙鸟，咸出履下。山下一溪萦带，通小西湖。亭曰清涟，怪石夹列，献瑰呈秀，三山五湖，洞穴深杳，豁然平朗，翚飞翼拱，凌虚楼对。①

据此，可以想见后苑的山地景观之美以及花木之胜。一些丛植的花木均加以命名，且颇有意境。建筑物布置疏朗，大部分是小体量，如亭、榭之类，一般都按周围不同的植物景观特色而分别加以命名。此外，尚有专门栽植一种花木的小园林和景区，如小桃园、杏坞、梅岗、瑶圃、柏木园等，这都是仿效东京艮岳的做法。

（二）德寿宫

德寿宫位于外城东部望仙桥之东。宋高宗晚年倦勤，不治国事，于绍兴三十二年(1162)将原秦桧府邸扩建为德寿宫并移居于此。宋人称之为“北内”而与宫城大内相提并论，足见其规模和地位不同于一般的行宫御苑。

据《梦粱录》卷八载：“其宫中有森然楼阁，匾曰聚远，屏风上书苏东坡诗。”其后苑分为东、西、南、北四区，亭子很多，花木尤盛。

南宋人李心传对此有如下的描述：

---

① （元）陶宗仪：《南村辍耕录》载宋陈随应《南渡行宫记》。

德寿宫乃秦丞相旧第也,在大内之北,气象华胜。宫内凿大地,引西湖水注之,其上叠石为山,象飞来峰。有楼曰聚远。凡禁御周回分地四分。东则香远(梅堂),清深(竹堂)、月台梅坡、松、菊三径(菊、芙蓉、竹)、清妍(酴醾),清新(木樨),芙蓉冈。南侧载忻(大堂乃御宴处),忻欣(古柏湖石),射厅临试(荷花山子),灿锦(金林檎),至乐(池上),半丈红(郁李),清旷(木樨),泻碧(养金鱼处)。西则冷泉(古梅),文杏馆,静乐(牡丹),浣溪(大楼子海棠)。北侧绛华(罗木亭),旱船俯翠(茅亭),春桃盘松(松在西湖,上得之以归)。①

所谓"四分地"即按景色之不同分为四个景区:东区以观赏各种名花为主,如香远堂赏梅花、清深堂赏竹、清妍堂赏酴醾、清新堂赏木樨等;南区主要为各种文娱活动场所,如宴请大臣的载忻堂、观射箭的射厅以及跑马场、球场等;西区以山水风景为主调,以回环萦流的小溪沟通大水池;北区则建置各式亭榭,如用日本椤木建造的绛华亭、茅草顶的倚翠亭、观赏桃花的春桃亭、周围栽植苍松的盘松亭等。

后苑四个景区的中央为人工开凿的大水池,池中遍植荷花,可乘画舫作水上游。水池引西湖之水注入,"叠石为山以象飞来峰之景。有堂,匾曰冷泉"②。把西湖的一些风景缩移写仿入园,故又名"小西湖"。周益公曾进端午帖子诗云:"聚远楼高面面风,冷泉亭下水溶溶。人间炎热何由到,真是瑶台第一重。"③

园内的叠石大假山极为精致,山洞可容百余人,宋孝宗曾赋诗以咏之,其中有句云:

山中秀色何佳哉,一峰独立名飞来。

参差翠麓俨如画,石骨苍润神所开。

忽闻仿象来宫囿,指顾已惊成列岫。

① 《建炎以来朝野杂记》乙集卷三《南北内》。

② 《梦粱录》卷八《大内》。

③ 《武林旧事》卷四《德寿宫》。

规模绝似灵隐前，面势恍疑天竺后。

孰云人力非自然？千岩万壑藏云烟。①

乾道三年三月初在德寿宫举行过一次赏花活动，后妃、太子等应高宗之邀前来，“先至灿锦亭进茶，宣召吴郡王曾两府以下六员侍宴，同至后苑看花。两廊并是小内侍及幕士，效学西湖，铺放珠翠、花朵、玩具、匹帛及花篮、闹竿、市食等……次至球场看小内侍抛彩球，蹴秋千。又至射厅看百戏，依例宣赐。回至清妍亭看荼蘼，就登御舟，绕堤闲游。亦有小舟数十只，供应杂艺、嘌唱、鼓板、蔬果，与湖中一般”②。这段记载清楚地展现出当时皇家园林的使用情景。

（三）集芳园

集芳园在葛岭南坡，前临湖水，后依山冈。据《西湖游览志》，此园本张婉仪别墅，绍兴年间收属官家，藻饰益丽。南宋后期理宗景定间（1260—1264）赐贾似道，名后乐园。

集芳园“前揖孤山，后据葛岭，两岭映带，一水横陈，各随地势构架焉”。园中“古木寿藤，多南渡以前所植者。积翠四抱，仰不见日，架廊叠磴，幽渺逶迤，极营度之巧。犹以为未也，则隧地通道，抗以石梁，傍透湖滨，架百余楹，飞楼层台，凉堂燠馆，华丽精妙。……堂榭之有名曰蟠翠（古松）、雪香（古梅）、翠岩（奇石）、倚绣（杂花）、挹露（海棠）、玉蕊（琼花、荼蘼）、清胜（假山，已上集芳旧物，高宗扁）”③。园中的亭榭以欣赏花木为主旨，呈散点布置。

（四）聚景园

聚景园在清波门外湖滨处，是宋孝宗赵昚为奉养高宗而建，园内沿湖岸遍植垂柳，故有柳林之称。每盛夏秋首，芙蕖绕堤如锦，游人舣舫赏之。主要殿堂为含芳殿，另有“瀛春、览远、芳华等堂，以及花光、瑶津、翠光、桂景、滟碧、凉观、琼芳、彩霞、寒碧等亭，柳浪、学士等桥”④。园中“叠石为山，重

① 《梦粱录》卷八《大内》。

② 《武林旧事》卷七《德寿宫起居注》。

③ （宋）周密：《齐东野语》卷一九。

④ 《西湖游览志余》卷三《南山胜迹》。

峦窈窕”。

南宋诸帝中以孝宗临幸此园最多,故殿堂亭榭的匾额亦多为孝宗所题。宁宗以后此园逐渐荒芜,元代被改建为佛寺。每当阳春三月,柳浪迎风摇曳,浓荫深处莺啼阵阵,成为西湖十景之一的“柳浪闻莺”之所在。

聚景园是皇帝临幸最多的御园,乾道三年(1167)三月高宗赏花,园之“两廊并是小内侍及幕士,效学西湖,铺放珠翠、花朵、玩具、匹帛及花篮、闹竿、市食等,许从内人关扑。次至球场看小内侍抛彩球,蹴秋千。又至射厅看百戏,依例宣赐。回至清妍亭看荼蘼,就登御舟,绕堤闲游”,一派西湖歌舞,宴安逸乐的景象。淳熙六年(1179)三月高宗游园,于园中入御筵,进新曲,呈歌舞。又“遂至锦壁赏大花。三面漫坡,牡丹约千余丛,各有牙牌金字。上张大样碧油绢幕,又别剪好色样一千朵,安顿花架,并是水晶玻璃,天青汝窑金瓶。就中间沉香桌几一只,安顿白玉碾花商尊,约高二尺,径二尺三寸。独插‘照殿红’十五枝”①,摆设十分奢侈。湖中孤山素以自然山水园林著称。

(五) 屏山园

屏山园在钱湖门外南新路口,面对南屏山,故名,亦称南屏御园,理宗时改称翠芳园。据《西湖百咏》载其“在南屏山东,旧为屏山园,开庆初内司展建,东至希夷庵,直抵雷峰山下水地,西至南新路口。水环五花亭,外御舟名兰桡,有海查一树,开小红花,移根良难,独存园门外,寻亦枯矣,咸淳间建宗阳宫,移拆入城”。下咏诗赞曰:

翠挹南山树石苍,五花亭外万花芳。
云芝栱斗晴檐湿,金字屏风水榭凉。
柳接苏堤无空地,萍侵兰棹有深坊。
未几移筑仙宫邃,一本红查委路傍。

又有和韵称:

地接屏山山色苍,海查一树尚芬芳。
百花烂漫春光好,万竹阴森暑月凉。

---

① 《武林旧事》卷七《德寿宫起居注》。

细草近连仙客馆，垂杨低覆御船坊。

年来此境荒芜甚，遗老经过叹道傍。①

从上述可知此园是一座位于苏堤和雷峰山之间的临西湖园林，南面正对屏山。园内建筑有八面亭、五花亭和带斗栱的云芝堂、带金字屏风的水榭等，湖岸旁并有兰棹御舟，御舟本身应是带有建筑物的船坊。

（六）延祥园

在孤山四圣延祥观内，又名延祥园。“延祥园，西依孤山，为林和靖故居，花寒水洁，气象幽古。”《梦粱录》叙此园曰：

西林桥外孤山路有琳宫者二：曰四圣延祥观、曰西太乙宫，御圃在观侧……内有六一泉、金沙井、闲泉、仆夫泉、香月亭。亭侧山椒，环植梅花。亭中大书于照屏之上云：“疏影横斜水清浅，暗香浮动月黄昏”之句，又有“堂扁曰挹翠，盖挹翠西北诸山之胜耳。曰清新亭，面山而宅其麓。在挹翠之后曰香莲亭、曰射圃、曰玛瑙坡、曰陈朝桧，皆列圃之左右”②。园中“亭馆窈窕，丽若画图。水洁花寒，气象幽雅”。③

二、建康养种园

建康行宫中虽有御苑，但规模不大，曾建有“养种园一所，在城东一里余，中为正堂北向，正堂东南为杏堂，东北为百花堂，东为砌台，西为梅堂，西北为竹间亭，乾道三年（1167）建（并系匙钥司兼掌启闭）”④。

景定五年留守马光祖任内重修养种园。行宫养种园在东门外一里，而近旧以内臣掌官务，园废不治。景定甲子冬，始诏留守司兼任其事，节冗约浮、抉奸剔蠹……经营此园；薙草锄荆、宣湮达壅、规模固在也。爰即旧宇撤而新之，矢棘翚飞、丹雘炫耀，凡为堂四，为序三，为台

---

① （明）陈赞和韵，（宋）董嗣杲撰：《西湖百咏》卷下，文渊阁《四库全书》本。

② 《梦粱录》卷一二《西湖》。

③ 《西湖游览志余》卷二《孤山三提胜迹》。

④ （宋）周应合：《景定建康志》卷一，文渊阁《四库全书》本。

一，门间神宇暨守视庖湢之所莫不备具。缭以修垣四百七十余丈，仅再期巨竹如云，梅、杏、松、桂，脱斧斤而就培植，清阴周匝，始有禁籞气象。董是役者江东安抚司参议官潘大临，凡靡钱一万一千三百贯有奇，米一百八十八石有奇。正堂名熙春、计一十一间。梅堂名玉雪、计八间，四面堂名面面云山、计二十八间，杏堂名清华、计九间，牡丹亭名怀洛、计九间，百花亭名芳润、计八间。①

从上文可知，养种园属于行宫，推测为提供行宫所需花木的园圃，但也有几处园林建筑，从所记各处建筑的间数来看，应由一个个小型建筑群构成。

第三节 寺庙园林

一、临安

临安是当时江南地区的佛教中心，佛寺、道观很多，寺观园林遍布各处，尤以环西湖一带最为密集。它们与皇家御苑、私家别墅彼此辉映，形成了西湖周围寺观建设、园林建设与山水风景开发相结合的情况。

早在东晋时，环西湖一带已有佛寺的建置。隋唐，各地游方僧侣慕名，纷至沓来，一时围绕西湖南、北两山寺庙林立。吴越时期，寺庙的建置更是有增无减。同时，道教也在西湖留下了踪迹，东晋的著名道士葛洪就曾在北山筑庐炼丹，建台开井。在西湖之山水间佛寺兴建之多，绝不亚于园林，此两者遂成为西湖建筑的两大主要类型。为数众多的佛寺一部分位于沿湖地带，其余分布在南北两山。它们都能够因山就水，选择风景优美的基址，建筑布局则与山水林木的局部地貌结合而创为园林化的环境。因此，佛寺本身也就成了西湖风景的重要景观。而大多数的佛寺均有单独建置的小园林。西湖寺观园林集中荟萃，其数量之多，在当时全国范围内恐怕也是罕见的。现举数例，略窥一斑。

① 《景定建康志》卷一。

（一）灵隐寺

在北高峰下，为宋代禅宗五山的第二山。其所处自然山水环境极佳，《西湖记述》中有一段文字描写当年寺院外围之景色："寺最奇胜，门景尤好。由飞来岸至冷泉亭一带，涧水溜玉，画壁流青，是山之极胜处。"又有经人工建置的建筑，如山门外的冷泉亭，白居易曾为之作记："亭在山下水中，寺西南隅，高不倍寻，广不累丈，撮奇搜胜，物元遁形。春之日，草熏木欣，可以导和纳粹，畅人气血；夏之日，风冷泉渟，可以蠲烦析醒，起人幽情。山树为盖，岩石为屏，云从栋生，水与阶平。坐而玩之，可濯足于床下；卧而狎之，可垂钓于枕上，潺湲洁澈，甘粹柔滑。眼目之嚣，心舌之垢，不待盥涤，见辄除去。"①

（二）三天竺寺

在灵隐寺之南，由上、中、下三寺组成，彼此相去不远，因选址得宜而构成一处优美清静的小景区。《武林旧事》卷五描述道：

> 灵竺之胜，周回数十里，岩壑尤美，实聚于下天竺寺。自飞来峰转至寺后，诸岩洞皆嵌空玲珑，莹滑清润，如虬龙瑞凤，如层华吐萼，如绉谷叠浪，穿幽透深，不可名貌。林木皆自岩骨拔起，不土而生。传言兹岩韫玉，故腴润若此。……由下竺而进，夹道溪流有声，所在多山桥野店。②

白居易曾有诗描写寺院之间的关系：

> 一山门作两山门，两寺原从一寺分。
> 西涧水流东涧水，南山云起北山云。
> 前台花发后台见，上界钟清下界闻。
> 遥想吾师行道处，仙花桂子落纷纷。③

《咸淳临安志》还记载了这组寺院的两处景观，一是下天竺香林洞，岩下石洞可通人往来，天竺出茶，号香林茶，故名。另一处是卧龙石，在下天竺寺

① （唐）白居易：《白氏长庆集》卷四三《冷泉亭记》，文渊阁《四库全书》本。
② 《武林旧事》卷五《湖山胜概》。
③ （宋）祝穆：《方舆胜览》卷一《临安府》，文渊阁《四库全书》本。

草堂前。

二、建康

清溪先贤祠园林

建康府在北宋真宗时期为皇太子赵祯统领,太子即位后此以龙兴之地具有特殊的地位,高宗南渡后曾以之为迁都的备选之地。城市中文化建筑兴盛。《景定建康志》中记载了城中祠庙建筑周边的园林,并绘制了较为详细的图样,成为了解这类园林的重要史料。本文在此将其归属在先贤祠园林范畴,实际它的属性并非仅仅属于这座先贤祠,而环绕四周的清溪更是至关重要。

建康府早在"吴大帝赤乌四年(241)凿东渠名青溪,通城北堑潮沟阔五丈,深八尺,以泄玄武湖水,发源钟山而南流,经京出"。南宋后期"青溪闸口接于秦淮及杨溥城、金陵,青溪始分为二。在城外者,自城壕合于淮,今城东竹桥西北接后湖者,青溪遗迹固在,但在城内者悉皆堙塞,惟上元县治南,迤逦而西,循府治东南出,至府学墙下,皆青溪之旧"。南宋景定年间"青溪九曲仅存其一,马公光祖浚而深广之,建先贤祠及诸亭馆于其上,筑堤、飞桥以便往来,游人泛舟其间,自早至暮乐而忘归"①。并将其建设的具体项目在城阙志"青溪诸亭"一节加以详细记录:"东自百花洲而入,临水小亭曰放船,入门有四望亭曰天开图画,环以四亭:曰玲珑池、曰玻瓈顷、曰金碧堆、曰锦绣段,其东有桥曰镜中。由此而东为青溪庄,与清如堂相望。南自万柳堤而入为小亭三,曰(缺字)、曰(缺字)、曰(缺字)。桥之南旧万柳亭,改曰溪光山色,自桥而北,亭临水,曰撑绿,其径前曰添竹,后曰香远。尚友堂之西曰香世界,先贤祠之东曰花神仙。清如堂之南渌波桥之西曰众芳、曰爱青,其东曰割青。青溪阁之南,清风关之北有桥,曰望花随柳,其中曰心乐,其前曰一川烟月,惟割青为旧,余皆马公光祖所作也。"②在《景定

① 《景定建康志》卷一八《山川志》二。
② 《景定建康志》卷二二《城阙志》三。

建康志》卷五中同时绘有“清溪图”一幅（图 5－2、3），使人们得以窥其一斑。

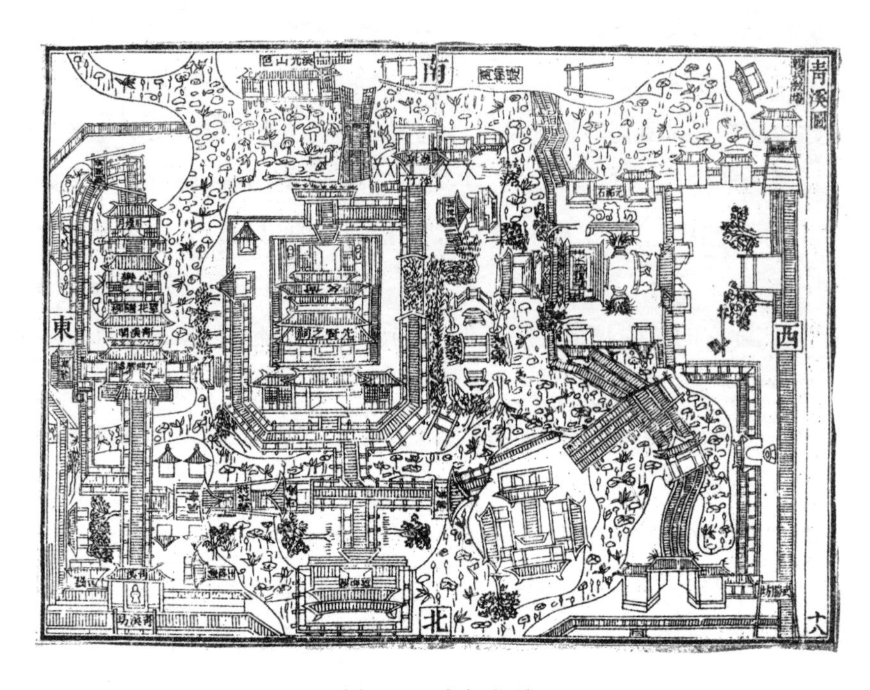

图 5－2 《清溪图》

此图绘制方位为上南下北，以平面与立面相结合的方式绘出建筑布局。该园林以先贤祠为中心，祠庙位于一个大岛之上，清溪环绕四周，周围有几组不同规模的小园与其隔溪相望。其西侧的一组为“天开图画”，东侧一组为清溪阁，南侧为万柳堤，北侧有两个小岛，靠西的为清溪庄，中部的为清如堂。

这组园林的出入口皆结合各组小园分别设置。按文中所说，西侧从西北角的“放亭”来到“天开图画”为一组，然后向北经过带有“镜中”牌坊的桥，从西北门出。南侧在万柳堤东部有“溪光山色”门，过桥后可达“先贤祠”。东侧“清溪阁”可自北门“清溪门”进入清溪阁群组，并可西转到达“清如堂”和“先贤祠”。这几组建筑群个性独具，等第差异鲜明。

先贤祠是其中最大的建筑群，较为规整。主体为带有回廊的院落，中部

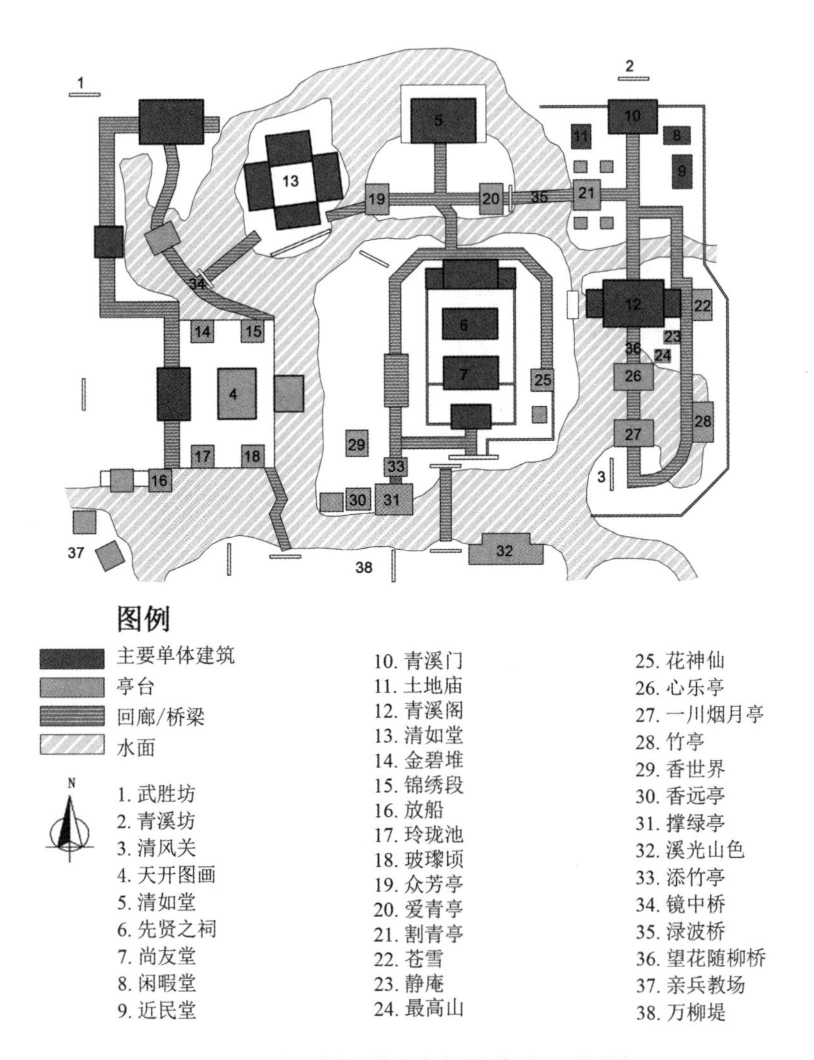

图 5－3 《景定建康志》之《清溪图》平面还原图

的先贤祠是一座五开间建筑，采用重檐四阿顶，气势宏伟（图 5－4）。其前的尚友堂形制与其相近，只是所绘屋顶稍矮，说明进深减小。尚友堂前是一座三开间的门，版门开在心间，两次间安直楞窗。出门后通过向西的廊子可达祠堂西侧的短廊。先贤祠北部开有北门，采用三开间带挟屋的形式，心间开门，挟屋采用格子窗（图 5－5）。出北门可达祠堂北侧的廊子，这条廊向两侧转折包围着先贤祠，北侧的东西廊长短不一，且结束手法各异：东侧以

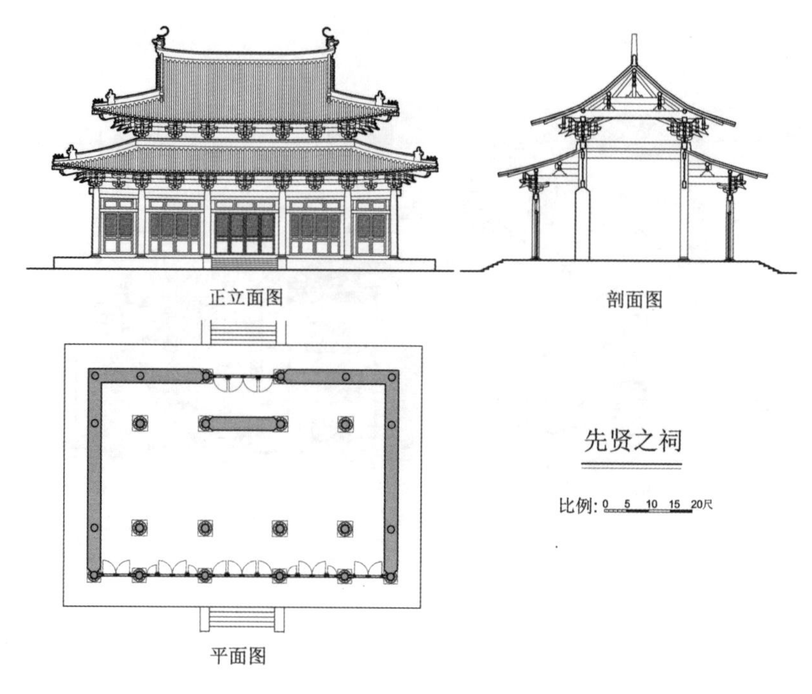

图5-4 先贤之祠复原图

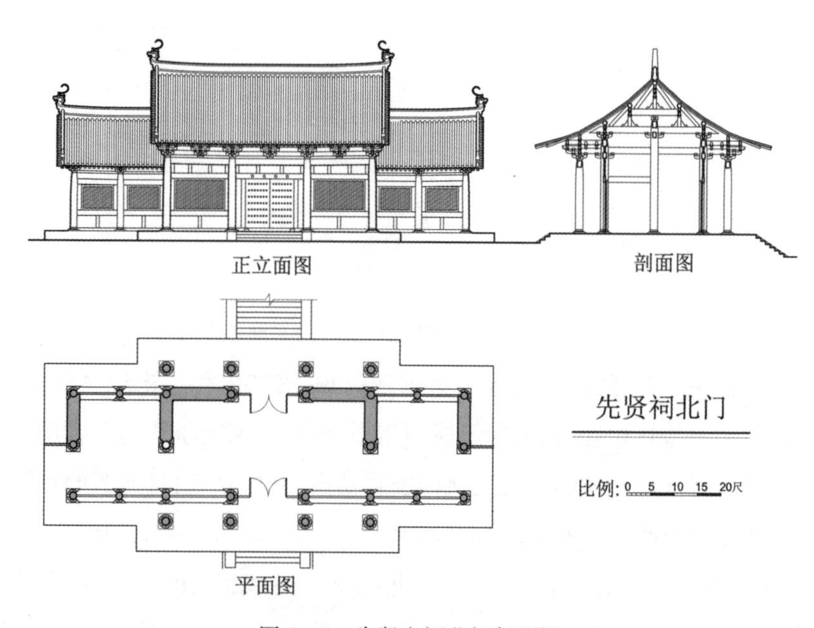

图5-5 先贤之祠北门复原图

小亭收头，西廊至于一丛花木。先贤祠东南角未设廊，仅有一段围墙和一个小亭，以非对称的处理方式凸显园林氛围。先贤祠的周围廊子之外各留出宽窄不同的陆地，种植花木，设置园林小品，还点缀着几座亭子，有香世界、添竹、撑绿、香远等。

“天开图画”一组园林的布置最有特色。这组园林三面临水，天开图画又称四望亭，是一座四面开敞的亭子，坐东朝西，三开间、重檐十字脊，其西面对一个庭院，院落南北两侧有四座亭，即文献中所记的“曰玲珑池、曰玻瓈顷、曰金碧堆、曰锦绣段”，皆为临水亭。庭院西侧有一座带挟屋的门，并有两条廊子向南北延伸，南端至西北小亭结束，北部则至西南小亭结束，此即“天开图画”的西部庭院。在“天开图画”东部，临清溪置有另一邻水之水榭，正对东部先贤祠西的花园，它的设置使“天开图画”与祠堂的西花园之间增加了空间的层次。“天开图画”虽然建筑不多，但庭院之内还有若干园林元素，如四面亭两侧植有两棵大树，亭前有两组盆植花卉，庭院南侧的两座小亭之前有一石案，上放置着一大块玲珑的石头，名为“元祐石”，似为供人观赏的太湖石，四面亭与西门之间也有一个类似盆景样的园林小品。

“天开图画”西庭院南侧，清溪放宽成一个小湖，轮廓曲折，湖中有一条河堤样的道路直通北部大门，并于路上建小亭一座。在此路与东部小岛清溪庄之间架有桥，桥头立有“镜中”牌坊，小湖西北两侧设有一条二十间的曲尺形长廊，在西廊中部开有一座小门，门外有一水井。这条廊子之西可见一堵大墙，墙上开门，并立有牌坊，正对“天开图画”的西门。牌坊前置大树两棵，据墙的南端写的“武胜坊”的牌坊可知，此即武胜坊的东墙。对照同书《府城之图》可以看到清溪园在建康府中的位置(图5-6)。

清溪园是东北部的一组园林，清溪在东南也大大放宽，至北转变窄。自北部清溪门进入后直行便可见主体建筑——清溪阁。该阁临水而建，阁南架有长桥“望花随柳”，桥上设有心乐、一川烟月两亭。阁北沿着长廊前行，分出东、西两支，西廊连接割青亭——这个地段上最古老的亭子，再经渌波

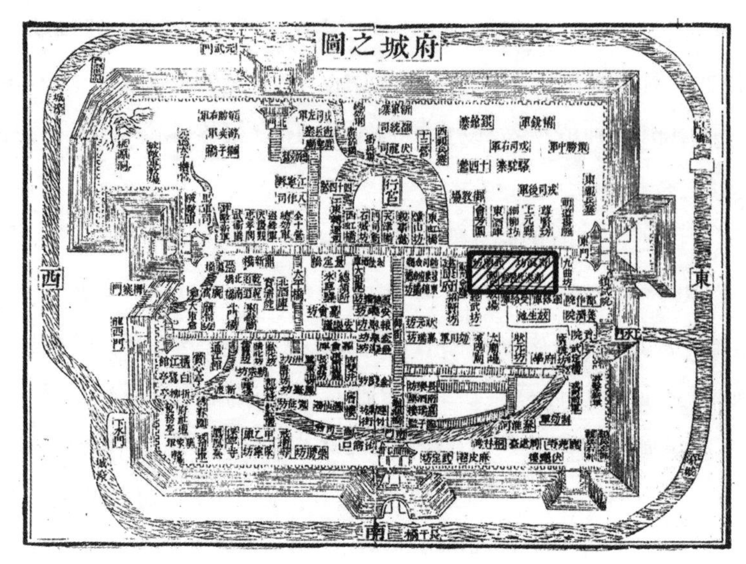

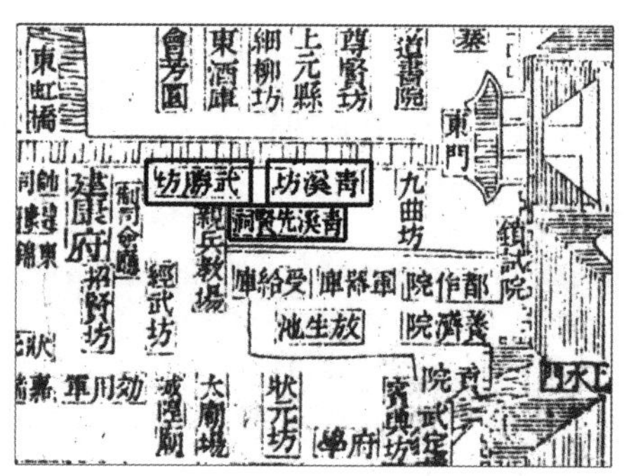

图 5－6 《景定建康志》载《府城之图》中的清溪位置

桥、爱青亭可达清如堂。东廊串联着苍雪亭、竹亭。

清溪阁为三开间，两层带挟屋各两间，中部为一座两层楼阁，层间设腰檐平座，一层入口，心间开版门，两次间开直棂窗（图 5－7）。此阁为清溪坊的园林中最高的一座建筑，成为全园的重要景观。

清溪庄与清如堂分别位于先贤祠北部的两个小岛上，两者的建筑布局各有特色。清溪庄以四座小屋围合成小院；清如堂则以一座大型厅堂独占正北（图），较为壮观，与西侧的清溪庄上的村庄类房屋具有不同的等第，丰富了园林景观。

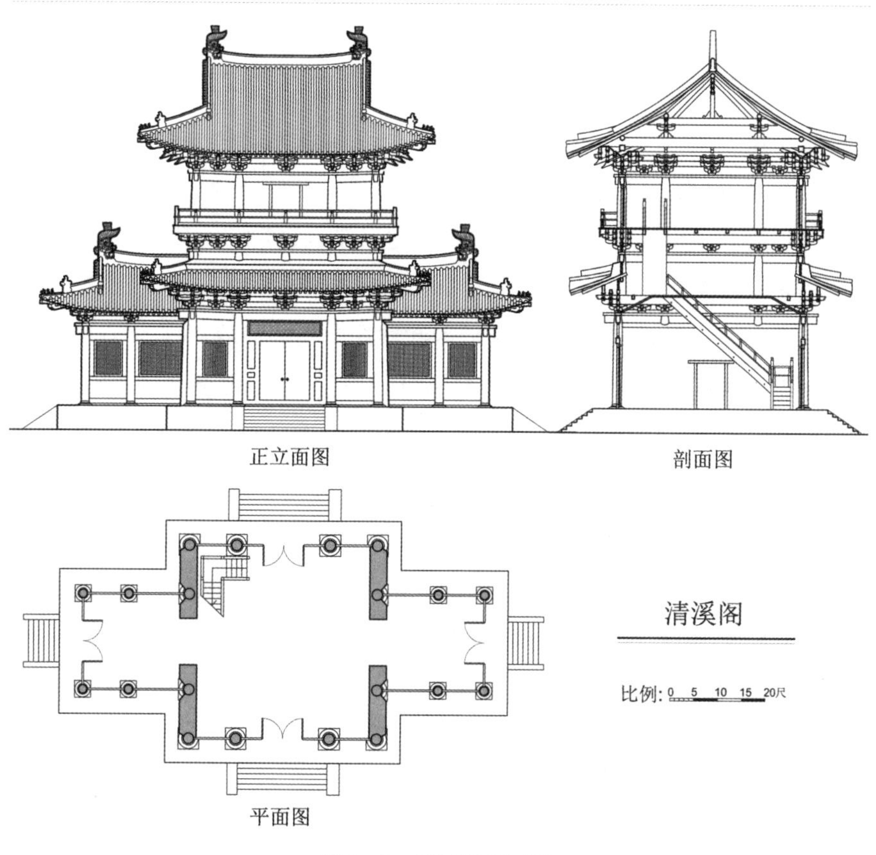

图5－7　清溪阁复原图

第四节　私家园林

一、临安

江南地区的经济因长期发达而跃居全国之首,经济发达必然导致文化繁荣,此两者又是促成园林兴盛的基本条件。江南成为民间造园活动最兴盛的地区,奠定了以后的“江南园林甲天下”的基础。

临安的私家园林建设,南宋时达到了空前的规模。唐末五代,中原战乱频仍,江南的吴越国却一直维持着安定承平的局面,直到北宋时,江南的经济、文化仍保持着不衰的发展势头,在某些方面甚至超过中原。宋室南渡,江南遂成为全国最发达的地区。私家园林之兴盛,自是不言而喻。

临安作为南宋的“行在”,既是当时的政治、经济、文化中心,又兼有美丽的湖山胜境,这为民间造园提供了优越的条件。自绍兴十一年(1141)南宋与金人达成和议形成相对稳定的偏安局面以来,临安私家园林的兴盛比之北宋的东京和洛阳有过之而无不及,文献中所提到的私家园林计约百处,大多数分布在西湖一带,其余分布在城内和城东南郊的钱塘江畔。

西湖一带的私家园林,《梦粱录》卷十九记述了比较著名的 16 处;《武林旧事》卷五记述了 45 处,其中分布在三堤路的 5 处,北山路 21 处,葛岭路 14 处。

临安东南郊之山地以及钱塘江畔一带气候凉爽,风景亦佳,多有私家别墅园林之建置,其中如内侍张侯壮观园、王保生园均在嘉会门外之包家山,“山上有关,名桃花关,旧扁蒸霞,两带皆植桃花,都人春时游者无数,为城南之胜境也”。钱塘门外溜水桥东西马睦诸圃,“皆植怪松异桧,四时荷花,精巧窠儿,多为龙蟠凤舞飞禽走兽之状,每日市于都城,好事者多买之,以备观赏也”。方家峪的赵冀王园,园内层叠巧石为山洞,引入曲折的流泉。水石奇胜,花卉繁鲜,洞旁有仙人棋台。

临安城内的私家园林多半为宅园,内侍蒋苑使之宅园尤其著名。据《梦粱录》卷十九记载,蒋于其住宅之侧“筑一圃,亭、台、花木最为富盛。每岁春月,放人游玩,堂宇内顿放买卖关扑,并体内庭规式,如龙船、闹竿、花篮,花工用七宝珠翠奇巧装结,花朵冠疏,并皆时样。官窑碗碟,列古玩具,铺陈堂右,仿如关扑,歌叫之声,清婉可听,汤茶巧细,车儿排设进呈之器,桃村杏馆酒肆,装成乡落之景。数亩之地,观者如市”①。这座园林景观已不限于一般的亭、台、花木,还加入了“乡落之景”,并且可以接待游客,将“私密性”的园林变成“开放型”的园林,这在园林发展史中是少有的。

---

① 《梦粱录》卷一九《园囿》。

（一）南园

南园位于西湖东南岸之长桥附近，庆元三年（1197）以后为平原郡王韩侂胄的别墅园。韩侂胄是北宋名将韩琦的曾孙，累官至太师。园内“有十样亭榭，工巧无二，俗云鲁班造者。射圃、走马廊、流杯池、山洞，堂宇宏丽，墅店村庄，装点时景，观者不倦”①。另据《武林旧事》卷五记载，园内“有许闲堂、和容射厅、寒碧台、藏春门、凌风阁、西湖洞天、归耕庄、清芬堂、岁寒堂，夹芳、豁望、矜春、鲜霞、忘机、照香、堆锦、远尘、幽翠、红香、多稼、晚节香等亭。秀石为山，内作十样锦亭，并射圃、流杯等处”②。园中建筑在山水和植物的陪衬之下，更显景观之特色，从陆游“清芬堂下千株桂”的诗句，可以想象清芬堂周围的优美环境。

这座园林是南宋临安著名的私园之一，陆游《南园记》对此园有比较详尽的描述。据载南园之选址“其地实武林之东麓，而西湖之水汇于其下，天造地设，极湖山之美”，因而能够“因其自然，辅以雅趣”。经过园主人的亲自筹划，“因高就下，通窒去蔽，而物象列。奇葩美木，争效于前，清流秀石，若顾若揖。飞观杰阁，虚堂广厅，上足以陈俎豆，下足以奏金石者莫不毕备。高明显敞，如蜕尘垢；而入窈窕邃深，疑于无穷”。所有的厅、堂、阁、榭、亭、台、门等均有命名，“悉取先时魏忠献王（韩琦）之诗句而名之，堂最大者曰许闲，上为亲御翰墨以榜其颜，其射厅曰和容，其台曰寒碧，其门曰藏春，其阁曰凌风，其积石为山曰西湖洞天，其潴水艺稻、为囷、为场、为牧牛羊畜雁鹜之地曰归耕之庄。其他因其实而命之名，堂之名则曰夹芳、曰豁望、曰鲜霞、曰矜春、曰岁寒、曰忘机、曰照香、曰堆锦、曰清芬、曰红香；亭之名则曰远尘、曰幽翠、曰多稼”，以此来标示园林景观的意境。故“自绍兴以来，王公将相之园林相望，皆莫能及南园之仿佛者”③。韩侂胄被杀后此园重归皇室所有，改名庆乐园。淳祐年间赐予福王，改名胜景园。

---

① 《梦粱录》卷一九《园囿》。
② 《武林旧事》卷五《湖山胜概》。
③ （宋）陆游：《渭南文集——放翁逸稿》卷上《南园记》，文渊阁《四库全书》本。

（二）水乐洞园、水竹院落、后乐园

这三座园林皆为权相贾似道所有。水乐洞园在烟霞岭下满觉山，据《武林旧事》卷五载，园内“山石奇秀，中一洞嵌空有声，以此得名”①，“又即山之左麓辟荦确为径，循径而上，亭其山之巅。杭越诸峰，江湖海门尽在目睫”②。园内建筑有声在堂、界堂、爱此留照、独喜玉渊、漱石宜晚、上下四方之宇诸亭。还有水池名“金莲池”。

水竹院落在葛岭路之西泠桥南。主要建筑物有奎文阁、秋水观、第一春、思剡亭、道院等，此园“前忱湖唇、左挟孤山、右带苏堤……波光万顷，与阑槛相直，无少障碍，凤凰诸山举头参前。又有道院、舫亭等，杰然为登览之最”③。

后乐园在葛岭南坡，理宗朝贾似道得集芳园后，在原有的基础上继续扩建而成。于山上增筑“无边风月、见天地心”之台，在水滨添“琳琅步归舟”。园中建筑有“西湖一曲、奇勋……秋壑、遂初、容堂。又有初阳精舍、警室、熙然台、甘露井诸胜”④。

贾似道为一昏官，在园中沉溺酒色，“蒙古攻围襄樊甚急，似道日坐葛岭……取宫人叶氏及倡尼有美色者为妾，日肆淫乐……尝与群妾据地斗蟋蟀”⑤，置军国重事于不顾。对此明代诗人陈讙《葛岭怀古》诗曾写道：“山上楼台湖上船，平章醉后懒朝天。羽书莫报樊城急，新得娥眉正少年。”⑥

（三）云洞园

云洞园在钱塘门外古柳林，为杨和王府园，“直抵北关，最为广袤，洞筑土为之，中通往来，其上为楼……洞之旁为崇山峻岭”⑦。园中有堂名“万景

---

① （宋）周密原本，（明）朱廷焕补：《增补武林旧事》卷六《湖山胜概上·南山 孤山》，文渊阁《四库全书》本。

② 《咸淳临安志》卷二九《山川八》。

③ 《咸淳临安志》卷八六《园亭》。

④ 《齐东野语》卷一九《贾氏园池》。

⑤ （明）冯琦原编，陈邦瞻增辑：《宋史纪事本末》卷二七《贾似道要君》。

⑥ 《浙江通志》卷二七八《艺文·葛岭怀古》，文渊阁《四库全书》本。

⑦ 《咸淳临安志》卷八六《园亭·云洞》。

大全”，还有“方壶云洞、潇碧天机、云锦紫翠阁”，以及“濯缨、五色云、玉玲珑、金粟洞天砌台”等处。“园中花木皆蟠结香片，极其华洁，盛时凡用园丁四十余人，监园使臣二名。”①杨和王名存中，“代州崞县人，从高宗南渡累立战功，封和义郡王”②。

（四）湖曲园

据《梦粱录》载，“雷峰塔寺……塔后谢府新园即旧甘内侍湖曲园”，园内“有御爱松、望湖亭、小蓬莱、西湖一曲”等建筑。后归赵观文，又归谢节使。周密曾有诗：“小小蓬莱在水中，乾淳旧赏有遗踪。园林几换东风主，留得亭前御爱松。”这座谢府新园乃“故甘氏园也……（曾）为太后别墅，在惠照斋宫西。有道院、村庄、水阁；一碧万顷、眉寿等堂；湖山清观、歇凉等亭。备华极邃，架亭湖中，每元夕亭馆皆垂水晶帘，放灯上下晖暎，金碧夺目。士女纵观往往得遗簪坠珥。元时元帅夏若水据有之”③。

（五）裴园

裴园即裴禧园，是一座突出于湖岸、深入湖水中的小园，杨万里曾有诗记其景：“岸岸园亭傍水滨，裴园飞入水心横。傍人莫问游何处，只拣荷花开处行。”④裴园的位置，据《浙江通志》称“在小新堤裴禧园”⑤，《武林旧事》称小新堤为“自北新路第二桥至曲院（所）筑堤”⑥，又据《梦粱录》载“北山第二桥名东浦桥”⑦，由此可知该园在苏堤北段的东浦桥至曲院风荷一带。

二、吴兴

吴兴即今湖州，是江南的主要城市之一，靠近富饶的太湖，南宋人周密写了一篇《吴兴园林记》，描写该地“山水清远，升平日，士大夫多居之。其

---

① 《武林旧事》卷五《湖山胜概·云洞园》。
② 《西湖游览志余》卷一三《南山分脉城内胜迹》。
③ 《西湖游览志余》卷八《北山胜迹》。
④ （宋）杨万里：《诚斋集》卷一九。
⑤ 《浙江通志》卷三九《古迹一》。
⑥ 《武林旧事》卷五《湖山胜概》。
⑦ 《梦粱录》卷一二《西湖》。

后秀安僖王府第在焉,尤为盛观。城中二溪横贯,此天下之所无,故好事者多园池之胜”①,并记述了亲身游历过的吴兴私家园林36处,其中比较最有代表性的是南、北沈尚书园,即南宋绍兴年间尚书沈德和的一座宅园和一座别墅园。俞氏园、赵菊坡园、韩氏园、叶氏石林亦各具特色。

(一) 南沈尚书园、北沈尚书园②

南园在吴兴城南,占地百余亩,园内“果树甚多,林檎尤盛”。主要建筑物聚芝堂、藏书室位于园的北半部。聚芝堂前临大池,池中有岛名蓬莱。池南岸竖立着三块太湖石,“各高数丈,秀润奇峭,有名于时”,足见此园是以太湖石的“特置”而名重一时的。沈家败落后这三块太湖石被权相贾似道购去,花了很大的代价才搬到他在临安的私园中。

北园在城北门奉胜门外,又名北村,占地三十余亩。此园“三面背水,极有野趣”,园中开凿五个大水池均与太湖沟通,园内、园外之水景连为一体。建筑有灵寿书院、怡老堂、溪山亭等。有台名叫“对湖台”,高不逾丈。登此台可面对太湖,远山近水历历在目,一览无余。

南园以山石之类见长,北园以水景之秀取胜,两者为同一园主人,因地制宜,而出之以不同的造园立意。

(二) 俞氏园

俞氏园为刑部侍郎俞澄的宅园,此园“假山之奇,甲于天下”。对于俞氏园的假山,周密有较详尽的描述:“盖子清(子清为俞澄别号)胸中自有丘壑,又善画,故能出心匠之巧。峰之大小凡百余,高者至二三丈……奇奇怪怪,不可名状。……乃于众峰之间,萦以曲涧,甃以五色山石,傍引清流,激石高下,使之有声,淙淙然下注大石潭。上荫巨竹、寿藤,苍塞茂密,不见天日。旁植名药、奇草、薜荔、女萝、菟丝,花红叶碧。潭旁横石作杠,下为石蕖,潭水溢,自此出焉。潭中多文龟、斑鱼,夜月下照,光景零乱,如穷山绝谷间也。”③园中将掇山与理水巧妙结合,山的高度在7米至10米的范围内,

① (元)陶宗仪:《说郛》卷六八下《吴兴园林记》,文渊阁《四库全书》本。
② 同上。
③ 《癸辛杂识》前集《假山》。

竟然凸显出百余山峰。再配以溪流、水潭、游鱼、植物,形成一座景观极其丰富的园林。景致之别具一格正是得益于身为画家的园主。

(三) 赵氏菊坡园

赵氏菊坡园是新安郡王赵师夔之私园,园的前部为大溪,“修堤画桥,蓉柳夹岸数百株,照影水中,如铺锦绣”①。园内“亭宇甚多,中岛植菊至百种,为菊坡”。此园以植物取胜。

(四) 叶氏石林

叶氏石林为尚书左丞叶梦得之故园,“在卞山之阳,万石环之,故名。且以自号”。卞山产奇石,色泽类似灵璧石,罗列山间有如森林。此园“正堂曰兼山,傍曰石林精舍,有承诏、求志、从好等堂,及静乐庵、爱日轩、跻云轩、碧琳池,又有岩居、真意、知止等亭。其邻有朱氏怡云庵、涵空桥、玉涧……大抵北山一径产杨梅,盛夏之际,十余里间,朱实离离,不减闽中荔枝也”②。叶梦得自撰《避暑录话》中多有记述此园景物的:

> 吾居东、西两泉,西泉凿于山足……汇而为沼,才盈丈,溢其余流于外。吾家内外几百口,汲者继踵,终日不能耗一寸。东泉亦在山足,而伏流决为涧,经碧琳池,然后会大涧而出……两泉皆极甘,而东泉尤冽。
>
> 吾居虽略备,然材植不甚坚壮,度不过可支三十年。……今山之松多矣,当岁益种松一千,桐杉各三百,竹凡见隙地皆植之……三十年后,使居者视吾室敝,则伐而新之。
>
> 山林园圃,但多种竹,不问其他景物,望之自使人意潇然。竹之类多,尤可喜者筀竹,盖色深而叶密。吾始得此山,即散植竹,略有三、四千竿,杂众色有之。③

范成大《骖鸾录》记乾道壬辰(乾道八年,1172)冬游北山叶氏石林的状况云:

---

① 《癸辛杂识》前集《吴兴园圃》。
② 同上。
③ 同上。

乾道壬辰十二月……十九日将游北山石林，薛守愿同行，乘轻舟十余里，登篮舆，小憩牛氏岁寒堂，自此入山，松桂深幽，绝无尘事，过大岭乃至石林，则栋宇已倾颓，西廊尽拆去，今畦菜矣。正堂无恙，亦有旧床榻，在凝尘鼠壤中，堂正面下山之高峰，层峦空翠照衣袂，略似上天竺白云堂所见而加雄尊。自堂西过二小亭，佳石错立，道周至西岩，石益奇且多，有小堂曰承诏，叶公自玉堂归，守先陇经始之初，始有此堂。后以天官召还，受命于此，因以为志焉。其旁登高，有罗汉岩，石状怪诡，皆嵌空，装缀巧过镌劖。自西岩回，步至东岩，石之高壮礧砢，又过西岩，小亭亦颓矣。叶公好石，尽力剔山骨，森然发露若林，而开径于石间，亦有得自他所，移徙置道傍，以补阙空者。①

这段记载虽记于园林已经荒废之时，但其石林位置以及与建筑的关系描绘清晰，对了解这座园林的总体面貌有所补益。园中建筑很少，仅在大片叠石假山中点缀亭、堂，游园者沿着叠石之间开辟的小径可以欣赏到千姿百态的山岩之美。

《吴兴园林记》对其余的园林则描述甚简，但也颇有一语而道出其造园特色的，例如：

韩氏园，园内有“太湖三峰各高数十尺，当韩氏全盛时，役千百壮夫，移植于此”。

丁氏园，“在奉胜门内。后依城，前临溪，盖万元亨之南园、杨氏之水云乡，合二园而为一。后有假山及砌台。春时纵郡人游乐，郡守每岁劝农还，必于此舣舟宴焉”。

莲花庄，“在月河之西，四面皆水，荷花盛开时，锦云百顷，亦城中所无也”。

倪氏园，“倪文节尚书所居，在月河，即其处为园池，盖四至傍水，易于成趣也”。

赵氏南园，“赵府之园在南城下，与其弟相连，处势宽闲，气象宏大，后有射圃、崇楼之类，甚壮”。

---

① （宋）范成大：《骖鸾录》，文渊阁《四库全书》本。

王氏园，“王子寿使君，家于月河之间，规模虽小，然回折可喜。有南山堂，临流有三角亭，苕、霅二水之所汇。苕清、霅浊，水行其间，略不相混，物理有不可晓者”。

赵氏瑶阜，“兰坡都承旨之别业，去城既近，景物颇幽，后有石洞，尝萃其家法书刊石为《瑶草帖》”。

赵氏绣谷园，“旧为秀邸，今属赵忠惠家。一堂据山椒，曰霅川图画，尽见一城之景，亦奇观也”。

赵氏苏湾园，“菊坡所创，去南关三里而近，碧浪湖、浮玉山在其前，景物殊胜，山椒有雄跨亭，尽见太湖诸山”。

钱氏园，“在昆山，去城五里，因山为之。岩洞奇秀，亦可喜。下瞰太湖，手可揽也，钱氏所居在焉，有堂曰石居”。

如此等等。

三、平江

南宋时期平江经济繁荣，文化也很发达，加之气候温和，风景秀丽，花木易于生长，附近有太湖石、黄石等造园用石的产地，为园林营建提供了优越的社会条件和自然条件。大批官员、地主、富商、文人定居于此，竞相修造园宅以自娱。它们主要分布在城内、石湖尧峰山、洞庭东山和洞庭西山一带，包括宅园、游憩园和别墅园。

（一）沧浪亭

沧浪亭在平江城南，据园主人苏舜钦《沧浪亭记》所载，北宋庆历年间，苏氏因获罪罢官，旅居苏州，购得城南废园。此园据说是吴越国中吴军节度使孙承佑别墅废址，“纵广合五、六十寻，三向皆水也。杠之南，其地益阔，旁无民居，左右皆林木相亏蔽”①。废园的山池地貌依然保留原状，乃在北边的小山上构筑一亭，名沧浪亭。“前竹后水，水之阳又竹，无穷极，澄川翠轩，光影会合于轩户之间，尤与风月为相宜。”②园林的内容看似简单，但富于野

① （宋）苏舜钦：《苏学士集》卷一三《沧浪亭记》，文渊阁《四库全书》本。
② 同上。

趣。苏舜钦死后,此园屡易其主,后归章申公家所有。申公加以扩充、增建,园林的内容较前丰富许多。"为大阁,又为堂山上。堂北跨水,有名洞山者,章氏并得之。既除地,发其下,皆嵌空大石,人以为广陵王时所存,益以增累其隙,两山相对,遂为一时雄观。建炎狄难,归韩蕲王家。"①另据《吴县志》记载:"韩氏筑桥两山之上,名曰飞虹,张安国书匾。山上有连理木,庆元间犹存。山堂曰寒光,傍有台。曰冷风亭,又有翊运堂。池侧曰濯缨亭,梅亭曰瑶华境界,竹亭曰翠玲珑,木樨亭曰清香馆,其最胜则沧浪亭也。"元、明时此园废为僧寺,以后又恢复为园林,并迭经改建。此园至今仍为苏州名园之一,但已非宋、元旧貌。

(二)乐圃

在平江城内西北雍熙寺之西。园主人朱长文,嘉祐年间进士,不愿出仕为官,遂起为本郡教授,筑园以居,著书阅古。园之名为乐圃,朱长文自撰《乐圃记》记述园内景物及园居生活。园名盖取孔子"乐天知命故不忧"、颜回"在陋巷……不改其乐"之意。此园"虽敝屋无华,荒庭不甃,而景趣质野,若在岩谷"②,颇具城市山林之趣。

圃内建筑、植物等景观,据《乐圃记》载:

> 圃中有堂三楹,堂旁有庑,所以宅亲党也。堂之南,又为堂三楹,名之曰邃经,所以讲论六艺也。邃经之东,又有米廪,所以容岁储也。有鹤室,所以蓄鹤也。有蒙斋,所以教童蒙也。邃经之西北隅,有高岗,名之曰见山冈。冈上有琴台,台之西隅,有咏斋,此予尝抚琴赋诗于此,所以名云。见山岗下有池,水入于坤维,跨篱为门,水由门萦纡曲引至于冈侧。东为溪,薄于巽隅。池中有亭,曰墨池,予尝集百氏妙迹于此而展玩也。池岸有亭,曰笔溪。其清可以濯笔。溪旁有钓渚,其静可以垂纶也,钓渚与邃经堂相直焉。有三桥:度溪而南出者谓之招隐,绝池至于墨池亭者谓之幽兴,循冈北走、度水至于西圃者谓之西涧。西圃有草

① (宋)范成大:《吴郡志》卷一四《园亭》沧浪亭,文渊阁《四库全书》本。
② (宋)朱长文:《乐圃余稿》卷六《记·乐圃记》。

堂，草堂之后有华严庵。草堂西南有土而高者，谓之西丘。其木则松、桧、梧、柏、黄杨、冬青、椅桐、柽、柳之类，柯叶相幡，与风飘扬，高或参云，大或合抱，或直如绳，或曲如钩，或蔓如附，或偃如傲，或参如鼎足，或并如钗股，或圆如盖，或深如幄，或如蜕虬卧，或如惊蛇走，名不可尽记，状不可以殚书也。虽霜雪之所摧压，飙霆之所击撼，槎枒催折，而气象未衰。其花卉则春繁、秋孤、冬晔、夏蒨，珍藤幽葩，高下相依。兰菊猗猗，兼葭苍苍，碧鲜覆岸，慈筠列砌，药录所收，雅记所名，得之不为不多。桑柘可蚕，麻纻可缉，时果分蹊，嘉蔬满畦，标梅沈李，剥瓜断壶，以娱宾友，以酌亲属，此共所有也。

予于此圃，朝则诵羲、文之易、孔氏之春秋，索诗书之精微，明礼乐之度数；夕则泛览群史，历观百氏，考古人是非，正前史得失，当其暇也。曳杖逍遥，陟高临深，飞翰之惊，皓鹤前引，揭历于浅流，踌躇于平皋，种木灌园，寒耕暑耘，虽三事之位，万种之禄，不足以易吾乐也……①。

这是一座紧邻住宅的小园，园中建筑不多，且只有两座规模仅三间的小堂，其余的建筑仅有小亭、鹤室、蒙斋、小桥之类。园中水景可见小池、笔溪、钓渚，还有小山、花木，追求自然，林木间置草堂、小庵，颇显园主淡出尘世的情怀。

元末，乐圃归张适所有，筑室曰乐圃材馆。明宣德年间，杜琼得东隅地居之，名曰东原；结草为亭，曰延绿。万历中，申文定公致仕归，构适适园于此。清乾隆年间，毕沅尚得见适适园之旧址。

平江及其附近县治的私家园林，见于文献记载的还有南园、隐园、梅都官园、范家园、张氏园池、西园、郭氏园、千株园、五亩园、何仔园亭、北园、翁氏园、孙氏园、洪氏园、依绿园、陈氏园、郑氏园、东陆园等处，可见这座城市园林之丰富。

平江、吴兴靠近太湖石的产地洞庭西山，其他的几种园林用石也产于附近各地，故叠石之风很盛，几乎“无园不石”。《吴风录》有这样的记载：“今吴中富豪，竞以湖石筑峙奇峰阴洞，凿峭嵌空为绝妙。下户亦以小公园岛为

---

① 《乐圃余稿》卷六《记 · 乐圃记》。

玩。”叠石的技艺水平亦以此两地为最高,已出现专门叠石的技工,吴兴谓之“山匠”,平江则称之为“花园子”。

四、润州

润州即今镇江,位于长江下游南岸,与扬州隔江相对。这里依靠长江水路的交通之便,经济、文化相当发达,多有私家园林的建置。其中的砚山园和梦溪园,分别由宋人的两篇《园记》作了详细著录。

(一) 砚山园

著名书画家米芾①用一方凿成山形的古砚台,换取苏仲恭②在甘露寺下沿长江的一处宅基地,筑园名海岳庵。嘉定十四年(1221)润州知府岳珂购得海岳庵遗址,筑砚山园。宝庆三年至绍定元年(1227—1228)继任知府冯多福撰《砚山园记》,记述了园内景物:

> 蔡氏《丛谈》载米南宫以砚山与苏学士家易甘露寺地以为宅,好事者多传道之。余思欲一至其处,且观所谓“海岳庵”者,米氏已不复存,总领岳公得之为崇台别墅。公好古博雅,晋宋而下书法名迹宝珍所藏,而于南宫翰墨,尤为爱玩。悉摘南宫诗中语名其胜概之处。
>
> 前直门街,堂曰“宜之”,便坐曰“抱云”,以为宾至税驾之地。右登重冈,亭曰“陟巘”。祠象南宫,扁曰“英光”。西曰“小万有”,迥出尘表;东曰“彤霞谷”,亭曰“春漪”。冠山为堂,逸思杳然,大书其扁曰“鹏云万里之楼”,尽摹所藏真迹。凭高赋咏,楼曰“清吟”,堂曰“二妙”。亭以植丛桂,曰“洒碧”,又以会众芳,曰“静香”,得南宫之故石一品。迂步山房,室曰“映岚”。洒墨临池,池曰“涤研”。尽得登览之胜,总名其园曰“研山”。酣酒适意,抚今怀古,即物寓景,山川草木,皆入题咏。……兹园之成。足以观政,非徒侈宴游周览之胜也③。

---

① 米芾(1051—1107),太原人,累官礼部员外郎,世称米南宫。其所得古砚传为南唐后主御府之宝。

② 苏舜元(996—1054)之孙。

③ (宋)冯多福:《研山园记》,原载《至顺镇江志》卷一二。转引自陈从周、蒋启霆选编《园综》,同济大学出版社2011年出版。

从记载看，园子不大，建筑较多。入门便见厅堂，园内山岗起伏，建筑布置高低错落，或置于山顶，或隐于峡谷，或邻于池水，或藏于花间，景观多样。

（二）梦溪园

园在润州城之东南隅。园主人沈括，嘉祐年间（1057—1063）进士，平生宦历很广，多所建树，又是一位著名的学者，于天文、方志、律历、音乐、医药、卜算无所不通，晚年写成《梦溪笔谈》。沈括在三十岁时曾梦见一处优美的山水风景地，久不能忘，以后又一再梦见其处。十余年后，沈括谪守宣城，有道人介绍润州的一处园林求售，括以钱三十万得之，然不知园之所在。又后六年，括坐边议谪废，乃结庐于浔阳之熨斗洞，拟作终老之居所。元祐元年（1086），路过润州，至当年道人所售之园地，恍然如梦中所游之风景地，乃叹曰："吾缘在是矣。"于是放弃浔阳之旧居，筑室于润州之新园，命名为"梦溪园"，并撰《梦溪自记》记述其中景物：

> 巨木蓊然，水出峡中，渟萦杳缭，环地之一偏者，目之曰"梦溪"。溪之土耸然为邱，千本之花缘焉者，"百花堆"也。腹堆而庐其间者，翁之栖也。其西荫于花竹之间，翁之所憩"彀轩"也。轩之瞰，有阁俯于阡陌、巨木百寻哄其上者，"花堆"之阁也。据堆之巅，集茅以舍者，"岸老"之堂也。背堂而俯于"梦溪"之颜者，"苍峡"之亭也。西"花堆"有竹万个，环以激波者，"竹坞"也。度竹而南，介途滨河锐而垣者，"杏嘴"也。竹间之可燕者，"萧萧堂"也。荫竹之南，轩于水澨者，"深斋"也。封高而缔，可以眺者，"远亭"也。
>
> 居在城邑而荒芜古木与鹿豕杂处，客有至者，皆频额而去，而翁独乐焉。渔于泉，舫于渊，俯抑于茂木美荫之间，所慕于古人者：陶潜、白居易、李约，谓之"三悦"。与之酬酢于心目所寓者：琴、棋、禅、墨、丹、茶、吟、谈、酒，谓之"九客"。①

从上述对梦溪园的描述来看，此园风格自然淳朴，仅有一些常见植物，建筑物除了轩、堂、亭、阁等园林建筑之外，还有竹坞、深斋，尤显园主厌世

① 《研山园记》，原载《至顺镇江志》卷一二。转引自陈从周、蒋启霆选编《园综》。

心情。

五、波阳

乾道年间,同中书门下平章事兼枢密使洪适,致仕回故乡江西波阳家居,选择城北面一里许的一片山清水秀的地段,筑别业"盘洲",从此不再出山。洪适自撰《盘洲记》,记述这座别墅园内山水、建筑、植物的景观:

我出吾"山居",见是中穹木,披榛开道,境与心契,旬岁而后得之。乃相嘉处,创洗心之阁。三川列岫,争流层出,启窗卷帘,景物坌至,使人领略不暇。两旁巨石、竹俨立,斑者、紫者、方者、人面者、猫头者、慈桂、筋笛,群分派别,厥轩以有竹名。东偏,堂曰"双溪"。波间一壑,于藏舟为宜,作舣斋于檐后,泗滨怪石,前后特起,曰"云叶"、曰"啸风"岩,北践柳桥,以蟠石为钓矶。侧顿数椽,下榻设胡床,为息偃寄傲之地。假道可登舟,曰"西汻"。绝水问农,将营"饭牛"之亭于垄上。导涧,自古桑由兖桥济规山阴遗迹,盘涧水,剔九曲,荫以并间之屋,垒石象山,杯出岩下,九突离坐,杯来前而遇坎者,浮罚爵。方其左为鹅池,圆其右为墨沼,"一泳"亭临其中。水由圆沼循除而西,汇于方池,两亭角立,东"既醉",西"可止"。……池水北流,过詹卜涧,又西,入于北溪。自"一咏"而东,仓曰"种秫之仓";亭曰"索笑之亭";前有重门曰"日涉"。……启"文枳关",度"碧鲜里",傍柞林,尽桃李蹊,然后达于西郊。茭蓼弥望,充仞四泽,烟树缘流,帆樯上下,类画手铺平远景,柳子所谓"迩延野绿,远混天碧"者,故以"野绿"表其堂。有轩居后,曰"隐雾"。九仞巍然,岚光排闼,厥名"豹岩"。陟其上,则"楚望"之楼,厥轩"巢云"。古梅鼎峙,横枝却月,厥台"凌风"。右顾高柯,昂霄蔽日,下有竹亭,曰"驻屐"。宾洲接畛,楼观辉映,无日不寻棠棣之盟。

跨南溪有桥,表之曰"濠上",游鱼千百,人至不惊。短篷居中,曰"野航"。前后芳莲,龟游其上。水心一亭,老子所隐,曰"龟巢"。清飔吹香,时见并蒂,有白重台、红叶多者,危亭相望,曰"泽芝"。整襟登陆,苍槐美竹据焉。

山根茂林，浓阴映带，溪堂之语声，隔水相闻。倚松有“流憩庵”，犬迎鹊噪，屐不东矣。欣对有亭，在桥之西，畦丁虑淇园之弹也，请使苦荳温菘避路，于是“拔葵”之亭作蕞尔丈室，规摹易安，谓之“容膝斋”。履阈小窗，举武不再，曰“芥纳寮”。复有尺地，曰“梦窟”。入“玉虹洞”，出“绿沉谷”，山房数楹，为孙息读书处，厥斋“聚萤”。山有厥，野有荠，林有笋，真率肴然，咄嗟可办，厥亭“美可茹”，花柳夹道，猿鹤后先，行水所穷，云容万状，野亭萧然，可以坐而看之，曰“云起”。西户常关，雉兔削迹。合而命之曰“盘洲”。①

从上述可知，这座园林中山石景观丰富多彩，山石中间夹有九曲溪涧、鹅池、墨沼，双溪堂、蚁斋、柳桥、钓矶等伴随其中。园内景观与园外景观连成一片，为显现四时如画的美景，用“绿野堂”、“隐雾轩”、“楚望楼”、“巢云轩”以命名园内建筑。另一区的景观则追求老庄的思想意境，有“濠上桥”、“龟巢亭”等。同时不忘佛学义理，设丈室“容膝斋”，取“芥子纳须弥”之意置“芥纳寮”。凡此种种，构成了盘洲园的独特景致。这座园林的意境追求明确，在这一时期的私家园林中尤具特色。

六、绍兴

浙江绍兴的“沈园”为南宋名园之一，遗址在城内木莲桥洋河弄，现仅存葫芦形的水池，名葫芦池，池上跨小桥，池边有叠石假山。南宋诗人陆游与夫人唐婉感情甚笃，迫于婆媳不和而离异。若干年后两人在沈园邂逅相遇，陆游感慨万端，题壁写下著名的《钗头凤》诗，晚年再过此园，又作《咏沈园诗》②，诗中景物仅与今日部分遗存尚可对应：

斜阳城西画角衰，沈园非复旧楼台。

伤心桥下春波绿，曾是惊鸿照影来。

---

① （宋）洪适：《盘洲文集》卷三二《盘洲记》，《四部丛刊》本。转引自陈从周、蒋启霆选编《园综》，同济大学出版社 2011 年出版。

② （宋）陆游：《剑南诗稿》卷三八《沈园》。

第五节　宋代园林文人化的特点

一、文人园林的涵义

文人园林更侧重于以园林景观来寄托文士的理想,陶冶性情,表现隐逸情怀,也泛指那些受到文人趣味浸润而"文人化"的园林。如果把它视为一种艺术风格,则后者的意义更为重要。它的渊源可上溯到两晋南北朝时期,到唐代已呈兴起之势。见于文献记载的如王维的辋川别业、白居易的庐山草堂、杜甫的成都浣花溪草堂等,便是其滥觞之典型。

唐代开始兴起的文人园林,到宋代已成为私家造园活动中的一股潮流并占据主导地位。同时,在宋代的文人士大夫阶层中,除了传统的琴、棋、书、画等艺术活动之外,品茶和古玩鉴赏也开始盛行。它们作为文人的共同习尚,大大地丰富了文人生活艺术的内容,交织成文人精神生活的主体。而进行这些活动需要有一个共同的理想场所,这个场所往往就是园林。

中唐以后逐渐兴起的品茶风气到宋代已成为细致、精要的艺术,即所谓"茶艺",包括烹调方法、饮用仪注、茶具、茶室、茶庭等。茶艺不仅普及于民间,还流行于寺庙、宫廷。宋徽宗在《大观茶论》的序文中说过这样的话:

> 缙绅之士,韦布之流,沐浴膏泽,熏托德化,盛以雅尚相推,从事茗饮。故近岁以来,采择之精,制作之工,品第之胜,烹点之妙,莫不盛造其极……天下之士,历志清白,竟为闲暇修索之玩,莫不碎玉锵金,啜英嚼华,较筐箧之精,争鉴裁之别。①

他还提倡以"韵高致静"为品茶的精神境界。茶艺所要求的淡泊、宁静的境界,山水园林则是再适合不过的环境了。于是,品茶赏茗与文人园居的闲适生活结下不解之缘,这在宋人诗词中亦多有记述。

文士之风广泛浸润于文人、士大夫的造园活动,也影响及于皇家园林和

---

① 《说郛》卷九三上,宋徽宗《大观茶论》。

寺观园林。《咸淳临安志》论宋代私园之"有藏歌贮舞流连光景者,有旷志怡神蜉游尘外者,有澄想瞰观运量宇宙而游牧其寄焉者"①,概括了南宋在造园艺术中的追求。前者显然着重在享受生活,后两者则寓有魏晋南北朝以来一脉相承的隐逸思想,即属于文人园林风格的范畴。

二、宋代文人园林的风格

(一)简远

简远即景象简约而意境深远,这是对大自然风致的提炼与概括,也是创作方法趋向写意的表征。简约并不意味着简单、单调,而是以少胜多,一以当十,而造园诸要素如山形、水体、花木、建筑不追求品类之繁富,不滥用设计之技巧,也不过多地划分景域或景区。简约是宋代艺术的普遍风尚。李成《山水决》论山水画曰:"上下云烟起秀不可太多,多则散漫无神;左右林麓铺陈不可太繁,繁则堆塞不舒。"②《宣和画谱》则直接提出山水画要"精而造疏,简而意足"③的主张。这在南宋画家马远、夏珪的创作实践中表现得尤为明显,在章法布局上别开生面,打破"全景山水"的格局,画面上大部留白或淡淡的远水平野,近景只有一截山岩或半株树枝,都让人体味到辽阔无垠的空间感。山水画的这种画风,与山水园林的简约格调是一致的。

意境的创造在宋代文人园林中开始受到重视,除了以视觉景象的简约而留有余韵之外,还借助于景物题署的"诗化"来获致象外之旨。用文字题署景物的做法已见于唐代,如王维的辋川别业,但都是简单的环境状写和方位、功能的标定。到宋时则代之以诗的意趣即景题的"诗化",如洪适的润州盘洲园,园内景题有洗心、绿野、巢云、濠上、云起等。临安诸园的景题也有同样的情况,能够寓情于景,抒发园主人的襟怀,引起游赏者的联想。一方面是景象的简约,另一方面则是景题的"诗化",其所创造的意境比之前人当然更为深远而耐人寻味。

---

① 《咸淳临安志》卷八六《园亭》。

② (宋)郭思编:《林泉高致集》附录《山水决》,文渊阁《四库全书》本。

③ 佚名:《宣和画谱》卷一八《花鸟四·垂拱御扆夹竹海棠鹤图》,文渊阁《四库全书》本。

（二）疏朗

园内景物的数量不求多，因而园林的整体性强，不流于琐碎。园林筑山往往主山连绵，客山呈拱状，两者构成一体，且山势平缓，不作故意的大起大伏，如《吴兴园林记》描写莲花庄“四面皆水，荷盛开时锦云百顷”，文璐公园“水渺弥甚广，泛舟游者如在江湖间也”。植物亦以大面积的丛植或群植成林为主，林间留出隙地，虚实相衬，于幽奥中见旷朗。建筑密度低，数量少，而且个体多于群体。不见有游廊连接的描写，更没有以建筑围合或划分景域的情况。因此，就园林总体而言，虚处大于实处。正由于造园诸要素特别是建筑布局着眼于疏，园林景观乃益见其开朗。

（三）雅致

官僚士大夫通过科举取得晋身之阶，但出处进退都不能以自己的意志为转移。宋代朝廷内外党祸甚烈，波及面极广。知识分子宦海浮沉，祸福莫测，再加上文人的忧患意识，虽身居显位亦莫不忧心忡忡。他们之中的一部分人既不甘于沉沦，那么，追求不同于流俗的高蹈、沉湎隐逸的雅趣便成了逃避现实的唯一精神寄托。这种情况不仅表现在诗、词、绘画等文学艺术上，园林艺术也有明显的反映。譬如，园中种竹十分普遍而且呈大面积的栽植，乃因竹是宋代文人画的主要题材，也是诗文吟咏的主要对象。它象征人品的高尚、节操，苏轼甚至说过这样的话：“可使食无肉，不可居无竹；无肉令人瘦，无竹令人俗。”①园中种竹也就成了文人追求雅致情趣的手段，成为园林雅致格调的象征。再如菊花、梅花也是入诗入画的常见题材，北宋文人林逋（和靖）喜爱梅花，喻之为“梅妻”，写下了“疏影横斜水清浅，暗香浮动月黄昏”②的咏梅名句。在私家园林中大量栽植梅、菊，除了观赏之外也同样具有诗、画中的“拟人化”的用意。唐代的白居易很喜爱太湖石，宋代文人爱石成癖更甚于唐代。米芾每得奇石，必衣冠拜之呼为“石兄”，苏轼因癖石而创立了以竹、石为主题的画体，逐渐成为文人画中广泛运用的体裁。园林用

---

① 《东坡全集》卷四《诗·于潜僧绿筠轩》。

② 《咸淳临安志》卷九一《纪遗》三。

石亦盛行单块的“特置”，以“漏、透、瘦、皱”作为太湖石的选择和品评的标准亦始于宋代。它们的抽象造型不仅具有观赏价值，也表现了文人爱石的高雅情趣。此外，建筑物多用草堂、草庐、草亭等，亦示其不同流俗。园中多有流杯溪涧或流杯亭，象征一向为文人视为高雅韵事的“曲水流觞”。

景题的命名，主要是为了激发人们的联想而创造意境。这种由“诗化”的景题而引起的联想又多半引导为操守、哲人、君子、清高等的寓意，抒发文人、士大夫的潇洒脱俗、孤芳自赏的情趣，也是园林雅致特点的一个主要方面。

（四）天然

宋代私园所具有的天然之趣表现在两方面：力求园林本身与外部自然环境的契合，园林内部的景观以植物为主要内容。园林选址很重视因山就水，利用原始地貌，园内建筑更注意收纳、摄取园林外之“借景”，使得园内、园外两相结合而浑然一体。文献中常提到园中多有高出于树梢的台，即为观赏园外借景而建置。临安西湖诸园，因借远近山水风景的千变万化而各臻其妙。园林的天然之趣，更多则得之于突出园内的大量植物配置。文献和宋画中所记载、描绘的园林绝大部分都以花木种植为主，多运用成片栽植的树木而构成不同的景题，如竹林、默林、桃林等，也有混交林。往往借助于“林”来创造幽深而独特的景观。宋人喜欢赏花，园林中亦多植各种花卉，每届花时则开放任人游赏参观。园中还设药圃、蔬圃等，蓊郁苍翠的树木、姹紫嫣红的花卉，既表现园林的天然野趣，也增益浓郁的生活气息。宋代园艺技术的特别发达，与营园之重视植物的造景作用也有直接的关系。

上述特点是文人的艺术趣味在园林中的集中表现，也是中国古典园林体系的基本特点的外延。文人园林在宋代的兴盛，促成了中国园林艺术继两晋南北朝之后的又一次重大升华。两宋文化发展之登峰造极，文人广泛参与造园活动以及政治、经济、社会的种种特殊因素固然为之创造了条件，当时艺坛出现的新气象也是促成文人园林风格异军突起的契机。

宋代艺术逐渐放弃外部拓展而转向开掘内部境界，在日益狭小的内部境界中纳入尽可能丰富的内涵，出现了诸如“壶中天地”、“须弥芥子”、“诗中有画,画中有诗"之类的审美概念,从而促成各个艺术门类之间更广泛地互相借鉴和触类旁通。在这种情况下,文人画之影响文人园林当属必然。

诗、画艺术给予园林艺术的直接影响是显然的,其促成了造园艺术创作之强调"意",也就是作品的形象中蕴含着情感与哲理,更追求创作构思的主观性和自由无拘束,从而使得作品能够达到情、景与哲理交融化合的境界——完整的"意境"创造的境界。这种中国特有的艺术创作和鉴赏方法在宋代的确立,是继两晋南北朝之后的又一次美学思想的大变化和大开拓,它对于园林艺术产生了潜移默化的影响,从而促进了文人园林的兴起及其特点的形成。

第六章 教育建筑

第一节 教育建筑发展的历史背景

"华夏之文化,历数千载之演进,造极于赵宋之世。"这一判断,准确地说明了宋代文化的繁荣。正因此,具有世界意义的中国四大发明之三——指南针、火药、印刷术皆产生于北宋,决非偶然。许多盖世大学问家产生于两宋,据统计当时的哲学家(儒者)达1349人,画家达535人,词人达681人。在这些历史表象的背后,反映出两宋文教的发达。这与当时所采取的"兴文教、抑武事"的基本国策是分不开的。由于宋代统治者深刻体会到"王者以武功克定,终须用文德致治"的道理,宋代各朝皇帝皆提倡读书,宋太祖认为"帝王之子,当务读经书,知治乱之大体"①。太祖还令"武臣读书,知为治之道"②。宋太宗指出,"夫教化之本,治乱之原,苟非书籍,何以取法"③。宋代的几位皇帝本人也善读书,真宗"所政之暇,唯务观书"④,仁宗"圣性好学,博古通今"⑤,因此,倡导科举取士,规定"凡内外职官,布衣草泽,皆得充举"⑥,促使世人追求"学而优则仕"的道路。宋代的启蒙读物《神童诗》所

---

① 《说郛》卷四九《司马光·涑水记闻》。
② 冯琦原编,陈邦瞻增辑:《宋史纪事本末》卷一《太祖建隆以来诸政》,文渊阁《四库全书》本。
③ (宋)李焘:《续资治通鉴长编》卷第二五,雍熙元年一月壬戌条,文渊阁《四库全书》本。
④ (宋)吴处厚:《青箱杂记》卷三。
⑤ 《东轩笔录》卷三。
⑥ 《宋史纪事本末》卷一《太祖建隆以来诸政》。

讲的“天子重英豪,文章教尔曹,万般皆下品,唯有读书高”,正是当时社会风气的写照。在百姓中也形成了“为父兄者,以其子与弟不文为咎;为母妻者,以其子与夫不学为辱”①的风气。

北宋开国的前几十年,由于战乱,政务繁忙,还顾不上发展教育,但到了仁宗景祐年间(1034—1038),“范仲淹作学于吴(平江),又创于润(润州)……仁宗开天章阁,召辅臣八人问以治要,文正公复以学校为对。于是诏天下皆立学”②,这样便促进了教育的发展。在江西“虽荒服郡县,必有学”③,在安徽歙县“远山深谷,居民之处,莫不有师有学”,“虽穷乡僻壤,亦闻读书声”。尽管在南宋初年,高宗时期曾因“戎事未暇”,把主管教育的中央机构国子监归并到礼部,但在绍兴八年(1138)正式定都临安后,经官员多次上书请求,高宗于绍兴十二年(1142)十一月下诏临安府,“措置”(筹办)太学,次年正式恢复。绍兴十六年(1146)又成立武学,绍兴二十六年(1156)建立医学,其他学科也相继恢复。

不仅中央官学发展,地方官学也得到广泛发展。例如在广西地区就有府学、县学34所。至于经济发达的江浙一带,除府、县学之外,书院在宋代发展起来,全国共有203所书院。南宋比北宋更加兴盛,书院的数量更多。除书院外,还有乡校、家塾、舍馆、书会等各种类型的学校,难以计数,在临安,“每一里巷须一二所,弦诵之声,往往相闻”④;在吴郡“师儒之说始于邦,达于乡,至于室,莫不有学”;在绍兴,“自宋以来,益知向学尊师择友,南渡以后,弦诵之声,比屋相闻”;在福州,则“城里人家半读书”。由于各科学校的广泛兴办,使得全民文化水平有所提高,据文献记载,“吴、越、闽、蜀,家能著书,人知挟册”。有的地区如福建永福县,“家尽弦诵,人知律令,非独士为然。工农商各教子读书,虽牧儿馌妇,亦能口诵古人语言”。这正是两宋文化繁荣的反映,更可证明当时教育的普及,适应这种文化水平的教育建筑亦随之发展起来。

---

① (宋)洪迈:《容斋四笔》卷五《饶州风俗》,文渊阁《四库全书》本。
② (宋)朱长文:《乐圃余稿》卷六《苏州学记》,文渊阁《四库全书》本。
③ 《东坡全集》卷三七《南安军学记》。
④ 《都城纪胜·三教外地》。

第二节 学校、书院、贡院

一、南宋时期的教育体制与学校类型

南宋时期学校教育体制可分成三类,在中央的为中央官学,包括国子学、四门学、太学、武学、广文馆、医学、算学、书学、画学、宗学等。在地方的州、县则有府学、县学。此外还有一类,即民间所办的书院、乡塾等。

中央官学中的国子学,是七品以上官员子孙的学校。开始设于北宋太宗端拱二年(989),当时生员人数不定,后来以200人为限,生员称为国子生。八品以下官员子弟及庶人中之俊异者则入太学,称为太学生。庆历四年(1044)在东京正式建立太学。北宋神宗时期,太学制度逐渐完善。学生分成三等,即外舍生、内舍生、上舍生,称为“三舍制”。南宋“绍兴年间,太学生员额三百人,后增至一千员,今额一千七百一十有六员,以上舍额三十人,内舍额二百单六人,外舍额一千四百人,国子生八百人”①。初入学者为外舍生,“月书季考,由外舍而升内舍,由内舍而升上舍”②。生员在校由官府供给食宿。

宗学,是皇族子弟所上的学校,始建于元祐元年(1086),不久罢置。靖国元年(1101)复建。南宋绍兴四年(1134)始置皇族子弟学校,分小学和大学,一般8岁开始入小学,20岁入大学,称为宫学。嘉定九年(1216)改称宗学。

武学,相当于现代的军事学院,初建于庆历三年(1043),同年八月停办。熙宁五年(1073)于东京武成王庙恢复武学,学生以100人为限。南宋绍兴二十六年(1156)临安重开武学。武学课程为《孙子》等兵书及骑射。武学毕业后,愿从军者经过殿试可任命为将领。

此外,尚有律学、医学、算学、画学等专科学校,其中,律学建于熙宁六年(1073),专业分为律令大义、断案、大义兼断案三科。医学最初称太医局,建

---

① 《梦粱录》卷一五《学校》。

② 同上。

于熙宁九年(1076)。南宋重建于绍兴二十六年(1156)。学生限额为300人,设有方脉、针科、疡科3个专业。医学的高班上舍生和部分内舍生可为其他学校的学生治病。算学始建于北宋崇宁三年(1104)。生员限额210人,学习天文、历算。书学建于崇宁三年(1104),学习篆、隶、草三本及文化课。大观四年(1110)将书学并入翰林书艺局。画学与书学同时存在,同时停办。画学中分为佛道、山水、人物、鸟兽、花竹、屋木6个专业,除学绘画外,还辅以文化课。

以太学为代表的中央官学主要学习《诗》、《书》、《易》、《礼》、《春秋》、《论语》、《孟子》等,是为统治者培养统治人才的最高学府。而府、县学则与太学属同类性质。专科学校是为培养专门人才而设的学校。如画学,可以称得上是世界最早的官办美术学院。

这时学校放宽了生员的出身等第,不限于贵族、高官,逐渐向庶民子弟开放。学校教育加入了实习的科目,如武学、医学均设有实习课。同时专科学校发展,重视专门人才的培养。这些在中国古代教育史上具有重要意义,促进了教育的发展。宋代比唐代的教育在制度上也有所发展,自熙宁四年(1071)起陆续增设地方上主管教育的官员。从中央至地方增加教育经费,增加了武学、画学两类专科学校。

民间教育在南宋时期也有较大发展,“都城内外自有文武两学,宗学、京学、县学之外,其余乡校、家塾、舍馆、书会每一里巷须一二所,玄诵之声往往相闻”,体现了民间教育的兴盛。书院,在唐代有过“丽正殿书院”,后改为“集贤殿书院”,但这里只是藏书和修书的机构。作为教育人才的书院始见于南唐升元四年(940)建的白鹿洞学馆,至北宋便有了闻名的岳麓、嵩阳、白鹿洞、睢阳书院,当时这些书院是不列入国家学制的教育机构,只是一种补充的教育资源。

乡校、家塾是民间教育蒙童之学的主要场所,书院的教学内容以理学为主,是随着理学的兴盛而发展的。南宋讲学之风兴盛,“奉以一人为师,聚律数百,其师既殁,诸弟子群居不散,讨论绪余……遂遵其学馆为书院”。南宋时书院的数量猛增,大小书院至少有几十所。大型书院则是著名理学家各个学派阐述自己学术思想的场所,“今长沙之岳麓,衡阳之石鼓,武夷之精舍,星渚之白鹿,群居丽泽,服膺古训,皆足以佐学校之不及”①。当时朱学(朱熹)以格物致知见长,陆学(陆九渊)以明心取胜,吕学(吕祖谦)则兼取其长。

宋代书院掌教者称为“山长”或“洞主”,它们可能是某一学派的有威望的学者,不受官府控制。书院的讲学方式仿效禅林,选址也多模仿禅林,选在风景名胜所在的山林之间,如岳麓书院选在岳麓山黄抱洞下,其地森林繁茂,流泉潺潺;象山书院在象山;武夷精舍在武夷山。也有一些书院设在城市中,如建康明道书院,建在“学宫西北”。另外,除了宣讲理学之外,南宋时期也有讲心性之学、事功之学的书院。

二、南宋教育建筑的形制及实例

(一) 宋代学宫建筑的构成

1. 祭奠先圣先师的“庙”

这是中国封建时期的学校中所特有的建筑。唐太宗贞观四年(630)诏各州、县学皆立孔子庙,是为学宫中普遍立庙的先声,把孔子作为主要的祭奠者。宋代,在“庙”中不但要祭孔子及其弟子,同时,并为一些对教育事业或办学的有功之儒学家修筑祠堂,加以释奠。宋代学宫中的“庙”,一般设有大成殿、大成门、廊庑、先贤祠等。大成殿内设孔子像,殿前东、西庑或东、西廊有七十二贤人像。先贤祠有的设在大成殿两侧的院落中,有的位于东、西庑。例如在平江府学中就曾有纪念陆贽、范仲淹、范纯仁、胡瑗、朱长文的“五贤堂”,位于讲堂之左。又如《嘉定赤城志》载,其庙学内有思贤堂、三老堂、颂喜堂等纪念先贤的建筑,位于明道堂(讲堂)以东。赤城州学中也有思贤堂、三老堂、颂喜堂,此外还有四先生祠,祀周濂溪、程颢、程颐、朱熹。文献记载中设有先贤祠的还有建康府学、临安府学、仁和县学等。

武学中释奠的不再是文人而是武将,临安府学中有武成王殿,奉姜太公为昭列武成王。医学中则奉祀医师神应王,设有神应大殿。

---

① (宋)袁燮:《絜斋集》卷一〇《东湖书院记》,文渊阁《四库全书》本。

2. 存放皇帝诏书、御礼、御札的建筑

凡受过皇帝恩典的学校，皆有这类建筑，例如临安太学设有首善阁，临安宗学和府学中皆设有御书阁。平江府学的御书阁为淳熙十四年(1187)建，其前身为六经阁，该阁"临泮池，构层屋……作楹十有六，栋三，架霤八、桷三百八十有四，二户六牖，梯衡窠棁、圬墁陶甓称是"①。六经阁毁于兵火，"淳熙十四年，郡守赵彦操即六经阁旧址为之，以奉高宗皇帝所赐御书"②。御书阁"度为三楹两翼，三其檐。为高六十尺，为广七十有五尺"。由此可知，此阁的平面宽约25米，高约20米，三层，七开间，规模宏大，"若飞从天外，行人骇观，凝立如植"③。另有建康府学的御书阁，高6丈3尺(约21米)，纵广5丈4尺(约18米)，横广6丈(约22米)，也具有相当规模。据《景定建康志》载《府学之图》可知，御书阁为两层，七开间，楼下为议道堂，九开间(图6-1)。

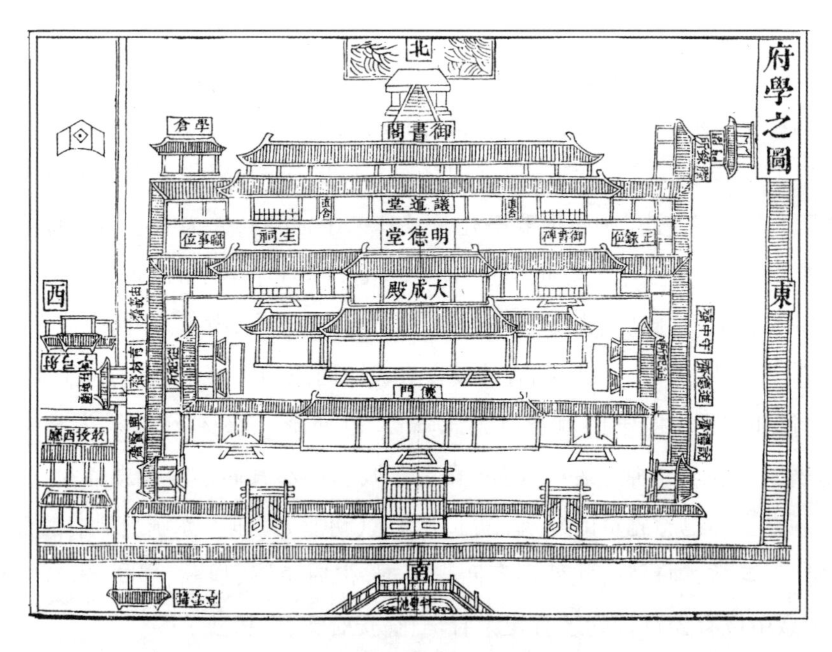

图6-1 建康《府学之图》

① (宋)郑虎臣编:《吴都文粹》卷一张伯玉《六经阁记》，文渊阁《四库全书》本。
② (宋)范成大:《吴郡志》卷四《学校》，文渊阁《四库全书》本。
③ 《吴都文粹》卷一洪迈《御书阁记》，文渊阁《四库全书》本。

3. 讲堂及学校办公厅堂

讲堂是学校中最核心的建筑,但数量随学校规模而定,少的只有一座,多的如东京太学建讲书堂四。临安太学有崇化堂、光尧石经之阁。皇帝巡视太学时曾在崇化堂接见太学师生,礼仪之后讲官开始“讲读经义”。太学中的教职员办公室位于崇化堂两侧。临安宗学中属讲堂类的有明伦堂、立教堂、汲古堂等。临安医学讲堂为正纪堂。临安府学讲堂为养源堂。建康府学讲堂有明德堂、议道堂,堂的两侧有办公室,教授厅设在府学西围墙之外。赤城庙学讲堂为明道堂。

4. 斋舍

即生员宿舍。各校斋舍多少不等,大的学校如太学可达二十斋。府学、县学只有斋舍五六幢,斋舍多布置在释奠及讲堂区两侧。例如建康府学有东、西序各三斋,东序三斋名说礼、进德、守中;西序三斋名由义、育材、兴贤。临安太学的二十斋分三期建成,“斋各有楼,揭(皆)题名于东西壁,厅之左右为东西序,对列位次……”①,每斋均有高雅的名称,如守约、养正、持志、节性、循理、务本、笃信……多含有培育人的品德情操之意。从文字上推想,每斋呈一小型三合院,主房下为厅,上为楼,厅之左右为东、西序,有的斋还有小亭,例如观化斋,内即有“伦魁、宰辅二亭”,东、西序名桂台、拱奎。笃信斋则有“状元、宰相二亭”,东、西序名龙斗、桂台。临安武学有斋舍六幢,其名为受成、贵谋、辅文、中吉、经远、阅礼。含义与培养武将的目的相结合,别有一番情趣。

5. 射圃

供学生习射箭或从事其他体育训练的场地。临安太学和建康府学皆有射圃。

6. 学校后勤事务用房

包括“学仓”、“直房”、“仓廪”之类的建筑,多位于庙或学的两侧或后部。

---

① 《咸淳临安志》卷一一《行在所录》、《学校》。

（二）太学、府、县学之布局

学校的总体布局由于"庙"与"学"的位置不同，可分成三种类型：

1. 前庙后学

释奠部分与讲堂、藏书楼等由一条中轴线贯穿，其左右可布置斋舍，典型的例子为建康府学。

建康府学即今南京夫子庙的前身，作为府学的始建年代为北宋天圣七年(1029)，但不在今址，景祐中才迁徙至此，建炎兵毁后，至绍兴九年(1139)重建。"为屋百二十有五间，南向以面秦淮，增斥讲肄，列置斋庐，高明爽垲，固有加于前，不侈不陋，下及庖圃，罔不毕具。"建康府学空间层次多，序列丰富，最南有半壁池，池成半圆形，以栏杆环绕，池北为一条东西向道路，路南有三座门，皆为乌头门形制，称前三门，相当于后世所称的棂星门。门内为一狭长院落，院内正中有仪门，五开间，单檐顶，仪门两侧还有两座小门，与从礼祀所连成曲尺形建筑。仪门内为大成殿，殿作三开间重檐顶，并带左右两挟屋。大成殿后即进入"学"的部分，有单层的明德堂和两层的御书阁，阁的下层称为议道堂，作为师生集会讲论场所，阁北还有一台。在这条中轴线上，前后共四进院落，大成殿两侧为生员斋舍及办公室，东序有说明、进德、守中三斋，西序有兴贤、育材、由义三斋，议道堂两侧有正录、职事等办公用房，此外还有学仓、公厨、客位等附属用房置于学堂四周。教授厅在西围墙外，其后为射圃，建有射弓亭及射靶。

2. 庙学并列

庙学并列的例子很多，又有左庙右学和右庙左学之区别。

右庙左学者有临安太学、府学、仁和县学、赤城府学、嘉定学宫等。临安太学于绍兴十三年(1143)就岳飞故宅建学，据《梦粱录》载："学之西偏建大成殿，殿门外立二十四戟，大成殿以奉至圣文宣王，十哲配享。两庑彩绘七十二贤，前朝公卿诸像皆从祀。"①据此可知，西侧为庙，中部为学；太学中有

① 《梦粱录》卷一五《学校》。

“崇化堂(讲堂),首善阁,光尧石经之阁”,“崇化堂之后东西为祭酒、司业位两庑”①。太学的生员斋舍在东侧,射圃在后部。右庙左学的例子还有临安府学。

另有仁和县学,先于绍兴三年(1133)建庙,至嘉定五年(1212)筑屋庙左为学。赤城府学,康定二年(1041)即庙建学,景祐二年(1035)庙徙东城,后建学于庙东。嘉定县学宫,创于南宋嘉定二十年(1219),庙西学东,庙中有大成殿、戟门,学宫有明伦堂及四斋,并于淳祐十年(1250)年开凿泮池。

平江府学为右庙左学的代表(图6-2)。景祐三年(1036)范仲淹守乡郡时,“奏请立学,得南园之巽隅,以定其址”。五十三年以后至“元祐四年(1089)……复得南园隙地,广其垣……绍兴十一年(1141)建大成殿,绍兴十五年(1145)……(建)讲堂,辟斋舍,乾道九年(1173)……造直庐,淳熙二年(1175)……(建)仰高、采芹二亭,十六年(1189)建御书阁、五贤堂在讲堂左”②。从选址至建成,前后历经一百五十三载。平江府学总体布局是“广殿在左,公堂在右,前有泮池,旁有斋室……为屋总百有五十楹”③。平江府学中孔庙建置有大成殿、东西庑、大成门、棂星门,门前临通

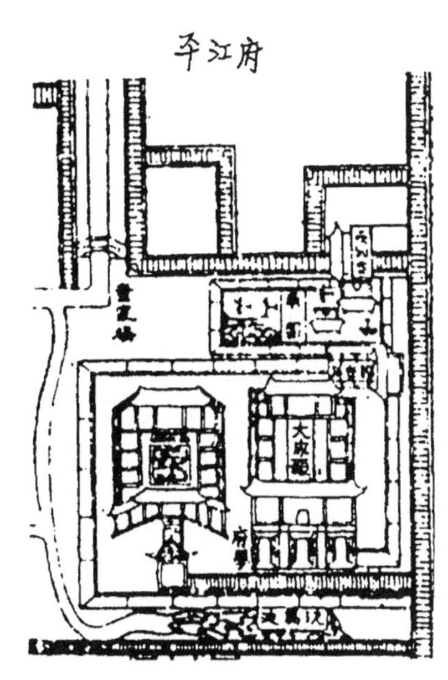

图6-2 平江府学

衢,衢南侧有洗马池。学宫建置以讲堂为核心,堂前有泮池。六经阁“直公堂之南,临泮池,构层屋”④,后毁于兵,因其址建御书阁,高七十尺,广七十五尺,三层。教授厅在大成殿北。以上记载与《平江图碑》所刻建筑有所不

① 《咸淳临安志》卷一一《行在所录》、《学校》。
② 《吴都文粹》卷一朱长文《学校记》。
③ 同上。
④ 《吴都文粹》卷一张伯玉《六经阁记》。

同，图碑中未见御书阁，学宫前仅刻有一亭，而不见采芹、仰高两亭。而泮池在学宫中部这一特点图文相符，且也成为诸多学宫中最有特色之处。一般学宫泮池位于庙前，在大成门内或外。平江府学将御书阁放置于泮池之南侧，也颇具特色。

（三）书院

宋代书院实物未能保存下来，《景定建康志》所载“明道书院图”成为这一时期书院布局的珍贵史料（图 6－3）。从图中可看出，该建筑群分成前、后两组，这组书院不像学宫那样有一套程序化的建筑模式。前面设重门，大门、中门各三间。随之为祠堂，居于院落中部，为“河南伯程纯公之祠”，是纪念书院创办人程明道的祠，三开间，广四丈，深三丈。院落东西各有十五间廊子。祠堂之后即春风堂，两层楼，楼下七开间，广十丈，深五丈，是一座讲堂，中设讲座，四围设听讲位。春风堂楼上为御书阁，五开间，广八丈，深四丈五尺，室内环列经籍。

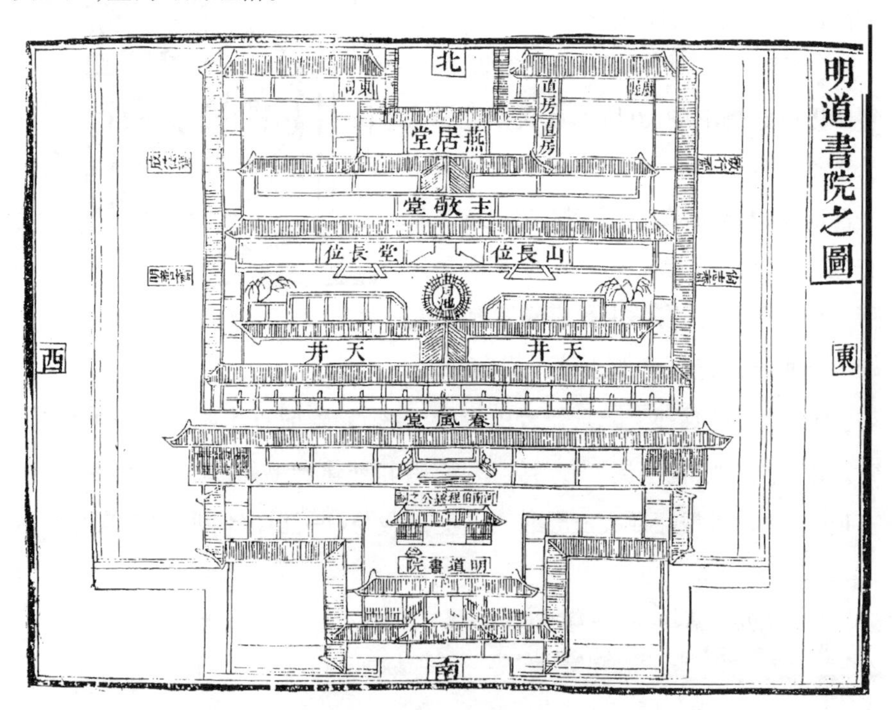

图 6－3　建康《明道书院》

后面一组院落中的主要建筑有主敬堂、燕居堂、山长堂长的办公室、生员斋舍以及仓储服务性建筑。主敬堂，三开间，广三丈八尺，深二丈三尺，是会食、会茶的场所。其前的庭院有“庭中荷池。前植三槐”①。书院山长、堂长的办公室，设在主敬堂左、右。书院祭祀先圣、先贤神位的殿堂——燕居堂，位于主敬堂之后，六座斋舍有四座设在主敬堂前院落的东、西序位置，有两座后续添在春风堂前。据《景定建康志》卷二十九载，六座斋舍名称及位置如下：尚志斋，三间，在主敬堂前，东序之南；明善斋，三间，在主敬堂前西序之南；敏行斋，三间，在主敬堂前东序之北；成德斋，三间，在主敬堂前西序之北；省自堂，在春风堂前之左，系续添；养心斋，在春风堂前之右，系续添。其他附属用房，如公厨、米敖、钱库、直房等也都分别设在每进院落两侧的建筑中。另外书院之西设有蔬园。这座书院规模不大，建筑形制更接近民居。

（四）贡院

贡院是举行科举考试的建筑，唐以前考试分成乡试、省试两级，宋以后则有了礼部举行的国家级考试，同时还有州试、府试、乡试等。宋初由于“兵兴，百事卤莽，有司不暇治屋庐以待进士，始夺浮图黄冠之居而寓焉”②。北宋礼部贡院则在东京开宝寺，到了南宋临安便有专门的贡院建筑。据载，临安“礼部贡院，在观桥西……贡院置大、中门，大门里置弥封誊录所及诸司官，中门内两廊各千余间，廊屋为士子试处。厅之两厢列进士题名石刻，堂上列省试赐诸贡举御札，及殿试赐详定官御札，并闻喜宴赐进士御诗石刻”③。此外还有临安府贡院和两浙转运司贡院，都是两浙人士举行考试的场所。

《景定建康志》所载《重建贡院之图》可以了解宋代贡院建筑的主要特点（图6－4）。该建筑中部一区有大门、中门、工字殿形式的正厅、衡鉴堂等，左右两侧在中门与正厅之间的院落两旁皆为考生试场，前部及后部为官吏办公室及吏舍。考生试场后世称号房，每座号房采用天井院形式，若干组

① 《景定建康志》卷二九《儒学志·建明道书院》，文渊阁《四库全书》本。
② 《景定建康志》卷三二《儒学志》五。
③ 《梦粱录》卷一五《贡院》。

天井院连成一片。每逢考试之日，大门和中门都设监官，严禁出入。门外还有吏胥巡视。考生入大门不得挟带书籍。考试完毕由封弥官亲自封入卷匮，故在大门和中门东侧设有封弥所。启封后分发批卷评分，然后发榜。礼部贡院规模比建康府贡院要大得多，建康府贡院只不过一百多间房屋，而礼部贡院在中门和正厅之间设有一千余间考试试场，可以想象当时的场面该有多么宏大。

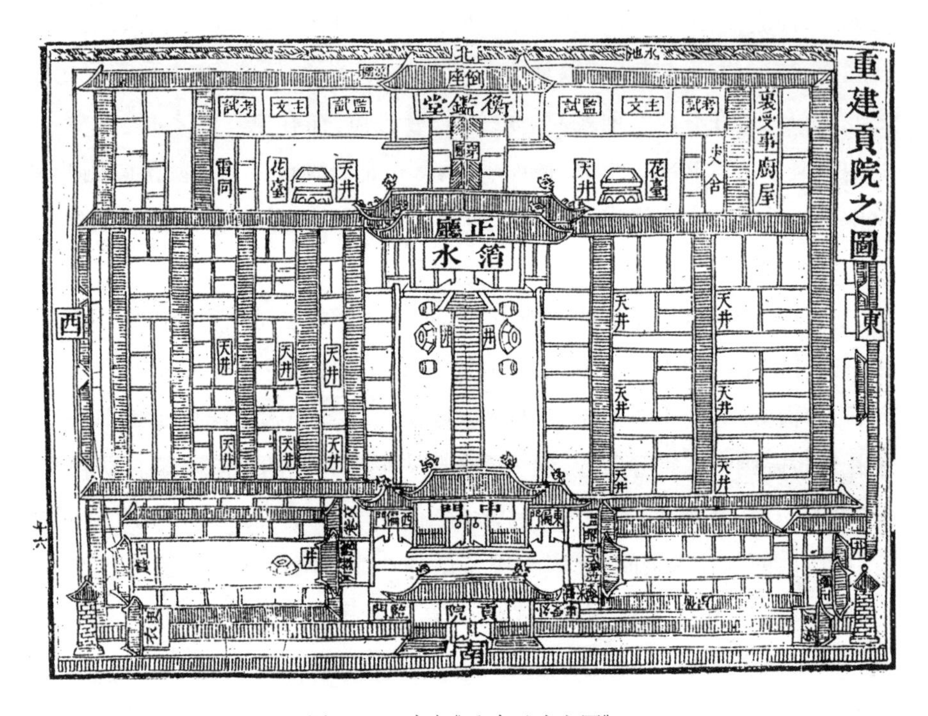

图 6－4　建康《重建贡院之图》

考场建筑除贡院以外，还建有别试所，为接纳考试官员子弟亲朋应试的建筑。

第七章　居住与市井建筑

第一节　居住建筑

一、居住建筑发展的历史背景

中国古代的居住建筑，在宋代经济发达区域已达到封建时代的较高水平。宋代住宅不仅在个体建筑技术方面日趋完备，而且对建筑人文精神的追求表现得尤为突出。在官颁文书中明确规定了建筑的等级，如《宋史·舆服志》载，住宅之称谓，“执政亲王曰府，余官曰宅，庶民曰家”。在建筑配置上，对于各类住宅均有的“门”，首先不是考虑使用功能的需要，而是着眼于礼制功能的差别：“诸道府公门得施戟，若私门，则爵位穹显，经恩赐者，许之……六品以上宅舍许作乌头门，父祖舍宅有者，子孙许仍之。”对于建筑的装修、色彩、斗栱的使用则规定：“凡庶民家不得施重栱藻井，及五色文采为饰，仍不得四铺飞檐。”在建筑规模体量上也加以控制，即“庶人舍屋许五架门一间，两厦而已”①。宋代按稽古定制还规定：“一凡屋舍，非邸殿楼阁临街市之处，毋得为四铺作闹斗八，非品官不得起门屋，非宫室奇观不得彩画栋宇，及朱黔漆梁柱、窗扇、雕镂柱础。”②这些似乎束缚了住宅一类建筑的

---

① 《宋史》卷一五四《舆服六》。
② 《宋史》卷一五三《舆服五》。

发展,但仅仅在城市中它表现着一种法律的权威性,而在一些文化发达的农村,却屡见冲破这种等级制束缚,反映了当时人们对“文运”、“科甲”充满美好憧憬,对子孙后代寄予无限希望的住居设计思想,如村落的规划突出“文化”,注重“伦理教化”,同时也渗入对风水的附和,且将风水的吉、凶以文运发达与否作为衡量标准。

当时有相当多的村落仍然是血缘村落,全村皆同姓。聚族而居是这一时期农村住宅的特点,并被传为美谈。这正是中国的伦理型文化使然。

二、宋代村落规划

(一) 村落选址

浙江永嘉的楠溪江中游有一批村落,在唐末至南宋期间村民因逃避战乱等来到楠溪江,由于这里气候温和,土地肥沃,水路通达,交通条件便利,于是居住下来,逐渐繁衍生息,形成村落(图7-1)。这些村落从其现存的家谱及《永嘉县志》所载相关史料判断,始建于五代的有苍坡村,始建于北宋的有芙蓉村、鹤阳村、廊下村、渠口村,始建于南宋的有豫章村、溪口村、蓬溪村、塘湾村、岩头村。其中的苍坡、芙蓉、溪口村为避五代末南闽之乱而来自福建,豫章村是随宋室南渡经江西而来,也有浙江名门谢灵运之后所建的村子如鹤阳村。楠溪江是一条大体呈南北走向的河流,水流自北而南,曲曲折折伸出若干支流。这批宋村大多在楠溪江西侧支流一旁,临支流的村子中水多呈东西走向,村子处于这些支流的河谷之中,有较多的平地可供耕耘,为居住者提供了生活的物质条件。四周山上林木苍郁而偶露岩石,这些树木、石头,为建设房屋提供了建筑材料。

唐宋之际风水堪舆术的兴盛,促使人们以风水择吉作为村落选址的依据,楠溪江的一些村落也多如此。例如建于宋天禧年间(1017—1021)的芙蓉村,村南有楠溪江支流流过,村北有三个山峰,状如芙蓉,被称为芙蓉三岩,又称纱帽岩。南宋时,曾在村中辟芙蓉池,池中建芙蓉亭,并以此为中心布置村中的建筑。这个村的形势被风水师们称为“前横腰带水,后枕纱帽岩,三龙捧珠,四水归心”的格局。在南宋时,这个村子曾出了十八位高级朝

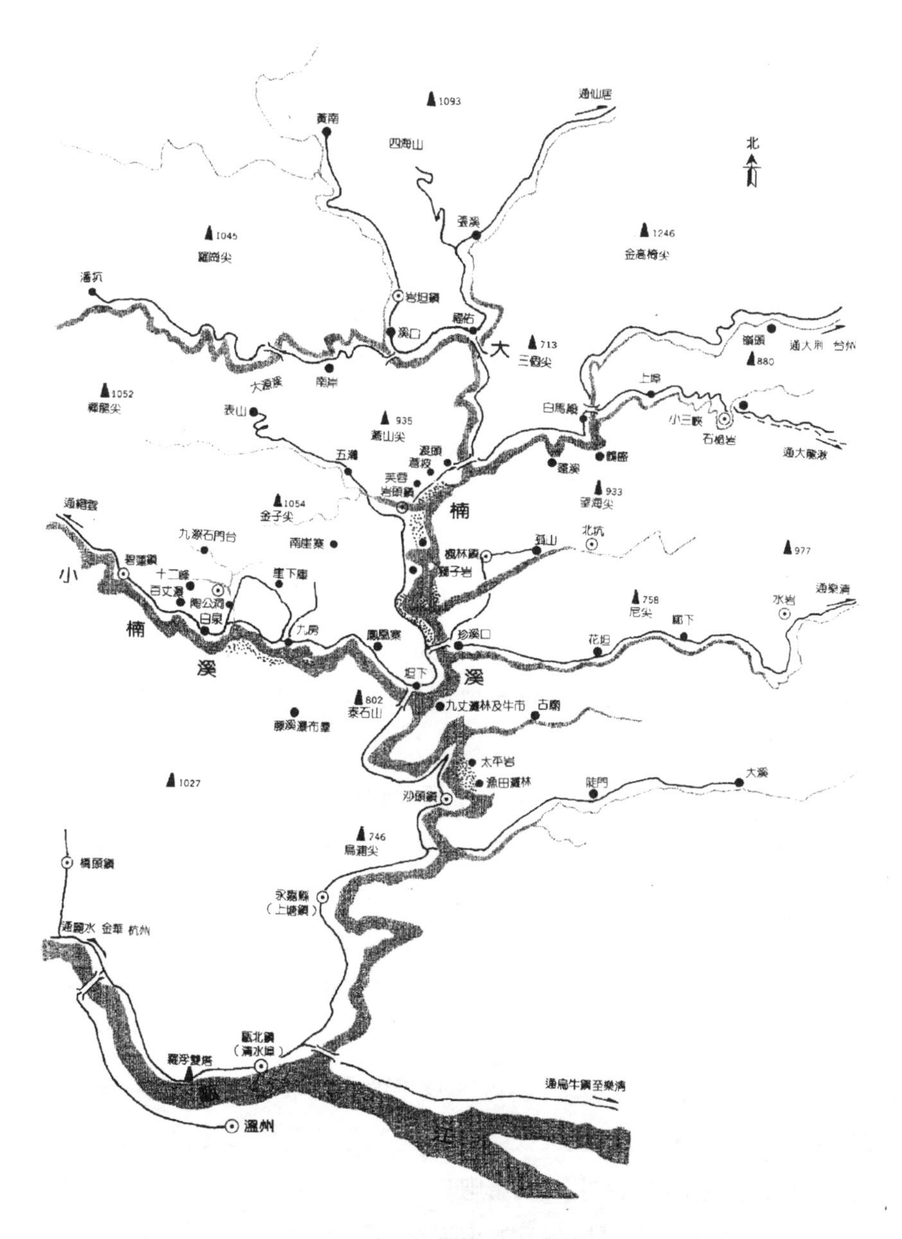

图 7-1　浙江楠溪江中游村落分布图

官，被誉为十八金带，人才辈出的原因被归结为村子风水好。至今在村中的陈氏大宗祠中还保留着一幅楹联，上联是“地枕三崖，崖吐名花明昭万古”，下联是“门临象水，水生秀气荣荫千秋”。这成为该村讲究风水的明证。遗憾的是芙蓉村在元代曾被毁,元末明初复建,未能留下宋代个体建筑遗物。

楠溪江中游的村子处在河流弯曲之处,即风水术中所谓腰带水格局者,还有建于北宋的鹤阳村、方巷村、豫章村、花坛村、廊下村等。

另外,北宋建村的渠口村选址正如形法派堪舆家所推崇的风水吉地模式,后有霁山为祖山,前有虎屿山为案山,东有雷峰、西有凤山左辅右弼,小南溪自虎屿之南流过,溪水之南更有前山以为朝山。当然,在楠溪江也有些村子处于不利的风水格局之下,但通过人为的改造自然,如开池挖沟,使之逢凶化吉,以满足人们的心理需求。楠溪江的这些村落虽然讲究风水,但却很少按照宋代官方所推崇的"五音姓利"之说来选宅居地形,甚至有些与官编《地理新书》所规定的禁忌相违,这反映了风水术流行的地域差别。

在选址中对山水环境的重视,是这些宋代村落的重要特色之一。许多村子都是由于所在环境优美,引来村民定居。早在南朝时期,梁人陶弘景在《答谢中书书》中曾描写过该地风光:"山川之美,古来共谈。高峰入去,清流见底,两岸石壁,五色交辉。青林翠竹,四时俱备。晓雾将歇,猿鸟乱鸣,夕日欲颓,沉鳞竞跃。实是欲界之仙都,自康乐以来,未复有能与其奇者。"①至乾隆《永嘉县志》中仍称楠溪江"山峰挺秀,洞水呈奇"。此地因而成为人们理想的居所。谢灵运的后裔"诜五公游楠溪,见鹤阳之胜,又自郡城迁居鹤阳"。塘湾、渠口等村的始祖也皆称是因"爱其山水之胜,遂家焉"。其中塘湾郑氏宗谱清楚地记载了始迁祖选址的事:"至基地,见夫奇峰突兀,怪石峥嵘,面临雷壁,背枕天岩。九峰围屏,共巽山而拱秀;双溪环带,合曲涧而流芬。福地琅环奚多让乎?"②这里的山山水水有如仙境一般令人神往,优美的环境陶冶着楠溪江人的情操,这里也成为宋代文化最发达的地区之一,想来它的山水也有几分功劳吧!

这些村落选址的另一特点,是考虑安全,便于隐藏。楠溪江的地理环境恰好具有这样的特点,正如《浙江通志》称"楠溪太平险要,扼绝江,绕郡城,

---

① (唐)欧阳询:《艺文类聚》卷三七《人部二一·隐逸下》,文渊阁《四库全书》本。
② (清)乾隆《永嘉县志》。

东与海会，斗山错立，寇不能入"①。自晚唐开始，因避乱来此建村者络绎不绝。在北宋时期所建的村子，不但处于天险奇峰的山水之间，而且还修了寨墙、寨门，防卫性很强。塘湾村最为典型，四面环山，仅北方敞开一个小口，在这里又有一条溪流成为出入村子的一道障碍，当年修栈道作为唯一的内外交通要道，其安全性可以想见。还有一些村子三面环山，另一面敞开，或修寨墙以为设防，或靠溪流以为阻隔，形成易守难攻的住居点。在当时的社会背景下，深受儒家"中和"思想影响的人们不愿变革，渴望天下永远太平。在南宋时曾任永嘉县尉的花坛村始迁祖操隐公来楠溪江定居，正是绝好的例证，据《珍川朱氏宗谱·始祖操隐翁朱公墓志》载，操隐公当年"见世荒乱，民多聚盗，弃官不仕。家于温（按：即温州）。初居城东北花柳塘。初欲隐，但目击理乱，关心竟不能释。再迁罗浮（在楠溪江下游），而大乱扣（?）城。对其子曰：此不足以隐吾迹矣！东观西望，乃定居于清通乡之珍川。其地山明水秀，禽鸟合鸣，林谷深邃，景物幽清。乃置功名于度外，付理乱于不闻"。

更有直呼为世外桃源者，如处在楠溪江向东延伸的支流珍溪上游的廊下村所处的地段，"山连雁荡，入径已觉清幽；地肖龙头，过岭方知奥旷。水环如带，可数游鳞；峰列为屏，时渡为鸟。桑麻菜其蔽野，枫梫馥乎盈山。仿佛乎桃源之幽隐，盘谷之窈深焉"。这些村民虽以之为世外桃源而自居，但他们并不脱离社会，而是亦耕亦读，通过科举步入仕途。前述芙蓉村之十八条金带，正是这里耕读生活所追求的目标。

村落选址从实用的角度考虑，选择依山傍水是必然的，在当时人们已经具备了"消防"意识，例如被列为世界遗产的安徽宏村，其始迁祖汪仁雅正是出于防火的目的而迁至宏村，据《弘邨汪氏家谱·宋始迁弘邨祖彦济公原序》载汪氏原居安徽歙县，在金陵经商，因遭火灾被迫而归，途经黟县北，寓居祈墅，未料遭"土贼剽掠，祈墅同居三百余家，一焫而尽"，不得不迁徙。"南宋绍兴间（1131—1162），雷岗一带山场，属戴氏产，幽谷茂林，蹊径茅塞，无所谓私邨。仁雅公遗命购求宅基几亩于雷岗之阳，卜筑数椽，旋竖楼

① 《浙江通志》卷二二《形胜·永嘉县》。

屋,原计十有三间,今呼十三间楼,其旧址也。取扩而成大之象,故美其名曰弘邨。”“邨之正中,有天然一窟,冬夏泉涌不竭,曰此宅基洗心也,宜扩之,以潴内阳水,而镇朝山丙丁之火。”弘邨在乾隆年间因避“弘历”而改称“宏村”。

（二）村落规划

在楠溪江的这批“宋村”之中,规划思想最为突出的特点是将村民的生活功能与伦理教化功能融为一体,将风水之吉凶祸福与对文运发达的期盼结合起来。在宋代的村落规划建设活动最有代表性的、有据可依的是苍坡村①(图 7－2)。

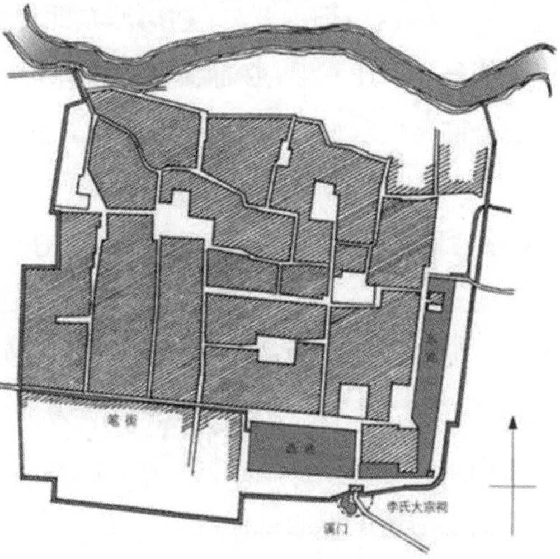

图 7－2　楠溪江苍波村平面

苍坡村的村民“李氏”于后周显德二年(955)来到楠溪江,与当地一女子结婚,在河边田间建起第一座住屋。经过一段时间的自由发展,出现了三个条形的区块,每一条代表李氏的一房。到了宋至和二年(1055),在村子的东南部建起了李氏大宗,使村子有了公共活动场所,同时也是伦理教化的场所,成为维系血缘村落永不解体的纽带。正如司马光所言:“圣人教之以礼,

① 有关浙江楠溪江村落资料,引自陈志华、楼庆西、李秋香《楠溪江乡土建筑》,台湾汉声杂志社 1991 年出版。

图7－3　楠溪江苍波村望兄亭(此亭为后世改建)

使人知父子、兄弟之亲,人之爱斯,则知爱其兄弟矣,爱其祖,则知爱其宗族矣。”①过了七十余年,七世祖李嘉木于南宋建炎二年(1128)在村子的东南角建起了一座亭子,名为望兄亭,因其兄长李秋山迁往东南部一公里以外的方巷村,李嘉木建亭以表对兄长的思念之情(图7－3);与此同时,李秋山在自己的方巷村边也建起了一座送弟阁,以表兄弟手足之情(图7－4)。后来八祖李邗(霞溪)为悼念征辽阵亡(亡于宋宣和二年,1120)之兄李邦(锦溪),在村子的东北部建起一组纪念馆。李邗本于徽宗朝任迪功郎,后因兄亡,痛而退隐还乡,即“卜筑林塘扁湖之西,曰肖堂,湖之东,曰水月堂,寄兴伤咏,以终老焉”。村子中的这几处公共建筑尽管采用的形式不同,有祠堂,有亭阁、厅堂,但其中心思想都是借建筑来表达怀念祖宗、兄弟的亲情。这正是伦理文化影响下的血缘村落规划不可缺少的内容。

图7－4　楠溪江方巷村送弟阁(此亭为后世改建)

到了南宋淳熙五年(1178),九世祖李嵩请国师李自实进行了一次全面的

① (宋)司马光:《家范》卷一,文渊阁《四库全书》本。

规划，确定了寨墙、池塘、水渠、街道的位置。这次规划以当时流行的风水之术为依托，从村落与周围环境的关系入手来确定村子道路、池塘的位置。如村西侧有一三峰突起的小山，被看成“火”的象征。而按后天八卦配五行，西部本应为“金”才吉利，这里变成火，有了过盛的火则需利用水去克火，于是在村子的东南部，开凿西湖，使北部的山倒映其中。这个号称西湖的池塘呈长方形，南北只有35米宽，东西80米长。于湖南侧筑坝蓄水，这条坝同时又充当村子南部的寨墙。在西湖的北侧规划了一条东西向的长街，东端经李氏大宗门前通村子的另一水池——东湖，即水月堂前之湖。街的西端直指西部的山，并将这条街命名为笔街，而西山可看成为“笔架”，在笔街上作一台，以条石围合，称为砚台，砚台两旁各搁置一块大石条，长4.5米，宽0.5米，厚0.3米，并将一头打斜，状如磨过的“墨锭”。而全村被喻为一张纸，苍坡村的规划便以文房四宝——纸、墨、笔、砚来寓意，将本来不吉的火焰山转意为笔架山，西湖又可被看成墨池，于是形成了“文笔蘸墨”的新格局，用以激励子孙后代奋发读书，走“学而优则仕”的道路，夺取功名以光宗耀祖。国师李自实在寨门上的题联“四壁青山藏虎豹，双池碧水储蛟龙”道出了其规划的理想。苍坡村规划所反映的思想与宋代以文取仕、以文治国的政策有密切关系(图7-5)。

图7-5 楠溪江苍波村砚池及笔架山现状

在苍坡村南部，位于小南溪南岸的豫章村，南宋建村时也有类似的规划。村子呈西北、东南方向的长条状，在村的西南部有座山，称为笔尖山，村前挖有“砚池”，正好使笔尖山倒映其中，也被称之为“文笔蘸墨”。后来，这个村中出了“一门、三代、五进士”，更被认为是风水好的结果。这种“文笔峰”、“墨沼”是当时规划思想中流行的一种模式，在蓬溪村也曾见到。

苍坡村的街道以笔街为主干道，呈鱼骨形向南、北伸展。南边的次街很短便抵寨墙，北边的次街向北伸展后中间又穿插横街，形成不规则的网络，街道的一侧便是水渠。这些水渠流经住宅的侧面或后面，为居民用水提供了方便。

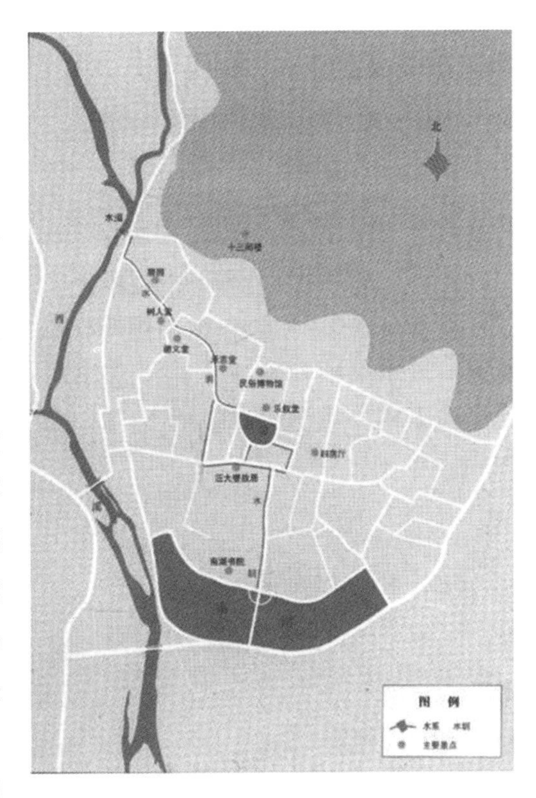

图 7 - 6a　安徽宏村水系平面图

苍坡村的规划于李嵩在世时便开始实施，李嵩去世后其夫人梲溪刘氏继续完成，在宋朝已实现。目前所见的个体建筑虽已为后世更替，但现状仍能基本保存宋时规划面貌，是极珍贵的古代村落规划遗存。

安徽宏村继承始迁祖的遗愿，明初汪思齐请风水师提出了规划理念："引西溪以凿圳，绕郇屋其长川，沟形九曲，流经十湾，坎水横注丙地，午曜前吐土官。自东而西，水涤肺腑，共夸锦绣蹁跹，乃左乃右，峰倒池塘，定主甲科延绵，万亿子孙，千家火烟，于兹肯构，永乐升平。"①于是付诸实施："出储万余金，凿圳数百丈，引西来之水，南转东出，尔于三曲处沦小浦，又分注西入天然窟。窟之四畔……浚而大之，形如半月，环绕祠前，而月沼之名号立，月沼之规模成。"②至今西溪、月沼仍保存完好。宏村的规划及实施虽在明初，但南宋的选址及始迁祖的防火观念正是其规划的基础（图 7 - 6a、6b）。

---

① 汪纯粹纂修：《弘郇汪氏家谱》乾隆十三年刻本。转引自李俊《徽州古民居探幽》，上海科技出版社 2003 年出版，第 31 页。

② 同上。

图7-6b 宏村月沼

三、宋代住宅

南宋时期的住宅实物未有遗存，我们只能依据文献的记载对其有所了解。总体来看，当时的住宅在伦理型文化的影响下，不得不带有等级的差异，《宋史·舆服志》做了一系列的具体规定。住宅总体规模按等级也各有不同，合院式住宅可以有单进、两进或多进。另有小型者，构不成合院，仅一两幢房屋而已。城市中的大型住宅往往带有小园林，在用地紧张的繁华地段仍能闹中取静，享受独特的人工山水环境。

(一) 城市型住宅

城市中的住宅遍布于全城的坊巷之中，一些高等级的皇亲国戚的住宅，打破了前朝集中安置的规矩，也都分散在不同的坊巷。据《梦粱录》载："昭慈圣献孟太后宅在后市街，显仁韦太后宅在荐桥东，宪节邢皇后宅在荐桥南，宪圣慈烈吴太后宅在州桥东，成穆郭皇后宅在佑圣观后，成恭夏皇后宅在丰乐桥北，成肃谢皇后宅在丰禾坊南，慈懿孝皇后宅在后市街，恭淑韩皇后宅在军将桥，恭圣仁烈杨太后宅在漾沙坑，寿和圣福谢太后宅在龙翔宫侧，全皇后宅在丰禾坊南。"①这些处在坊巷中的住宅，只能以其规模——前

---

① 《梦粱录》卷一〇《后戚府》。

后有几进院落,左右有无并列的院落,或是装修豪华等级,来显示等第、身份,如品官可以“起门屋”,即建造起码有三开间的建筑物作为建筑群的大门,舍人则只能建一开间两坡顶的小门。一些宋代绘画如《文姬归汉图》、《中兴祯应图》、《江山秋色图》、《四景山水图》、《千里江山图》以及《平江府城图碑 · 子城图》等(图 7 - 7、8、9),成为宋代住宅的极珍贵的形象资料。当然每一幅画所绘的内容,均带有画家的主观想象和取舍,与实际不能等同,但它毕竟是社会客观存在的反映,在无一例宋代住宅实例的情况下,笔者姑且以此为参照,对其形制作一探讨。

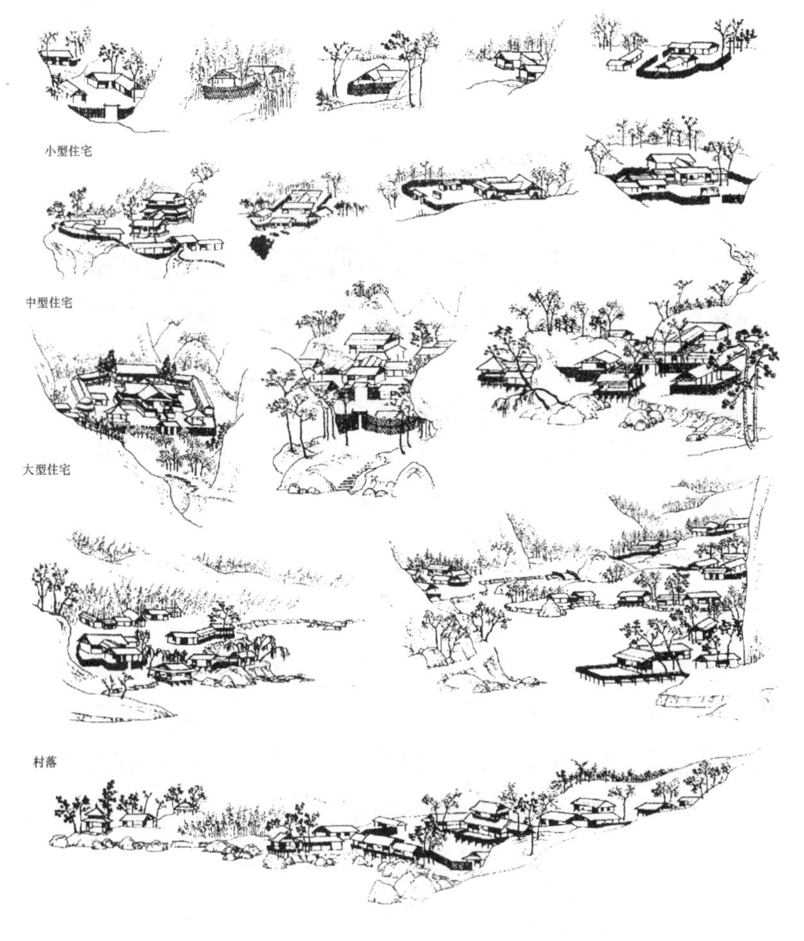

图 7 - 7　(宋)王希孟《千里江山图》中所绘宋代住宅

图7－8 刘松年《四景山水图》中的住宅之一

图7－9 刘松年《四景山水图》中的住宅之二

在宋画中可看出住宅明显的等第差别，其中城市型的品官住宅大都采用多进院落式，有独立的门屋，主要厅堂与门屋间形成轴线，建筑物使用斗栱、月梁、瓦屋面，住宅后部带有园林。例如平江府城图碑中，子城前部为府治，后部自“宅堂”以后为住宅，中轴线上设有工字厅，左右分置东、西斋。再后为花园，有生云轩、瞻仪堂、坐啸亭、四昭亭、秀野亭、逍遥阁、曲廊等园林建筑。工字厅后并有水池作为居住空间与游赏空间的过渡（图7－10）。也有将住宅置于官署一侧者，如《景定建康志》府廨之图所绘（图7－11），住宅即在官署以东，主要厅堂有锦绣堂、忠勤楼、嫁梅阁等。

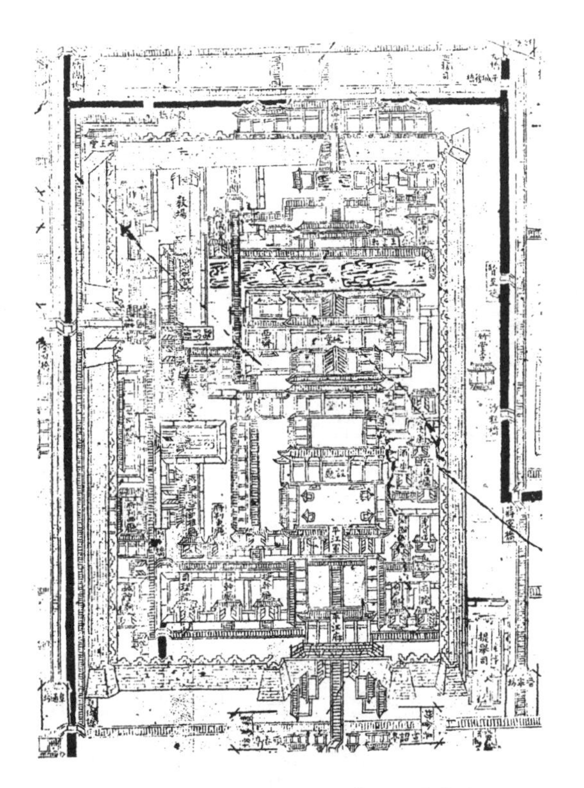

图7-10　平江府"子城"中的品官住宅

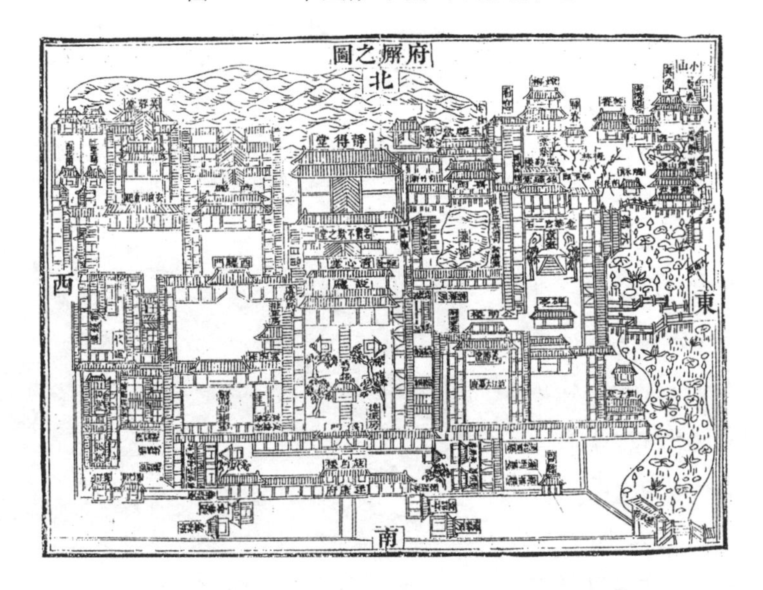

图7-11　《景定建康志》之《府廨之图》中的品官住宅

图7－12 宋画《文姬归汉图》中的住宅

《文姬归汉图》所绘之住宅前半部分(图7－12),临街有门屋一座,入门后有一影壁,绕过影壁才可见到主要厅堂及两厢房屋,这进院落并有廊屋三面环绕。此画对建筑结构交代得尤其清楚,主要厅堂三间,采用八架椽屋、抬梁式构架。门屋三间,采用四架椽屋、前后乳栿分心用三柱式构架。所有建筑皆作悬山顶、瓦屋面、月梁,并使用了斗栱。建筑的台基高低表现出建筑等第的差别,主要厅堂较高,从其踏道步数推测,基高约2.5尺,厢房台基降低,门屋台基高度介于正厅与厢房之间,并采用断砌造,以通车马。

《桐荫玩月图》所绘为一座住宅朝向庭院的小厅(图7－13),建筑带有斗栱,等级较高,可通往后部楼房和两侧的廊庑。

图7－13 宋画《桐荫玩月图》中的住宅

（二）郊野农舍

与品官住宅形成对比的是郊野农舍,在王希孟《千里江山图》和张择端《清明上河图》中均可看到规模大小不一的郊野农舍,小者三五间,大者十数间,皆呈院落型。宅院无论大小,皆多有围墙和院门。主要建筑有一字、丁字、曲尺、工字等不同形式，其中工字形者尤多，表现出一种新的时尚。一般住宅作两坡悬山顶，偶有九脊顶者，个别的还做了两层楼带平座腰檐。临水者则作杆栏式。总的看这些农舍较为简朴，使用茅草顶者还占有相当大的比例，这反映了当时农村经济还不甚发达的情况。

（三）文人笔下的住宅——三山别业

三山别业是大诗人陆游的故居，他一生中有四十年居此。三山别业在山阴，宋《嘉泰会稽志》卷九载："三山在县西九里，地理家以为与卧龙冈势相连，今陆氏居之。"①别业由住宅、园林、园圃等组成，住宅部分与园林融为一体，共享一门，园圃四周环绕。住宅大门为"柴门"，《新作柴门》诗注曰："故庐本西向设门，绍兴壬子岁，始剪荆棘，移门南向。"主体建筑也呈南北布局，南为堂，北为室。据《居室记》称："陆子治室于所居堂之北，其南北二十有八尺，东西十有七尺，东、西、北皆为窗，窗皆设帘障，视晦、明、寒、奥为舒卷启闭之节，南为大门，西南为小门，冬则析堂与室为二，而通其小门以为奥室；夏则合为一，而辟大门以受凉风。"②由此可知堂与室二者紧密相连，可析为二，也可合而为一。从居室的尺寸来考察，可知其为南北长、东西窄的房屋，南北可分为三间，东西可作四架椽屋的构架。再从其与室相连处看，既有大门，又有西南小门，堂与室必形成⊥的关系，室的正南方开大门通堂，使两者可合而为一，则势必此门应达到堂的一个开间宽度才较为合理。而室宽 17 尺，合 5.44 米，同时又有西南小门，推测堂的开间可能在 3.0—3.3 米，如果室与堂以对称格局相连，则所余尺寸开一小门恰好合适。从当时的住宅建筑尺度推测，南部之堂可能为一五开间的建筑，总长为五间，约 15.5 米，即 50 尺。陆游另一诗题《堂东小室深丈袤半之戏作》称："小室舍东偏，满窗朝日妍"③，可推测堂的室内空间在东侧被隔出一间小室。又据另一诗《东偏小室，去日最远，每为避暑之地，戏作五字》推测，小室位于南堂东北角，只有这里才是"满窗朝日妍"而又"去日最远"。而这小室"深丈"也，指

① （宋）施宿等：《会稽志》卷九《山・山阴县》，文渊阁《四库全书》本。
② 《渭南文集》卷二〇《居室记》。
③ 《剑南诗稿》卷四八。

的是小室开间宽度为一丈,即 3.3 米,由于小室处于南堂尽间,从室内空间观察小室,则将开间方向称为"深",小室"袤半之"是指其广为南堂总进深之半。按一般居室稍广者可为六架椽屋,总进深大约在 6—7 米,小室占据其一半也是合乎逻辑的。从陆游于开禧元年(1205)81 岁时写的诗《感遇》"结庐十余间,着身如海宽"①看,南堂有五间,北室为三间,再加上院中的亭榭,确实也就是十余间的规模。关于庭院及院中建筑也有若干诗词谈到,如《渔隐堂独坐至夕》诗中曾有:"中庭日正花无影,曲沼风生水有纹。三尺桐丝多静寄,一尊玉瀣足幽欣。"②由此可知,此住宅院中有水池、花草、梧桐等。《示儿》诗中云"舍东已种百本桑,舍西乃筑百步塘"③,可推知塘的位置偏西。另在《小院》一诗中称"小院回廊夕照明,放翁夜坐一筇横"④,说明院中有回廊,且在下午可被夕阳照得非常明亮,因之推测其位置在主要堂室以西。另据《冬暮》有"临水小轩初见月,满庭残叶不禁霜"⑤,以及《书感》诗小注称"余村居筑小轩,以昨非名之"⑥,可知在池边有"昨非轩"。这座小轩四周有竹、有花,故称"小轩幽槛雨丝丝,种竹移花及此时"⑦。院内也多竹,"虚堂四檐竹修修"⑧。另外陆游又曾写道:"竹间仅有屋三楹,虽号吾庐实客亭",并自注"小庵才两间"⑨,说明在院内竹林中建造有一座三楹两间的庵。据诗题《老学庵北作假山,既成,雨弥月不止》⑩看,此庵名为老学庵,庵北有假山。

此外还有东斋、西斋、小楼等建筑名称在诗词中出现,但位置不详。据以上分析,可绘出三山别业主要建筑平面关系想象图(图 7-14)。

---

① 《剑南诗稿》卷六四《感遇》。
② 《剑南诗稿》卷三六《渔隐堂独坐至夕》。
③ 《剑南诗稿》卷二二《示儿》。
④ 《剑南诗稿》卷二一《小院》。
⑤ 《剑南诗稿》卷四八《冬暮》。
⑥ 《剑南诗稿》卷一二《书感》。
⑦ 《剑南诗稿》卷二〇《杂感》。
⑧ 《剑南诗稿》卷三二《睡起》。
⑨ 《剑南诗稿》卷三三《题庵壁》。
⑩ 《剑南诗稿》卷五一《老学庵北作假山既成雨弥月不止》。

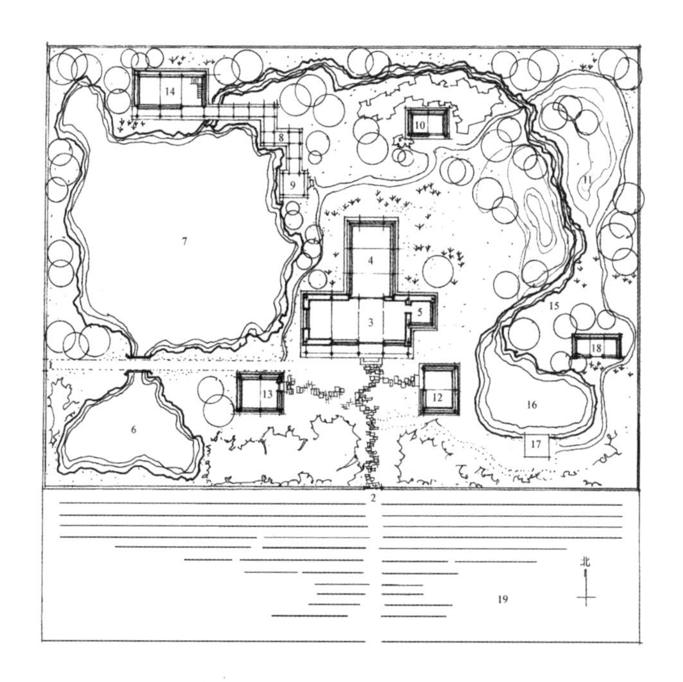

图 7－14　陆游三山别业复原推想图

1. 老门；2. 大门；3. 堂；4. 室；5. 小室；6. 塘；7. 曲沼；8. 西廊；9. 小轩；10. 小庵；11. 小溪园；12. 东斋；13. 西斋；14. 小楼；15. 小溪；16. 东园小沼；17. 东园露台；18. 东园小屋；19. 南圃

以上便是三山别业的核心部分，除此之外周围还有一些园圃，如陆游在《小园》诗中曾谈到“新作小溪园”①，后又写过《新辟小园》和《小园》两诗，称此园是“小园草木手栽培，袤丈清池数尺台”②；另有诗题为《予所居三山在镜湖上，近取舍东地一亩，种花数十株，强名小园》③，这些均表明在住宅之东新辟了一座小园林，园内可能有流水，故又称小溪园。从《南园观梅》④以及“南圃移花及小春”⑤的诗句看，应有“南园”或“南圃”。此外还有“药圃”、“蔬圃”之类。在住宅周围这些园圃风格都很简朴、素雅，建筑物不多，

① 《剑南诗稿》卷二六《小园》。

② 《剑南诗稿》卷八二《小园》。

③ 《剑南诗稿》卷三一《予所居三山在镜湖上近取舍东地一亩种花数十株强名小园因戏作长句》。

④ 《剑南诗稿》卷三八《南园观梅》。

⑤ 《剑南诗稿》卷三一《闲居初冬作》。

如《开东园路,北至山脚,因治路傍隙地,杂植花草》称:“清构东畔剪蓁菅,虽设柴门尽日关,远引寒泉或碧沼,稍通密竹露青山……更上横岗寻所爱,小儿试觅屋三间。”①陆游所追求的风格是“小筑随高下,园池皆自然”②,不仅小园如此,整个三山别业都非常简素,他自称“敝庐虽陋甚,鄙性颇所宜,欹倾十许间,草覆实半之”③,只有十多间的住屋茅草屋占了一半。踌躇满志的陆游,一生未能实现自己的爱国理想,反而屡受昏官弹劾,只能借三山别业那纯朴的茅屋、清澈的泉水、刚劲的花木以自慰,正如他曾写道:“清泉绕屋竹连墙,回首微官意已忘。”④这位伟大的爱国诗人在“我居万竹间,萧瑟送此声”⑤的迷茫中度过了晚年生涯。

(四) 西南边陲民居

宋代一些有关边陲风土人情的文献,记载了四川、云南、贵州、广西、海南等地的边远山区的民居,且大多采用干阑式结构的住屋。宋《太平寰宇记》载:“今渝之山谷中……乡俗构屋高树,谓之阁阑。”⑥在昌州“悉住丛菁,悬虚构屋,号阁阑”⑦;窦州人“以高栏为居,号曰干阑”⑧。这里所记有今四川重庆、剑南以及窦州即广东信宜等地在宋代的干阑式民居状况。在另外一些文献中也时有记载,如《岭外代答》载:“属民编竹、苫茅为两重,上以自处,下居鸡豚,谓之麻栏。”而且还记载了内部使用的状况:“深广之民结栅以居,上设茅屋,下豢牛豕,栅上编竹为栈,不施椅桌床榻,唯有一牛皮为裀席,寝食于斯。”⑨在《桂海虞衡志》中也有类似的记载:“民居苫茅为两重棚,谓之麻栏。上以自处,下蓄牛豕。棚上编竹为栈,但有一牛皮为裀席。”⑩这样的民居还见于海南岛,《梦

---

① 《剑南诗稿》卷四四《开东园路北至山脚因治路傍隙地杂植花草》。
② 《剑南诗稿》卷六八《小筑》。
③ 《剑南诗稿》卷四八《敝庐》。
④ 《剑南诗稿》卷一六《幽居戏咏》。
⑤ 《剑南诗稿》卷一七《夜听竹间雨声》。
⑥ (宋)乐史:《太平寰宇记》卷一三六《山南西道·渝州》,文渊阁《四库全书》本。
⑦ 《太平寰宇记》卷八八《剑南东道》七《昌州》。
⑧ 《太平寰宇记》卷一六三《岭南道》七《窦州》。
⑨ (宋)周去非:《岭外代答》卷一〇《风土门·蛮俗》,文渊阁《四库全书》本。
⑩ 马端临:《文献通考》卷三三〇《四裔考》七、范成大:《桂海虞衡志》,文渊阁《四库全书》本。

梁录》载:“海南四郡岛上……屋宇以竹为棚,下居牧畜,人处其上。”①

第二节　市井建筑

社会经济的发展和社会生活的变迁,特别是商品需求和商品交换的巨大增长,给两宋的城市面貌带来了一些新的变化,变化之一是市井建筑有了巨大发展。城市店铺林立,街市繁闹,有的渐渐发展为规模庞大的商业街,如临安沿主干道御街,“自和宁门杈子外至观桥下,无一家不买卖者”②,和宁门外中央行政区一带御街的“早市”尤为繁盛。

有的地方的商店逐渐演变为按行业相对集中、沿街建店的行业街,使城市焕发出了前所未有的生机,而古代城市结构也因之发生了根本性的变化。

由于工商业的迅速发展,使中国封建社会长期以来所形成的重农抑商的传统观念遭到了强有力的冲击,商人的社会作用日益为人们所认识,开始出现了“工商亦为本业”的思潮,社会上崇商弃农、士商渗透和官商融合渐成风气,这种社会风气在全国工商业最发达的一些城市反映得尤为突出,对市井建筑的发展起着推波助澜的作用。

狭义的市井建筑即指商业建筑,《管子·小匡》中有“处商必就市井”③的记载。两宋时期由于社会经济与生活的发展变化,市井建筑的外延已有了很大拓展,除传统意义上的商业店铺之外,还包括工商一体的手工业作坊、城市服务业建筑、与商业和服务业相关的文化娱乐性建筑,以及一些城市管理设施等。其建筑类型主要有酒楼、店肆、旅邸、塌房、演艺场所(瓦子)等。

宋代的市井建筑主要有三种构成形式。第一种大体是由住宅改作而成,以院落式为主,临街设为店面,院内或用作经营,或用作住宅,或为作坊。

① (宋)赵汝适:《诸蕃志》卷下,文渊阁《四库全书》本。
② 《梦粱录》卷一三《团行》。
③ (唐)房玄龄注:《管子》卷八《小匡》,文渊阁《四库全书》本。

整体平面布局和建筑形式多与民宅无异，只加以商业性装修，重点在临街的店堂门面，如宋人张择端所绘《清明上河图》中的临街店面(图 7-15)。第二种是根据街道和行业个性，特别进行自由布局，建筑形式亦较灵活，常有平面凸凹和体型高下的变化。以上两类市井建筑所采用的形式以两坡顶(类似清式建筑的悬山顶)居多，但出山不远，这是因为商业用地地皮紧张，房屋密连，而悬山顶交叉组合较为容易，且本身构造也较简单。然而一般在街的拐角处多用带十字脊的九脊顶(类似清式建筑的歇山顶)居多，使建筑造型完整，又丰富了景观。第三种是专为商业活动所建的房屋，即“赁官地创屋，与民为面市，收其租”①。这种建筑物本身非常简单，投入资金少，赚得租金快，利润高。

图 7-15 《清明上河图》中的临街店面

① (宋)李焘撰:《续资治通鉴长编》卷三〇〇，元丰二年九月丙子条，文渊阁《四库全书》本。

一、饮食业建筑

饮食业在两宋时期极为繁盛。粗分有酒楼、饭馆、茶肆、市食点心铺等。细分则一类之中又有种种区别。以规模和等级论，饮食业建筑当以酒楼著称。

（一）酒肆

北宋东京城中许多地方"多是酒家所占"，当时店大资多的酒户，向官府承包造酒及售酒，称为正店。那些无力造酒而从正店批发零售的酒店称为脚店，脚店的数量不可胜数。正店与脚店在宋时统称为酒户，是宋代的主要税户。

南宋临安的酒楼分官营和私营两种，官营的著名酒楼如和乐楼、和丰楼、中和楼、春风楼、太和楼、太平楼、丰乐楼等，官营酒楼属户部点检所管辖，据文献记载这种酒楼不下30家，备有金银器皿和官妓，是士大夫和豪富之家挥霍享乐之所，一般百姓无缘问津。

民营酒楼亦有高级酒楼和小酒店之分。临安的高级民营酒楼也有30多家，如春融楼、熙春楼、三园楼、赏心楼、花月楼等，每楼各有"小阁十余，酒器悉用银。以竞华侈"。民营酒楼不仅店面宽阔舒展，且内部分阁设座，互不相扰，如三园楼即是，入店门后"一直主廊，约一二十步，分南北两廊，皆济楚阁儿，稳便坐席"①。主廊内有酒女侍奉。无论公私酒楼，"诸店肆俱有厅院廊庑，排列小小稳便阁儿，吊窗之外花竹掩映，垂帘下幕，随意命妓歌唱，虽饮宴至达旦亦不妨也"②。

酒楼除前述临安之外其他城市也不鲜见，《吴郡志》中曾记载，平江府乐桥南有清风楼，乐桥东南有丽景楼，饮马桥东北有花月楼，此外还有跨街楼、黄鹤楼等。在平江府城图碑中可以找到丽景、花月、跨街等楼，其中的丽景、花月皆建于淳熙十二年（1185），雄盛甲于诸楼。值得注意的是这些酒楼中

① 《武林旧事》卷六《酒楼》。
② 《梦粱录》卷一六《酒肆》。

三层者皆为北宋末所建,而《平江图碑》所载平江府城图未见三层楼,由此推测"三层楼"的酒楼兴起于北宋末年,至南宋并未普及。

宋代的酒店布局和建筑形式可分为楼阁型、宅邸型和花园型,具体如下:

楼阁型酒店:以两至三层的楼阁为主体,楼阁大多取歇山式,设有腰檐、平座。首层布置散座,上层分隔为一间间的阁子雅座。或者有廊庑环绕,前辟庭院。或者不留空隙,全为楼阁占据。如《清明上河图》中的大型酒楼(图7-16)。

图7-16 《清明上河图》中的大酒楼

宅邸型酒店:特点是店中设有若干院落和厅堂,廊庑也多做成单间阁子,可同时供若干人饮宴使用,又称宅子酒店。正如《都城记胜》中所记:"外门面装饰如仕宦宅舍,或是旧仕宦宅子该做者。"①

花园型酒店:属上流酒店,园中建轩、馆、亭、台,种植花木,使酒店融于园林之中。其中有一些是利用旧园设店。临安的三园楼,"店门首彩画欢门,设红绿杈子,绯绿帘幕,贴金红纱栀子灯,装饰厅、院、廊、庑,花木森茂,酒座潇洒"②。

① 《都城纪胜·酒肆》。
② 《梦粱录》卷一六《酒肆》。

宋代酒楼前的彩楼欢门可分为两种形式：一种做成一面拍子，与屋身柱梁榫卯结合。一种本身组成独立的构架，围成四方形或多角形。有的仿楼阁造型设腰檐、平座，有的以帘幕分层，作上下划分。彩楼欢门的构造和造型特点是平地立柱，纵横用粗细不同的圆木相绑扎，顶部两侧或四角斜出三角形片状构架，正面或四面中部高高耸出三角框架（图7－17）。这些木框架有主有次，高低错落，极富装饰性。较大型的彩楼欢门，下部还围以栅栏，形成一区栅栏小院，使入口环境更佳。

图7－17　《清明上河图》中的脚店

宋时的小酒店相对较为简朴，一般多沿街巷或河道作敞开式布置，一至三间不等，单层，或九脊顶，或悬山式，多在主体前或侧面加建单坡的披檐，用以遮阳避雨，同时为了增大营业面积，有的建筑接出向内倒坡的瓦檐，设天沟排水，为的是不遮挡室内的光线。临水者常向水面悬挑，构成生动活泼的建筑外形。这些小酒店若依功能及形式的差别，尚可分为多种，如茶酒店，又叫茶饭店，以卖酒为主，兼营添饭配菜；包子酒店，指兼卖各种包子和肠血粉羹之类的酒店；宅子酒店，指外门装饰如仕宦宅舍，或是仕宦宅子改作的小酒店；直卖店，指专卖酒的酒店；散酒店，指散卖一两碗酒的小店。这些小酒店都“不甚尊贵，非高人所往”①，但数量极多，为一般百姓驻足之所。

（二）茶肆

与酒店在功能和形式上相类似的饮食业建筑还有茶肆。临安城内茶肆

---

①《都城纪胜·酒肆》。

众多,著名者有八仙、清乐、珠子等二十余家,有的茶肆作二层楼,“楼上专安着妓女,名曰‘花茶坊’……非君子驻足之地也”。大茶坊的装修较讲究,“杭城茶肆(店内)插四时花、挂名人画……列花架,安顿奇松异桧于等物于其上……装点门面”①,用以吸引顾客。茶肆在建筑风格和环境气氛上较酒店清雅。“茶楼多有都人子弟占此会聚,习学乐器”②,或为清唱之所,或为行会例会聚首之处,或为约友聚会之所。

除酒楼、茶肆外,宋代的熟食店也很讲究,在饮食业中仅次于酒店,细分也有多种,然“每店各有厅院、东西廊,称呼坐次”③。有的还讲究行业及经营特色,如门前“以枋木及花样沓结缚如山棚,上挂成边猪羊,一带近里门面窗户,皆朱绿装饰,谓之‘欢门’”。很多熟食店不但尽力装点门面,而且还在店内张挂名人字画,进行室内布置以招徕顾客。

二、服务业建筑

(一) 旅店

服务业建筑中以旅店最为兴旺,这些建筑遍布城市的大街小巷,特别是在都城,由于有大小官员入京“朝对”,外邦来华使节、各路商贾,再加上应试士子、四时游客、佛教信徒等各界人士,经常于此出入往来,旅店客源络绎不绝。以临安为例,其流动人口常在四五万之多,约占府城人口的十分之一,如遇科举考试、太学招生时,要高达二十万人。流动人口的急剧增加,促进了临安旅馆业的迅速发展,与当时的商店一样冲破了旧坊市分制的禁锢,旅馆移向街头,凡交通要道、贡院周围皆有设置,并有旅店、邸舍、旅邸、客邸、馆舍等多种称谓。位于临安城市中心地带的旅舍,大多房屋宽敞、设备优良、服务周到,既有单人房间,又有夫妻套间;既可小住几日,也可长期租用。平时搭伙邸店,请客时亦可代办宴席。位于河道码头的旅舍数量亦极密集,

---

① 《梦粱录》卷一六《茶肆》。

② 《都城纪胜·茶坊》。

③ 《东京梦华录》卷四《食店》。

而且兼营货物存放，便于商贾投宿。在风景区旅舍也不少，脍炙人口的“山外青山楼外楼，西湖歌舞几时休”①的诗句，就是南宋诗人林升题写在西湖边的邸舍墙壁上的。经营邸店遂成了发财致富的捷径，因此，从北宋初年起，官僚、商人、官私房产主纷纷经办旅店。当时官府也直接参与邸店经营业务，主管机构称为店宅务，“掌管官屋及邸店计置出僦及修造之事”②。

（二）塌坊

临安作为商贸繁华的大城市，为了便于商贸货物的储运，建有大批的塌坊。主要分布在水陆码头，“城郭内北关水门里有水路周回数里……于水次起造塌坊十数所，为屋数千间，专以假赁与市郭间铺席宅舍及客旅寄藏货物，并动具等物，四面皆水，不惟可避风烛，也可免偷盗，甚极为便利”③。这种高级客货栈，不仅规模大，设备齐全，而且夜间有兵座巡查，安全可靠，客旅称便。此外，在码头或集市附近，还常常设有众多的简易货栈，有“廊”（使商品免受雨淋日晒的栈房）和“堆朵场”（露天货栈）。塌坊和堆朵场有的按日、有的按月收取保管费，时称“巡廊钱”。

三、商业建筑

在商业建筑中，以金银彩帛铺、药铺等较为显赫。药铺比较讲究气派和典雅，装修中除考虑招徕顾客外，还注意药店本身所应具有的气氛，如《东京梦华录》记：“出界身北巷，巷口宋家生药铺，铺中两壁皆李成所画山水。”④

商业店铺大体上分为两种类型，即临街式和院落式。临街式店铺常是将院子临街一面向外敞开作铺面房，较简单的临街式商店没有后院。临街式店铺面阔一至五间不等，七间的较少，以三间居多。稍大型的店铺后面布置庭院和房屋，有作业库房、居室或作坊。大型店铺有时把边上一间开作门道，车辆可进出院内。临街的铺面房一般为单层，多用双坡悬山式屋顶。院

---

① 《西湖游览志余》卷二《帝王都会》。
② 《宋史》卷一六五《职官五》。
③ 《梦粱录》卷一九《塌房》。
④ 《东京梦华录》卷三《寺东门街巷》。

落式商店多为大型店铺，往往利用旧有住宅改建而成。

宋代另有一种自产自销或兼及批发的作坊店铺，这种将手工业与商业合而为一的店铺在经营和布局上带有一定的特殊性，每一店铺的生产制作技艺大多为世代相传，比较重视产品的质量和牌子，较具代表性的如书铺。早在北宋熙宁年间刻书之禁放松后，私刻书籍日益兴盛，至南宋已蔚然成风，临安的私刻、坊刻更为全国之首，当时的印刷书坊有“经铺”、“经籍铺”、“文字铺”等多种。据文献记载，当时临安城内大小书铺林立，至今尚能找到临安时期大书铺铺名的就有16家。今棚桥附近是南宋临安最大的“书市”，大小店铺毗连，经、史、子、集齐备，购书十分方便，深受文人学士称道。其中棚北睦亲坊陈宅书籍铺和棚北大街陈解元书籍铺①，是陈氏父子开的两家大书铺，他们刻印了唐宋以来的名人诗词文集与笔记小说一百多种，雕版工致，纸墨精细，深受读者欢迎，生意亦极兴隆。当时这些刻印书铺多是前店后坊的布局，刻工人数从十余人至数十人，产业具有大小不同的规模，大者既雕版印刷又兼及出售。

四、娱乐性建筑

瓦子之名的由来，据《梦粱录》卷一九《瓦舍》条载：“瓦舍者，谓其‘来时瓦合，去时瓦解’之意义，易聚易散也。不知起于何时。顷者京市甚为士庶放荡不羁之所，亦为子弟流连破坏之门，杭城绍兴间驻跸于此……因军士多西北人，是以城内外创立瓦舍，招集妓乐，以为军卒暇日娱戏之地。今贵家子弟郎君，因此荡游，破坏尤甚于汴都也。”②

南宋临安的瓦子，与北宋东京相比，无论在数量抑或规模上更有过之而无不及，《武林旧事》卷六列举了22个瓦子的名称及地点，其中城外17处，城内5处。城外瓦子都在诸军营寨左右，是西北军卒暇日娱戏的场所，隶属于殿前司管辖。城中5瓦则归修内司，是市民游艺的地方，诸瓦中以北瓦最

---

① 参见（宋）周弼《端平诗隽》、洪迈《容斋三笔》等所述，文渊阁《四库全书》本。

② 《梦粱录》卷一九《瓦舍》。

大,有勾栏13座。

瓦子中表演的技艺项目繁多,内容丰富,如有引人入胜的"说话讲史"、惟妙惟肖的傀儡戏、奇特惊险的杂技、情节完整的杂剧、巧借灯光的皮影戏等数十种。这就要求瓦子勾栏的建筑在功能和形式上具有很大的适应性和可塑性。瓦子勾栏的具体建筑形象文献中虽少有提及,宋画中亦难窥其面貌,但通过敦煌壁画对唐宋时期舞台、乐台的描绘,似可见其影像一二。由壁画所示,当时的舞乐台,其台身主要有三种形式:一是全部用柱架空;二是砖石台壁,内包夯土台心;三是前两种的结合,即砖石台壁后退,沿边一周仍是木柱构架。舞乐台的平面多作方形或长方形,台面以上均沿台边周设勾栏,台面铺锦筵。有的舞台两侧列坐乐队,中间是舞人,有的并列三台,舞人乐队分置,三台之间有平桥连接。据《南部新书》记载,宋以前的戏场多设于佛寺的庭院之中,至宋代始有专供娱乐观演的瓦舍。

宋梅尧臣《宛陵集》中收入的《莫登楼》诗称:

> 露台吹鼓声不休,腰鼓百面红臂鞴,
> 先打六么后梁州,棚帘夹道多夭柔。①

这首诗从侧面反映了在露台上演戏和观众看戏的场面,其中的"棚帘夹道"是观众支起的看棚,数量很多,以至"夹道"的程度。

露台是一种用木构件搭筑的四面凌空、观众四面围观的舞台。这大概与那种"来时瓦合,去时瓦解"的瓦舍相似吧!《武林旧事》卷二"元夕"条记:"……至二鼓,上乘小辇,幸宣德门,观鳌山……其下为大露台,百艺群工,竞呈其伎。"②舞台上不但设栏槛,还有乐棚一类的建筑物。

把戏台作为一座完整的建筑物置于院落的一侧,戏台对面及两厢的建筑皆为观众席,这是中国传统演出建筑的模式,在非宋统治区的墓室中曾有过"舞亭"、"舞楼"等作为壁面饰物。据此推测,带有舞楼、舞亭的演出场所在南宋市井中也会存在,这种舞台不再是临时用木构搭建、观众四面围观的

---

① (宋)梅尧臣:《宛陵集》卷五一《莫登楼》,文渊阁《四库全书》本。
② 《武林旧事》卷二《元夕》。

简单形式,而是一座富有装饰的永久性建筑物。这种建筑的出现,表明在娱乐性建筑中完成了从“露台”向正式的舞台的转变,在演出建筑发展史上写下了重要的一页。

第八章 宋代桥梁

宋代桥梁的发展达到了古代桥梁史的高峰。造桥之数量，技术水平之高超，施工方法之巧妙，都是空前的。就数量而言，南宋时期尤多。据文献记载可知，在南宋境内所造桥梁为江苏地区75座，浙江地区83座，泉州地区23座。宋室南迁后，泉州港迅猛发展，成为南宋最大的贸易港。据《泉州府志》中所记，宋绍兴年间（1137—1162）的近30年中修建的石墩梁桥，桥长者共计11座，总长达5147丈（约16470米），平均年修桥约550米。

就造桥技术来看，泉州洛阳桥采用了筏形基础、植蛎固基的技术，石梁结构与浮桥相结合的可开启式的代表则是潮州广济桥，并开始运用浮运架桥法等，这些技术都在世界桥梁史上享有盛名。

宋代桥梁至今尚存者为数众多，类型也多种多样。可以说凡中国古代桥梁所包括的类型，在宋代桥梁中基本都出现过。

第一节 梁 桥

中国早期的桥大多是梁桥。梁桥，是用梁作为桥的主要承重构件，以跨越河谷等天然或人工障碍的桥型。一般情况下，梁平直安置，因此相对拱桥而言，梁桥又称平桥。梁桥的主体结构是用桥柱或桥墩支撑大梁和桥面。根据建造材料的不同，梁桥可分为竹木梁桥和石梁桥两类。依跨空距离而论，梁桥又有单跨和多跨之分。

不同功能要求的梁桥，因所处地形环境不同，可以采用不同组合的桥柱、墩、梁和桥面，有的并加以变化多端的桥屋，使简单的梁桥亦变得丰富多彩。

宋代建造了大量的木、石梁桥，由于木梁桥易损坏，尽管在宋代绘画中仍能见到，但在南宋出现了改造木桥为石桥的工程①。这时建造的石梁桥现存尚多。

一、木梁桥

（一）木梁木柱桥

以竹木建造的梁桥，结构和构造工艺简便易行，但桥的跨径和坚韧耐久力则相对较差。现在宋代木梁柱桥已无存，但从一些北宋时期的绘画中常可见到。如《清明河上图》和《千里江山图》中皆有一座木平桥。另在宋画《金明池夺标图》中绘有五孔木梁柱桥，桥面呈弧形弓起，称之为骆驼虹。这是为了便于通航，同时又美化了造型（图8－1）。这样的桥型一直流传到现代，如浙江嘉善的幸福桥就是采用多跨骆驼虹式的木梁柱桥。

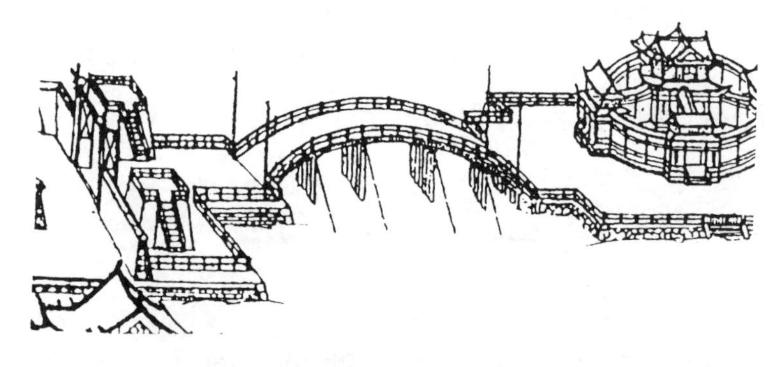

图8－1　宋画《金明池夺标图》中的木梁柱拱桥

① （宋）林希逸：《竹溪鬳斋十一稿续集》卷一〇《岳安石桥记》载“虑长更木以石为之”，文渊阁《四库全书》本。

（二）木梁石墩桥

以堆石为步墩，上搁木梁，古称“杠”，又曰“步渡”，即原始的木梁石墩桥，这种石墩比用木桩或石柱作桥墩出现更早。宋代所建木梁石墩桥至今尚存，浙江省鄞县的百梁桥即一座木梁石墩桥。据《鄞县志》载，该桥为“宋元丰元年(1078)建，长二十有八丈，阔二丈四尺，而为屋于其上。绍兴十五年邑人朱世弥世财重建”①。这座桥目前尚保存完好，实量桥全长69.4米，宽6.2米。桥七孔，其净跨在8.2—9米，每跨梁因粗木不易得，改用18—20根较细木梁，则总数已超百根，故有“百梁”之称。桥屋22间。桥墩石砌，尖端。宋绍兴十五年(1145)所建福建永春通仙桥，是一座石墩木梁廊桥，位于晋江上游桃溪和仙溪汇合的永春、南安交界处。《永春县志》载，从宋建炎元年至景炎三年(1127—1278)的一百多年间，永春县就曾修过这类通衢上的大桥31座，保存至今较为完整的，仅有这座通仙桥了。该桥全长85米，宽5米。四个船形桥墩以利分水，全是大青石条砌成。墩下松木叠架，每当枯水时节，整齐的松木桩仍清晰可见。墩上架22根长18米，径三四十厘米的松木大梁，梁上铺木板，设木栏。

（三）伸臂木梁桥

这类桥的木梁一端靠河岸或柱墩压重，另一端单向伸向河心，再在左右伸臂端架上简支木梁，以增加梁跨。伸臂木梁桥又分为单向式和双向平衡式两种。这一类桥型中宋造双向平衡式木梁桥尚有遗物。浙江鄞县的鄞江桥是典型的双向伸臂式木梁桥，该桥位于今鄞县鄞江乡。《鄞江志》载：“桥在县西南五十里，宋元丰年间(1078—1085)建……跨兰江桥亘有三十八丈，横径三丈，上覆屋二十八间。”实际桥长76米，宽7米，墩中至墩中最大跨径为13米。木伸臂置于桥墩顶面，向左右伸出，形似扁担，伸臂总长8.4米，而13米长的主梁由墩和伸臂共同承托，变为有刚性和弹性支点的多支点连续梁。

湖南醴陵的绿江桥(图8－2)，历史悠久，桥跨也较大。据《醴陵县志》

① (宋)罗濬：《宝庆四明志》卷一二《鄞县志一》，文渊阁《四库全书》本。

载，该桥始创于宋宝祐年间（1253—1256），“有宋时，邑之好义者椓大木为杙（短桩）于潭底，而累崎石（石条）杙于上。为墩七，雁齿挤排，架木成梁”。七百多年来，桥上梁木曾重修多次，现桥总长为约210米，宽约5米。

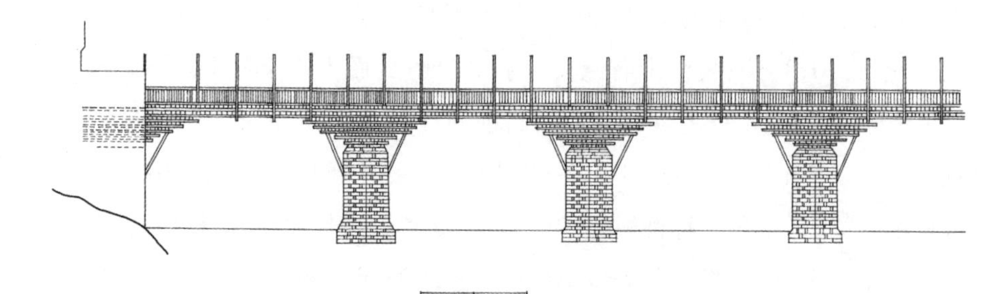

图8－2 湖南醴陵绿江桥

福建泉州的金鸡桥也是一座伸臂木梁桥。《泉州府志》记金鸡桥：“宋宣和间（1119—1125）邑人江常始造浮桥。嘉定间（1208—1224）僧守静造，石墩十有七，架木梁，覆以亭屋，长一百丈有余（约320米）。”①金鸡桥规模较大，但历数代，至清末已拆桥址为坝址了。解放后曾作坝引水，再次拆去桥墩遗迹，发现墩下为“睡木基础”（或称卧牛木）。该桥旧墩拆毁时，从上而下层层卸石，及石尽底，发现巨大松木两层，纵横层叠作为卧桩，都用红松，整根去枝叶截头尾，留主干及树皮。松木每根全长15—16米，尾径40—50厘米，出土时未变质。当松木被抬起后，其下即底沙积层，可知为初建时物。松木纵横叠垒，桥墩即叠砌其上。从拆除金鸡桥的情况看，这种“睡木沉基”是福建河流入海口处桥梁基础常用的一种类型。

二、石梁桥

石梁桥在我国使用最为普遍，城市、乡村均可见到。石料虽属脆性材料，受压性能良好而受拉、弯性能差，作梁板等受弯构件是不够理想的。然而因石料来源充足，且比木料坚固耐用，因此广泛用于造桥。石梁桥中又有石板桥一类，石板和石梁的区别则在于梁、板截面的高宽之比，一般宽大于

① 《福建通志》卷八《桥梁·泉州府》，文渊阁《四库全书》本。

高两倍以上者归为板桥类。石梁桥的结构简单，下部以石柱或石墩作支撑，上部结构有石板、石梁或梁板结合三种。

（一）石柱梁桥

浙江尚保留着较多的宋代石柱梁桥，其构造特征是利用联排石柱上架横梁，作为桥面梁、板支撑物。每排石柱数量多少依桥面广窄而定，可用三至五根石柱并列。列柱并非垂直竖立，均向中部微微倾斜，犹如木构建筑中的柱之侧脚。这种梁桥长度一般在20米至30米之间，根据河面宽窄，可作三跨、五跨。一般由于石柱稳定性差，不可能太高，桥面高出河面尺寸较小，河中又有排柱阻隔，通航能力不高。因此这类桥多建在河流流速不大的浅河道上，只供人畜通行。现存遗物有温州的一些宋桥（图8－3）。在浙江个别地区因循这类桥梁的习惯做法并稍加改进，如将连排石柱做成上、下两层，以提高桥面与河水面间净空，同时又在联排柱柱间加设十字撑梁，使连排柱稳定性有所改善，例如平阳县昆阳镇东门口的八角桥，此桥长16.8米，中部主跨7米，左右次跨4.9米，桥宽4.55米。该桥中跨联排石柱向前后突出，使桥面成亚字形。据当地传说，曾于桥身左右突出部位置神龛，以满足当时群众拜神的心理需求，但造桥者的本意或许出于增加主跨桥柱稳定性的目的。

图8－3　温州石柱梁桥

（二）石墩梁桥

福建地区的石墩梁桥，在桥梁史上占有重要地位，南宋所建石桥如表1所示，其中泉州的十大名桥可为代表（见表2），十桥中除金鸡桥为木伸臂梁石墩桥外，其余九桥均为石梁石墩桥。

表1 泉州石桥一览表

县份	桥名	时间	修建者	长度
晋江	古陵桥	绍兴三年		17丈
	安平桥	绍兴八年	僧祖派	811丈
	普利大通桥	绍兴十二年	给事中江常、僧智资	200丈
	建隆桥	绍兴十六年		
	梅溪桥		里人苏展	50余丈
	瓷市桥			
	石笋桥	绍兴二十年	僧文会	80余丈
	苏埭桥	绍兴二十四年	僧守徽	2400余丈
	东洋桥	绍兴间		432丈
	玉澜桥	绍兴间	僧仁惠	1000余丈
	适南桥	绍兴间	司户王元	
	龙津桥	绍兴间		36丈
	长溪桥	绍兴间		26丈
	安济桥	乾道八年	僧了性	
	金谷桥	乾道八年	僧继辨	
	海岸长桥	乾道间	僧智镜	770余间
	陈坑桥	淳熙元年	里人陈公亮	骊水140道
	万金桥	淳熙四年		
	龙潭桥	淳熙八年	里人彭映、僧白昕	
	玉虹桥		里人彭映	
	济龙桥	淳熙十五年		
	上保桥	绍熙间		
	下保桥	绍熙间		
	康溪桥	庆元二年	僧绍杰	

（续 表）

县份	桥名	时间	修建者	长度
晋江	甘棠桥	庆元四年	僧了性	
	棠阴桥	庆元四年	僧了性	
	龟山桥	庆元四年		
	顺济桥	嘉定四年	守邹应龙	150 余丈
	玉京桥	嘉定四年	道士黄玄华	
	应龙桥	嘉定五年	里人吴谦光	
	龙尾桥	宝庆二年	僧员光	
	应台桥	淳祐二年		
	吴店桥	淳祐八年	蔡常卿	40 间
	凤屿盘光桥	宝祐间	僧道询	400 余丈
	登瀛桥	南宋	僧道询	
	清风桥	南宋	僧道询	
南安	永安桥	绍兴间	里人黄懋	
	北平桥	绍兴间	里人翁辅	100 丈有奇
	通济桥	淳熙初	里人蔡楫如	
	镇安桥	淳熙九年	里人杨春卿	300 余丈
	化龙桥	淳熙间	里人黄懋	
	徐亭桥	庆元间		
	驰通桥	嘉泰间	僧广德	
	龙济桥	开禧间	僧守静	
	上陂桥	开禧间	僧行传	130 余丈
	云泮桥	嘉定十年	令王彦广	
	金鸡桥	嘉定间	僧守静	100 丈有奇
	龙跃桥	嘉定间		

（续 表）

县份	桥名	时间	修建者	长度
南安	观光桥	宝庆元年	里人黄以宁	
	弥寿桥	端平间	僧道询	60余丈
	长坝桥	嘉熙间	里人张真	
	大盈桥	嘉熙间	里人王弁	
	板桥	淳祐三年	里人王克谐	
	梯云桥	淳祐间	僧明愍	
	观国桥	淳祐间		
	珠渊桥	宋		
惠安	陈公桥	绍兴八年	令彭元达	
	谷口桥	绍兴间		
	谷子桥	绍熙间		
	獭窟屿桥	开禧间	僧道询	
	通济桥	淳祐间	令赵时铣	
	青龙桥	宝祐间	僧道询	
安溪	两港桥	淳熙九年	僧全一	
	西洋桥	淳熙间	僧惠明	32间
	龙津桥	庆元五年	令赵师戬	68丈
	凤池桥	嘉定间	令陈密	
	永安桥	南宋	僧惠清	
	黄塘桥	南宋		
永春	隆兴桥	绍兴元年	范天成	
	石井桥	绍兴二年	里人陈有仁	
	连芳桥	绍兴二年	庄谧	
	高骞桥	绍兴二年	陈知柔	
	观澜桥	绍兴二年	里人林胜奇	
	镇春桥	绍兴二年	陈知柔	

（续 表）

县份	桥名	时间	修建者	长度
永春	亚魁桥	绍兴二年	僧白云	
	梯云桥	绍兴二年	肖添兴	
	芳桂桥	绍兴三年	陈知柔	
	乘驷桥	绍兴三年	苏子美	
	庆云桥	绍兴三年	何泰	
	通德桥	绍兴五年	县尉徐安	
	蓝田桥	绍兴六年	范天成	
	金龟桥	绍兴十年		
	化麟桥	绍兴十一年		
	通仙桥	绍兴十五年	知县林延彦	
	画锦桥	绍兴十五年		
	登瀛桥	绍兴十八年		15 丈
	壶口桥	绍兴间		
	黄龙桥	绍兴间	僧知海	
	龟龙桥	绍兴间	僧法师	29 丈
	云龙桥	绍兴间	令林聘	
	白叶桥	淳熙二年	苏德成	
	桃溪桥	淳熙五年	林均福	
	漳溪桥	淳熙间	僧月海	
	龙济桥	淳熙间	里人温显	
	登云桥	淳熙十六年	里人黄维之	
	云津桥	嘉定十一年		
	东岳桥	嘉定间		
	攀龙桥	绍定四年	郑子泰	
	桃源桥	淳祐间		
德化	大卿桥	绍兴间		

注：此表据庄景辉《论宋代泉州石桥建筑》节录，载《文物》1990 年第 4 期。

表2 福建泉州十大名桥中的南宋桥梁

桥名	桥址	修建年代	桥长	桥宽	孔数	石梁尺寸(米)	桥墩尺寸(米)	建桥者	典籍
安平桥(五里桥)	安海港海湾上(现安海乡西田丰)	绍兴八至二十一年(1138—1151)	811丈	3.38米	362	每孔4—7根 长7—11 宽0.5—0.8 厚0.37—0.78	方形,单尖、双尖 长4.5—5 宽1.8—2	僧祖派、赵令衿	《石井镇安平桥记》、《清源县志》
石笋桥(履坦;浮桥)	泉州市临漳门外跨晋江	宋绍兴二十年(1150)	70.5丈	1.7丈		长14.5 宽1.0	双尖宽2.0	僧文会	《泉州府志》
东洋桥(东桥)	安海港东安海黄敦至对对岸宗埭	宋绍兴二十二年(1152)	432丈		242				《大清一统志》、《读史方舆纪要》
玉澜桥	泉州南门外二十三都现石狮乡	宋绍兴年间(1132—1162)				每孔4根 长3—4 宽0.4—0.5	双尖		《福建通志》、《读史方舆纪要》
海岸长桥	晋江县罗山乡	宋乾道年间(1165—1173)			770	长3—4	方形	陈君亢	《泉州府志》
金鸡桥	南安县九日山下	宋嘉定年间(1208—1224)	100余丈		18	石墩木伸臂梁		僧守静	《泉州府志》
顺济桥(新桥)	泉州西南,跨晋江	宋嘉定四年(1211)	150余丈	1.4丈	31			邹应龙	《泉州府志》
凤屿盘光桥(乌屿桥)	泉州东北三十八都	宋宝祐年间(1253—1258)	400余丈	1.6丈	160			僧道询	《泉州府志》、《读史方舆纪要》

注:此表转引自茅以升《中国古桥技术史》。

1. 安平桥

俗称“五里桥”(图8-4),长近5里,现存实物长2100米,人称“天下无桥长此桥”。在郑州黄河大桥建成之前(1905年建),安平桥一直是我国最长的一座大桥,也是古代工程最为浩大的石墩梁桥之一。

图8-4　晋江安平桥

安平桥位于晋江县安海、水头两镇间,从晋江安海镇跨海直到南安县水头镇。建于宋绍兴年间。《安海志》载:“安海渡介晋江、南安,隔海相望六、七里,往来以舟渡。绍兴八年(1138)僧祖派始筑石桥,里人黄护与僧智资各施万缗为之昌,派与护亡,越十四载未竟。绍兴二十一年(1151)郡守赵公令衿卒,成之。”①历时16年,工程之巨大,在古代桥梁中可谓首屈一指。其长801丈,广1.6丈,酾水362道。桥面用巨大石梁拼成,每根梁重12—14吨,下部桥墩仍用条石纵横叠砌而成。桥墩形式有方形、尖端船形、半船形等多种。

安平桥上还有一座六角五层砖木结构宋塔和五座桥亭。它们与这座八

① 转引自茅以升《中国古桥技术史》第二章《梁桥·安平桥》,第46页。

百年的古桥共同向人们诉说着历史的变迁。近代的安海湾已经逐渐为泥沙所淤积，沧海变桑田，如今安平桥下是一片片青翠田畴，桥下的海水已被稻禾绿浪取代。

2. 顺济桥

该桥在福建晋江县德济门外，位于笋江下游，《闽书》载笋江旧以舟渡，宋嘉定四年(1121)造桥，“长一百五十余丈，翼以扶栏，以其近顺济宫，故名顺济。以其造于石笋桥后，俗名为新桥，元至正间(1341—1367)修葺……”。清《怀荫布记》载：“泉州桥梁，其跨江而当孔道者，东有万安，南有顺济。顺济桥则嘉定四年(1121)前太守邹景初建也。长百五十丈，广丈四尺，为间三十有一，扶栏夹之。”①该桥跨径不一，最大的四丈，石梁截面约三尺见方，其重量达两三吨。在几百年以前，能安置如此沉重的石梁，不能不使今人惊异。此桥架设当也需采用浮运法。

这座桥平面的中心线不是直线的，而是向上游方向稍弯成弧线。桥墩顺着水流的方向在上下游均筑成三角分水尖。

3. 乌屿桥

此桥又名凤屿盘光桥，在泉州。乌屿岛位于洛阳江的江心，岛东为后渚港，“旧有石路，潮至不可行。宋宝祐年间(1253—1250)，僧道询募建石桥，百六十间，长四百余丈，广一丈六尺”②。《闽书》曰：“是桥与洛阳桥，海中相望，如二虹然。”③通过这座桥使在岛东港湾停泊的海船货运得以与陆路交通衔接。

4. 江东桥

我国古代桥梁中，石梁最多最巨大的首推福建漳州江东桥(图8-5)，每根石梁重达100—200吨。江东桥又名虎渡桥，在今漳州东四十里公路上。《读史方舆纪要》载：“柳营江在漳州府东四十里，上有虎渡桥。”④这座

① 转引自《中国古桥技术史》第二章《梁桥·顺济桥》，第45页。
② 原载《读史方舆纪要》。转引自《中国古桥技术史》第二章《梁桥·乌屿桥》，第45页。
③ 转引自《中国古桥技术史》第二章《梁桥·乌屿桥》，第45页。
④ 转引自《中国古桥技术史》第二章《梁桥·江东桥》，第47页。

桥本为浮桥。“宋绍兴间(1190)浮梁于下游以渡。嘉定七年(1214)易以板梁,丰石为址,酾水为十有五道、两层之,名通济桥。嘉熙元年(1237)圮于火,乃易梁以石而不屋,越四年及成,长二百丈,址高十丈,酾水二十五道,东西各有亭。”①

全桥总长336米,桥宽5.6米左右,由三块巨梁组成,共19孔,孔径大小不一,其中最大孔径为21.3米左右。每块石梁都在100吨以上,最大石梁长23.7米,宽1.7米,高1.9米,重近200吨。其静重的弯矩,产生的拉力达50公斤每平方厘米,已接近极限强度,故历经岁月磨蚀而石梁折断,重修时无法更换,乃于两墩之间,添筑一小墩,用较小的石梁代替。这样巨大的石梁,在宋时并无机械设备,其开凿制作已不易,而架设工程如何进行,数百年来未得到确凿的解释。据推测,这种巨大石梁的运输安装工作,应是用大船或木筏浮运至桥下,然后利用潮汐之江水涨落而安装于桥墩之上(图8-5)。

图8-5　漳州江东桥

① 转引自《中国古桥技术史》第二章《梁桥·江东桥》,第47页。

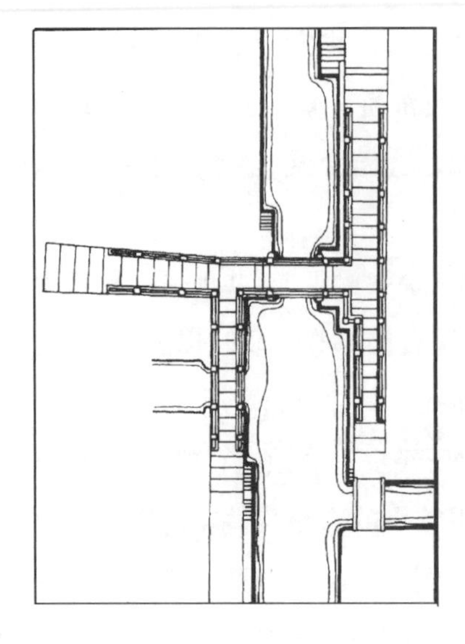

图 8-6 绍兴八字桥平面

（三）特殊形式的石梁桥

浙江绍兴八字桥

位于绍兴市区的东南，因为跨于三条河流交汇处，根据实际需要，建造了这座具有三个桥孔不同大小、不同方向、形式特殊的桥（图 8-6、7）。《绍兴府志》载其"以两桥相对斜状如八字而得名"。在主孔桥下面的第五根石柱上刻有"时宝祐丙辰仲冬吉日建"，即宋理宗宝祐四年（1256）建。但据志书记载，此为"重建之年月"。又据嘉泰《会稽志》载："八字桥在府城东南，两桥相对而斜，状如八字，故得名。"①由此可知在宋嘉泰间（1201—1204）八字桥已存在，但因坍塌后重建。

图 8-7 绍兴八字桥

① （宋）施宿等撰：《会稽志》卷一一《桥梁》。

八字桥主桥跨在一条南北向通航的河道上,两岸房屋林立,东岸有一南北向大道与河流平行。由主桥往南十余米处西侧有一条支流注入。再南十余米处,东侧又有一条支流注入。沿西侧支流北岸有东西通行大道直趋主桥,经数十级踏步可爬上主桥桥面。过桥后,于桥东端垂直于主桥作南北两踏道,以便与主航道东岸南北大道相接,向南的踏道则跨过东侧支流。在主桥西端垂直于主桥作向南伸的踏道以便跨过西侧支流。八字桥在跨越三条河的同时,与三条大道连贯相接,布局巧妙。

该桥于通航主河道桥孔两侧各有九根石柱,构成壁柱式桥台支撑,主孔石梁略上弯,梁搁于石柱壁上。石梁跨径 4.5 米,桥洞净空 5 米。石柱高约 4 米,紧贴在两侧墙上,桥面条石并列,向上微微拱起,净宽 3.2 米。桥上所遗宋代石勾阑造型古拙,石柱的望柱头雕成复莲形式,寻杖下有云拱、蜀柱,栏板素平,与《营造法式》石作制度中的单勾阑属同一类型,但栏杆长度较长。

第二节 拱　　桥

拱桥是中国古代桥梁中占重要地位的一种类型,在世界桥梁史中负有盛誉。拱桥在墩台间是以拱形的构件来作承重结构的。拱桥的类型,以材料看,有石、砖、竹、木拱桥之别,其中以石拱桥最为普遍。以拱券种类分,有半圆、马蹄、全圆、圆弧、椭圆、抛物线及折边拱券等。按拱券多少和排列形式又可分单孔拱桥、多孔联拱桥和敞肩圆弧拱桥。古代各地工匠根据本地区具体情况和需要,因地制宜,就地取材,创造出多种有地方风格和特色的拱桥。由木、石梁桥发展到木、石拱桥,是古代桥梁发展演进的轨迹。由于石材的耐久性,使得石拱桥更能存之久远。如《奉化县志》记浙江奉化县东北 4 里的惠政桥,自宋乾德间(964—968)建成后,至南宋嘉定间(1208—1224)的 250 年中,经历了木梁及桥上覆屋、石梁、石拱和加固堤岸及基础的四个阶段,更有许多桥是从先架设浮桥开始而最终改进成为永久性的石拱桥。

南宋修建的拱桥，为数甚多，文献记载表明有相当数量。如苏州，据《苏州府志》载："桥之载于图籍者，三百五十九"，其中写明宋时重建或始建的桥梁共85座，多为石拱桥，有的一直保存至今，但已无竹木拱桥、敞肩拱桥之类。

一、单孔圆弧石拱桥

石拱桥中最为简单的是单孔石拱桥。就拱的形状而言，又有单孔圆弧拱和单孔折边拱之分。

浙江流庆桥：是现存宋代的单孔圆弧拱桥之一（图8－8）。流庆桥位于浙江省嘉善县陶庄乡集镇北郊，正对北街，南北向横跨柳溪河上，桥长15.5米，高4.2米，宽2.25米，其单孔圆弧拱由四道分节并列发券组成。桥墩用不规则的长条石平行砌筑，设明柱和长系石各一对。据《嘉善县志》记，此桥为宋代陶大猷建造。清代乾隆六十年（1795）重修时更换过顶部一道券石，但基本保持了宋代原构。浙江省内现存的德清县寿昌桥、杭州留下镇忠义桥、临安县元同桥等也均为宋代所建单孔圆弧拱桥。

图8－8　嘉善流庆桥

二、单孔折边石拱桥

这类桥可以认为是由伸臂式梁桥演化而来的，在浙江石桥中尚保留着三、五、七边的折边拱桥，反映了从"梁桥"发展成"拱桥"的历程。

浙江义乌的古月桥是典型的单孔折边拱桥（图 8－9）。古月桥位于义乌市东朱乡，横跨龙溪之上，桥全长 31 米，净跨 15 米，宽 4.9 米，两端桥台用不规则条石垒砌，桥拱由六组五边形条石砌筑而成，石梁的折角处均置一道角隅横石将并列的条石串连起来。角隅石比桥身略宽，用以加强桥身的整体性。桥的拱脚部位砌筑石块，各道折梁之上镶铺石板，构成桥面板，顶部桥面板侧面刻有"皇宋嘉定癸酉季（1213）秋闰月建造"的题记。

图 8－9　义乌古月桥

宋代所建单孔五边形折边拱桥遗物还有浙江建德县的西山桥。

第三节　浮　　桥

一、浮桥特点

浮桥是在江河上利用可浮体连接成的一种特殊形式的桥梁。由舟船构成的浮桥又称舟桥。也有用车轮竹木排筏等浮体架设的浮桥。

浮桥因为不需要建造桥墩,所以不论江水深浅均可架设。又因为采取联舟、系索、锚碇的方法,不论江面宽窄,理论上都可以修建极长的浮桥。因此,在古代不能修建桥梁的大江大河,都曾修建过浮桥。

宋代在黄河、长江这样的大江巨河上都曾建造过浮桥。宋太祖赵匡胤派曹彬、潘美等帅师十万伐江南,曾于安徽当涂采石矶长江江面上架设浮桥,一举攻下南唐首都金陵(今南京),迫使在南京的后主投降。宋代的采石矶浮桥被认为是长江上第一座正规的军用浮桥。

浮桥的一个显著特点是开合自如。由于浮桥不设墩台,反以舟船浮于水面,拆撤、架设都很方便,在常有大船通行或大量流放排筏的河流上,修建浮桥是很适宜的。更有一些桥梁,在两岸建一段石桥,而河心一段用浮桥相连。这样既利通航,又较可保存永久。宋乾道年间(1169—1173)修建的广东潮州广济桥即是这种类型,该桥也是中国古代开合式桥梁中较为著名的一座。

二、浮桥实例——广济桥

广济桥在广东潮州市城东,通常称为湘子桥。桥横跨韩江,东西两岸各建有一段石桥,河心一段以浮桥相连,可开可合,以适应水陆交通的需要。

广济桥地处闽浙粤交通要冲,创建于宋代。那时,大型航海船舶由海洋直达大埔,同时,庞大的木排又由上游顺流而下出海,大船和木排均需经过广济桥。因此,两段石桥中间留有大开口,连以浮桥,可开可合。如遇大船、木排过桥,可将浮桥之浮舢解开数只,事后仍将浮船归位,行人车马依然可通行。这种活动式的桥梁,古代桥工在800余年前已创造出来,又为我国桥梁史上的一大贡献。后来韩江上的货物改在汕头驳运,而庞大的木排也日渐稀少,在明代修理该桥时,曾在浮船上架设石梁,因此时已无需将浮船解开,又因河中水流湍急,不可为墩,原有的开关桥已无意义。

广济桥建于公元1169年。东岸长283米,西岸长137米,中间浮桥长97米,宽约5米。据《广东通志》载:“广济桥旧名济川桥。西岸桥墩创于宋乾道间(1169—1173)……东岸桥墩创于宋绍熙间(1190—1194)……久之桥基倾。"又明姚友直《广济桥记》载:"郡东城外曰恶溪,旧有长桥,垒石为基,为墩二十有三,高者五六丈,低者四五十尺,墩石以丈计者五千有奇,中流激湍不可为墩,设舟二十有四,为浮梁,固以栏楯,铁缘三连亘以渡往来,名曰济川……自宋启建时,或数岁始成一墩,历数十年桥始成。"①又明吴兴祚《重建广济桥记》载:"该桥所跨之韩江中流急湍,莫能测,于东西尽处立矶,矶各纳级二十有四以升降,浮舟以通之,桥之制未有也。"从这些记载可知,这座桥的修建历时数十年,可见当时施工之困难。这类桥梁工程之艰巨,绝非一般桥梁工程所可比拟。今天的广济桥已经易为钢筋混凝土桥面了,同时对保留的旧桥墩进行了加固(图 8－10)。

图 8－10　潮州广济桥

① 转引自《中国古桥技术史》第五章《浮桥》,第 171 页。

第九章　建筑艺术与技术

第一节　建筑艺术发展的影响因素

一、建筑的审美取向

在宋代以文治国的社会背景下，以伦理型文化为主体的中国古代思想体系对建筑的发展具有重要影响，到了南宋这种影响仍然是广泛的。如《营造法式》对用材等第的制定，使许多建筑群具有等第鲜明的差序格局，从建筑做法上强化了差序性的体现。这在宫殿、陵墓、礼制建筑及宗教建筑中表现得尤为突出。这些建筑群追求空间序列沿着中轴线展开，建筑高低大小的尺度变化乃至技术做法上，均要体现一系列等级要求，正如张彦远在《历代名画记》中所指出的："夫画者，成教化，助人伦，穷神变，测幽微。与六籍同功，四时并运。"建筑也参与到"成教化，助人伦"的大潮中，于是有学校、书院一类建筑的蓬勃发展，学校中并专门设有"庙"区以尊孔。不仅如此，还将颇具教化功能的个体建筑，建在村落、住宅群中。如江西赣江边的流坑村于宋代建状元楼，利用表彰先贤来教化子孙。浙江永嘉楠溪江，在苍波、方巷两村分别建望兄亭、送弟阁，以示不忘兄弟手足之情，为村落规划增添了伦理精神。此外，一些建筑装饰题材中出现了凤、鹤、莺、鸳鸯等飞禽，在《营造法式》卷三十三即载有禽鸟图样，这也是伦理含义的象征。《诗经》谓"鸣鹤在阴，其子和之"，表父子之情。《禽经》有"鸟之属三百六十，凤之长，又飞则群鸟从，出则王政平，国有道”，用以象征君臣之道。“鸳鸯匹鸟也，朝倚而暮偶，爱其类也”，用以象征夫妻之情。另外《诗经》还有“莺其鸣矣，求其友声”，表明交友之道。建筑以通过这些带有伦理寓意的飞禽作为装饰题材，实施其“成教化、助人伦”的功能，成为人们审美取向的重要组成部分。

随着当时社会经济的发展，伦理文化所影响的一系列成规也有所改变，建筑逐步摆脱过去的模式而有了新的发展，这表现在城市、佛寺、市井、住宅乃至个体建筑之中。在城市中坊巷制取代了里坊制，城市面貌焕然一新，例如威严的南宋宫殿，尽管在宋室南渡之时宋室选择因陋就简地利用原州治建筑，仍一改历史上以宫殿南门与城市主要干道相接的传统格局，以北门连接城市主干道。宫殿不在城市中心的至尊位置，更象征封建王权的建筑对城市规划的控制性作用被淡化。同时，随着商贸的繁荣，一些地方性城市的新兴建筑不再围绕着原有中心的行政建筑向四周扩展，而是依交通、港埠的条件偏于向某一方向发展，庆元府、泉州、扬州的发展皆未以保持礼制秩序为要。

不仅城市如此，在宗教建筑中也产生了新的变化。以南宋五山为代表的一批寺院，改变了过去一条轴线贯穿五六座殿宇的模式，而着重体现禅宗教派的“心印成佛”思想，形成了“山门朝佛殿，库院对僧堂”的以佛殿为核心的十字轴格局，提高了僧众的地位，千僧堂之类的建筑与佛殿、库院处于同一条横向轴线之上。

《周易》称“夫大人者，与天地合其德，与日月合其明，与四时合其序”，这一理念在这一时期的建筑中也有体现。在园林、住宅、寺观等类型的建筑中皆有“与天地合其德”的设计理念的表现，它们以对自然的崇敬、亲合、顺从的态度，进行着环境的设计与美化。例如在南宋五山诸寺中，以种植数十里松林路作为前导空间，使建筑群组能与所处环境有机结合，当人们通过那几十里林路之后，忘却了尘世的喧嚣，这时见到的是“青山捧出梵王宫”。又如楠溪江的村落，面对不利的风水形势，采用人工挖池、修路，化解当时人们认为的不利因素，并以文房四宝之象征物寓意村落环境，引导人们关心文运兴衰，激励人们进取向上，使村落规划中的山水环境与人的生活彼此相因，交融互摄，达到了非常完美的境地。

二、建筑的艺术风格

随着经济的发展，商业、手工业的繁荣，包括建筑业在内的官手工业实行“能倍工即赏之，优给其值”的政策，鼓舞工匠去探索、钻研，能工巧匠辈出。在技术娴熟的基础上，建筑造型日益丰富多彩，建筑风格日趋华丽。这种变化表现在一些个体建筑中，即改变了单一的几何形平面，出现了十字形、工字形、曲尺形、丁字形平面。一些宋代界画中所绘的建筑屋顶更为复杂，例如宋画中所绘滕王阁，高两层，主阁为丁字形，并带左右两挟阁，其下副阶周匝。主阁作重檐九脊顶，挟阁作单檐九脊顶，副阶于转角部位放大成角亭，再作一九脊顶，挟阁侧面还附有一个平卷棚式屋顶的抱厦。在有些建筑中还使用了十字脊式两个正交的九脊顶，如黄鹤楼图、闸口盘车图所示。现存宋代建筑虽大多不像宋画中的楼阁那么复杂，但均采用了造型活泼的九脊顶形式，由此不难看出人们的审美取向。至于建筑群组中亭台楼阁的高低错落、曲折多变的总体造型，更是丰富多彩。从宋画《明皇避暑图》可看出当时建筑群的绚丽风貌(图 9 - 1)。

图 9 - 1　宋画《明皇避暑图》

在城市的繁华街市中尽管建筑等第不高，但追求华丽却首屈一指，无论是文献中的描写，还是绘画中的表现，均可见到店铺处处廊庑掩映，彩楼、欢门此起彼伏，是表现柔和绚丽的宋代建筑风格的又一层面。

建筑色彩和彩画对建筑风格有着举足轻重的影响，虽然这时的建筑彩画遗物寥寥无几，但成书于北宋末的《营造法式》一书归纳了多种彩画形制：五彩遍装、碾玉装、棱间装、解绿结花装、丹粉刷饰、杂间装等，当时建筑彩画的风格以追求绚丽、灿烂的装饰，企图达到“轮奂鲜丽，如组绣华锦之纹尔”①，也即锦缎的装饰效果。遗憾的是这样的彩画仅在南宋时期的墓葬中尚可见一鳞半爪。南宋的一些地面建筑上仅可见“赤白装”，即七朱八白的彩画遗迹，如保国寺大殿梁枋表面的彩画。另外，杭州灵隐寺大殿前双石塔梁枋表面，以及杭州闸口白塔梁枋表面，均留有长方形浅凹槽，象征着木构建筑上的七朱八白彩画。由于气候的原因，木构上的彩画装饰难以保持，石塔采用了这种浅浮雕的办法，为后人留下了木构建筑彩画的“说明书”。一些华丽的彩画或许更多地会用于室内装修之上，如佛道帐之类。

第二节　木构建筑技术与艺术

在目前南宋时期的木构建筑实物留存极少的状况下，总结这一时期的木构建筑技术问题时，不能不谈及《营造法式》。一则《营造法式》产生的基础有江南地区的技术匠师所掌握的种种做法，如庆元府保国寺大殿的建造时间，比《营造法式》成书早 90 年，而其技术却在《营造法式》中可找到几十处对应者。再有《营造法式》产生于北宋末期，该书出版后仅仅过了 24 年宋室南迁，当时《营造法式》曾作为官方文献“海行全国”，南宋所在地区自然也在其中。另外在绍兴十二至十三年间曾有过一定规模的建设活动，较大的工程有太社、太稷、皇后庙、都亭驿、太学、圜丘坛、景灵宫等，当时的临安知府王唤主持这些建设工程，但因“朝廷在江左，典笈散亡殆尽，省曹台阁，皆令老吏记忆旧事，按以为法”②。朝廷并命诸州县求访遗书，王唤在绍兴

① 《营造法式》卷一三《彩画作》。

② （宋）庄季裕：《鸡肋编》卷中，文渊阁《四库全书》本。

十三年七月曾建议由他领导的临安府负责在秘阁举办曝书会，寻觅亡佚典籍，以后于绍兴十五年(1145)重刊了《营造法式》。在重刊题记中王晙曾写到："平江府今得绍圣《营造法式》旧本，并目录、看详共一十四册，绍兴十五年五月十一日校勘重刊。"需指出的是王晙曾于绍兴十四年正月出任平江知府，《营造法式》绍圣旧本是他在平江府时得到的，于是马上便重刊了，正是由于他任临安府守时的建设活动，促使他寻找《营造法式》，而这次重刊可以清楚地说明社会上对《营造法式》的需求。宋以后，此书仍是指导营造活动的权威性典籍。为与《营造法式》所述作一比较，不妨将南宋建筑放在整个中国(包括北宋及当时的辽、金地方政权统治区)大环境之下加以审视，同时将非南宋地区的遗存木构稍加列举。

一、木构建筑结构类型及体系的发展

在讨论结构体系之前，首先对于构架中的梁栿按照《营造法式》作一简要说明。一座建筑中在进深方向的重要承载构件为大梁，宋代建筑称其为"栿"，按其位置和长短又有檐栿、乳栿、劄牵、平梁之别，其长度用两个槫(相当于清式的"檩")之间的水平投影距离来衡量，称之为"架"，又称为"椽栿"。《营造法式》记载最长的檐栿可达"十椽栿"，短者至少为"三椽栿"，两椽长者在构架最上部时名为"平梁"，在构架下部时名为"乳栿"，一椽长者名为"劄牵"。这些梁栿凡是在天花以上者名为"草栿"，加工得比较粗糙。露在天花以下者或不设天花时称为"明栿"，明栿多加工成形如弯月的"月梁"，以便与天花、藻井相匹配。梁的断面大小与梁的长短有关，同时与铺作用材等第、铺作铺数关系密切，对此《营造法式》中做了详细规定。

对于结构体系，《营造法式》曾总结了三种类型，即"殿堂式"、"厅堂式"、"柱梁作"。现存实物可归为殿堂式一类者仅有前两种。但除此之外尚有新的体系出现，如"殿堂与厅堂混合式体系"、"古代空间结构体系"。

(一) 殿堂型抬梁式水平分层体系

殿堂式构架内外柱同高，在柱头部位形成铺作层。由于构架与铺作的关系密切，故依据斗栱布局的状况，《营造法式》记载了四种类型的构架分槽型式,并绘出了"分槽图"(图9-2),《营造法式》原书的分槽图绘出了殿阁四种分槽形式,现以建筑实例所见横剖面辅助说明之。需要指出的是,因南宋地域实物的缺失,故需借用北宋时期或辽、金地区的实例。

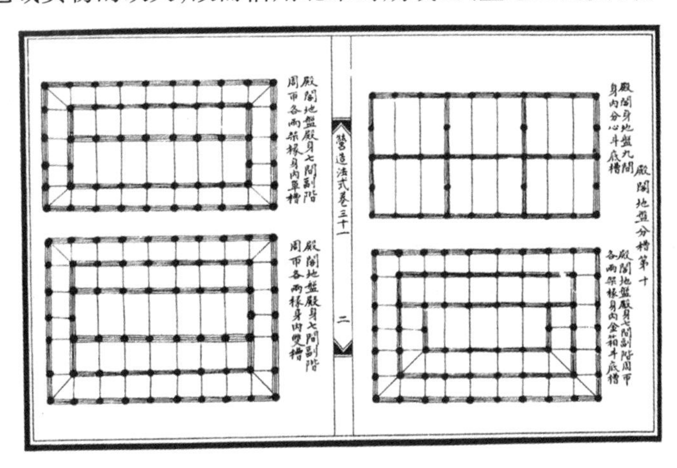

图9-2　《营造法式》所载大木作殿阁地盘分槽图

1."身内单槽"梁架

《营造法式》所举殿堂型的例子进深为八架椽,如山西太原晋祠圣母殿(图9-3)。

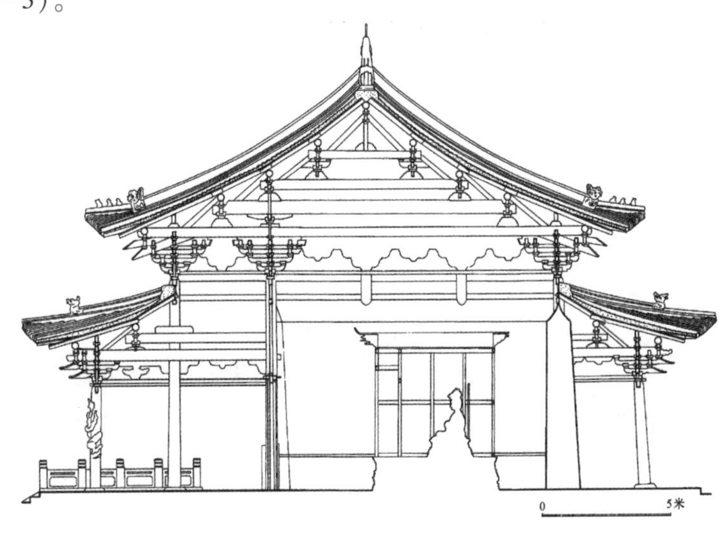

图9-3　身内单槽梁架

(宋)晋祠圣母殿剖面

2. “身内双槽”梁架

如苏州玄妙观三清殿。该殿的殿身构架虽然具有身内双槽的特点，但其梁架中的草栿不同于《营造法式》所列的抬梁式，即在大殿殿身结构柱支撑的铺作层以上仅仅使用长而大的梁栿，无柱子，三清殿铺作层以上的构架在前后内柱间采用了短柱支撑抬梁，最长的梁仅有六架。这样的做法可以减少超长木料的使用，节约了木材。

3. “金箱斗底槽”梁架

如山西下华严寺薄伽教藏殿(图9-4)。

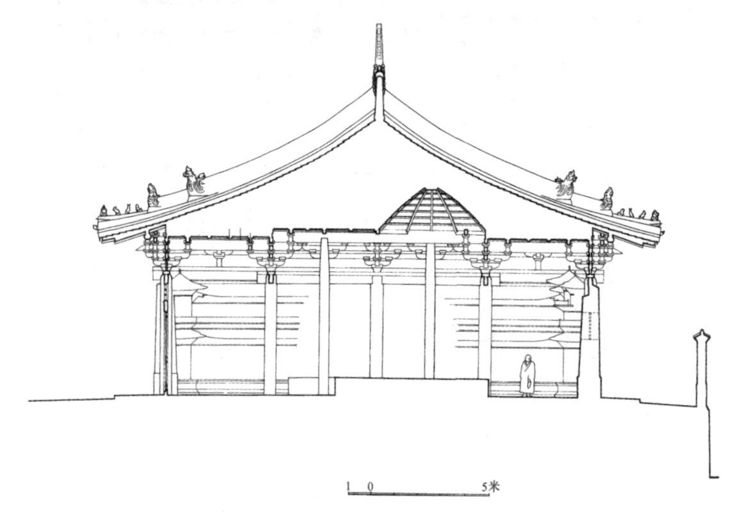

图9-4 金箱斗底槽梁架

(辽)大同下华严寺薄伽教藏殿剖面

4. “分心斗底槽”梁架

如蓟县独乐寺山门(图9-5)。

现存遗构规模大多小于《营造法式》所载的十架椽，仅南宋遗构苏州玄妙观三清殿接近，采用了十二架。但做法特殊，与《营造法式》所绘草架侧样不同。现存实例最大者不过八架椽，小者仅四架。这反映出建筑殿堂体系的运用未受房屋规模大小的限制，只是一种建筑级别高低的标志而已，且用材等级下限也超出《营造法式》的规定，例如本为“殿小三间”所用的五等

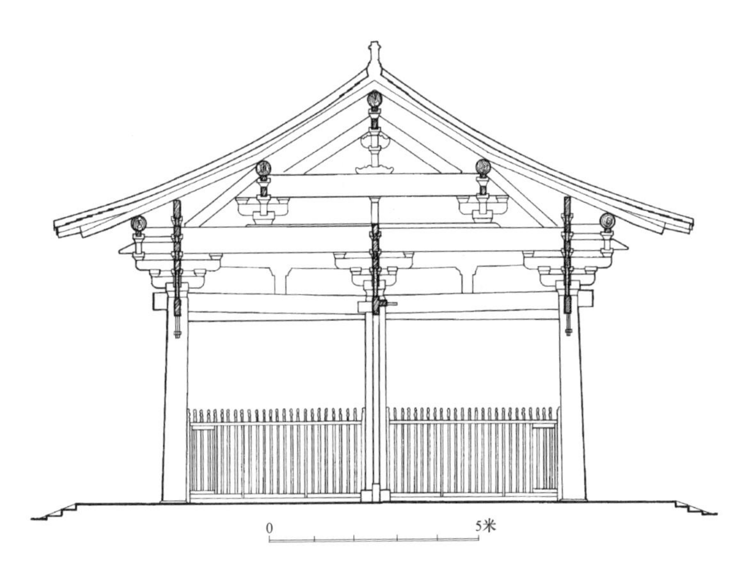

图9－5　分心斗底槽梁架

(辽)蓟县独乐寺山门

材,却在几个五至七间的殿堂式构架中被采用。

(二) 厅堂型抬梁式内柱升高体系

《营造法式》记载了六种类型:

1. 有一列升高的内柱,置于构架中心。如十架椽屋分心用三柱,未见实例。

2. 有一列升高的内柱,置于构架一侧。如河北涞源阁院寺大雄宝殿,六架椽屋乳栿对四椽栿用三柱(图9－6)。

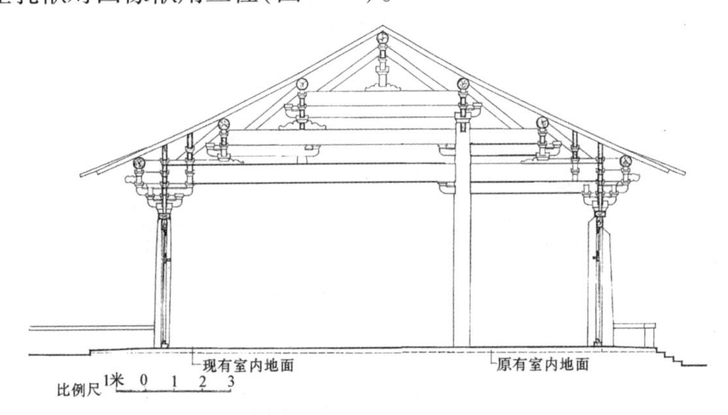

图9－6　一列内柱升高的厅堂式梁架

(辽)河北涞源阁院寺大雄宝殿

3. 有两列升高的内柱，对称布置。如山西朔州崇福寺弥陀殿，采用八架椽屋前后三椽栿用四柱(图 9-7)。

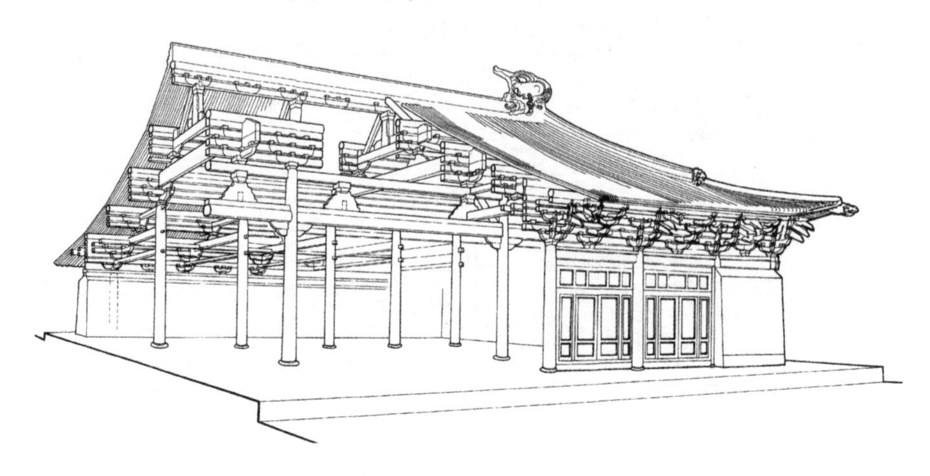

图 9-7 两列内柱升高的厅堂式梁架

(金)朔州崇福寺弥陀殿

4. 有两列升高的内柱，非对称布置。如河南登封少林寺初祖庵大殿(图 9-8)，采用六架椽屋前乳栿后劄牵用四柱。

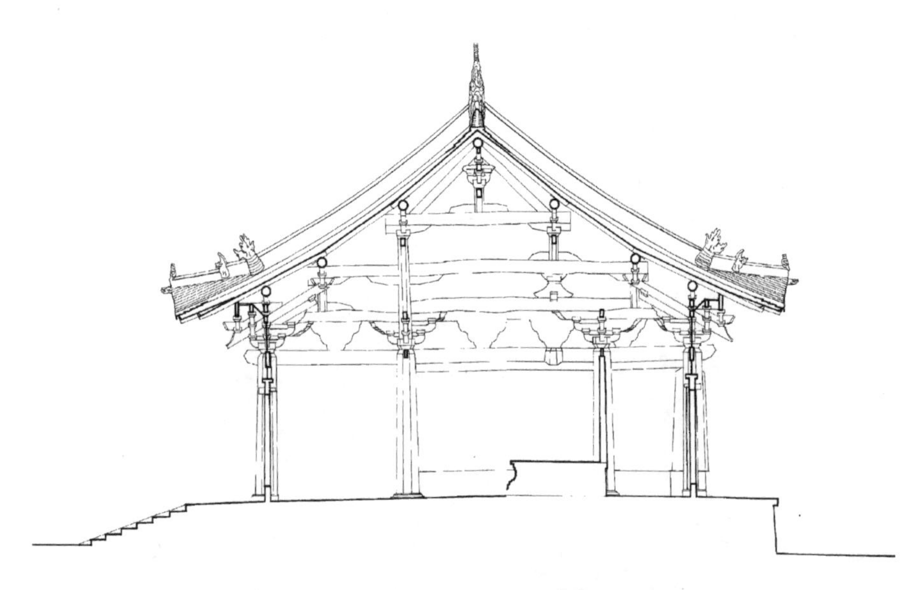

图 9-8 非对称两列内柱升高的厅堂式梁架

(宋)登封少林寺初祖庵

5. 有三列升高的内柱，分心对称布置。如十架椽屋分心前后乳栿用五柱，未见实例。

6. 有四列升高的内柱，前后承乳栿或劄牵。如十架椽屋前后各劄牵乳栿用六柱，未见实例。

在遗存的建筑中构架属 2 类者最多，3、4 类者次之，其余几类极为少见。

（三）柱梁作

是指一般小型建筑，结构构架中无铺作，仅有柱子和梁，例如宋画所绘的民间建筑。

（四）抬梁式殿堂、厅堂混合型体系

在这一时期的建筑遗物中，出现了一种《营造法式》未载的结构体系。这种体系的构架具有一般厅堂型内柱升高、下层梁尾入内柱的特点，同时又在内柱柱头上施带多层栱、方的复杂铺作。于是在外檐柱间与内柱间分别出现了两组由铺作中的素方构成的闭合木框，这两组木框所在位置一高一低，它们与梁栿和柱子共同构成了一个近似现代建筑中的空间结构体系，它在承受水平方向的外力时，比单纯使用殿堂或厅堂式构架更具优势。采用这种体系的建筑如辽宁义州奉国寺大殿、大同善化寺大雄宝殿、庆元府保国寺大殿、莆田元妙观三清殿等，有以下两种类型。

十架椽屋型：如义州奉国寺大殿。构架采用十架椽屋用四柱形式，前后两内柱不同高，前内柱位于上平槫一缝，但高度仅相当于下平槫分位，前内柱与外檐柱间置四椽栿。后内柱位于中平槫分位，高度较后檐柱高五材四栔。后内柱上置斗栱以承六椽栿，此六椽栿前端由置于四椽栿中的扶壁栱方承托。扶壁栱枋与后檐柱上的斗栱，以及两山梢间内柱上的栱枋组成闭合的刚性环状木框。前内柱上的木枋与此组木框相交。同时在外檐铺作组成的另一组刚性环状木框，大殿主要梁栿及内、外柱皆与这两组木框互相穿插，组成整个建筑的构架（图 9－9）。

八架椽屋型：如保国寺大殿。仅三开间，用了 12 根外檐柱，4 根内柱，构架采用八架椽屋前三椽栿、后乳栿用四柱形式，前后内柱不同高，前内柱在

图9－9　殿堂厅堂混合式梁架

（辽）义县奉国寺大殿

上平槫分位，后内柱在下平槫分位。大殿内、外柱间不仅有乳栿或三椽栿，一端置于外檐柱头铺作，一端插入内柱柱身，而且还有柱头铺作中的下昂；从外檐伸向内柱柱身或内柱柱头铺作，由乳栿、昂尾形成了一个稳定的“三角形结构”，它们支撑在后内柱的两个方向和前内柱的一侧，在整个建筑物上存在着六组这样的三角形结构。与此同时，在前内柱间，自阑额至由额间有五条素方组成的扶壁栱，在后内柱间阑额以上有两条素方组成的扶壁栱，前后内柱间又有屋内额相连系，于是在四内柱间存在着一个由阑额、由额、屋内额及素方组成的核心木框。在外檐铺作中又有由素方构成的另一组环形木框。两组环形木框通过六组三角形结构连成整体。这种结构做法，对大殿整体的稳定性起了重要作用。

（五）具有筒体型结构性质的木构体系

在公元10世纪前后，一些辽代的木构建筑中出现了对木构体系的新探索，最有代表性的建筑为应县佛宫寺木塔。其采用八边形环状双套筒型结构，特别是在外圈柱、阑额之间曾设十字交叉的剪刀撑，在暗层的内圈柱间使用了近似的三角形桁架，同时在内外柱间又设有V形斜撑，这些做法使木塔结构在弦向和径向都得到了加强，从而使它超越了一般传统木构架的受力性能，因此可以经受剧烈地震的考验（图9－10）。

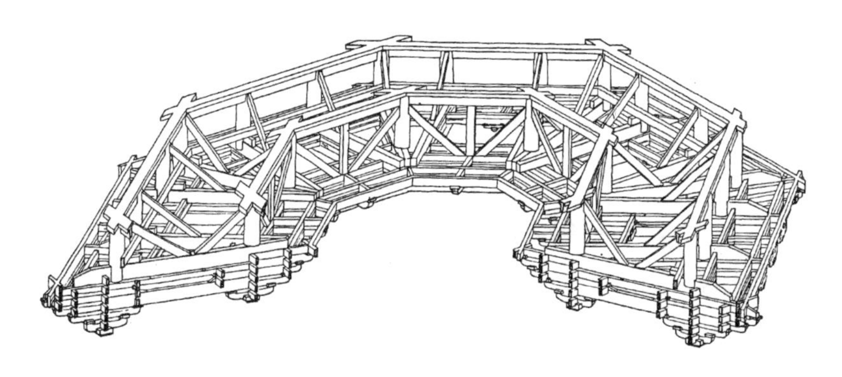

图9－10　应县木塔筒体结构解析图

正是由于像应县木塔这种筒体型结构的出现,才使建造具有高大室内空间的建筑成为可能,并具有良好的抗震性能,可存之久远,在中国古代结构发展史上写下了辉煌的一页。

二、平面柱网

木构建筑的柱网布置既要满足使用功能要求,又要考虑构架形式,有时两者会产生矛盾。随着结构技术的进步,这一矛盾逐步得到解决。在这一时期的建筑中,匠师们大胆地减柱、移柱,改变传统构架形式,产生了若干新型柱网平面。随之结构构架也出现了变化。

(一)建筑长宽比例

从这个时期的建筑遗构统计资料看,建筑的长宽比例大致可分成三种类型:一为接近方形者,一为宽深比为2∶1的长方形,一为宽深比为3∶2的长方形,三者各占1/3。开间方向从三间至九间,变化幅度较大,而进深方向多为三间或五间;个别的进深达七间,开间也为七间。一般长方形建筑的开间比进深多两间至四间。

(二)减柱或移柱

在辽、金地区一些佛寺殿宇中表现最为突出。为了扩大礼佛空间,多采用减掉前内柱或将其移位的办法,如建于金代的山西五台山佛光寺西配殿。这样做尽管使构架的复杂性增加,但却取得了前所未有的宽广空间的效果。

在南宋遗构、遗迹中留有使用满堂红的柱网之例，如苏州玄妙观三清殿和日本留学僧所绘《临安府径山寺海会堂图》、《天童寺配置图》、《灵隐寺僧堂》等，这应属江南地区的建筑做法。

（三）柱网与椽架的关系

在《营造法式》殿堂侧样中椽架整齐划一，内柱与上部槫缝无对位关系，屋面荷载通过槫传至草栿，再传至内柱柱头铺作，最后传给内柱。这样内柱位置可依使用功能进行调整。但在这一时期的建筑遗构中，无论是彻上明造，还是采用明栿、草栿两套系统的殿堂式建筑，大多将内柱与上部相应的槫缝对位，传力系统直截了当。至于厅堂式构架或殿堂厅堂混合式构架，更是完全遵循这一规律。但出现一种特殊现象，这就是椽架长度在一缝梁架中不等，以此来满足内柱位置调整的需要。如保国寺大殿，八架椽的最上部两架之长超出其他椽架约30%，两者相差64厘米。由此可以看出，匠师们恪守的原则是宁可改变椽架长度，也要使内柱与槫缝对位。

三、对木构模数制的运用

（一）建筑用材等第

《营造法式》大木作制度所总结的木构用材制度，普遍地应用在这一时期的建筑中，通过对现存24幢建筑实例用材状况的考察，发现有60%的建筑用材与《营造法式》所定用材制度基本相符，其余40%的建筑用材往往低于《营造法式》一等或两等。从梁栿断面的高宽比来看，实例有关梁栿尺寸的88个参数中有55.7%的梁栿高宽比在2∶1至3∶1的范围内。有30%的梁栿采用了与《营造法式》所定“材”的高宽比相同的比例。这样的梁栿断面比例具有极高的价值，不仅具有最高的出材率，同时可以达到最理想的受力效果。18世纪末至19世纪初的一位英国科学家汤姆士·扬（Thomas Young）通过木梁受力状况的研究实验，认识到木梁断面高宽比为2∶1时强度最高，3∶1时刚性最好，1∶1时稳定性最好。但是在他之前，西方的科学家并未认识到这一点，翻开材料力学发展史即可看到，在欧洲文艺复兴时期，达·芬奇曾提出“任何被支撑而能自由弯曲的对象，如果截面和材料都均匀，则距支点最远处，其弯曲也最大”，并进一步指出“两端支撑的梁的强度与其长度成反比，而与其宽度成正比”（这里的“宽度”一词意思即梁的高度）。到了17世纪，伽利略又提出：“任一条木尺或粗杆，如果他的宽度较厚度为大时，则依宽边竖立时，其抵抗端裂的能力，要比平放时为大，其比例恰为厚度与宽度之比。”这两位科学家的论点只停留在一般的力学概念上，而中国的工匠在11世纪建造的建筑中对此已经有所体现，并被官方所编的建筑标准做法《营造法式》所采纳，成为指导全国建筑行业的法式制度。这先于汤姆士·扬的实验数据几百年。国际著名科学史家李约瑟博士曾经指出，中国在19世纪以前，科学技术成就领先于世界几百年。美国费正清博士也称“宋代是伟大的创造时代”。

至于梁栿断面尺寸的绝对值，大多数建筑比《营造法式》所定要小一等。另外，也有建筑梁栿用材超出《营造法式》规定一等的例子。

在使用殿堂与厅堂混合式构架的建筑中，斗栱用材多按殿堂来计，梁栿用材多取厅堂等级，在这类建筑中仅庆元府保国寺大殿三椽栿和平梁断面用材与殿阁类相近，但其乳栿用材仍然偏小。以上所述用材等第偏低的现象，究其原因可能有二：一是这些建筑地处偏远区域，未必能遵循《营造法式》的规定；二是这些建筑皆为寺院建筑，而《营造法式》系针对官方承建的重要工程编制，要求的安全度比前者要大。

（二）建筑群用材等第

在建筑群的配置方面，能够严格按《营造法式》的原则区别主次、体现差序格局者为数不多，主要是由于建筑群中的房屋经后世重修、重建的较多，凡经明、清重修者很难保持原貌。但仍留有基本保持原貌的辽、金建筑遗物大同善化寺，该寺每幢建筑依其在建筑群中的地位选择了不同的用材等第，使这一群组主次分明、尺度完美，较好地反映了当时建筑群的用材特点。

在个体建筑中，《营造法式》曾规定副阶用材减殿身一等，但多未按此行事，而苏州玄妙观三清殿殿身用三等材，副阶用六等材，两者相差尤为悬殊。

（三）运用材分°模数的木构架节点

在这一时期的建筑遗物中，以斗栱为节点的构造标准化普遍被采用，其做法千姿百态，大大超出《营造法式》所列图样范围，但均采用材栔相间的组合构造，处处体现着匠师们的创造精神。

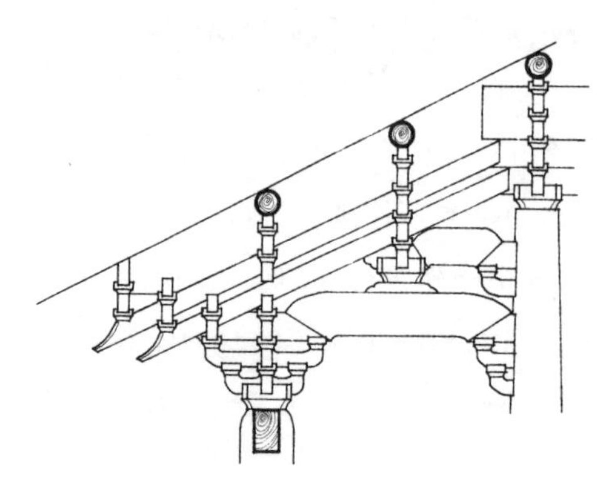

图9－11 梁柱节点作法之一
（宋）庆元府保国寺大殿

1. 梁柱节点

如外檐柱头铺作，其做法有下列数种：

1）梁首入柱头铺作后前伸作成华头子，如保国寺大殿、莆田元妙观三清殿斗栱（图9－11）。

2）梁首入柱头铺作后作成出跳华栱，如河北蓟州独乐寺观音阁斗栱（图9－12）。

3）梁首入柱头铺作形成把头绞项造，如山西平顺龙门寺西配殿斗栱（图9－13）。

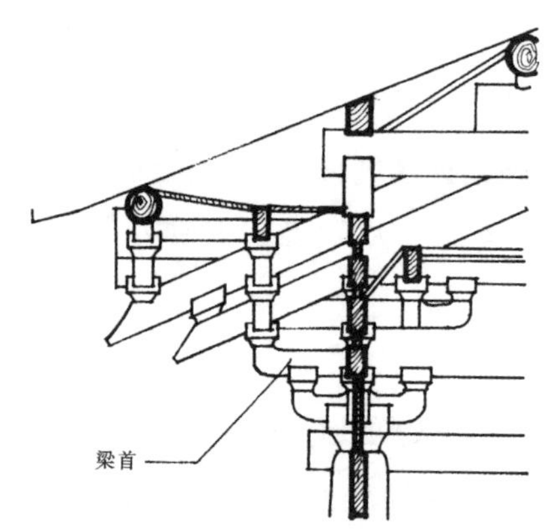

图9－12 梁柱节点作法之二
（辽）蓟县独乐寺观音阁

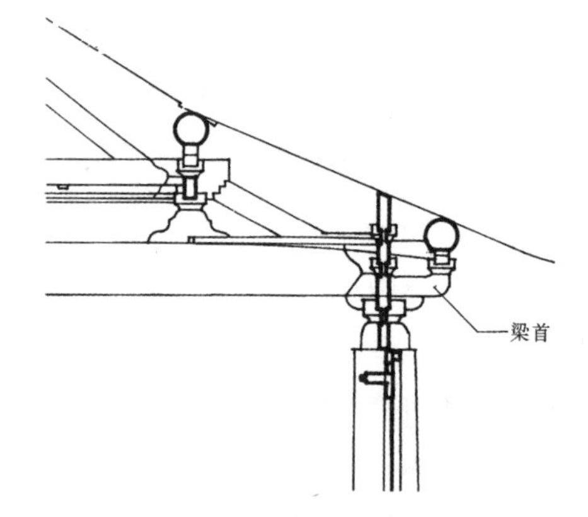

图9－13 梁柱节点作法之三
（辽）平顺龙门寺西配殿斗栱

4）梁首入柱头铺作后作成耍头，如苏州玄妙观三清殿下檐斗栱。

5）梁首不入铺作，乳栿或檐栿置于铺作之上，有的充当衬方头，如苏州玄妙观三清殿殿身斗栱。

2. 梁首节点

在构架中通过置于驼峰或蜀柱上的大斗作节点，将梁首及襻间分别从两个相互垂直的方向入斗口，有时大斗上先作十字栱一层，再承梁及�间，如保国寺大殿。这类节点多用于平梁、劄牵、三椽栿等。

3. 槫与槫相接节点

在槫与槫的相接处，多取单斗支替木或令栱支替木的方式承托槫。庆元府保国寺大殿以重栱支素方再承槫。但无论那种做法，皆以材栔相间组合为节点的构造基础。

四、铺作

《营造法式》对这一时期的铺作进行了归纳整理，具有权威性，然而具体的实物则由于地域广阔以及随时代进步，产生了一系列变化，使人们看到了一幅幅多姿多彩的、颇具匠心的创造性作品，现从以下几个方面加以考察。

（一）从“偷心造”转变为“计心造”

成书于公元1100年的《营造法式》所推崇的铺作是全计心造，这样可使铺作层的网架更为完善。然而，在《营造法式》成书前的木构建筑中，铺作使用全计心造者极少，从现存的18幢木构建筑遗物来看，早期的10座仅有苏州虎丘二山门一例在檐下使用计心造做法，蓟州独乐寺观音阁仅在平座柱头铺作用了计心造，两者只占总数的20%。接近公元1100年的8幢建筑上使用的23个类型的铺作中，有11组采用了计心造，处于外檐者7组，处于平座者4组。在《营造法式》“海行全国”以后，无论是在宋朝统治区，还是辽、金地区，采用计心造者日益增多，现存遗构10幢，共18组铺作，采用计心造铺作共14组，处于外檐铺作者12组，处于平座铺作者2组，占总数的89%。为什么会出现这种变化呢？笔者认为引起匠师们思考问题的起点是在转角铺作，用偷心造斗栱承托巨大的翼角很不稳固，于是在公元984年建造的独乐寺山门和观音阁上檐转角铺作中出现了抹角华栱。与其同时期、建于公元966年的涞源阁院寺文殊殿也使用了这种办法，从阁院寺文殊殿的仰视平面图可以直观地觉察到这种做法的目的（图9－14）。工匠们将垂直于角梁方向的斜华栱放在转角铺作第三跳的高度，这样便需在其下设一只能承托抹角栱的瓜子栱，这只瓜子栱位于第一跳正身华栱的跳头上。从整个铺作层来看，促进了全计心造的诞生。与此同时，还有补间铺作从简单到复杂的变化，随着转角铺作中斜栱的使用，促使补间铺作与柱头铺作铺数相同，于是便形成了清一色的计心造铺作，使斗栱与素方构成了空间的网格，铺作层便达到了较完善的程度。南宋淳熙七年（1180）所建的四川江油飞天藏，藏身与天宫楼阁斗栱共有29种之多，全部采用计心造，并且出现45°和60°斜向布置的栱，说明南宋时期计心造斗栱技术已经相当纯熟，并且可以让人们直观地了解计心造所形成的空间网格，以及其对保证建筑整体性的价值。

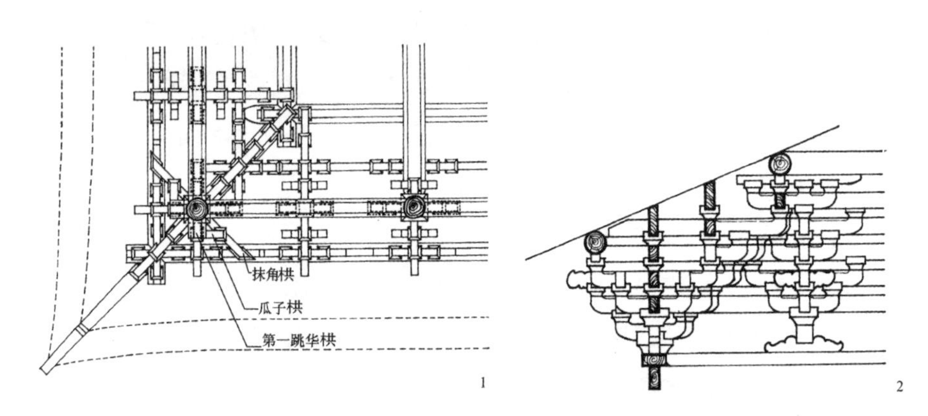

图9－14　抹角华栱作法

1.（辽）涞源阁院寺文殊殿转角铺作仰视平面；2. 文殊殿补间铺作与转角铺作立面

（二）铺作组合与变异

1. 铺作铺数与出跳数

在这一时期的建筑中，外檐铺作最高使用七铺作，大木结构中无一八铺作的实例，只有正定隆兴寺转轮藏殿的小木作"转轮藏"藏经柜上使用了八铺作斗栱。一般铺作铺数外跳依出跳栱昂多少而计，《营造法式》中的铺作，外跳比里跳跳数要多一跳或两跳，但在实例中却不尽然，有的铺作里跳多于外跳，如庆元府保国寺大殿，外跳作双杪双下昂，里跳有的部位变成了出五杪。且其出杪已无悬挑意义，只是填充昂尾下的空间罢了。这种上昂的做法，在南宋时期所建的飞英塔中已经出现，后来的元代金华天宁寺大殿中已经可以看到在外檐斗栱中采取上昂的做法（图9－15）。把多余的出跳华栱以上昂取而代之,匠师们处理得简洁明确,这成为后世鎏金斗栱的先声。

《营造法式》从建筑整体上的考虑也提出了减少铺数的要求,如副阶、缠腰或与殿身相同,或减殿身一铺。实例多遵循这一规矩,只有苏州玄妙观三清殿,殿身采用七铺作,副阶只有四铺作,两者有三铺之差,是为特例。又如《营造法式》还要求楼阁建筑上屋减下屋一铺,实例中楼阁并未遵照此法,但应县木塔的铺作却是上屋逐层减下屋一铺,只不过五层的四铺作稍有变异,出跳的华栱加长,之下施约半个栱高的一条垫木。

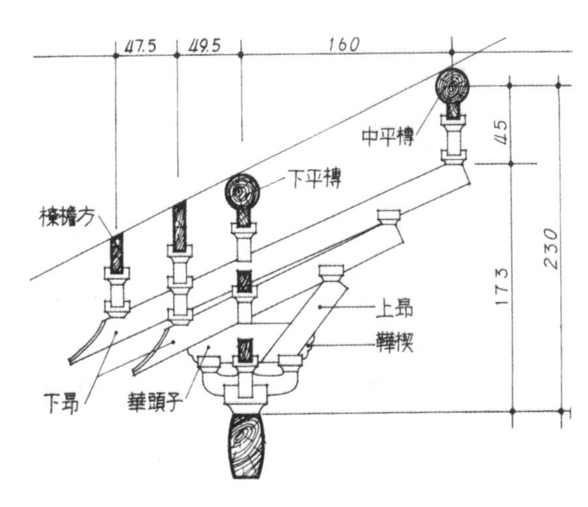

图 9－15 铺作里挑采用上昂

(元)金华天宁寺大殿

2. 下昂造与卷头造

建筑的外檐铺作中,下昂造铺作占有较大优势,因其既可满足挑檐的深远需求,又可使檐口降低,便于遮挡风雨,保护木构及墙体。

下昂造比卷头造铺作构造复杂,施工难度大,特别是柱头铺作昂尾的处理,《营造法式》中曾提出过四种做法,在实例中又有多种与《营造法式》不同的做法。

1) 柱头铺作下昂尾有的直接用明栿压之。

2) 昂尾压于里跳华栱之下,上部再以梁栿压之。

3) 昂尾插入内柱柱头铺作,如浙江庆元府保国寺大殿,使外檐铺作与内檐铺作通过“昂”这个斜置的构件联系起来,使铺作层所形成的空间网架更为稳定,从而加强了建筑构架的整体刚性。

4) 昂尾压在檐栿之上的割牵牵首之下。

5) 自槫安蜀柱以插昂尾,如保国寺大殿。

下昂造铺在实例中出现了与华栱平行的昂，如苏州玄妙观三清殿殿身的七铺作皆出现了这种平伸的昂。这种做法虽未被《营造法式》收入，但却为元以后至明清建筑上使用的假昂开了先河。

《营造法式》平座铺作图中绘有上昂，在外檐平座铺作中现存实例皆用卷头造，其里跳使用通长的木方。平座采用上昂造者仅南宋所建浙江湖州飞英塔内檐平座一例。

内柱柱头铺作主要采用卷头造，在殿阁型的构架中，因为内柱柱头铺作需承托乳栿与檐栿，当然无需使用下昂或上昂。

3. 扶壁栱的配置

扶壁栱是处于正心方之下的栱，对于一组铺作的坚固性至关重要。《营造法式》要求铺作若为计心重栱造，则扶壁栱采用泥道重栱上加素方；而铺作为单栱偷心造时，扶壁栱既可用泥道重栱，也可用两重单栱、素方。实例中完全遵照这些原则设置扶壁栱者极少，如苏州虎丘二山门和苏州玄妙观三清殿曾使用泥道重栱，元代的金华天宁寺曾使用两重的单栱素方（图 9－16）。而大多数建筑皆采用一重泥道栱上施多重素方（图 9－17），这样在外檐柱中线上便形成了以多层木方为中坚的铺作层。

图 9－16　扶壁栱

（元）金华天宁寺

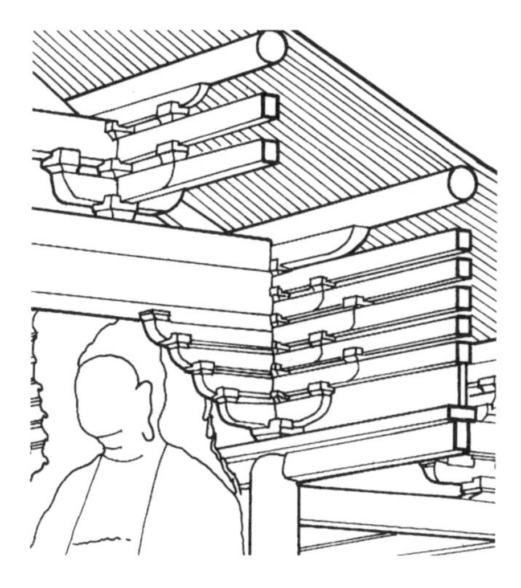

图 9－17　铺作正心施多重素方

（辽）义县奉国寺大殿

4. 斜华栱的运用

这一时期的建筑非转角铺作中出现了不少使用斜华栱的建筑，最早者为北宋皇祐六年（1054）的正定隆兴寺摩尼殿（图 9－18）。南宋治内的四川江油飞天藏上的斗栱几乎全部使用斜华栱组合而成。

图 9－18　斜华栱的应用

（宋）正定隆兴寺摩尼殿

五、建筑总体特征

（一）屋顶

屋顶是古典木构建筑最具特色的部分，它蕴含着建筑等第、规模、尺度等诸多信息。就造型而论，四阿顶庄重、严肃，九脊顶活泼、华丽，不厦两头造的两坡顶朴素、大方，斗尖顶（即清式的钻尖顶）挺拔、轻盈。除此之外这一时期还出现了多种屋顶组合在一幢建筑物上的做法，例如宋画所绘滕王阁、黄鹤楼，它们的屋顶艺术效果比上述四种单一形式的屋顶更为灿烂辉煌。从时代和地域风格看，北方的辽、金建筑喜用四阿顶，九脊顶用得不多。而宋代建筑遗构绝大多数为九脊顶，但在宋画《清明上河图》中所绘城门楼和《瑞鹤图》中所绘宣德门仍为四阿顶，但其他建筑则不然，南宋绘画中的高档建筑即以九脊顶为主。宋人青睐九脊顶可能与追求歌舞升平的社会风尚有关系，故而屋顶建筑更推崇绚丽多彩、轻巧亲切的风格。

现存遗构就屋顶来看，大体在《营造法式》所总结的举高与前后橑檐方间距之比为1/3—1/3.8范围之中。为了使四阿顶建筑造型更完美，《营造法式》指出“如八椽五间至十椽七间，（脊槫向两端）增出三尺”的做法。这时遗构增出普遍较小，《营造法式》总结的增出尺寸相当于0.5椽架的长度，校正了一些四阿顶实例中正脊短的造型缺陷。

九脊顶和悬山顶皆需于屋顶两端出际，《营造法式》要求九脊顶“出际长随架”，然而这一尺寸是当九脊顶山面坡顶为两椽长时才合适，有些小型建筑的山面坡顶仅为一椽长，则出际也应随之减小。无论是九脊顶还是高档悬山顶，在出际的端部皆做搏缝版、垂鱼、惹草。它们看似装饰，实为防止槫的出头部位因风吹雨淋而糟朽。搏缝版和垂鱼、惹草成为这一时期高档建筑的标志性木装修，《营造法式》小木作制度中规定“凡垂鱼，施之于屋山搏风版合尖之下；惹草施之于搏风版之下，搏水之外”。并按照屋顶的大小，记载了可以参照的尺寸：“垂鱼长三尺至一丈，惹草长三尺至七尺，其广厚皆取每尺之长积而为法。垂鱼版每长一尺，则广六寸，厚二分五厘。惹草版每长一尺，则广七寸，厚同垂鱼。”它们的长宽比例分别规定为10∶6和10∶7。

垂鱼、惹草上的装饰花纹在《营造法式》"造垂鱼惹草之制"中指明"或用花瓣,或用云头造"。宋画《朝回环佩图》、《水殿招凉图》、《四景山水图》、《夜潮图》乃至《清明上河图》中的大酒楼,皆绘有垂鱼、惹草。这样的山面处理,使屋顶显得格外华丽。

不厦两头造(即悬山顶)在南宋建筑中也是应用很普遍的一种,只不过做法有高低之分。讲究的在山面也使用了搏缝版、垂鱼、惹草,一般建筑则使用没有带花瓣、云头的垂鱼、惹草。

这一时期的建筑屋顶形式与建筑等第、身份之间尚未确立统一的标准,在北方的寺院建筑群中曾出现中轴线上的殿宇采用清一色的庑殿顶、两厢用九脊顶之例,也有建筑群的主要建筑使用九脊顶而山门却使用四阿顶。南宋皇陵中的永思陵,中轴线上使用了"直废造"的殿宇,即不厦两头造的两坡顶,由此更可证明当时选择何种形式的屋顶,尚无明确的等第规定,只是在实例中表现出来,以庄重的四阿顶等级最高,九脊顶次之,两坡顶最普通。

瓦屋面的轮廓除了屋檐部位之外,在屋面相交处皆设有屋脊,而这时的建筑屋脊并无烧制的成品,而是用瓦片层层砌筑,称之为"条瓦垒脊"。按《营造法式》规定:高大的殿阁屋顶正脊由 37—31 层条形瓦垒成,堂屋 21 层,厅屋 19 层,门楼 17—11 层,廊屋 9 层,垂脊减正脊 2 层。正脊的两端施有鸱尾,垂脊的前端施有兽头,屋顶的角部施有嫔伽、蹲兽。屋脊和脊兽不仅是装饰构件,更是屋顶的防护构件,它们在屋面防水中起着重要作用,同时对于稳定屋脊瓦件的位置也至关重要。当然对于屋顶造型艺术来讲,这些构件更是不可或缺,那正脊两端飞扬的鸱尾、起翘的屋角上的蹲兽,使屋顶轮廓更为丰富。至于鸱尾的形状还是颇有来历的,据文献载"《唐会要》曰汉柏梁殿灾,越巫言海中有鱼虬,尾似鸱,激浪则降雨,遂作其像于屋,以厌火灾"。在南宋的几个实物中有的像鱼尾,有的则加以变化(图 9－19a、19b),反

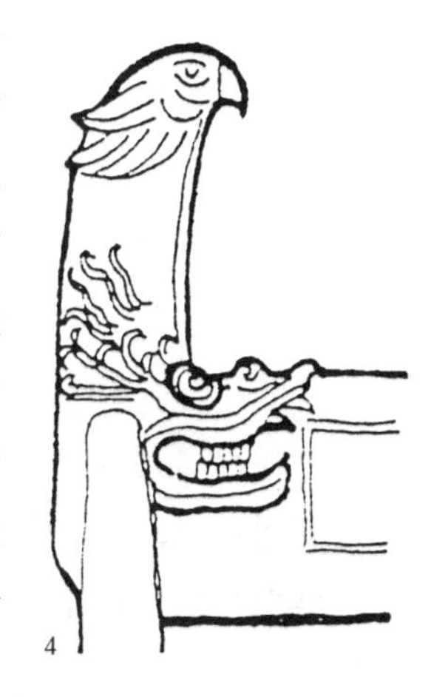

图 9－19a　屋顶鸱尾
(宋)福建泰宁甘露庵

映出当时匠师不拘一格追求变化的审美意象。

图 9－19b　屋顶鸱尾

《五山十刹图》中的金山寺佛殿、何山寺钟楼鸱尾

（二）外檐下檐柱与立面造型的比例关系

1. 柱高与开间之比

据《营造法式》归纳，当时的建筑开间划分有三种：一为逐间相等，一为自心间始逐间递减，一为当心间加大至次间的一倍半。而建筑的立面造型与柱高有着密切的关系，核心问题之一是如何确定建筑柱高与开间的关系，特别是当心间柱高与开间的关系。《营造法式》曾有“柱高不越间广”的原则，这主要是指当心间柱高与间广的关系，但柱高到底与间广之间采取怎样的比例，《营造法式》未曾有成文规定，宋、辽、金时期的建筑遗构所采用的当心间皆遵循“柱高不越间广”的通则，但开间比例不一，其中当心间使用单补间的 31 例中开间与柱高的不同比例实物如下：

开间:柱高 = 1:0.7—0.79 者共 12 例，占 39%。

开间:柱高 = 1:0.8—0.9 者共 8 例，占 26%。

开间:柱高 = 1:1者共 8 例，占 26%。

另有 3 例柱高比开间稍大。

可以认为这一时期使用单补间的建筑大多数建筑当心间与柱高的比例控制在 1:0.8 上下。

当心间使用双补间者，不再有柱高超过心间宽度的情况，但柱高与心间

宽度之比并没有比前者降低,例如:

开间:柱高为1:0.7—0.79者9例,占60%。

开间:柱高为1:0.8—0.99者4例,占27%。

开间:柱高为1:0.59—0.69者2例,占13%。

当心间放宽后柱高也有所增高,但南宋时期的仅有的木构建筑遗物皆在1:0.78以下。

2. 柱高与出檐之比

中国古代建筑具有深远的出檐,产生出一种独特的艺术效果,然而这种艺术效果不仅来自出檐本身,而且关系到它与建筑各部分的比例,特别是与柱高之间的比例。清代工匠流传的一句口诀是"柱高一丈出檐三尺",这是对清代建筑柱高与出檐关系的概括,《营造法式》对于出檐长度有详细规定,难以用一句话来概括,从宋、辽、金时期的遗构看,若出檐从柱中心线算起,那么可以说多在"柱高一丈出檐五尺以上"。这里的柱高之上还有铺作高,加上铺作高之后,柱高与出檐之比在1:0.7—0.79者占22%,在1:0.6—0.69者占30%,在1:0.5—0.59者占37%,实例中檐部挑出最大者为义州奉国寺大殿,出檐长度4.33米,出檐挑出最短者为虎丘二山门,出檐长度1.74米。如果不计铺作出跳数,单纯看悬挑部分的长度,亦即柱高与上檐出之比,在1:0.4者占41%,在1:0.3—0.39者占52%,檐部纯悬挑尺寸最大者为大同上华严寺大雄宝殿,长达2.76米。

需要进一步分析的是主要影响出檐长度的决定因素是什么,从建筑遗构看用材等第起着重要作用。随着用材等第的提高,出檐值迅速上升。同一铺作铺数情况下实物出檐值多低于《营造法式》所定值。

3. 柱高与铺作总高之比

柱高与铺作总高之间采用合适的比例,对建筑总体造型有相当的影响。据遗构统计,柱高与铺作总高之比在1:0.3—0.39者占41%,在1:0.2—0.29者占31%,以上两部分占遗构总数的72%,在这一范围内的实例均为采用五铺作以上者。对于一些特殊例子如平座柱与平座铺作的比例关系不在讨论范围之内。一般建筑铺作为柱高的1/3左右,年代较早者可达1/2.5。

4. 柱高与单檐建筑总高之比

建筑总高与建筑总进深和铺作等第皆有很大关系。凡四架椽屋使用五铺作以下者，柱高可达建筑总高的一半；若六架椽屋以上，使用五至七铺作者，则柱高与建筑总高之比在 1∶2.2—2.7 范围。南宋的三座使用七铺作的单檐建筑，柱高与建筑总高之比在 1∶2.5 以上。由此可见屋顶在建筑总体所占比例之巨。

南宋治内木构建筑立面相关尺寸及比例一览表

建筑名称			虎丘二山门	梅庵大雄宝殿	保国寺大殿	苏州玄妙观三清殿副阶	莆田元妙观三清殿
用材等第			五	六—七	五	六	材高为一等 材宽为七等
当心间宽	（厘米）		600	484	562	635	512
当心间铺作	补间铺作	铺数	四铺作	七铺作	七铺作	四铺作	七铺作
		朵数	2	2	2	2	2
	大斗底至橑檐枋背总高（厘米）		87.5	110	175	250	220
当心间柱高与柱径	檐柱高（厘米）		382	282	422	493	371
	檐柱径（厘米）		38	39	56	56	60（石材）
总檐出（厘米）			174	235	295	368.5	
净悬挑（厘米）			131.5		130	219	
单檐建筑总高（地面至脊槫背）			758.5	745	1149		919
当心间宽∶柱高			1∶0.64	1∶0.59	1∶0.75	1∶0.78	1∶0.72
柱高∶总出檐			1∶0.46	1∶0.82	1∶0.10	1∶0.78	
柱高∶铺作总高			1∶0.23	1∶0.38	1∶0.42	1∶0.51	1∶0.59
柱高∶单檐建筑总高			1∶1.25	1∶2.6	1∶2.72		1∶2.48
檐柱高∶柱径			10.05∶1	7.33∶1	7.54∶1	8.80∶1	1∶6.18

注：表中“总檐出”为出跳长 + 檐出 + 飞子出。

“总悬挑”为檐出 + 飞子出。

5. 柱之生起与侧脚

这时期的木构建筑普遍采用柱生起与侧脚的技术措施，以防木构架因上部大屋顶重量下压，柱子向四周散脱，《营造法式》曾规定柱子侧脚为柱高的1%—8%，但实物均超过这一数值。侧脚方向《营造法式》所定仅为向内侧倾，而实物中出现既向内侧倾，又向当心间侧倾的双向侧倾做法，如应县木塔。

至于柱之生起，皆多遵循《营造法式》自心间起逐间生起，但与《营造法式》每间生起2寸之法小有出入，少数超出2寸可达6.5寸之多，如善化寺大雄宝殿。也有不足2寸者，如独乐寺观音阁，保国寺大殿两例均不足1寸。一般生起在2—3寸者约占60%。但从中看不出与用材有何关系。

（三）柱梁自身比例造型与技术做法

1. 柱之长细比

受“扁方为美”的开间比例观念影响，这一时期外檐下檐柱之长细比明清时期粗壮，遗构中柱高与柱径之比在1∶8—1∶9者有15个，占44%；在1∶7以上的有8个，占23.5%；在1∶10以上的有11个，占32.5%。而重檐建筑上檐柱的长细比则在1∶13.6—1∶16.9的范围，有个别特例超过这一比例。

2. 柱身造型

《营造法式》“造柱之制”一节中有“梭柱”的称谓，顾名思义，因柱子外形如“梭”形，而现在北方所有的辽、金及北宋遗构，多见柱身上部带卷杀做法，但在江南却有多例为上下均带卷杀者，如最早建于北宋初的杭州灵隐寺石塔、闸口白塔（图9-20）、北宋大中祥符八年（1015）重修的莆田元妙观三清殿皆采用了上下均作卷杀的地道梭形柱。

图9-20 梭柱

（宋）杭州闸口白塔

3. 拼合柱

柱子在一幢建筑中作为主要承受荷载的构件，需要使用长、大且粗壮的木料，这本无可厚非，但随着木材多年消耗，资源匮乏不可避免，《营造法式》中于是记载了拼合柱的做法图样。现存唯一宋代使用拼合柱的遗构采用了与《营造法式》不同的做法，庆元府保国寺大殿将四根细的圆形木料，用透拴穿成一体，表面再加竖向木条，巧妙地作成瓜梭形式。在江浙一带的宋代石塔中也存在不止一例的瓜梭柱，而且外形略带卷杀。拼合柱的意义不仅在于解决木料缺乏的问题，而且对以后木构建筑发展产生了深远影响，后世利用它将楼阁的插柱造通过拼合改变成楼阁上、下层内柱连成一体的通柱造，从而摒除了插柱造容易出现层间变形，造成楼阁上、下层柱彼此歪闪的弊端。

六、木装修与家具

（一）外檐装修

宋、辽、金时期是木装修得到广泛发展的历史阶段，从《营造法式》六卷的小木作已露端倪。外檐装修的门窗《营造法式》记有版门、乌头门、格子门（图9－21），直棂窗、板棂窗、睒电窗、阑槛勾窗等。在建筑遗存中这一时期的木装修虽属凤毛麟角，但仅有极少的几例，已可看出比《营造法式》的总结又有所进步，例如金代木构建筑中的格子门，比《营造法式》的球纹格子花型增多，做工更为复杂。金皇统三年（1143）崇福寺弥陀殿门窗使用了三角纹、透雕古钱纹、簇六石榴瓣椂花格子纹（图9－22）。山西侯马金代董氏墓格子门、河南洛阳河涧

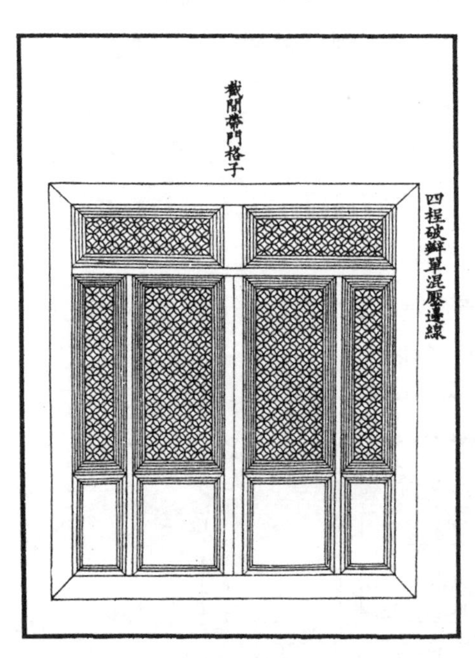

图9－21　格子门

图9－22　透雕簇六石榴瓣棂花格子纹
朔州崇福寺弥陀殿

金墓格子门有龟纹、菱形、十字、万字等花格式样，花格间又镶嵌花卉或动物之类的画面。这些格子门的腰华版和裙版部分也满雕花卉和人物故事纹样。

一些南宋绘画如《华灯侍宴图》、《楼台月夜图》所绘宫殿一类，其中的建筑门窗仅仅绘有《营造法式》中“四直方格眼”的样式，有人据此误解其为南宋建筑的主要门窗形式。实际上在北宋时期已经发展起来的花格门窗不可能这时退步成仅仅会做四直方格眼的门窗，从南宋《雪霁行江图》所绘带有船厅的大船样式来看，画家已经绘出了一种类似六角纹的门上花格和带有如意纹的裙版（图9－23）。连船厅都可使用的窗格样式，在建筑上显然也会存在。

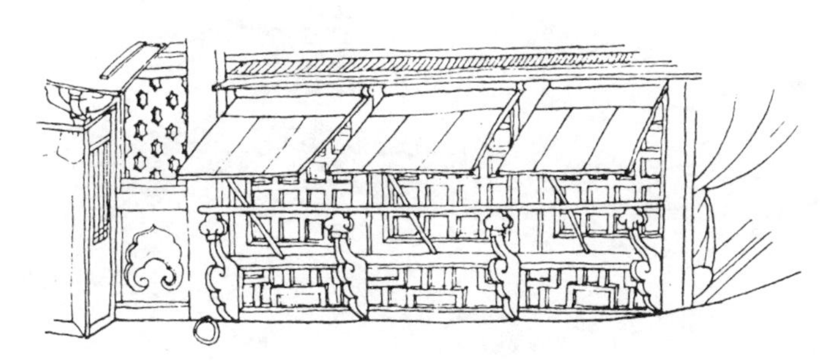

图9－23　宋画《雪霁行江图》中的六角纹格子门

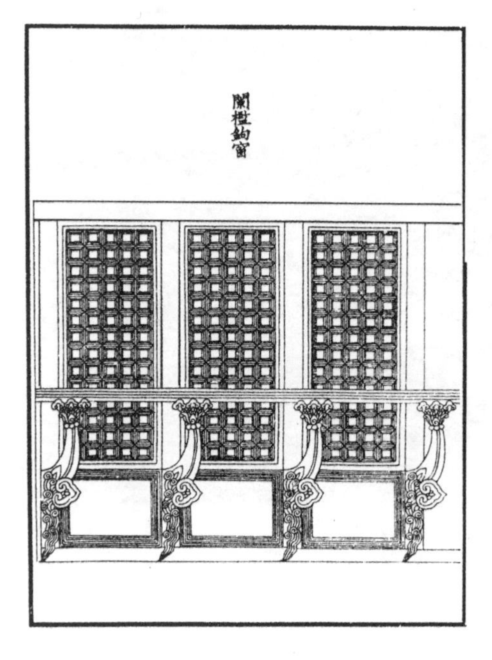

图9－24 阑槛勾窗

另外从这张图片上还可看到一种复杂的高等级门窗，即阑槛勾窗，它的功能是可以坐在窗台上凭栏赏景，窗台上设有一排靠背栏杆。图中所绘栏杆支撑寻杖（扶手）云栱鹅项与《营造法式》卷三十二所绘图样几乎如出一辙（图9－24）。在《水殿招凉图》中的亭榭，画面绘出了临水一面以永定柱及柱头铺作支撑的平座上施木勾阑，勾阑由寻杖（扶手）、瓶形撮项、盆唇、花板、地栿等构成，花版本身有边框，并向外悬挑，花版用立柱分成一间间，上雕有扁扁的壸门（图9－25）。它的细部形式也是对《营造法式》单撮项勾阑的补充（图9－26）。

图9－25 李嵩《水殿招凉图》中的木勾阑

（二）内檐装修

《营造法式》所载内檐装修主要是天花、木勾阑，以及宗教建筑中常用的特殊室内装修，如转轮藏、壁藏、佛道帐等。属于天花者有平阁、平棊、大斗八藻井、小斗八藻井，但这一时期的遗存已无单纯使用平闇者，独乐寺观音阁、应县木塔均将藻井与平闇组合使用。庆元府保国寺大殿将藻井、平棊、平闇组合成一体。

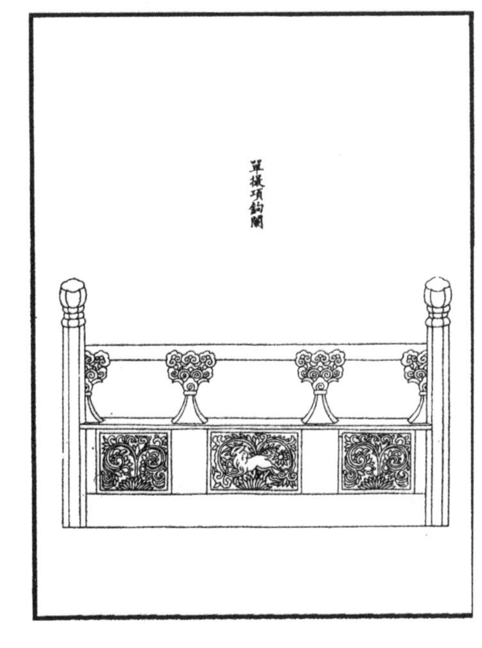

图 9－26　《营造法式》所载单撮项勾阑

藻井类型多样，有八边形截顶锥、菱形覆斗井，如应县净土寺大殿；八棱锥式八角井，如独乐寺观音阁、华严寺薄伽教藏；穹隆式八角井，如保国寺大殿、苏州报恩寺塔三层塔心室。在天花做法中最为华丽的是将天宫楼阁与平棊、藻井组合成一体，如应县净土寺大殿，在这座三开间的殿宇中，于天花下，沿外墙和开间轴线上的梁栿两侧皆设有天宫楼阁，为这佛国世界增添了神秘色彩（图 9－27）。

转轮藏、壁藏、佛道帐做工之精细、构思之巧妙在当时的木装修中是无与伦比的（图 9－28）。现存的北宋正定隆兴寺转轮藏、南宋四川江岫飞天藏为两宋时期的孤例，这两个转轮藏均采用整体转动的做法，与《营造法式》所记藏身不动、仅中央转轮可动的形式不同。飞天藏的外形与《营造法式》所载转轮藏也不同，带有多重天宫楼阁，其上使用了 624 朵斗栱，分成两类共 24 种，其类型虽多，但基本构件并不多，全靠巧妙组合。由于斗栱用材很小，藏身尺寸为 3.0 厘米 ×2.0 厘米。天宫楼阁尺寸为 2.3 厘米 ×1.3 厘米，出跳栱长只有 4 厘米。而栱身仍做出了卷杀，昂嘴刻出了卷瓣，各种小斗欹䫜准确。另外藏身柱虽无卷杀，但有收分与侧脚，阑额表面作琴面，椽、飞、角梁均带卷杀。天宫楼阁的尺度更小，但处处一丝不苟，其制作工艺之

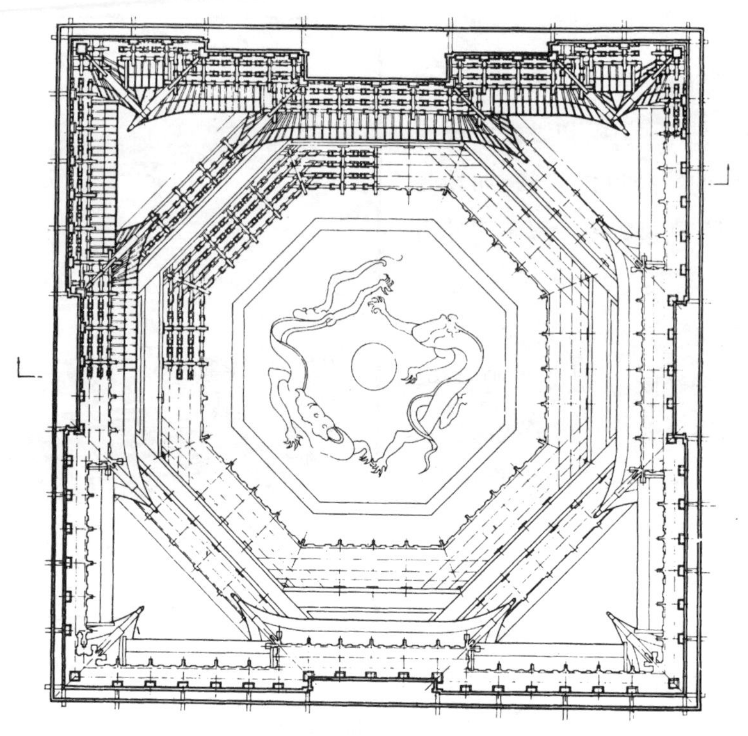

仰视平面

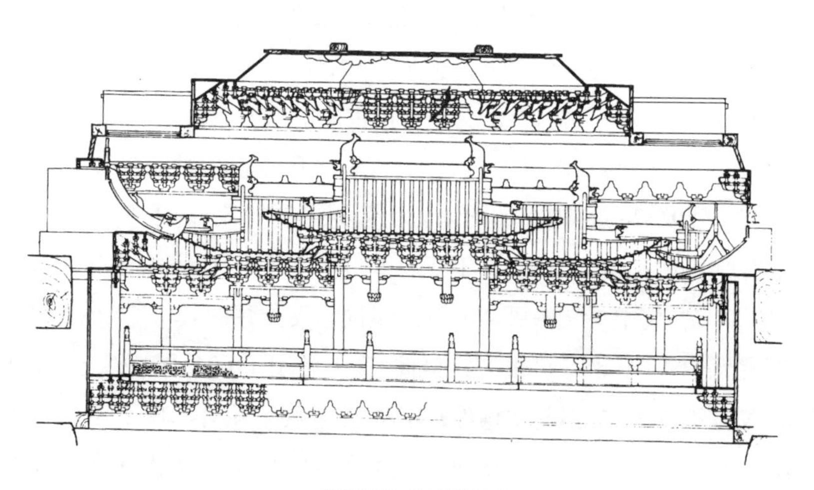

藻井剖面及天宫楼阁立面

0 0.5 1米

图9-27 应县净土寺大殿带天宫楼阁的藻井平面及立面

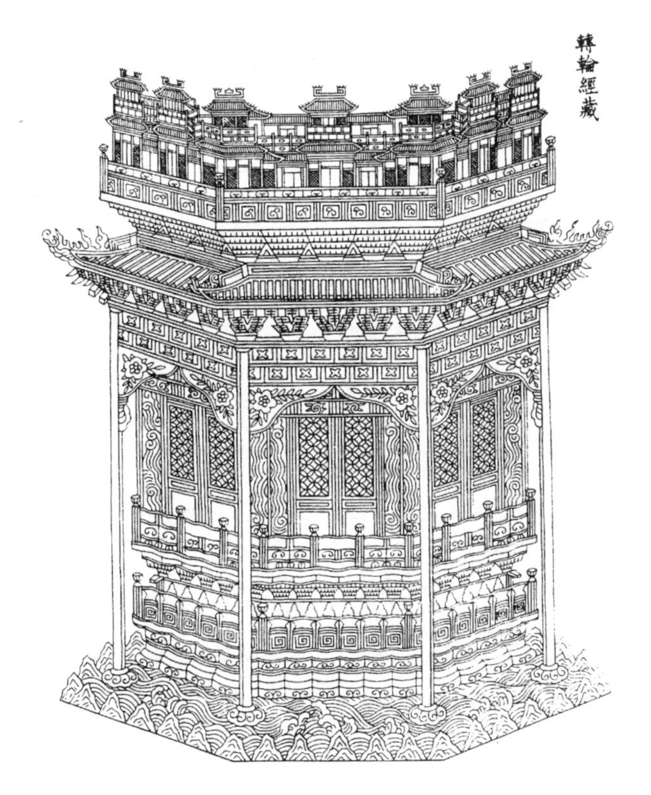

图 9－28　转轮藏

精良实令令人叹为观止，足证当时木装修技术之娴熟。

飞天藏上还保留着若干块木雕花版，雕有各种写生花卉，采用铺地卷成风格，花叶翻卷自然，雕刻起伏得体。藏身缠龙柱造型生动，木雕神像三清、四辅、真人、仙女神态各异，表情恬静，体态自然，是宋代木雕之精品。

建于南宋的飞天藏为有宋一代木装修的杰出代表作，其所达到的高超水平是这一历史时期木装修得到迅猛发展的佐证。

在南宋画家笔下也绘有佛坛等一些装修细部，例如南宋陆信忠《十六罗汉·供养》图所绘佛坛的弧形小爬梯，扶手栏杆极其精致，佛坛的须弥座束腰上有云朵形雕饰，是当时佛坛一类木装修的真实写照（图 9－29）。在另一幅图中还绘出了佛坛栏杆的装饰版，版上附有缠枝花纹雕饰，花叶翻卷栩栩如生（图 9－30）。

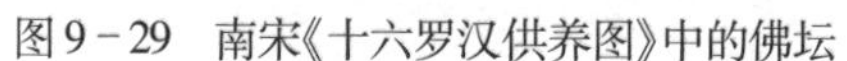

图9－29　南宋《十六罗汉供养图》中的佛坛

图9－30　佛坛栏杆

（三）家具

随着木装修的发展，小木作技术的提高，家具的制作技术也有了很大提高。首先在家具的结构方面产生了变化，改变了隋唐时期的箱形壸门式结构体系，使用了类似建筑的梁柱式体系框架。无论是桌或椅，皆有明确的四立柱和穿插于立柱间的横木方，然后在上面盖版，形成桌面或凳面，椅子则将两立柱升高做成靠背骨架，如宋画《村童闹学图》（图9－31）及其他宋画或宋辽金墓室中所绘家具皆如此。从宁波东钱湖史诏墓前石椅及《宁波宋椅研究》一文①中所载复原图，可知宋椅的尺度、构件形制及构造的一些特点（图9－32a、32b），如后背稍向后倾，倾角约93°—95°，前腿有侧脚，前后腿皆为六边形断面，以平面朝前、后，侧面出棱线，称“剑脊线”。后腿上升变成靠背侧框，断面改成圆形。座屉前面支在前腿上，后面以边抹出榫，与椅

① 陈增弼：《宁波宋椅研究》，载《文物》1997年第5期。

图 9－31 宋画《村童闹学图》中的家具

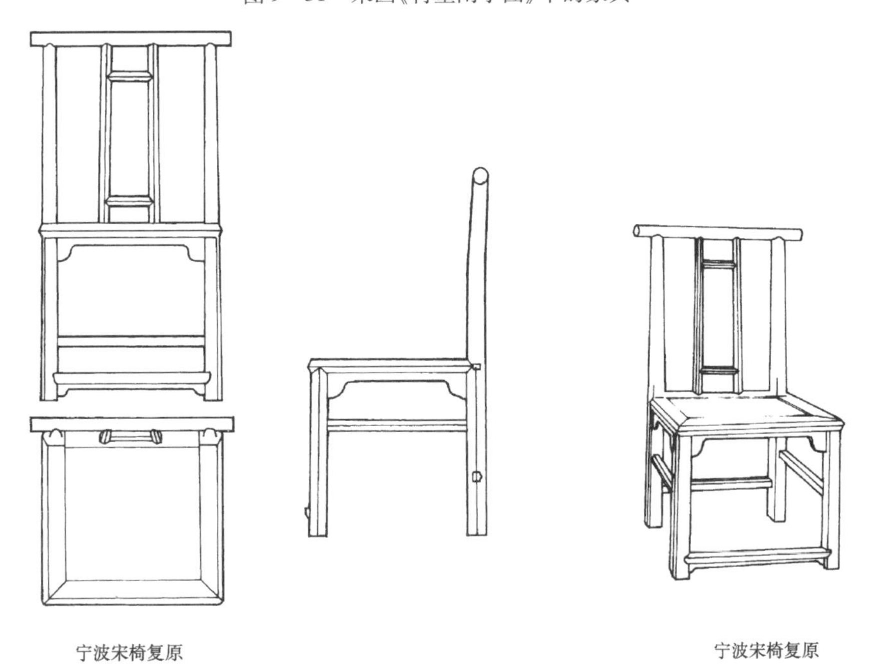

图 9－32a 东钱湖史诏墓前石椅

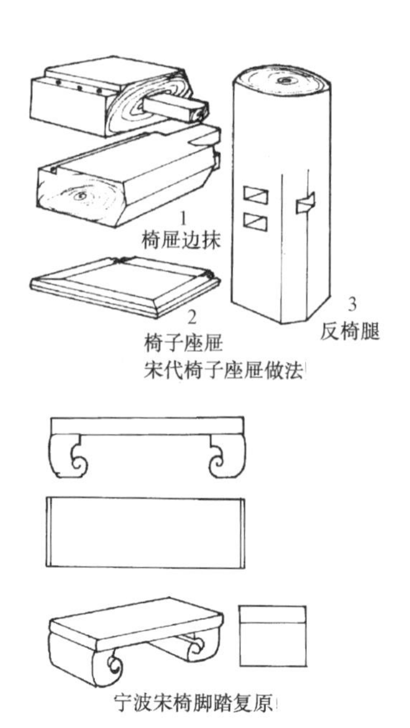

图 9－32b　东钱湖史诏墓前石椅

图 9－33　宋画《五学士图》中的家具

子后腿卯接起来。靠背中部设立挺，采用打槽装版式，背顶搭脑（即横挺）两侧挑出椅背。椅腿四面皆有横撑，椅前设有踏脚。讲究的家具大量使用装饰性线脚，在桌面与四条桌腿间增加向内收紧的束腰，同时在桌腿上部加入枭混曲线，下部作云头形轮廓，造型优美刚劲，如宋画《五学士图》（图 9－33）。有的家具在柱梁体系中将立柱加以美化，做成如意头纹，具有弧线轮廓，显得异常轻巧，如宋画《槐阴消夏图》中的榻（图 9－34）。

此外还出现了可折叠的交椅、四周挖空的圆凳，显出家具形式朝着多样化的方向发展的趋势(9－35)。

图9－34　宋画《槐阴消夏图》中的榻

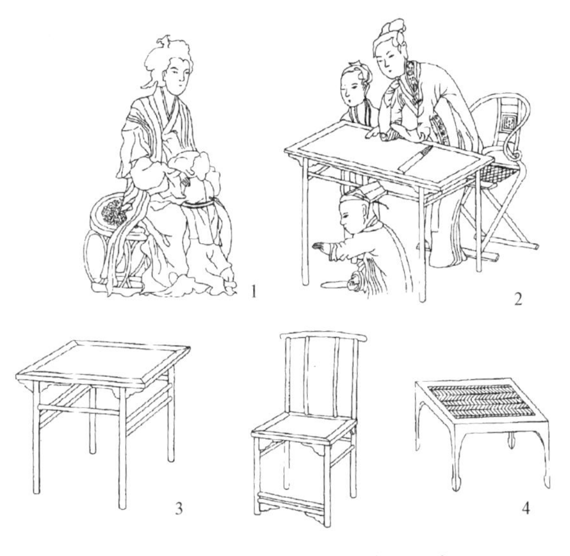

图9－35　宋画《蕉荫击球图》中的家具

第三节　砖石建筑技术与艺术

一、砖石建筑结构体系的发展

中国建筑以木构为主，用砖石建造的建筑数量有限，发展缓慢，且使用范围仅限于少数类型，在这一时期主要用于建造佛塔和陵墓。塔的结构类型较前朝增多，过去的厚壁单筒式结构继续使用并有所发展，又出现了双套筒结构、单筒带中心柱结构、薄壁筒体结构以及复合式的特殊结构等，在宋朝地区广泛使用。这一时期并出现了现存历史上最高的砖塔——河北定县开元寺料敌塔，总高84米；最高的石塔——福建泉州开元寺双塔：镇国塔（东塔）高48.27米，仁寿塔（西塔）高45米。宋塔在如何满足登高望远的功能方面，提出了多种前所未有的塔梯构造方式，从而使塔的性质发生转变，不再是单纯具有宗教意义的建筑，而是成为可以瞭望敌情、海情等具有日常生活中所需的实用功能的建筑。这些可登临的宋塔，外形以仿木楼阁形式为主，促进了对砖石材料加工方面的技术的提高。例如过去的砖石塔难以挑出较大的平座和出檐，自吴越时期出现了利用木构做出挑结构，解决人们登塔后可以在平座处绕塔观景的需要，在南宋时期的开元寺双石塔中完全用石材做出了较大的出挑结构，满足了人们在平座上观景的功能需求。

二、砖砌体的辅助用材

由于砖砌体用小块材料制作，抗拉、抗弯、抗剪能力受到限制，因此在砖结构建筑中，仍有部分构件仰赖木材为其充当悬挑构件或抗弯、抗剪构件。例如，楼阁式砖塔，其平座腰檐，尽管可以用砖砌斗栱，承上部瓦檐或托平座，但挑出有限，造型上不够理想。因之有些砖塔采用木制斗栱、木制平座，如苏州瑞光塔、杭州六和塔。也有的斗栱仍用砖烧制，平座铺板和腰檐椽飞用木制，如安徽蒙城兴化寺塔。还有的平座用砖构，挑檐用木构，如苏州虎丘塔。这些塔初建时省工，造型艺术效果好，但易毁坏，今天所见这类塔已无一例能完整保存原有木构部分，经历历代重修早已面目全非。如杭州六和塔，自南宋重建以后，檐部及平座经过三毁三建，现存者只留宋代砖塔心，外檐部分已是光绪二十六年（1900）重修后的面貌了。

在当时的砖塔中，使用木材做门窗过梁及楼板、楼梯者不乏其例，更有将木料作为砌体内的木筋者。如安徽宣教寺双塔，塔壁在底层每隔数皮砖使用一层水平交圈的木筋，木筋用四五厘米厚的木板做成。塔体上下有多层这类木筋，有如现代建筑中的圈梁。此塔在各层券门上部、阑额位置及平座悬挑部位、塔身角部等处还埋入木板，用以增强砖砌体的抗拉性能。这种做法在江南不止一例，还见于松江方塔、湖州飞英塔、苏州瑞光塔等。

三、砖石建筑基础与地基

由于木构建筑采用浅基做法，在砖石建筑中仍然依此法则，无论是高层砖塔，还是临水码头、跨水石桥，均为浅基。有些建筑对地基做了加固处理。其具体做法有以下几种；

（一）普通建筑

1. 利用天然地基，局部人工回填，上做浅基

例如苏州云严寺虎丘塔，北部回填厚度 6.2 米，南部 2.2 米。于其上做塔基，仅有二皮砖，厚 10 厘米。浙江松阳延庆寺塔也是采用石块填筑山坡后，上做三皮砖之基础。

2. 人工开挖回填地基，其上再做浅基

《营造法式》曾载有以人工夯筑多层碎石渣为地基。另据文献记载，有的建筑地基采用换土办法，从外地运来好土作为地基。现存实例如苏州瑞光塔，曾于塔外皮向外 6 米范围进行开挖，以 1∶1 放坡，挖一较大基坑，然后分层回填黏土和卵石，其上再砌 5—6 皮砖作为浅基。

3. 利用木桩加固地基

其做法是先打木桩，将地基土壤挤紧，然后填小石块、砖块、石灰、黏土等，最后再夯实。如建于北宋初期（977）的上海龙华塔，在距室外地平下约 1.4 米深的部位打木桩，木桩尺寸为 14 厘米 × 18 厘米 × 150 厘米，间距 80 厘米。分布方式为满堂乱桩，其上满垫一层厚木板，板上做塔的基础。这部分比室外地平以上所见之塔座稍稍放宽，但比现代建筑的基础之大放脚要小得多。

（二）高等级的大型建筑

有些高等级的大型建筑，在沼泽地或水中先立永定柱，柱上设平座，平

座之上建房屋，这样既可避免木构被水浸蚀，又可收到较好的艺术效果，如宋画《闸口盘车图》。在临水之岸边或桥下也有类似做法。《营造法式》的“筑临水基”一节载：“斜随马头布柴梢……每岸长五尺钉桩一条”，也是采用木桩作护岸来加固码头。宋画《水殿招凉图》、《清明上河图》均曾于岸边画一排木桩，此即为加固地基做法。另外浙江宁波地区曾发现临水的岸边有宋代木桩若干埋于泥土之中，可为佐证。尽管使用木桩加固地基并不理想，但其做法反映了当时的匠师已认识到打桩可以固基的道理。

四、砖石材料加工技术的发展

从文献记载和实物遗存可看出，这一时期的砖石加工技术已有完整的施工程序，如石料从开采到粗加工、细加工到成品，所经工序一一录入《营造法式》，砖瓦的制作从合泥、制坯，到烧窑、出窑后的再加工，也都显现出已具有一套制度。

图 9－36　六和塔砖雕须弥座

除此之外，值得进一步指出的是异形砖的制作技术已达到相当高的水平。例如在佛塔中出现的巨大雕砖壁面佛像，均靠多块小砖拼筑而成，人物面部造型起伏准确，衣纹精美洒脱。须弥座上有多处人物故事及花卉砖雕，也处处做得极其完美，如六和塔砖须弥座上的雕饰（图 9－36）。这些雕饰由多块小砖拼砌出来，见不到变形，其烧砖水平之高超令人赞叹。砖建筑的砌筑水平也同步发展，处处一丝不苟，因之才能准确砌出高塔。南宋地区的几座较高的砖塔高度多在 50—60 米。

砖发券技术不仅在陵墓中广泛使用，而且发展到地面建筑。在厚壁筒体的宋塔中曾使用筒券为楼梯空间顶部结构，更有以筒券做城门洞者，如四川金堂佛顶山石城为南宋末抗元时所筑，是现存筒券城门洞的最早遗物（图9－37）。

图9－37　四川南宋金堂石城石拱券城门洞

琉璃砖瓦的烧制技术也有较大提高。北宋时期的开封佑国寺塔通身用琉璃面砖及瓦顶；在大型木构建筑中使用琉璃作屋面或剪边；仅山西一省现存宋金琉璃的建筑已有14处，这足以说明琉璃使用之普遍，但南宋建筑中很少使用，这并非出于技术原因，可能反映了当时人们的审美情趣的差异。在青山绿水之间，大自然之美更受当时人们的青睐。

五、砖石建筑的雕刻装饰

随着砖石建筑建造技术的提高，砖石的装饰艺术也在提高。凡是建筑上用石料的部分，如石柱础、大殿的台基、建筑及桥梁的石栏杆乃至石碑等，多在表面进行雕饰。《营造法式》在石作制度中对当时的雕刻形制做了系统的总结："其雕镌制度有四等，一曰剔地起突，二曰压地隐起，三曰减地平钑，四曰素平。"对于雕饰题材，《营造法式》列出了植物、动物、几何图案等几十种。"剔地起突"相当于现代的高浮雕，或半圆雕；"压地隐起"是一种浅浮雕；"减地平钑"即"地"与雕刻上表面完全平行的一种雕饰，可用"剪影式"突雕来形容它；"素平"是指无雕刻的曲面或平面，在有些情况下无雕刻的平面与雕刻面是同时存在的，它虽然无需雕刻，但从毛坯石材起始仍要通过一定的加工程序达到所需要的"面"，因此将"素平"列入雕镌制度。以上所总结的雕镌制度不仅用在全石构建筑上，在木构建筑使用石材的部位，也可以看到这几种不同的雕刻所达到的艺术效果。采用“剔地起突”的例子如杭州灵隐寺大殿前石塔上的人物雕刻(图9－38);采用“压地隐起”的例子如苏州罗汉院大殿石柱,其所雕花纹为莲荷花(图9－39),灵隐寺石塔塔基所雕

图9－38　杭州灵隐寺大殿前石塔上的“剔地起突”雕饰

图9－39　苏州罗汉院大殿石柱上的“压地隐起”雕饰

水浪、宝山纹也属这一类；“减地平钑”常用于石碑的碑边装饰，如北宋皇陵的望柱雕刻(图9-40)。

图9-40 北宋皇陵望柱雕饰拓片

《营造法式》还总结了石栏杆的形制和做法。宋式建筑的石栏杆的主要构件有望柱、寻杖、蜀柱、花版、地栿等，为了适应高低不同的使用部位及装饰效果，可分成两种类型，即“单勾阑”和“重台勾阑”(图9-41、42)。它们有的用于殿堂建筑周围，有的用于石塔、石桥，如绍兴八字桥石栏杆即属单勾阑型(图9-43)，庆元府保国寺的南宋莲池周围石栏杆形式简素，已无上述栏杆特点，一般勾阑上的花版部位则多采用压地隐起花。

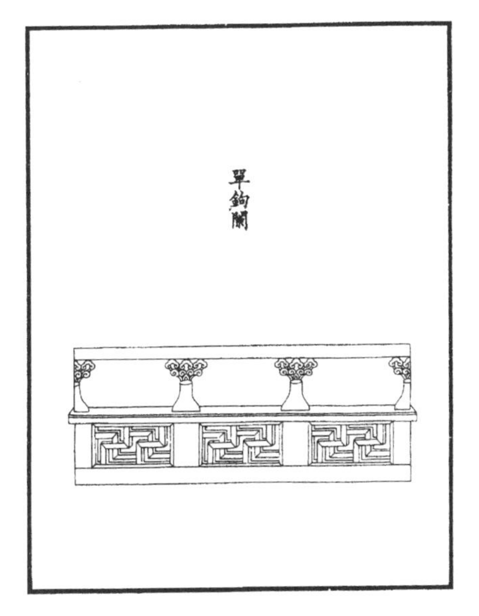

图9-41 单勾阑

图9-42 重台勾阑

图9－43　单勾阑(绍兴八字桥)

这些石材的雕饰制度也适用于砖雕,如杭州六和塔南宋砖塔心所保存的须弥座中,在束腰部位留下了若干砖雕,包括有植物纹、动物纹、几何纹等,采用的是剔地起突做法(图9－44、45)。虽经八百多年,表面仍然保存完好(图9－46)。

图9－44　杭州六和塔砖塔心剔地起突砖雕植物纹

图9－45　杭州六和塔砖塔心剔地起突砖雕动物纹

图9－46　杭州六和塔砖塔心剔地起突砖雕几何纹

木构建筑的屋顶是整个建筑轮廓最优美的部分，不但造型多样而且通过屋脊上的吻兽、蹲兽等装饰物，显得更加优美，如《高阁焚香图》所绘南宋建筑（图9－47）。其实那些屋顶上的脊兽并非纯粹的装饰物。从屋面的构造看，在屋面相交的部位需要用一层层的条瓦垒砌起来遮盖缝隙，在屋脊端部则用脊兽遮盖。浙江出土的几件宋代建筑屋顶所用的陶制兽件，不仅造型生动活泼，而且泥胎细腻，表面光滑，反映了南宋时期砖瓦高超的制作艺术和技术水平（图9－48）。

图9-47　李嵩《高阁焚香图》中的木构建筑屋顶脊饰

图9-48　浙江宋代建筑出土陶脊兽

本章引用建筑附表

编号	建筑名称	年　代	在本章说明的问题
1	平顺龙门寺西配殿	925(后唐)	梁柱节点
2	独乐寺山门	984(辽)	殿堂型梁架体系,分心槽
3	独乐寺观音阁	984(辽)	梁柱节点
4	虎丘云岩寺二山门	995—997(北宋)	计心造
5	莆田元妙观三清殿	1009(北宋)	梁柱节点
6	庆元府保国寺大殿	1013(北宋)	梁柱节点
7	易县奉国寺大殿	1020(辽)	立面造型
8	太原晋祠圣母殿殿身	1023—1031(北宋)	殿堂型梁架体系,身内单槽
9	大同华严寺薄伽教藏	1038(辽)	殿堂型梁架体系,金箱斗底槽
10	大同善化寺大殿	11 世纪(辽)	檐柱生起
11	正定龙兴寺摩尼殿	1052(北宋)	斜栱
12	应县木塔	1056(辽)	筒体结构
13	杭州闸口白塔	北宋初	梭柱
14	涞源阁院寺文殊殿	1114 以后(辽)	厅堂型梁架体系
15	登封少林寺初祖庵	1125(北宋)	厅堂型梁架体系
16	正定龙兴寺转轮藏殿	12 世纪(北宋)	转轮藏
17	正定龙兴寺转轮藏殿	12 世纪(北宋)	转轮藏
18	五台山佛光寺文殊殿	1137(金)	减柱造
20	大同上华严寺大殿	1140(金)	出檐长度
21	朔州崇福寺弥陀殿	1143(金)	厅堂型梁架体系
22	苏州玄妙观三清殿	1179(南宋)	建筑用材等第、殿堂型梁架体系,身双单槽
23	江油云岩寺飞天藏	1180(南宋)	转轮藏、计心造
24	径山寺海会堂	南宋末	平面柱网
25	灵隐寺僧堂	南宋末	平面柱网
26	天童寺配置图	南宋末	平面柱网
27	杭州六和塔塔芯	南宋	须弥座

（续 表）

编号	建筑名称	年 代	在本章说明的问题
28	金堂石城	南宋	筒券城门门洞
29	灵隐寺大殿前石塔	北宋	雕饰
30	苏州罗汉院大殿石柱	北宋	雕饰
31	巩义北宋皇陵望柱	北宋	雕饰

附录 插图索引

（续　表）

编号	图版名称	出　　处	页码
1－11	南宋庆元府城总体布局图	郭黛姮:《中国古代建筑史》第三卷,第95页	p. 80
1－12	南宋庆元府子城图	郭黛姮:《中国古代建筑史》第三卷,第96页	p. 84
1－13	南宋钓鱼城平面图	四川省文物局内部资料	p. 90
第二章			
2－1a	《咸淳临安志》所载临安皇城图	中华书局编辑部编:《宋元方志丛刊》第四册,中华书局1990年出版,第3354页	p. 98
2－1b	临安皇城考古发掘平面图	《全国重点文物保护单位》二,文物出版社2004年出版,第88页	p. 99
2－2	临安大内垂拱殿平面复原想象图	郭黛姮指导研究生绘制	p. 113
2－3	临安大内垂拱殿立面复原想象图	郭黛姮指导研究生绘制	p. 113
2－4	临安大内垂拱殿剖面复原想象图	郭黛姮指导研究生绘制	p. 114
2－5	南宋建康行宫	《景定建康志》	p. 121
第三章			
3－1	《地理新书・角姓贯鱼葬图解》及昭穆贯鱼葬示意图	宿白:《白沙宋墓》,文物出版社2002年出版,第102页	p. 125
3－2	南宋六陵布局图	清康熙《会稽县志》	p. 129
3－3	南宋陵园七帝七后攒宫位次图	《南宋陵园各攒宫位次在研究》,原载《中国柯桥・宋六陵及绍兴南宋历史文化学术研讨会论文集》,西泠出版社2012年出版,第96页	p. 130
3－4	南宋皇陵遥感考古重点区域图	刘毅:《南宋皇陵区的形成和变迁》,原载《中国柯桥・宋六陵及绍兴南宋历史文化学术研讨会论文集》,西泠出版社2012年出版,第31页	p. 131

（续　表）

（续　表）

编号	图版名称	出　　处	页码
4－13	保国寺大殿宋代纵剖面	郭黛姮、肖金亮	p. 175
4－14	保国寺大殿室内宋构	保国寺博物馆	p. 176
4－15	保国寺大殿前檐铺作	保国寺博物馆	p. 177
4－16a	保国寺大殿前檐柱头铺作	肖金亮	p. 178
4－16b	保国寺大殿前檐转角铺作	肖金亮	p. 178
4－17a	保国寺大殿山面柱头铺作	肖金亮	p. 179
4－17b	保国寺大殿山面东南侧补间铺作	肖金亮	p. 179
4－18a	保国寺大殿后内柱柱头铺作	郭黛姮	p. 180
4－18b	保国寺大殿前内柱间补间铺作背立面	郭黛姮	p. 180
4－19	保国寺大殿室内藻井	保国寺博物馆	p. 181
4－20	肇庆梅庵总平面	吴庆洲:《肇庆梅庵》,清华大学建筑系编《建筑史论文集》第八辑,清华大学出版社 1987 年出版,第 21 页	p. 184
4－21	梅庵山门、大雄宝殿、祖师殿平面	吴庆洲:《肇庆梅庵》,第 22 页	p. 185
4－22	梅庵大雄宝殿立面	吴庆洲:《肇庆梅庵》,第 23 页	p. 185
4－23	梅庵大雄宝殿横剖面	吴庆洲:《肇庆梅庵》,第 31 页	p. 186
4－24	梅庵大雄宝殿纵剖面	吴庆洲:《肇庆梅庵》,第 31 页	p. 186
4－25	梅庵大雄宝殿柱头铺作	吴庆洲:《肇庆梅庵》,第 25 页	p. 188
4－26	梅庵大雄宝殿补间铺作	郭黛姮	p. 189
4－27	临安径山寺总平面想象图(嘉泰元年)	郭黛姮	p. 192
4－28	径山寺法堂平面	郭黛姮、申国权	p. 193
4－29	径山寺法堂立面	郭黛姮、申国权	p. 193
4－30	径山寺法堂剖面	郭黛姮、申国权	p. 194

(续 表)

（续 表）

编号	图版名称	出　　处	页码
4－49	瑞光塔一层平面	朱光亚	p. 219
4－50	瑞光塔六层平面	朱光亚	p. 220
4－51	瑞光塔剖面	朱光亚	p. 221
4－52	瑞光塔六层室内塔心作法	朱光亚	p. 222
4－53	瑞光塔一层塔心基座立面	朱光亚	p. 222
4－54	瑞光塔一层回廊上斗栱	朱光亚	p. 222
4－55	当阳玉泉寺铁塔	郭黛姮:《中国古代建筑史》第三卷,第493页	p. 223
4－56	福州鼓山涌泉寺陶塔	楼庆西	p. 224
4－57	涌泉寺陶塔细部	楼庆西	p. 225
4－58	宜宾旧州白塔	郭黛姮:《中国古代建筑史》第三卷,第496页	p. 226
4－59	蒙城万佛塔平面	郭黛姮:《中国古代建筑史》第三卷,第506页	p. 228
4－60a	万佛塔剖面	张驭寰:《中国塔》,山西人民出版社2000年出版,第161页	p. 229
4－60b	万佛塔	罗哲文:《中国古塔》,第94页	p. 229
4－61	平江府报恩寺塔剖面透视	郭黛姮:《中国古代建筑》第三卷,第470页	p. 231
4－62	湖州飞英塔平面	浙江省考古所文保室	p. 232
4－63a	飞英塔立面	浙江省考古所文保室	p. 233
4－63b	飞英塔剖面	浙江省考古所文保室	p. 233
4－64	飞英塔首层副阶所设登塔爬梯	浙江省考古所文保室	p. 234
4－65	飞英塔室内平座七铺作上昂造斗栱	浙江省考古所文保室	p. 236
4－66	飞英塔内部小石塔剖面	浙江省考古所文保室	p. 237

（续　表）

编号	图版名称	出　　处	页码
4－67	四川邛崃石塔寺宋塔立面	郭黛姮:《中国古代建筑史》第三卷,第508页	p. 239
4－68	四川邛崃石塔寺宋塔平面	郭黛姮:《中国古代建筑史》第三卷,第507页	p. 239
4－69a	泉州开元寺仁寿塔	陈泗东、庄炳章:《泉州》,北京建筑工程出版社1990年出版,第141页	p. 241
4－69b	泉州开元寺仁寿塔平面	郭黛姮:《中国古代建筑史》第三卷,第512页	p. 241
4－70	洞霄宫平面示意图	邓牧:《洞霄图志》	p. 249
4－71	平江府图碑中的苏州玄妙观	刘敦桢:《苏州古建筑调查纪略》,载《中国营造学社汇刊》第六卷第三期,2006年,第22页	p. 255
4－72	苏州玄妙观三清殿	谭瑞珠(tanruizhu),来自www. zjphoto	p. 256
4－73	苏州玄妙观三清殿平面	东南大学建筑系测绘图,贺从容重描	p. 256
4－74	苏州玄妙观三清殿剖面	东南大学建筑系测绘图,贺从容重描	p. 257
4－75	苏州玄妙观三清殿铺作仰视平面	东南大学建筑系测绘图,贺从容重描	p. 258
4－76	三清殿下檐柱头铺作	刘敦桢:《苏州古建筑调查纪略》,载《中国营造学社汇刊》第六卷第三期,2006年,第26页	p. 259
4－77	三清殿下檐补间铺作	刘敦桢:《苏州古建筑调查纪略》,载《中国营造学社汇刊》第六卷第三期,2006年,第27页	p. 259

（续　表）

编号	图版名称	出　处	页码
4－78	三清殿上檐补间铺作	刘敦桢:《苏州古建筑调查纪略》,载《中国营造学社汇刊》第六卷第三期,2006年,第29页	p. 260
4－79	三清殿上檐内檐补间铺作	刘敦桢:《苏州古建筑调查纪略》,载《中国营造学社汇刊》第六卷第三期,2006年,第32页	p. 260
4－80	三清殿上檐内转角铺作	郭黛姮	p. 261
4－81	三清殿砖佛坛	刘敦桢:《苏州古建筑调查纪略》,载《中国营造学社汇刊》第六卷第三期,2006年,第35页	p. 261
4－82	江油窦圌山云岩寺飞天藏	李云生	p. 262
4－83	近年修复后的云岩寺飞天藏	江油文化遗产网	p. 263
4－84	飞天藏立面	李云生	p. 264
4－85	飞天藏藏身内部骨架	李云生	p. 266
4－86	飞天藏表层斗栱出跳示意图	李云生	p. 267
4－87	飞天藏总体形制图	李云生	p. 268
4－88	飞天藏藏身腰檐转角铺作	李云生	p. 269
4－89	飞天藏藏身腰檐补间铺作 A	李云生	p. 269
4－90	飞天藏藏身腰檐补间铺作 C	李云生	p. 270
4－91	飞天藏凸字形小亭檐部转角铺作	李云生	p. 271
4－92	飞天藏藏身檐柱蟠龙雕饰	李云生	p. 272
4－93a	飞天藏藏身阑额下花版雕饰	飞天藏文物保管所提供,廖慧农重描	p. 273
4－93b	飞天藏下层内槽花版雕饰之一	飞天藏文物保管所提供,廖慧农重描	p. 273
4－93c	飞天藏下层内槽花版雕饰之二	同上	p. 274

（续 表）

（续 表）

编号	图版名称	出　　处	页码
6-3	建康《明道书院》	《景定建康志》	p. 326
6-4	建康《重建贡院之图》	《景定建康志》	p. 328
第七章			
7-1	浙江楠溪江中游村落分布图	陈志华等:《楠溪江中游》,清华大学出版社2010年出版,第8页	p. 331
7-2	楠溪江苍波村平面	陈志华等:《楠溪江中游》,第79页	p. 334
7-3	楠溪江苍波村望兄亭(此亭为后世改建)	郭黛姮	p. 335
7-4	楠溪江方巷村送弟阁(此亭为后世改建)	郭黛姮	p. 335
7-5	楠溪江苍波村砚池及笔架山现状	陈志华等:《楠溪江中游》,第76页	p. 336
7-6a	安徽宏村水系平面图	李俊:《徽州古民居探幽》,上海科技出版社2003年,第31页	p. 337
7-6b	宏村月沼	李俊:《徽州古民居探幽》,第30页	p. 338
7-7	(宋)王希孟《千里江山图》中所绘宋代住宅	刘敦桢:《中国古代建筑史》,中国建筑工业出版社1984年版,第185页	p. 339
7-8	刘松年《四景山水图》中的住宅之一	刘敦桢:《中国古代建筑史》,第188页	p. 340
7-9	刘松年《四景山水图》中的住宅之二	刘敦桢:《中国古代建筑史》,第189页	p. 340
7-10	平江府“子城”中的品官住宅	刘敦桢:《中国古代建筑史》,第182页	p. 341
7-11	《景定建康志》之《府廨之图》中的品官住宅	《景定建康志》	p. 341

（续 表）

（续 表）

编号	图版名称	出　　处	页码
第九章			
9－1	宋画《明皇避暑图》		p. 378
9－2	《营造法式》所载大木作殿阁地盘分槽图	《营造法式》卷三一	p. 381
9－3	身内单槽梁架 （宋）晋祠圣母殿剖面	郭黛姮:《中国古代建筑史》第三卷,第173页	p. 381
9－4	金箱斗底槽梁架 （辽）大同下华严寺薄伽教藏殿剖面	郭黛姮:《中国古代建筑史》第三卷,第337页	p. 382
9－5	分心斗底槽梁架 （辽）蓟县独乐寺山门	郭黛姮:《中国古代建筑史》第三卷,第284页	p. 383
9－6	一列内柱升高的厅堂式梁架 （辽）河北涞源阁院寺大雄宝殿	郭黛姮:《中国古代建筑史》第三卷,第432页	p. 383
9－7	两列内柱升高的厅堂式梁架 （金）朔州崇福寺弥陀殿	郭黛姮:《中国古代建筑史》第三卷,第415页	p. 384
9－8	非对称两列内柱升高的厅堂式梁架 （宋）登封少林寺初祖庵	郭黛姮:《中国古代建筑史》第三卷,第422页	p. 384
9－9	殿堂厅堂混合式梁架 （辽）义县奉国寺大殿	郭黛姮:《中国古代建筑史》第三卷,第307页	p. 386
9－10	应县木塔筒体结构解析图	陈明达:《应县木塔》,文物出版社	p. 387
9－11	梁柱节点作法之一 （宋）庆元府保国寺大殿	郭黛姮:《中国古代建筑史》第三卷,第788页	p. 390
9－12	梁柱节点作法之二 （辽）蓟县独乐寺观音阁	郭黛姮:《中国古代建筑史》第三卷,第789页	p. 390
9－13	梁柱节点作法之三 （辽）平顺龙门寺西配殿斗栱	郭黛姮:《中国古代建筑史》第三卷,第789页	p. 390

（续 表）

（续 表）

编号	图版名称	出　　处	页码
9－27	应县净土寺大殿带天宫楼阁的藻井平面及立面	刘敦桢:《中国古代建筑史》,第259页	p.406
9－28	转轮藏	《营造法式》卷三二	p.407
9－29	南宋《十六罗汉供养图》中的佛坛	《海外藏中国历代名画》,湖南美术出版社1998年出版	p.408
9－30	佛坛栏杆	《海外藏中国历代名画》	p.408
9－31	宋画《村童闹学图》中的家具	刘敦桢:《中国古代建筑史》,第194页	p.409
9－32a	东钱湖史诏墓前石椅	陈增弼:《宁波宋椅研究》,载《文物》1997年第5期,第46页	p.409
9－32b	东钱湖史诏墓前石椅	陈增弼:《宁波宋椅研究》,载《文物》1997年第5期,第43页	p.410
9－33	宋画《五学士图》中的家具	刘敦桢:《中国古代建筑史》,第192页	p.410
9－34	宋画《槐阴消夏图》中的榻	刘敦桢:《中国古代建筑史》,第191页	p.411
9－35	宋画《蕉荫击球图》中的家具	刘敦桢:《中国古代建筑史》,第191页	p.411
9－36	六和塔砖雕须弥座	楼庆西	p.414
9－37	四川南宋金堂石城石拱券城门洞	郭黛姮	p.415
9－38	杭州灵隐寺大殿前石塔上的“剔地起突”雕饰	郭黛姮	p.416
9－39	苏州罗汉院大殿石柱上的“压地隐起”雕饰	楼庆西	p.416
9－40	北宋皇陵望柱雕饰拓片	郭黛姮:《中国古代建筑史》第三卷,第699页	p.417
9－41	单勾阑	《营造法式》卷二九	p.417
9－42	重台勾阑	《营造法式》卷二九	p.417

（续 表）

编号	图版名称	出　　处	页码
9-43	单勾阑(绍兴八字桥)	郭黛姮	p.418
9-44	杭州六和塔砖塔心剔地起突砖雕植物纹	楼庆西	p.418
9-45	杭州六和塔砖塔心剔地起突砖雕动物纹	楼庆西	p.419
9-46	杭州六和塔砖塔心剔地起突砖雕几何纹	楼庆西	p.419
9-47	李嵩《高阁焚香图》中的木构建筑屋顶脊饰	傅伯星:《宋画中的南宋建筑》,第39页	p.420
9-48	浙江宋代建筑出土陶脊兽	黄滋	p.420

后　　记

本书共分十章，其中的绪论中的“南宋临安”一节为贺业炬先生生前所写，本人征得其同意编入本人所编著的《中国古代建筑史》宋辽金西夏分卷（2003 年出版），在编入本书之时，对其原稿进行了修改。本书第五章《园林建筑》，为周维权先生生前所写，在编入本书时进行了较大修改。本书第八章《居住与市井建筑》中的“市井建筑”一节为刘托先生所写，编入本书时做了少量修改。本书其他章节选用本人编著的《中国古代建筑史》宋辽金西夏分卷有关部分的内容加以补充、重编。

郭黛姮　谨识

2014 年 4 月于北京清华园

图书在版编目(CIP)数据

南宋建筑史/郭黛姮著. —上海: 上海古籍出版社, 2014.12(2023.4重印)
(南宋及南宋都城临安研究系列丛书)
ISBN 978-7-5325-7389-9

Ⅰ.①南… Ⅱ.①郭… Ⅲ.①建筑史—中国—南宋 Ⅳ.①TU-092.2

中国版本图书馆CIP数据核字(2014)第195436号

南宋及南宋都城临安研究系列丛书
南宋建筑史 郭黛姮/著

责任编辑 曾晓红
封面设计 何 旸
出版发行 上海古籍出版社
地址: 上海市闵行区号景路159弄1-5号A座5F 邮编: 201101
(1) 网址: www.guji.com.cn
(2) E-mail: guji1@guji.com.cn
(3) 易文网网址: www.ewen.co
印　　刷 上海新艺印刷有限公司印刷
开　　本 787mm×1092mm 1/16
印　　张 31.5
字　　数 452千
版 印 次 2014年12月第1版 2023年4月第2次印刷
书　　号 ISBN 978-7-5325-7389-9/K·1929
定　　价 158.00元